FORTSCHRITTE DER CHEMIE ORGANISCHER NATURSTOFFE

EINE SAMMLUNG VON ZUSAMMENFASSENDEN BERICHTEN

UNTER MITWIRKUNG VON

A. BUTENANDT · W. N. HAWORTH · F. KÖGL · E. SPÄTH
BERLIN · BIRMINGHAM · UTRECHT · WIEN

HERAUSGEGEBEN VON

L. ZECHMEISTER
PÉCS

ZWEITER BAND

BEARBEITET VON

Y. ASAHINA · CH. DHÉRÉ · K. FREUDENBERG
C. R. HARINGTON · E. L. HIRST · F. KUFFNER · H. RUDY
E. SPÄTH · G. TÓTH · L. ZECHMEISTER · G. ZEMPLÉN

MIT 24 ABBILDUNGEN IM TEXT

SPRINGER-VERLAG WIEN GMBH

1939

ISBN 978-3-7091-7185-1   ISBN 978-3-7091-7184-4 (eBook)
DOI 10.1007/978-3-7091-7184-4

Inhaltsverzeichnis.

Lignin.

Von **K. FREUDENBERG**, Heidelberg.

1. Einleitung.

Der letzte Versuch, ein zusammenhängendes Bild von der Konstitution des Lignins zu geben, liegt mehr als fünf Jahre zurück (*1*). Die damals aufgestellten Konstitutionsformeln sind zwar in einzelnen Punkten kritisiert worden, aber es ist nicht gelungen, sie durch bessere zu ersetzen.

Ohne konstruktive Gesichtspunkte kann man bei einer Darstellung, wie sie hier gegeben werden soll, nicht auskommen. Daher ist der Verfasser genötigt, die von ihm vertretenen Ansichten in den Vordergrund zu stellen. Er hätte es vorgezogen, seiner eigenen Konstruktion eine zweite gegenüberzustellen. Vielleicht trägt diese Bemerkung dazu bei, auch bei denen, die mit den folgenden Gedankengängen nicht einverstanden sind, eine konstruktive Behandlung des Ligninproblems anzuregen.

Inzwischen angehäuftes Beobachtungsmaterial hat zwar verschiedene Modifikationen nötig gemacht, die Fundamente des früheren Baues sind hierdurch jedoch verstärkt worden. Eine referierende Übersicht über die Chemie des Lignins verdanken wir M. PHILLIPS (*2*) sowie E. HÄGGLUND (*3*).

Unter *Lignin* versteht man den nicht aus Zuckern bestehenden, zur Gerüstsubstanz gehörenden Bestandteil der verholzten Faser von Nadel- und Laubhölzern. Ähnliche Substanzen in Gräsern und anderen Pflanzen werden gleichfalls Lignin genannt. Eine genauere Abgrenzung wird erst dann möglich sein, wenn viel mehr Pflanzen auf ihre Gerüstsubstanz hin untersucht sind. Viel Verwirrung ensteht dadurch, daß die selbst bei Hölzern nur teilweise gültigen Kriterien, z. B. Unlöslichkeit in 72 proz. Schwefelsäure, wahllos auf andere Pflanzenmaterialien übertragen werden. Braune Farbe und Unlöslichkeit in Schwefelsäure sind keine ausreichenden Kennzeichen für die Zuteilung einer Substanz zur Ligningruppe. Hier werden unter Lignin die *methoxylhaltigen aromatischen Holzbestandteile* verstanden, die im folgenden beschrieben werden.

Lignin wird als ein Produkt ausgefaßt, das aus der *Verätherung und Kondensation folgender und ähnlicher Bausteine hervorgegangen ist* (*4*) [**R** = (IV), (V) bzw. (VI)]:

$$
\begin{array}{ccc}
H_2COH & HCO & CH_3 \\
| & | & | \\
HCOH & CH_2 & CO \\
| & | & | \\
HCOH & HCOH & HCOH \\
| & | & | \\
R & R & R \\
(I) & (II) & (III)
\end{array}
$$

(IV). Guajacylrest.   (V). Piperonylrest.   (VI). Syringylrest.

Im Lignin der Buche besteht etwa ein Drittel bis die Hälfte der Reste R aus der Syringakomponente (VI) (5). Im Fichtenlignin sind nur einige Prozente dieses Anteils vorhanden.

Im folgenden ist, wenn nicht etwas anderes bemerkt wird, ausschließlich vom *Fichtenlignin* die Rede.

2. Verwandte Pflanzenstoffe.

Daß das Lignin mit dem im Cambialsaft der Fichte als Glucosid vorhandenen Coniferylalkohol (VII) nahe verwandt ist, hat P. KLASON (6) zuerst ausgesprochen, allerdings ohne diese Ansicht beweisen zu können. Später hat KLASON (7) seinen Betrachtungen den Coniferylaldehyd zugrunde gelegt. Von den amorphen Polymerisations- oder Kondensationsprodukten, die leicht aus dem Coniferylalkohol entstehen (Abschnitt 19, S. 20), ist das Lignin grundlegend unterschieden durch die Tatsache, daß jene Umwandlungsprodukte des Coniferylalkohols freie Phenolgruppen besitzen, während das Lignin solche Hydroxyle nicht oder nur spurenweise enthält. Derselbe Unterschied besteht zwischen dem Lignin und den sogenannten *Lignanen* (8), harzartigen Naturstoffen, die sich vom Coniferylalkohol oder seinen Oxydationsprodukten, wie Coniferylaldehyd und Ferulasäure (VIII), oder verwandten Produkten,

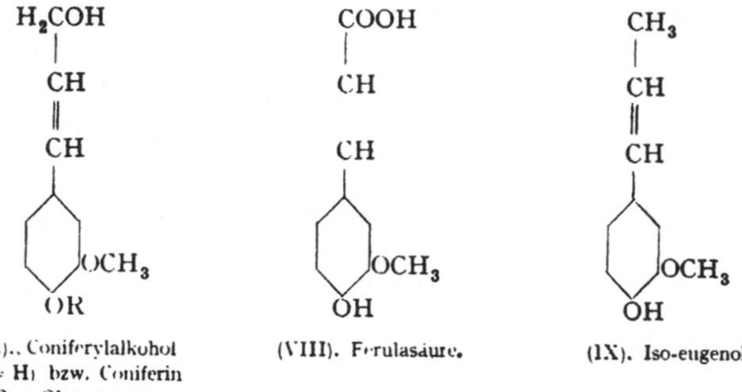

(VII). Coniferylalkohol (R = H) bzw. Coniferin (R = Glucoserest).   (VIII). Ferulasäure.   (IX). Iso-eugenol.

wie Isoeugenol (IX), durch Dimerisation der Seitenkette ableiten und durch die Kohlenstoffgerüste (X) und (XI) gekennzeichnet sind.

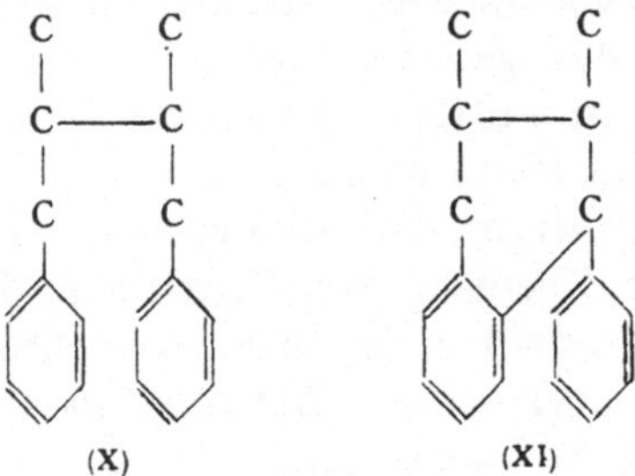

(X)   (XI)

Kohlenstoffgerüste der Lignane.
(XI) ist als ein Kondensationsprodukt von (X) aufzufassen.

Viele dieser Lignane lassen sich zwar wie der Coniferylalkohol zu amorphen Produkten polymerisieren oder kondensieren, in diesen ist jedoch im Gegensatz zum Lignin die para-ständige Phenolgruppe unbesetzt. Einer Vergrößerung ihres Moleküls durch fortlaufende Verknüpfung unter Einbeziehung der Phenolgruppen sind sie nicht fähig (siehe Abschnitt 20, S. 21).

3. Zustand und Bindung des Lignins im Holze.

Lignin kann bis jetzt nicht in dem Zustand isoliert, d. h. von den übrigen Holzbestandteilen abgetrennt werden, in dem es im Holz vorliegt. Daran sind drei Umstände schuld:

a) Ein Teil des Lignins ist mit Hemicellulosen oder einfacheren Zuckern glucosidisch verbunden, und zwar möglicherweise über die sekundären Carbinolgruppen. Mit Fermenten gelingt die Abtrennung dieser Zuckeranteile nur zum Teil. Zur vollständigen Trennung muß mit Säure hydrolysiert werden; hierbei verändert sich jedoch das Lignin.

b) Lignin liegt je nach Alter und Herkunft des Holzes in verschiedenen Kondensationsstufen vor (polymerhomologe Reihen). Hochkondensierte zuckerfreie Anteile liegen neben zuckerhaltigen niedrigeren Polymerisationsgrades. Bei der Behandlung mit Säure, zwecks Abtrennung der Zucker, werden kleinere Teilchen zu größeren kondensiert.

c) Der Hauptbestandteil des Holzes, die Cellulose, scheint zwar nicht in chemischer Bindung mit dem Lignin zu stehen, sie läßt sich dennoch mit den für sie eigentümlichen Lösungsmitteln nicht unmittelbar aus dem Holze herauslösen, weil die in der Kupfer-, Viscose- oder Acetatlösung gequollenen Kettenmoleküle aus der verholzten Faser nicht herausdiffundieren können (9).

Mit den unter a) und b) geschilderten Verhältnissen hängt die von R. S. HILPERT (10) untersuchte, aber anders gedeutete Erscheinung zusammen, daß geringe Anteile des Fichtenlignins und große Teile des

Buchenlignins in hochkonzentrierter Salzsäure zunächst löslich sind, um sich alsdann unter hydrolytischer Abspaltung von Zucker und Kondensation der in ihnen vorhandenen Ligninanteile abzuscheiden. HILPERT hat behauptet, daß das gesamte Lignin während der Isolierung aus zuckerartigen Vorstufen entstehe. Schon aus der Elementarzusammensetzung, aber auch aus vielen anderen Tatsachen (siehe Abschnitt 6—8, S. 6—10) geht jedoch hervor, daß das Lignin eine aromatische Substanz ist. Ein so einfacher Übergang von Zuckern zu Phenolderivaten, die obendrein Methoxyl enthalten, ist nicht vorstellbar. Durch die obige Erklärung wird die Spekulation HILPERTS überflüssig [K. FREUDENBERG, F. SOHNS und A. JANSON (9)].

4. Isolierung.

Bei der Isolierung des Lignins sind zwei Vorgänge ineinander verflochten: Trennung der Bindung des Lignins (soweit es gebunden ist) von den Kohlenhydraten und Auflösung der letzteren. Die radikalste Maßnahme besteht in der Anwendung hochkonzentrierter Mineralsäure, durch welche die Polysaccharide zugleich abgebaut werden. R. WILLSTÄTTER und L. ZECHMEISTER (*11*) verwenden kalte 40%ige Salzsäure, andere starke Schwefelsäure (*12*), flüssigen Chlorwasserstoff (*13*), flüssigen Fluorwasserstoff (*14*) oder ein Gemisch von Salzsäure mit Schwefelsäure (*15*) oder Phosphorsäure (*16*). Von diesen Verfahren ist das letztgenannte das bequemste. Zur gravimetrischen Bestimmung im Holze (nicht zur präparativen Darstellung) eignet sich die von P. KLASON (*12*) empfohlene 64%ige Schwefelsäure. Alle diese Ligninpräparate bezeichnet man als *„Säurelignin"*.

Im Gegensatz hierzu steht das sogenannte *„Cuproxamlignin"* [K. FREUDENBERG und Mitarbeiter (*17, 18*)], zu dessen Bereitung Mineralsäure (z. B. 1%ige Schwefelsäure, 100°) oder heiße Oxalsäure in möglichst schonender Weise verwendet werden, um die Bindung des Lignins an die Kohlenhydrate zu hydrolysieren und die leicht hydrolysierbaren Polysaccharide abzubauen, während die schwer hydrolysierbaren einschließlich der Cellulose durch Kupferoxyd-ammoniak aus dem nunmehr aufgelockerten Gefüge herausgelöst werden. In beiden Fällen können vorher Teile des niederkondensierten, an Zucker gebundenen Lignins durch kaltes Alkali und organische Lösungsmittel wie kalte Ameisensäure entfernt werden (*19*). Diese Vorbehandlung ist bei der Fichte ohne große Bedeutung, weil vom Fichtenholz nur geringe Anteile in Lösung gehen; bei der Buche oder anderen Laubhölzern ist dagegen der lösliche Anteil groß. Hydrolysiert man diesen hinterher, so entsteht ein unlösliches Lignin, das zwar von dem von vornherein unlöslichen dadurch unterschieden ist, daß es nicht mehr die Form des Zellgewebes besitzt; die chemischen Unterschiede sind dagegen äußerst gering.

Auch das Cuproxamlignin der Fichte unterscheidet sich vom entsprechenden Säurelignin nur in einzelnen Punkten, z. B. dadurch, daß es leichter von saurem Sulfit gelöst wird und mehr abspaltbaren Formaldehyd enthält. Offenbar ist der durchschnittliche Polymerisations- oder Kondensationsgrad des Cuproxamlignins niedriger als der des Säurelignins.

Für die chemische Untersuchung, insbesondere für Vorversuche, genügt in vielen Fällen das Säurelignin, während man sich bei feineren Versuchen des Cuproxamlignins bedient. Noch besser ist es, wo es angängig ist, die Umsetzungen in Gegenwart der Polysaccharide, also am Holz selbst vorzunehmen. Auch mit Methylierungs- oder Acetylierungsmitteln behandeltes Holz läßt sich auf Ligninderivate verarbeiten. Es gelingt jedoch nicht, aus derartig vorbehandeltem Holz die Ligninkomponente durch Lösungsmittel allein (ohne chemische Eingriffe) abzusondern.

5. Physikalische Eigenschaften.

Bei allen Verfahren, die geeignet sind, das Lignin oder Teile desselben aus dem Holz herauszulösen, wie z. B. bei der Kochung mit saurem Sulfit, mit Alkali oder mit Methanol und Chlorwasserstoff, wird das Lignin verändert. Verwendet man derartige Präparate, so muß man diese Veränderungen berücksichtigen. Sorgfältig präpariertes Fichtenlignin sowie der von vornherein unlösliche Anteil des Laubholzlignins besitzen noch die morphologische Struktur der Zelle (20). Durch die Entfernung der submikroskopischen Cellulosestränge oder Fibrillen entstehen gestreckte Hohlräume, die sich im Polarisationsmikroskop durch Doppelbrechung zu erkennen geben. Daß es sich um Formdoppelbrechung handelt, geht daraus hervor, daß mit steigendem Brechungsexponenten des Imbibitionsmittels die Doppelbrechung schwächer wird, um in Jodbenzol (Brechungsindex: $n_D = 1{,}62$) zu verschwinden und in stärker brechender Einbettungsflüssigkeit wieder zu erscheinen. Damit ist zugleich der Brechungsindex des Fichtenlignins (genau 1,61) und die *aromatische Natur des Lignins* festgelegt. Auch die Lage der Hohlräume der Cellulosestränge zur Faserachse läßt sich im Polarisationsmikroskop bestimmen: vorwiegend tangential in der Primärschicht, vorwiegend axial in der Sekundärschicht (20).

Lignin erweist sich im Röntgendiagramm als amorph. Die Quellungsfähigkeit ist begrenzt. Die mechanischen Eigenschaften sind nach allen Richtungen gleich. Die Reißfestigkeit ist äußerst gering. Cuproxamlignin der Fichte ist hellrehbraun, das der Buche ist noch heller. Säurelignine sind dunkler gefärbt, vor allem bei Laubhölzern. Lage und Stärke der Absorptionsbanden kennzeichnen das als Sulfonsäure gelöste Lignin als eine aromatische Substanz [R. O. HERZOG und A. HILMER (21)]. Als lignin-azobenzolsulfosaures Salz gelöst, beträgt die Schichtdicke des Lignins 20 Å [K. FREUDENBERG und E. BRAUN (22)]. Es ist demnach ein dreidimensionales Gebilde. Ligninsulfonsäure ist zum größten Teil nicht dialysierbar, also ebenso wie das isolierte Lignin selbst, hochmolekular. Gültige Molekulargewichtsbestimmungen gibt es nicht.

6. Analytische Unterlagen.

Auf energische Weise getrocknetes Fichtenlignin enthält:

$$
\begin{array}{ll}
C & 65{-}66\% \\
H & 6,1\% \\
OCH_3 & 15{-}16\% \\
OCH_2 & 4\% \\
OH & 9{-}10\% \\
{-}O{-} & 7,6\% \\
{-}C{-}CH_3 & 2,7\%
\end{array}
$$

Im Cuproxamlignin befinden sich $1{-}2\%$ Stickstoff [R. S. HILPERT und A. S. WOO (23)], der durch die Vorbehandlung eingetreten ist und als Sauerstoff in Rechnung gestellt wird. Salzsäurelignin enthält bis zu 3% Chlor, das bei der Berechnung der Analysen berücksichtigt werden muß.

Der im Lignin vorhandene Sauerstoff ist durch die Methoxyl-, Methylendioxy- und Hydroxylgruppen nicht vollständig gekennzeichnet. $7{-}8\%$ Sauerstoff können nicht unmittelbar charakterisiert werden und sind als Äthersauerstoff anzusprechen. Seine Menge ist dem vorhandenen Methoxyl und Hydroxyl ungefähr äquivalent. Das Methoxyl gehört zum weitaus größten Teil Guajacolresten (IV), zu einem sehr kleinen Teil Syringylresten (VI) an (siehe S. 2) [K. FREUDENBERG und K. ENGLER (24)]. Daß darüber hinaus aliphatische Methoxylgruppen vorhanden sind, ist nur in sehr geringem Umfang möglich (vielleicht $1{-}2\%$) (25). Der Formaldehyd gehört aromatischen Methylendioxygruppen (kondensierten Piperonylresten V) an (26). Er wird als solcher mit Mineralsäuren abgespalten oder durch Umsetzung mit Anilin als Acridan festgestellt. Mit Kaliummetall in flüssigem Ammoniak wird die Methylendioxygruppe des Lignins aufgespalten. Piperonylsäure und andere aromatische Methylendioxy-verbindungen verhalten sich ebenso. Das Hydroxyl (9%) gehört überwiegend $(6{-}7\%)$ sekundären Carbinolen an, die methyliert, toluolsulfoniert und acetyliert werden können. Ein kleiner Teil (gegen 2%) ist tertiär und kann nur acetyliert, aber nicht methyliert oder toluolsulfoniert werden. Die $C{-}CH_3$-Gruppe $(2,7\%)$ liefert bei der Verbrennung mit Chromsäure Essigsäure (gefunden 6% Essigsäure). Ihre Menge ist ungefähr äquivalent dem tertiären Carbinol (27).

Buchenlignin enthält einige Prozent weniger Kohlenstoff $(60,5\%$ C, $5,8\%$ H) und mehr Methoxyl $(21,5\%)$ [A. v. WACEK (28)] als Fichtenlignin. Der Gehalt an Methylendioxygruppen ist geringer (gegen 2%), während C-Methyl (7%) bedeutend höher ist als bei der Fichte (5). Diese Angaben gelten nur für den unlöslichen Anteil des Buchenlignins. Die Abweichungen vom Fichtenlignin sind zum Teil zu erklären durch den hohen Gehalt (30 -50%) an der Syringakomponente (VI) (S. 2).

7. Lignin als Derivat des Phenylpropans.

Wenn man aus den obigen Analysenwerten durch Rechnung alle Methoxyl-, Methylendioxy-, Hydroxyl- und Äthergruppen eliminiert und sie durch Wasserstoff ersetzt, so wird für Kohlenstoff zu Wasserstoff das Verhältnis 1 : 1,1 erhalten, das ausgezeichnet auf das im folgenden angenommene vereinfachte Kettenglied C_9H_{10} paßt:

$$-CH_2-CH-CH_3$$

Die Elementarzusammensetzung des Lignins läßt sich nur mit einem Homologen des Benzols vereinigen; am besten läßt sich die Chemie des Lignins mit einem Phenylpropanrest der oben bezeichneten Art erklären, der auch biochemisch wahrscheinlicher ist als der außerdem in Betracht zu ziehende Rest des Phenyläthans C_8H_8.

8. Über die Konstitution des Fichtenlignins.

Von den neun Phenylpropanderivaten, die allein durch die Kombination der Formelstücke (I) (VI) (S. 2) gebildet werden können, sollen zunächst nur zwei, das Guajacyl-glycerin (XII) und das Acetyl-guajacyl-carbinol (XIII) als Beispiele erörtert werden.

Im Mittelpunkt der hier vertretenen Auffassung von der Konstitution des Lignins steht der Gedanke, daß es aus Einheiten, die einander nahestehen, aufgebaut ist und daß diese *Einheiten* nach dem Prinzip der *fortlaufenden Verknüpfung (4)* miteinander verbunden sind, wie die Aminosäuren in den Proteinen oder die Monosen in den Polysacchariden. Wir nehmen an, daß die Einheiten zunächst durch Ätherbindung zwischen Phenolhydroxyl und dem zum Benzolkern benachbarten Carbinol miteinander verbunden sind. Auf diese Weise entstehen die *Zweierstücke* (XIV) und (XV). Sie besitzen, wie die Einerstücke (XII) und (XIII), am einen Ende Carbinole, am anderen Phenolgruppen und sind daher imstande, nach demselben Bauprinzip *Dreierstücke* und größere Aggregate zu bilden, die durch die allgemeinen Formeln (XVI) und (XVII) gekennzeichnet sind. Zweier- oder Dreierstücke sind noch nicht gefaßt worden, und es ist nicht erwiesen, ob sie im Lignin vorhanden sind.

Weiterhin wird angenommen, daß Molekülteile wie (XVI) und (XVII) Kondensationen erleiden unter Bildung von Chroman- oder Furanringen: (XVIII) und (XIX).

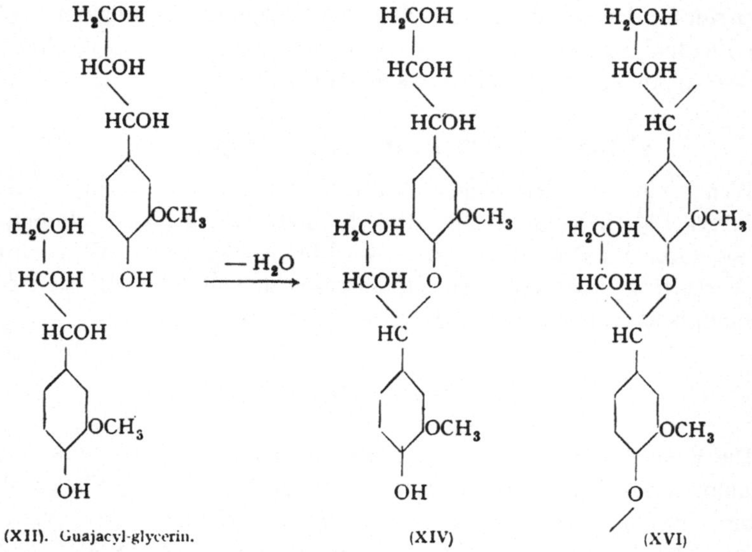

H_2COH — $HCOH$ — $HCOH$ — (ring with OCH_3, OH) H_2COH — $HCOH$ — $HCOH$ — (ring with OCH_3, OH)

$-H_2O \longrightarrow$

(XII). Guajacyl-glycerin.   (XIV)   (XVI)

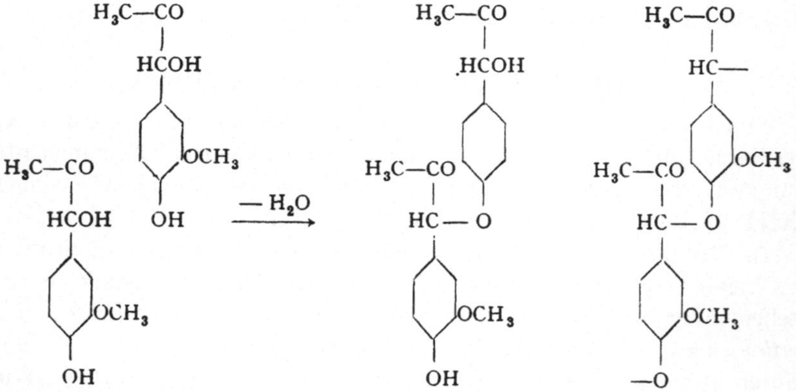

(XIII). Acetyl-guajacyl-carbinol.   (XV)   (XVII)

Schneidet man aus derartigen Formeln das immer wiederkehrende
Mittelstück heraus, so gelangt man zu den vereinfachten Bildern (XX)
und (XXI). Neben diesen kondensierten Systemen sind auch nicht kondensierte, ätherartige Bauelemente, entsprechend den Formeln (XVI)
und (XVII) anzunehmen. Endständige Gruppen sind nur in geringer
Menge vorhanden. Sie scheinen vorwiegend von der Art zu sein, wie sie
in den Formeln (XIV) und (XV) vorliegen, denn man erhält nach der
Methylierung durch Oxydation einige Prozente Veratrumsäure. Diejenigen Gruppen, die Formaldehyd abspalten, sind innerhalb der Ketten
eingebaut, etwa nach Art der Formel (XXIIa) oder (XXIIb). Ob
eine dieser Anordnungen für die Methylendioxygruppe endgültig ist,
bleibt noch zu beweisen. Im Tornesch-lignin, das mit 0,5%iger Schwefel-

säure bei 180° gewonnen ist, fehlt der Formaldehyd. Methy iert und oxydiert liefert es keine Iso-hemipinsäure (S. 12). Eine Anordnung (XXII c) kommt daher für die Methylendioxygruppe anscheinend nicht in Betracht.

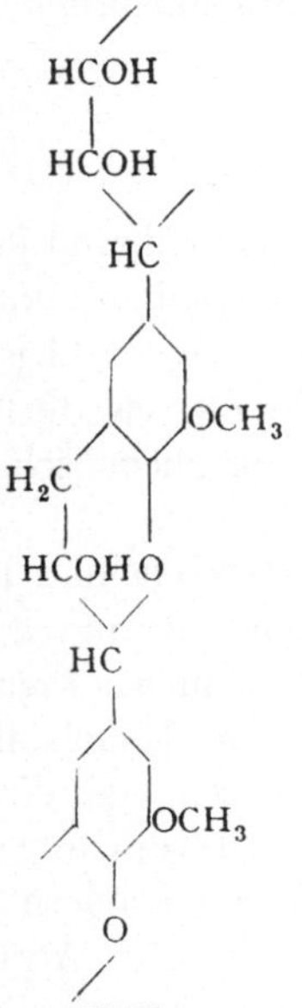

HCOH
HCOH
HC
OCH₃
H₂C
HCOH O
HC
OCH₃
O
(XVIII)

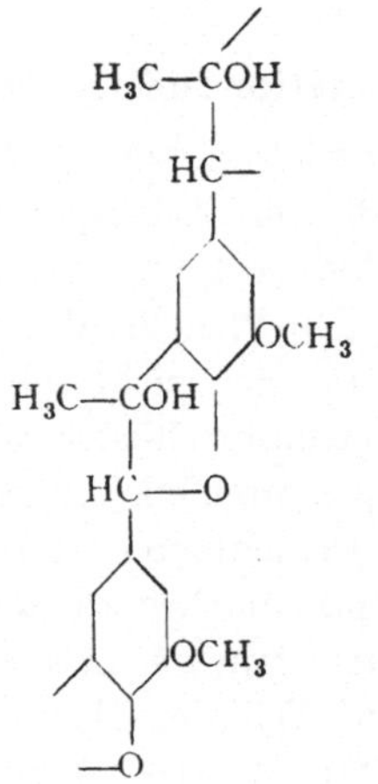

H₃C—COH
HC—
OCH₃
H₃C—COH
HC—O
OCH₃
—O
(XIX)

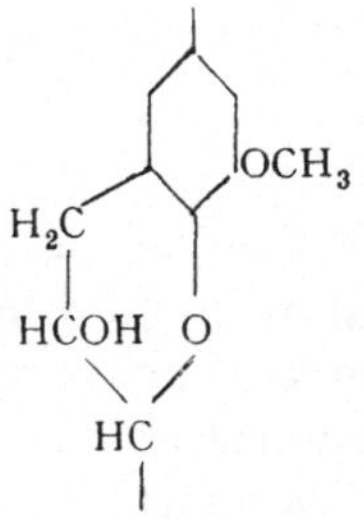

H₂C
OCH₃
HCOH O
HC
(XX)

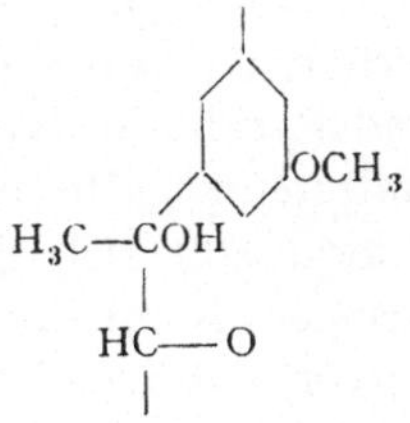

OCH₃
H₃C—COH
HC—O
(XXI)

Die Pyrogallolkomponente ist bei der Buche als symmetrischer Dimethyläther vorhanden, während das mittlere Hydroxyl veräthert ist (5). Wahrscheinlich liegen Bauelemente nach Art der Formel (XXIII) vor.

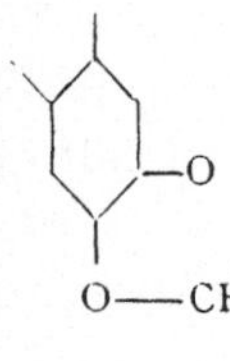

O
O—CH₂
(XXII a)

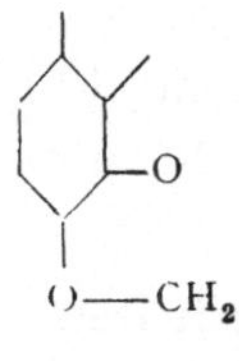

O
O—CH₂
(XXII b)

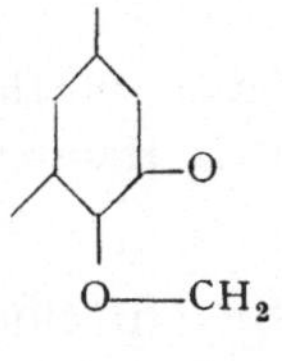

O
O—CH₂
(XXII c)

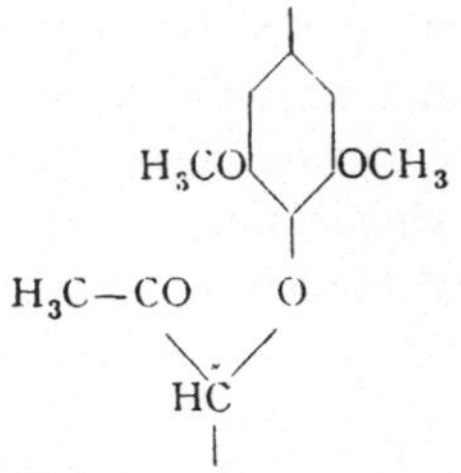

H₃CO OCH₃
H₃C—CO O
HC
XXIII.

Die geringe Menge von Pyrogallolkomponente, die im Fichtenlignin vorkommt, dürfte die gleiche Anordnung haben.

Mit den analytischen Unterlagen steht die Auffassung in Einklang, daß im Fichtenlignin von 8 Einheiten 5 solchen Typen wie z. B. (XX) oder (XXI) sowie den zugehörigen, nicht kondensierten Formen entsprechen; 2 Einheiten enthalten Methylendioxygruppen, wie (XXII a) oder (XXII b), während 1 Einheit (oder weniger als eine) der Pyrogallolreihe angehört [also etwa wie (XXIII)]. Diese Formen sind in der Natur wahllos durcheinander gewürfelt, manche Benzolkerne dürften mit mehr als einer Einheit kondensiert sein, wodurch 2- und 3-dimensionale Gebilde entstehen können. Das mittlere „Molekulargewicht" der Einheit liegt zwischen 180 und 190, also bei 185. Diese Rechnungsgröße ist etwas höher als die bisher von uns angenommene.

9. Funktionelle Derivate.

Der Methoxylgehalt des Fichtenlignins verdoppelt sich annähernd (auf 29%), wenn mit Dimethylsulfat methyliert wird. Mit Diazomethan nimmt Cuproxamlignin etwa 2% Methoxyl auf, von dem jedoch nur ein kleiner Teil aromatisch, also von freiem Phenolhydroxyl herrührend, sein dürfte. Mit Diazomethan kann bekanntlich nicht scharf zwischen phenolischem und alkoholischem Hydroxyl unterschieden werden.

Methyllignin (29% OCH_3) nimmt noch Acetyl auf, entsprechend 2,4% tertiärem Hydroxyl (*4, 29*). Dementsprechend ist mit Essigsäureanhydrid und Pyridin acetyliertes Lignin reicher an Acetyl, als die in das Lignin eintretenden Methylgruppen erwarten lassen. Auch mit Toluolsulfochlorid läßt sich der größte Teil der Hydroxyle umsetzen, allerdings weniger als mit Dimethylsulfat. Aus dem Verhalten gegen Hydrazin geht hervor, daß die Toluolsulfogruppen nicht an Phenolgruppen, sondern an Carbinolen haften (*30*). Durch Methylierung, Benzylierung (*31*), Acetylierung oder Toluolsulfonierung werden die Ligninpräparate zwar heller, ihre Unlöslichkeit in organischen Lösungsmitteln wird davon nicht berührt. Dies ist vor allem im Falle der Toluolsulfonsäure-ester merkwürdig, weil sich das Gewicht des Lignins durch die Toluolsulfonierung verdoppelt. Th. LIESER und V. SCHWIND (*60*) haben festgestellt, daß der größere Teil der Hydroxylgruppen des Cuproxamlignins Xanthogenat- und Kupferamminverbindungen bildet.

Carbonylgruppen sind, wenn überhaupt, im Fichtenlignin nur in sehr geringer Menge vorhanden E. HÄGGLUND (*3*) . Auch Carboxyl läßt sich nicht nachweisen.

10. Substitutionsprodukte.

Mit Hilfe von alkoholischem *Quecksilberacetat* gelingt die Einführung des Restes —$Hg \cdot O \cdot CO \cdot CH_3$ an Stelle eines Benzol-wasserstoffatoms pro Einheit des Methyllignins [K. FREUDENBERG und H. FR. MÜLLER (*32*) . Es ist wahrscheinlich, daß dies ein Durchschnittswert ist, indem wohl einzelne Einheiten zwei Quecksilberacetatreste, andere keinen aufnehmen. Durch Jod wird das Quecksilber ersetzt, das entstehende Jod-methyllignin enthält das Jod in aromatischer Bindung (*32*). Sowohl Präparate, die über 40% Quecksilber als auch über 35% Jod enthalten, unterscheiden sich äußerlich nicht vom unsubstituierten Methyllignin. Ein Teil des Quecksilbers bzw. Jods befindet sich in Stellung 5.

Weniger glatt verläuft die *Bromierung* (*25*), weil hierbei etwas Methyl abgespalten wird (aus Vanillinsäure auch). Dennoch besagt der Versuch eindeutig, daß eine Substitution nach dem Schema $RH + Br_2 = RBr + HBr$ stattfindet. Die Hauptreaktion besteht in der Aufnahme von etwa einem Atom Brom pro Einheit. Entscheidend für die Ausführung des Versuchs ist, daß man die oxydierende Wirkung des Broms dadurch zurückdrängt, daß man es in überschüssiger Bromwasserstoffsäure anwendet. Ein Teil des Broms tritt in 6-Stellung ein.

Bei der *Nitrierung* läßt sich die gleichzeitige Oxydation noch weniger ausschließen. Trotzdem ist es möglich gewesen zu beweisen, daß bei der Einwirkung von Stickstoffdioxyd auf Methyllignin die Hauptreaktion eine Substitution ist (*33*) und daß ungefähr eine Nitrogruppe pro Einheit eintritt. Mit Salpetersäure nitrierte Präparate sind für diese Untersuchungen weniger geeignet. Bromiert man Nitrolignin, so wird Brom bzw. Stickstoffdioxyd unter Substitution zu dem vorhandenen Nitro- bzw. Bromsubstituenten hinzu aufgenommen. Aus der Menge der Substituenten geht hervor, daß im ganzen 1,5—2 Wasserstoffatome pro Einheit substituiert werden (*33*).

11. **Unmittelbarer Abbau.**

Durch die *Kalischmelze* wird das Lignin unter 260° ungenügend abgebaut. Gegen 270° bricht in exothermer Reaktion das Gerüst zusammen. Außer Oxalsäure wird Protocatechusäure, die als Veratrumsäure isoliert wird, in einer Ausbeute von 10% gewonnen. Eugenol und „polymerer" Coniferylalkohol liefern bei der Kalischmelze keine besseren Ausbeuten (*29*). Aus Buchenlignin wird durch eine Kalischmelze bei 210—215° vorwiegend Gallussäure (4—5%) isoliert (*19*) und als Trimethylgallussäure gewonnen. Wird die Kalischmelze bei 270° ausgeführt, so entsteht neben Gallussäure Protocatechusäure (je 3—3,5%; wegen der verlustreichen Trennung sind dies Mindestzahlen) (*5*).

Durch unmittelbare, vorsichtige *Oxydation* des Fichtenlignins kann *Vanillin* in einer Ausbeute von etwa 20% gewonnen werden (*34*). Wenn statt Lignin Holzmehl verwendet wird, ist die Ausbeute auf das Lignin bezogen etwas besser (*34*). Das zur Aldehydgruppe gehörende H-Atom ist demnach mindestens in jeder dritten bis vierten Einheit vorgebildet. Außerdem werden geringe Mengen Vanillinsäure erhalten. Jodlignin liefert einige Prozente 5-Jodvanillin. Aus Bromlignin werden 6—8% 6-Bromvanillin gewonnen. Das letztere Ergebnis ist insofern von Interesse, als es beweist, daß beim Eintritt des Broms das Phenolhydroxyl besetzt war. Denn nur die Alkyl- oder Acylderivate des Vanillins, der Vanillinsäure usw. werden in 6-Stellung bromiert; ist das Hydroxyl frei, so tritt das Brom in 5-Stellung ein.

Mit Diazomethan oder Dimethylsulfat methyliertes Fichtenlignin

liefert bei der Oxydation mit Permanganat 1—2% Veratrumsäure.
Besser ist die Ausbeute (4%, bezogen auf den Ligninanteil) (*35*), wenn
man Holzmehl mit Diazomethan behandelt (wobei es gebleicht wird) (*36*)
und mit Permanganat oxydiert. Da hierbei etwa ein Drittel der gebildeten
Veratrumsäure mit verbrannt wird, darf die Zahl 4% auf 6% erhöht
werden. Sie bedeutet, daß etwa jede sechzehnte Einheit einen freien
Guajacylrest besitzt, also endständig sein kann, und daß im Lignin, wie
es im Holz vorliegt, etwa 0,6% freies Phenolhydroxyl vorhanden sind.
Es ist jedoch wahrscheinlich, daß die Hauptmenge der Veratrumsäure
niedermolekularen Vorstufen des Lignins angehört, die bei der Isolierung
des Lignins größtenteils verlorengehen. Deshalb können wahrscheinlich
keine weitgehenden Schlüsse aus diesem Befund gezogen werden.

12. Abbau nach Aufschluß mit Alkali.

Wenn man Fichtenlignin (*19, 35*) oder besser das Fichtenholz selbst (*18*)
mit Diazomethan methyliert; 90 Minuten mit einer 70%igen Kalilauge bei
165—170° kocht, mit Dimethylsulfat methyliert und mit Permanganat
oxydiert, so erhält man (aus Holz, auf den Ligninanteil bezogen):

20—21% Veratrumsäure (XXIV),
6—12% Iso-hemipinsäure (XXV),
2— 3% Dehydro-diveratrumsäure (XXVI) und
Spuren von Trimethylgallussäure.

Der Unterschied dieser Behandlung mit Alkali besteht gegenüber der
Kalischmelze (Abschnitt 11) darin, daß das Kohlenstoffgerüst des Lignins

(XXIV). Veratrumsäure.

(XXV). Iso-hemipinsäure.

(XXVI). Dehydrodiveratrumsäure.

(XXVII). Trimethylgallussäure.

im wesentlichen erhalten bleibt und zur Hauptsache nur Ätherbindungen
und Sauerstoffbrücken der Heterocyclen aufgesprengt werden. Vor dem
jetzt folgenden Abbau durch Oxydation werden freigelegte Phenolgruppen
durch Methylierung geschützt.

Die Bildung der Dehydro-diveratrumsäure rührt von einer sekundären

Oxydation während der Kochung her und kann vermieden werden, wenn der Luftsauerstoff gänzlich ausgeschlossen wird.

In minimaler Menge (Bruchteilen eines Prozents) tritt zugleich Trimethylgallussäure auf.

Diese Feststellungen sind in qualitativer wie quantitativer Hinsicht die wichtigste Stütze der Ausführungen im 8. Abschnitt [S. 8 und 9, Formeln (XVI)–(XXIII)]. Die Wirkung des Alkalis beruht auf der Öffnung von Ätherbindungen in Gebilden wie (XVI) und (XVII) sowie auf der Öffnung ·der Ringe in Kettengliedern wie (XVIII) und (XIX). In diesen beiden Fällen entsteht Iso-hemipinsäure, während Veratrumsäure teils aus endständigen Gliedern, teils durch Sprengung der Ätherbindungen [(XVI) und (XVII) sowie durch tieferen Abbau kondensierter Systeme, wie (XVII)–(XXII), entsteht. Die Trimethylgallussäure bildet sich, wie aus dem entsprechenden Äthylierungsversuch hervorgeht, aus einer Anordnung von der Art der Formel (XXIII).

Wenn Fichtenholz mit *Diazoäthan* behandelt, mit Alkali aufgeschlossen, *äthyliert* und oxydiert wird, so entstehen die entsprechenden Äthyläthersäuren (XXVIII) und (XXIX).

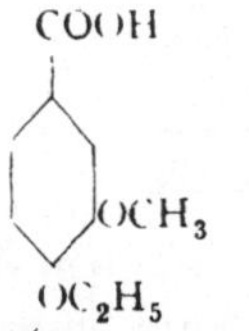

$$
\begin{array}{ccc}
\text{COOH} & \text{COOH} & \text{COOH} \\[4pt]
\overset{\text{OCH}_3}{\underset{\text{OC}_2\text{H}_5}{\bigodot}} & \text{HOOC}-\overset{\text{OCH}_3}{\underset{\text{OC}_2\text{H}_5}{\bigodot}} & \text{H}_3\text{CO}-\overset{\text{OCH}_3}{\underset{\text{OC}_2\text{H}_5}{\bigodot}} \\[6pt]
\text{(XXVIII). Äthyläther-} & \text{(XXIX). Äthoxy-methoxy-} & \text{(XXX). Äthyläther-} \\
\text{vanillinsäure.} & \text{iso-phthalsäure.} & \text{syringasäure.}
\end{array}
$$

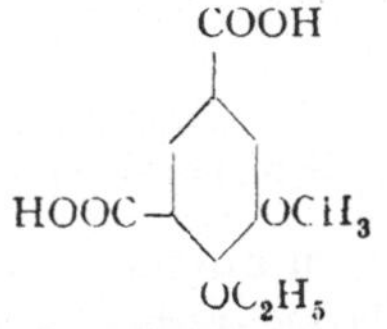

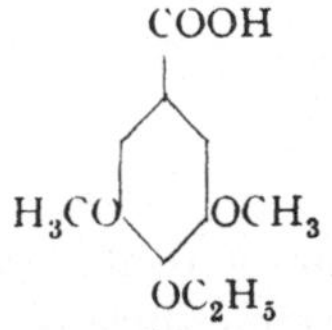

Die Ausbeuten sind allerdings viel schlechter, weil diese Säuren rascher von Permanganat zerstört werden als die entsprechenden Methylverbindungen. Die Bedeutung dieser Säuren liegt darin, daß in ihnen das Methoxyl des ursprünglichen Lignins erhalten ist, während die Äthylgruppe die Stelle des während des Aufschlusses freigelegten Hydroxyls anzeigt.

Zur Beurteilung der quantitativen Verhältnisse wurden die Säuren derselben Behandlung durch Permanganat unterworfen wie die aufgeschlossenen alkylierten Ligninpräparate. Dabei wurden wiedergewonnen (26):

		Faktor
Veratrumsäure	72%	1,4
Iso-hemipinsäure	11%	9
Dehydro-diveratrumsäure	97%	1
Trimethylgallussäure	57%	1,75
Piperonylsäure	0	—

Diese Zahlen, die natürlich nur einen ungefähren Anhaltspunkt gewähren, besagen, daß z. B. 10 g Iso-hemipinsäure oder eine diese Säure liefernde Substanz vorgelegen haben muß, wenn 1,1 g der Säure gewonnen werden. Sind durchschnittlich 9% gefunden, so müssen etwa 80% vorhanden gewesen sein. Die Zahlen für Veratrumsäure und Dehydro-diveratrumsäure zusammengenommen, dürfen von 23% auf 32% erhöht werden. Wenn von 3 Einheiten eine die Veratrumsäure und zwei die Iso-hemipinsäure lieferten, so würden sich bilden: 33% Veratrumsäure und 81% Iso-hemipinsäure. Aus dieser Überschlagsrechnung geht hervor, daß die gefundene Menge an methylierten Phenolcarbonsäuren (über 30%) im Einklang steht mit der Auffassung, daß das Lignin ganz aus Einheiten von der Art der im Abschnitt 8 (S. 8 und 9) angeführten besteht und daß diese zum größten Teil nach Art der Schemata (XVIII) und (XIX) kondensiert sind. Methylendioxygruppen tragende Einheiten treten hierbei nach Abspaltung des Formaldehyds und Decarboxylierung vermutlich als Veratrumsäure auf. Die im Abschnitt 17 (S. 18) angeführten Modellversuche stützen das obige Ergebnis.

Am Buchenholz verlaufen die entsprechenden Versuche wegen der schwierigen Trennung der Veratrumsäure von der Trimethylgallussäure wesentlich ungünstiger (5):

	Gefunden	Korrigiert
Veratrumsäure	$5^0/_0$	$7^0/_0$
Iso-hemipinsäure	$1,5^0/_0$	$13,5\%$
Trimethylgallussäure	$7,5^0/_0$	13%
Summe	14%	$33,5\%$

Wenn nicht methyliert, sondern äthyliert wird, tritt — neben Äthyläther-vanillinsäure — die Äthyläther-syringasäure (XXX) auf, in welcher der Pyrogallolrest die Methoxyle an der ursprünglichen Stelle trägt. Symmetrisches Dimethylpyrogallol nebst seinen Derivaten findet sich bekanntlich unter den Produkten der Destillation des Buchenholzes.

13. Abbau nach Aufschluß mit Bisulfit. Ligninsulfonsäure.

Cuproxamlignin läßt sich durch wiederholte Kochung mit *Sulfitlauge* in Lösung bringen. Durch Methylierung und Oxydation werden etwa je 3% Veratrumsäure und Iso-hemipinsäure erhalten (auf Lignin berechnet). Dehydro-diveratrumsäure bildet sich nicht, wie leicht zu verstehen ist. Wendet man dieselbe Rechnung wie oben an, so ergibt sich, daß in der Ligninsulfonsäure 4—5% der die Veratrumsäure und gegen 30% der die Iso-hemipinsäure liefernden Komponente enthalten sind. Lignin selbst liefert nach der Methylierung bei der Oxydation nur 1—2% Veratrumsäure. Demnach ist gleichzeitig mit dem Eintritt der Sulfogruppe etwa in jeder dritten Einheit das para-ständige Phenolhydroxyl freigelegt worden. Die angewendete Ligninsulfonsäure enthielt 5% Schwefel; das bedeutet, daß ebenfalls jede dritte Einheit die Sulfogruppe aufgenommen hat. An den auf S. 8 und 9 mitgeteilten Formeln (XVII) und (XIX), und entsprechend an (XVI) und (XVIII) läßt sich der Vorgang so deuten, daß

durch die Sulfitierung die Ätherbrücke gesprengt wird; aus (XVII) entsteht unter Aufbruch der Kette (XXXI), aus (XIX) bildet sich (XXXII)
ohne Verkleinerung der Kette. Aus der oberen Einheit von (XXXI) wird
nach der Methylierung und Oxydation Veratrumsäure, während das entsprechende Stück von (XXXII) die Isohemipinsäure liefert. Die gegenüber dem Lignin vermehrten Phenolhydroxyle sind für die Gerbstoff-
eigenschaften der Ligninsulfonsäure sehr wichtig. Dazu kommen noch

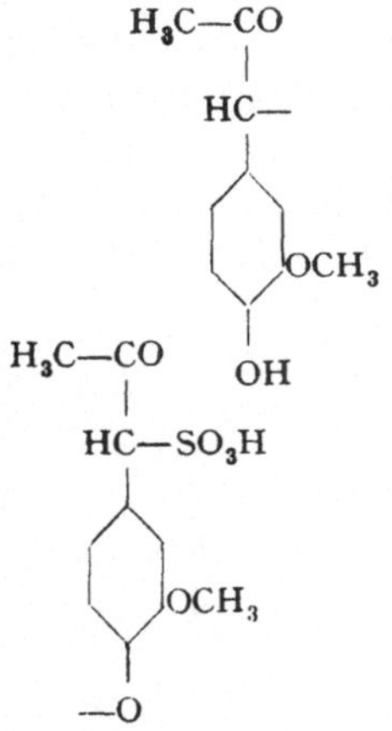

(XXXI) 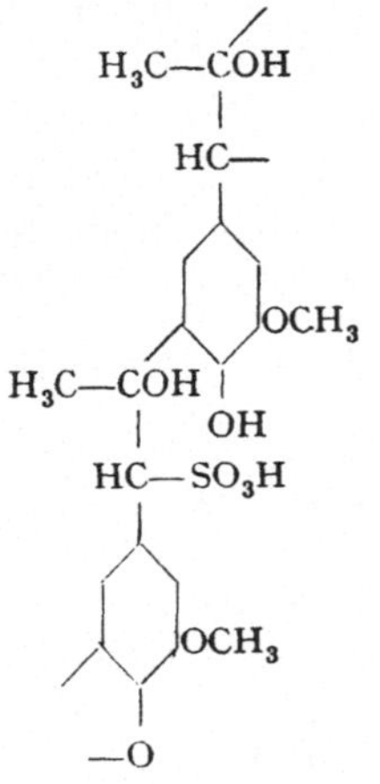   (XXXII)

Phenolgruppen, die durch die Abspaltung des größeren Teiles des Formaldehyds frei werden. In der Ligninsulfonsäure sind nur noch 0,6% Formaldehyd nachweisbar.

Daß Ätherbindungen und Sauerstoffringe der oben bezeichneten Art
durch Bisulfit aufgesprengt werden, geht aus Modellversuchen hervor,
die im 17. und 18. Abschnitt (S. 19, 20) beschrieben werden.

Wenn Ligninsulfonsäure aus Cuproxamlignin weiter sulfitiert wird, so
läßt sich der Gehalt an Schwefel bis auf 8,6% steigern (37). Methyliert
und oxydiert, hat ein solches Präparat 2,8% Veratrumsäure und 3,8% Iso-
hemipinsäure geliefert (37). Die Ausbeute an ersterer ist also gegenüber
der Sulfosäure mit 5% Schwefel unverändert geblieben, die Iso-hemipinsäure hat sich um ein geringes vermehrt. In dieser Ligninsulfonsäure, in
der 3 von 4 Einheiten mit schwefliger Säure reagiert haben, sind demnach
nur wenige weitere Sauerstoffringe gesprengt worden. Ein Teil der Sulfogruppen dürfte mit Carbinolen reagiert haben, die Benzolkernen benach-
bart sind. Auch hierfür bringt der Abschnitt 18 Beispiele an Modellen (S. 20).

Demnach würde sich der Angriff der schwefligen Säure derart abspielen, daß unter Kettensprengung die wenigen Ätherbindungen zwischen
Phenolgruppen und sekundären Phenylcarbinolen gelöst werden. Ebenso
reagieren Sauerstoffatome in entsprechenden Ringen. Das gleiche gilt für

sekundäre oder tertiäre Phenylcarbinole. Auch die letzteren sind in dem gegebenen Schema vorhanden (S. 8 und 9).

Mit verdünntem Alkali auf 160—188° erhitzt, bildet Ligninsulfor säure Vanillin [V. GRAFE (*38*) . G. H. TOMLINSON und H. HIBBERT (*39*) haben als beste Ausbeute der einzelnen Fraktionen 6—8$^0{}_0$ gefunden (bezogen auf Lignin). E. HÄGGLUND hat mit L. C. BRATT (*40*) und O. ALVFELDT (*41*) festgestellt, daß die Ausbeute mit dem Gehalt an Sulfogruppen parallel geht. H. HIBBERT (*39*) nimmt an, daß das Vanillin aus einer Gruppierung (XXXIII) hervorgeht. Aus Birken-lignin-sulfonsäure haben A. BELL, W. L. HAWKINS, G. F. WHRIGT und H. HIBBERT (*42*) je 2,9$^0{}_0$ Vanillin und Syringaaldehyd (XXXIV) bereiten können. Nebenher bildet sich aus den Sulfonsäuren des Birken- (*42*) wie Fichtenlignins (*43*) in geringen Mengen (0,8$^0{}_0$ bzw. 0,3$^0{}_0$) Acetovanillon (XXXV).

$$
\begin{array}{ccc}
\text{CO} & & \\
\text{CH}_2 & & \text{CH}_3 \\
\text{HC—SO}_3\text{H} & \text{HCO} & \text{CO} \\
\text{OCH}_3 & \text{H}_3\text{CO} \quad \text{OCH}_3 & \text{OCH}_3 \\
\text{OH} & \text{OH} & \text{OH} \\
\text{(XXXIII)} & \text{(XXXIV)} & \text{(XXXV)}
\end{array}
$$

Auch Acetosyringon (*42*) hat sich aus der Sulfonsäure des Birkenlignins in sehr geringer Menge bereiten lassen. Es ist anzunehmen, daß sich diese Ketone wie die Aldehyde aus Derivaten des Phenylpropans bilden.

14. Abbau nach Aufschluß mit Thioglykolsäure.

Der interessante, von BR. HOLMBERG (*44*) entdeckte Aufschluß mit Thioglykolsäure und wäßriger Mineralsäure, durch den der größere Teil des Nadel- und Laubholzlignins alkalilöslich wird, läßt sich entsprechend der Ligninsulfonsäure deuten. Man setze in den Formeln (XXXI) und (XXXII) (S. 15) statt —SO$_3$H den Rest —S·CH$_2$·COOH. Der Beweis für diese Auffassung besteht in der Methylierung und Oxydation, durch die Veratrumsäure und Iso-hemipinsäure in bescheidener Ausbeute entstehen (*35*). Auch durch Modellversuche läßt sich diese Auffassung stützen (Abschnitt 17, S. 18—19).

15. Abbau nach Aufschluß mit Alkoholen und Mineralsäuren.

1893 hat P. KLASON (*45*) gefunden, daß Teile des Lignins in Lösung gehen, wenn Fichtenholz mit Methanol und Chlorwasserstoff gekocht wird. Außer dem Lignin, von dem weniger als die Hälfte gelöst wird, finden

sich in dem Extrakt auch Umwandlungsprodukte der Zucker. Nach der
Methylierung und Oxydation des gelösten Ligninanteils findet sich
Veratrumsäure (3,5%) und Iso-hemipinsäure (2,5%) (*18*). Die Reaktion
ist zu verstehen, wenn man in den Formeln (XXXI) und (XXXII) (S. 15)
statt —SO_3H den Rest —OCH_3 setzt. Es handelt sich also um eine Um-
ätherung unter teilweiser Verkleinerung des Moleküls. Der im Holz ver-
bleibende ungelöste Teil dürfte durch die Mineralsäure kondensiert sein.
Der gelöste Teil ist methoxylreicher (20%) als das Lignin. Dieselbe
Reaktion läßt sich, zum Teil mit besserem Erfolge, auch mit Benzylalkohol, Glykol, acetalhaltigem Dioxan usw. ausführen. Etwa 8%
des Ligninanteils der Fichte läßt sich mit Äthanol-HCl im niedermolekularen Zustande gewinnen (H. HIBBERT). Davon ist etwa die
Hälfte der Äthyläther des Vanilloyl-methyl-carbinols (XXXVa) (*61*),
(vgl. S. 23).

Laubholz liefert mehr lösliches Methanollignin als Fichtenholz. Eine
solche, sehr methoxylreiche Fraktion aus Espenholz haben E. E. HARRIS,
J. D'IANNI und H. ADKINS (*46*) unter Druck hydriert. Außer viel Methanol, das von den eingeführten und ursprünglich vorhandenen Meth-
oxylen stammt, erhielten sie wichtige Cyclohexylpropan-derivate, wie
(XXXVI), (XXXVII) und (XXXVIII).

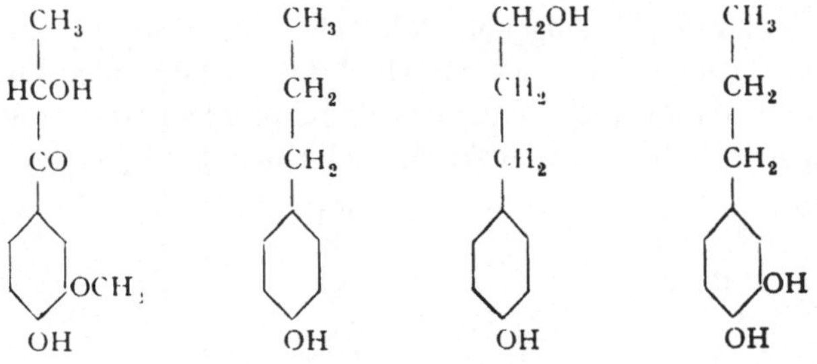

$$\begin{array}{cccc}
CH_3 & CH_3 & CH_2OH & CH_3 \\
| & | & | & | \\
HCOH & CH_2 & CH_2 & CH_2 \\
| & | & | & | \\
CO & CH_2 & CH_2 & CH_2 \\
\end{array}$$

(XXXVa)   (XXXVI)   (XXXVII)   (XXXVIII)

Die Menge des aufgenommenen Wasserstoffs (1 Mol auf 25—35 g Lignin) entspricht der Erwartung. Wenn z. B. aus den Substanzen (XVI)
oder (XVII) (S. 8) das Hydrierungsprodukt (XXXVI) entsteht, wird
1 Mol für 26 g benötigt. Außerdem haben sich bei der Hydrierung höhermolekulare Spaltstücke gefunden, die weiter hydriert wurden und schließlich Kohlenwasserstoffe mit 18 und mehr Kohlenstoffatomen ergaben,
deren Zusammensetzung C_nH_{2n-2} lautet. Die Überführung von zwei
Einheiten der Substanz (XVIII) oder (XIX) (S. 9) in einen Kohlen-
wasserstoff würde tatsächlich zu $C_{18}H_{34}$ führen. Hier sei erwähnt, daß
M. PHILLIPS und M. J. GOSS (*47*) bei der Zinkstaubdestillation des
Lignins aus Maisspindeln 0,4% Dihydroeugenol (1-Propyl-3-methoxy-
4-oxy-benzol) erhalten haben.

16. Abbau nach Aufschluß mit Hydrazin sowie mit Kalium in Ammoniak.

Durch wasserfreies Hydrazin wird sowohl Holz wie Cuproxamlignin bei 140° gelöst (*18*). Das Lignin verliert hierbei einen großen Teil seiner Methoxylgruppen. Durch Methylierung und Oxydation werden Veratrumsäure (6,5%) und Iso-hemipinsäure (2,5%) erhalten.

Die blaue Lösung von Kalium in Ammoniak spaltet bei 20% gleichfalls einen Teil der Methoxylgruppen ab. Gleichzeitig werden Ätherbrücken und sauerstoffhaltige Ringe gesprengt, denn wiederum werden nach der Methylierung und Oxydation kleine Mengen derselben Spaltstücke: Veratrumsäure (5%) und Iso-hemipinsäure (1,5%) erhalten, denen sich, wohl infolge der Einwirkung des Luftsauerstoffs vor der Methylierung, Dehydro-diveratrumsäure (0,5%) beigesellt.

Der Umstand, daß sich sämtliche in den obigen Abschnitten 12—16 beschriebenen Aufschlußverfahren nach demselben Schema deuten lassen, erweist die Brauchbarkeit dieser Auffassung. Eine weitere Stütze sind die folgenden Modellversuche.

17. Dehydro-diisoeugenol und seine Umwandlungsprodukte als Modelle.

Schon die Bildung des Dehydro-diisoeugenols (XL) [H. ERDTMAN (*48*)] aus zwei Molekülen Isoeugenol (XXXIX) durch biochemische Dehydrierung mit Pilzen [H. COUSIN und H. HÉRISSEY (*49*)] oder durch gelinde chemische Oxydation (*49*) ist für das Ligninproblem von größtem Interesse, denn hier treten Kondensation und Ringschluß gleichzeitig ein.

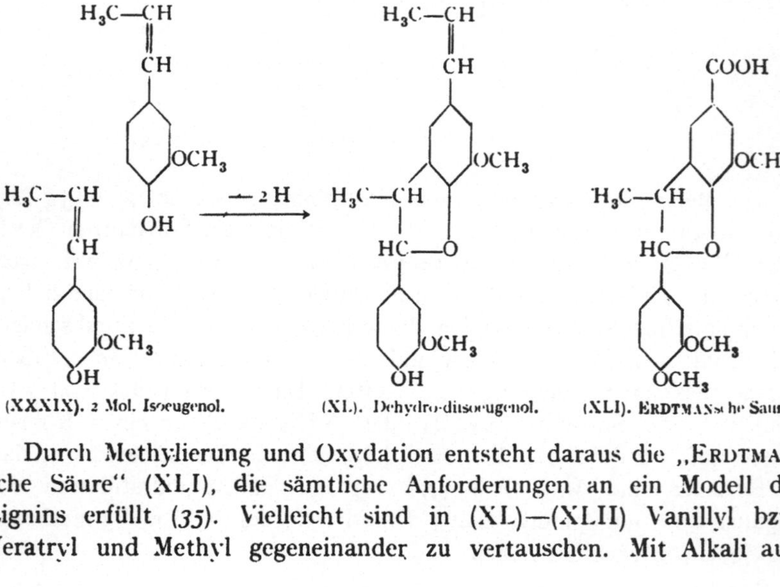

(XXXIX). 2 Mol. Isoeugenol.   (XL). Dehydro-diisoeugenol.   (XLI). ERDTMANsche Säure.

Durch Methylierung und Oxydation entsteht daraus die „ERDTMANsche Säure" (XLI), die sämtliche Anforderungen an ein Modell des Lignins erfüllt (*35*). Vielleicht sind in (XL)—(XLII) Vanillyl bzw. Veratryl und Methyl gegeneinander zu vertauschen. Mit Alkali aufgeschlossen, methyliert und oxydiert, liefert (XLI) 21% Veratrumsäure (statt 53%) und 5% Iso-hemipinsäure (statt 66%), während unter denselben Bedingungen aufgeschlossenes Lignin 14% Veratrumsäure und 4% Iso-hemipinsäure ergibt. Demnach wird durch das Alkali der Ring aufgebrochen.

Unter den Bedingungen des Sulfit-aufschlusses bildet die Säure eine Sulfonsäure (XLII), von der ein kristallisiertes Derivat gefaßt ist [K. FREUDENBERG (50)]. Die Sulfonsäure bildet durch Methylierung und Oxydation 17% Veratrumsäure (statt 39%) und 4% Iso-hemipinsäure (statt 48%). Aus Ligninsulfonsäure werden maximal erhalten: 3% Veratrumsäure und 3,8% Iso-hemipinsäure. Daß die Ausbeute an der letzteren trotz Überwiegens der entsprechenden Gruppierung nicht größer ist, rührt bei der Ligninsulfonsäure daher, daß die Iso-hemipinsäure von zwei Seiten herausgeschält werden muß, während sie bei der ERDTMAN-schen Säure bereits mit einem Carboxyl vorgebildet ist. Die geringere

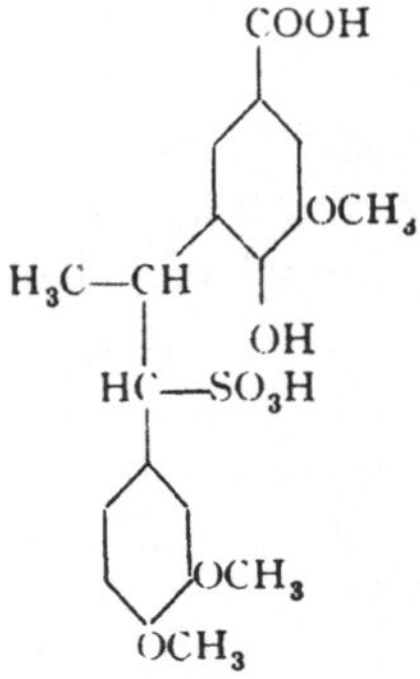

$$
\begin{array}{c}
\text{COOH} \\
| \\
\text{(Ring mit OCH}_3\text{)} \\
\text{H}_3\text{C—CH} \quad \text{OH} \\
| \\
\text{HC—SO}_3\text{H} \\
| \\
\text{(Ring mit OCH}_3, \text{ OCH}_3) \\
\text{(XLII)}
\end{array}
$$

Menge von Veratrumsäure rührt daher, daß in der Ligninsulfonsäure nur wenige, ihre Bildung erlaubende Gruppen vorhanden sind.

Mit Thioglykolsäure reagiert die ERDTMANsche Säure gleichfalls. Aus dem nicht einheitlichen Reaktionsprodukt werden erhalten: 7,4% Veratrumsäure (statt 41%) und 3% Iso-hemipinsäure (statt 51%). Aus der entsprechenden Ligninverbindung wurden 4% Veratrumsäure und 3% Iso-hemipinsäure erhalten.

Neuerdings konnte festgestellt werden, daß auch in bezug auf Methanol und Salzsäure sowie Hydrazin Analogie zwischen der ERDTMANschen Säure und dem Lignin herrscht (unveröffentlicht).

18. Andere Modelle.

Durch aufschlußreiche Versuche hat BR. HOLMBERG (51) gezeigt, daß Phenyl-methyl-carbinol und Diphenylcarbinol mit saurem Sulfit, Thioglykolsäure oder alkoholischer Mineralsäure unter den gleichen Bedingungen wie das Lignin reagieren zu Verbindungen (XLIII) (A = SO$_3$H bzw. $SCH_2 \cdot COOH$ oder OC_2H_5). Nicht nur diese Carbinole, auch ihre Äther reagieren mit Thioglykolsäure in Gegenwart von Mineralsäure. Benzylguajacol (XLV) (R = H) reagiert weder mit Bisulfit noch mit wäßrigem Schwefeldioxyd (das die Verbindung hydrolysiert), noch mit Thioglykolsäure im Sinne des Lignins (52). Dagegen bildet das Anisylguajacol und die entsprechende Nitroverbindung (R = OCH_3 bzw. NO_2) mit Bisulfit oder wäßrigem Schwefeldioxyd Anisylsulfonsäure (bzw. p-Nitrobenzylsulfonsäure) und Guajacol; Thioglykolsäure reagiert dagegen nicht.

$$R \qquad R = CH_3 \text{ oder } C_6H_5 \qquad\qquad OCH_3$$
$$HCA \qquad A = SO_3H,\ SCH_2 \cdot COOH \text{ oder } OC_2H_5 \qquad H_2C-O-$$

(XLIII)   R

(XLV)

Dagegen ist der Guajacoläther des Methylphenyl-carbinols (XLVI) ein vollkommenes Analogon des Lignins bezüglich der Reaktion mit Bisulfit, wäßrigem Schwefeldioxyd und Thioglykolsäure (52):

$$H_3C \qquad OCH_3$$
$$HC-O-$$

(XLVI)

Die in den Abschnitten 17 und 18 beschriebenen Modellversuche beseitigen jeden Zweifel an dem Wesen der wichtigsten Aufschlußreaktionen des Lignins.

19. Coniferylalkohol als Modell (53).

Der monomere, aus dem Glucosid, dem Coniferin, durch Emulsin abgetrennte kristalline Coniferylalkohol (VII) (S. 2) ist in kaltem Wasser ein wenig löslich; schon eine Spur Mineralsäure genügt, um ihn nach einiger Zeit als amorphes Polymerisat zur Abscheidung zu bringen, das in bezug auf den Methoxylgehalt sowie das Verhalten nach der Methylierung mit Diazomethan und folgenden Oxydation (22% Veratrumsäure, keine Iso-hemipinsäure) keinen Unterschied von der monomeren Verbindung zeigt. Durch eine energischere Behandlung mit Säure verliert das Polymerisat Wasser. In Alkalien ist es löslich.

Mit Alkali nach Art des Lignin-aufschlusses gekocht, methyliert und oxydiert, bildet es 26% Veratrumsäure, aber keine Iso-hemipinsäure.

Mit Bisulfit geht das entwässerte Polymerisat bei 135° größtenteils in Lösung; 5% Vanillin sind hierbei unmittelbar zu gewinnen. Nach der Methylierung und Oxydation wurde, außer wenig Veratrumsäure, kein anderes Abbauprodukt gefunden. Auch Thioglykolsäure reagiert; bei der Methylierung und Oxydation wurde jedoch nur Veratrumsäure in geringer Menge erhalten.

An allen diesen Reaktionen scheinen die Guajacylreste unbeteiligt zu sein. Polymerisation und nachträgliche Wasserabspaltung spielen sich an der Seitenkette ab. Dabei treten wahrscheinlich Doppelbindungen (zum Teil in Konjugation zum Kern) auf, die zu den geschilderten Reaktionen Anlaß geben.

Etwas anderes tritt ein, wenn der kristallisierte Coniferylalkohol mit Ferrichlorid in Alkohol behandelt, mit Alkali entsprechend dem Ligninaufschluß erwärmt, methyliert und oxydiert wird. Jetzt tritt neben Veratrumsäure (8%) etwas Iso-hemipinsäure auf (1%). Der Vorgang ist demnach der Bildung des Dehydro-diisoeugenols ähnlich, und es liegt sehr nahe, *das Lignin als Dehydrierungsprodukt des Coniferylalkohols* und ähnlicher Verbindungen zu betrachten (53).

20. Schlußbetrachtung.

In diesen Ausführungen ist versucht worden, die Chemie des Lignins von dem Gedanken aus zu deuten, daß diesem Naturstoff ein *Bauplan* zugrunde liegt, d. h. daß eine Gruppe einander nahestehender Bausteine nach dem Prinzip der kontinuierlichen Kondensation miteinander verbunden ist. Dieses Prinzip ist an jedem hochmolekularen Naturstoff zu erkennen (54), und es ist nicht anzunehmen, daß das Lignin die einzige Ausnahme sein sollte. Schon der Umstand, daß die Ligninchemie mit Hilfe dieses Gedankens — und nur mit ihm — einheitlich dargestellt werden kann, beweist, daß er in den Grundzügen richtig sein muß. Mit Nachdruck muß gefordert werden, daß die Bausteine einer engen Gruppe biochemisch verwandter Typen angehören. Dies trifft für die Formeln (I)—(IV) sowie die Syringakomponente (VI) und jene Gruppe zu, welche die Methylendioxygruppe trägt. Derartige Verwandtschaften sind häufig. Schwieriger ist es, ein einheitliches, biochemisch verständliches Verkettungsprinzip ausfindig zu machen. Die oxydative Kondensation des Isoeugenols, die sich, wenigstens andeutungsweise, am Coniferylalkohol wiederholen läßt, ist ein starker Hinweis für die Art, wie die Mehrzahl der Guajacylreste untergebracht ist. Es ist nicht nötig, nicht einmal wahrscheinlich, daß die eingangs geschilderte Reihenfolge: Verätherung, dann Kondensation, zutreffe; wahrscheinlicher ist, daß, wie beim Isoeugenol, beide Vorgänge zusammengehören.

Die konstitutionschemische Aufgabe der Ligninforschung besteht darin, die Einheiten zu kennzeichnen und die Art ihrer Verknüpfung zu ermitteln. Mit den vielen Arbeiten beschreibenden Inhalts, wie Fraktionierung und Analyse von Ligninpräparaten, ist der Forschung weniger gedient.

Wenn man die *Reaktionen des Lignins überblickt*, so kann man vier Arten erkennen:

a) Die ersten betreffen *Funktionen* und funktionelle Derivate: die Methoxyl-, die Methylendioxygruppen, Hydroxyle, C-Methyl und ihre Abwandlungen.

b) Die zweite Art handelt von den *Substitutionsprodukten*, also der Einführung von Cl, NO_2, Br, $HgO \cdot CO \cdot CH_3$, J.

c) Die dritte Art behandelt den „*Aufschluß*", d. h. die Hydrolyse durch Alkali, Aminolyse, Sulfitreaktion, Alkoholyse usw. Dies sind Reaktionen, bei denen das Kohlenstoffgerüst nach Möglichkeit geschont wird; es hat sich gezeigt, daß alle diese Reaktionen einheitlich gedeutet werden können, als Umsetzungen von Phenylcarbinolen sowie ihren offenen oder ringförmigen Äthern. *Die wichtigsten Reaktionen des Lignins sind Ätherspaltungen* (55). Diese Erkenntnis ist die wichtigste der Ligninchemie.

d) Die letzte Art von Reaktionen betrifft den *Abbau des Kohlenstoffgerüstes*, und zwar entweder des Lignins selbst oder seiner durch Aufschluß gebildeten Umwandlungsprodukte: Kalischmelze, Oxydation, Hydrierung, thermische Destruktion.

Die *Herkunft des Lignins* ist ungeklärt. Daß es wie alle Phenole letzten Endes aus Kohlenhydraten stammt, ist selbstverständlich. Daß die Cellulose unbeteiligt ist, muß angenommen werden. Wenn das Pektin die Ausgangssubstanz hergeben soll, wie häufig behauptet wird (56, 57), muß es zunächst wieder zur Uronsäure abgebaut werden. Will man von dieser aus zu einem Gerüst von neun Kohlenstoffatomen gelangen, so ist zunächst zu fragen, ob sich das Carboxyl an der Gerüstbildung beteiligt. Dies ist äußerst unwahrscheinlich. Viel näher liegt die Annahme, daß jede Umwandlung von Uronsäuren zu Pentosen führt. Von den Pentosen aus ist aber die Konstruktion des Ligningerüstes schwer vorstellbar. Einfacher ist die Annahme, daß sich eine Hexose mit einem C_3-Körper von der Oxydationsstufe des Glycerins oder mit Formaldehyd und einem C_2-Körper von der Oxydationsstufe des Glykols kondensiert. Uronsäure, die ihr Carboxyl behält, ist schon deshalb unwahrscheinlich, weil der zugehörige C_3-Körper, mit dem sie sich kondensieren sollte, auf der Oxydationsstufe des Propylalkohols stehen müßte.

Der Umstand, daß Pektin im jungen Gewebe in dem Maße verschwindet, wie dieses verholzt, beweist nicht, daß daraus Lignin wird. Wenn das Verschwinden des Pektins zutrifft, so bedeutet dies nur, daß es während dieser tiefgreifenden Veränderung des Gewebes gleichfalls umgewandelt wird. Aber das Verschwinden des Pektins ist überhaupt umstritten. Vielleicht wird es nur überdeckt durch andere Bestandteile, vielleicht wird es so eingebaut, daß es nicht mehr nachweisbar ist (58). Mit Recht weist A. G. NORMAN (59), von dem die beste kritische Über sicht dieser Frage stammt, darauf hin, daß das im jungen Gewebe angetroffene Pektin niemals der Menge nach ausreicht, um alles Lignin zu bilden, das später im Holz angetroffen wird.

Wenn das Lignin, wie zunächst anzunehmen ist, nicht aus dem Pektin stammt, so kann man sich zu seiner Synthese jede Hexose ausdenken. Daß diese gerade Fructose sein sollte, wie WISLICENUS angibt, scheint deshalb gleichgültig zu sein, weil Fructose und Glucose (nebst Mannose) derart leicht ineinander übergehen, daß für die hier angestellten Betrachtungen kein biochemischer Unterschied zwischen ihnen besteht. Der Bildung des Lignins wird man erst dann näherkommen, wenn etwas über die Entstehung der Phenole, insbesondere der C_9-Reihe, bekannt wird.

Nachtrag.

Im niedermolekularen Anteil des Fichtenlignins haben H. HIBBERT und seine Mitarbeiter (61) das Vanilloyl-methyl-carbinol (XXXVa) (S. 17) nachgewiesen ($4^0/_0$ des Lignins). Dieser Baustein paßt in das von uns gegebene Schema, sowohl wenn er als solcher im Ligninanteil des Holzes vorkommt, als auch, wenn er durch Umlagerung des Bausteins (III, IV) (S. 21) entstanden ist. Daß diese Komponente (ebenso wie XIII) nur einen Teil, höchstens $18^0/_0$ des Lignins aufbauen könnte, geht daraus hervor, daß Lignin mit Chromsäure nur 6% Essigsäure (= $2,7\%$ C CH$_3$, S. 6) bildet. Etwa $33^0/_0$ des im Holz vorhandenen Methoxyls wird nach geeigneter Oxydation in der Gestalt von Vanillin angetroffen, das gleichfalls nicht unmittelbar der Komponente (XXXVa) oder ihren Kondensationsprodukten entstammen kann (34) (S. 11). 25% des Fichtenlignins wird von der Piperonyl- und etwa 5% von der Syringyl-komponente bestritten (S. 9, 10). Die Substanz (XXXVa) (S. 17) ist ein Derivat des Benzoyl-methyl-carbinols; daß die Mehrzahl der Lignin-bausteine jedoch Derivate des Phenyl-äthyl-carbinols (I—III) sind, geht aus den Reaktionen mit schwefliger Säure und Thioglykolsäure hervor, die bisher nur an α-Phenyl-carbinolen und ihren Äthern angetroffen worden sind.

In der Ligninliteratur dürfte nunmehr endlich Einmütigkeit darüber herrschen, daß *Lignin ein Derivat des Phenylpropans ist*, mit 3 Sauer-stoffäquivalenten in der Seitenkette; ferner daß es im Holze in *ver-schiedenen Kondensationsstufen*, vom einfachen Baustein bis zu hohen Aggregaten vorliegt (9) (S. 3, 12). Daß die Schemata (I)—(III) sowie (XII)—(XXII) nur Beispiele von vielen ähnlichen Möglichkeiten sind, ist von jeher ausdrücklich betont worden (4; 1).

Literaturverzeichnis.

1. Freudenberg, K.: Tannin, Cellulose, Lignin. Berlin: Julius Springer 1933.

2. Phillips, M.: The Chemistry of Lignin. Chem. Reviews 14, 103 (1934).

3. Hägglund, E.: Holzchemie, 2. Aufl. Leipzig 1939.

4. Freudenberg, K.: S.-B. Heidelberger Akad. Wiss., 19. Abh. (1928).

5. — u. H. Fr. Müller: Zur Kenntnis des Buchenlignins. (XVIII. Mitteilung über Lignin.) Ber. dtsch. chem. Ges. 71, 1821 (1938).

6. Klason, P.: Svensk kem. Tidskr. 1897, 135.

7. — Über Lignin und Lignin-Reaktionen. Ber. dtsch. chem. Ges. 53, 706 (1920).

8. Haworth, R. D.: Natural Resurs. Ann. Rep. on the Progr. of Chemistry for 1936, London 1937, 266.

9. Über die Aussagen zu Punkt a bis c, S. 3 (Kondensations- und Bindungszustand des Lignins) siehe K. Freudenberg u. R. Keller: Schwefelsäureester der Bestandteile des Fichtenholzes. Ber. dtsch. chem, Ges. 72, 331 (1939). — Vgl. auch Freudenberg, K., F. Sohns u. A. Janson: Weitere Untersuchung des Lignins. Liebigs Ann. Chem. 518, 62, und zwar 83 (1935). — Ferner E. Hägglund (3).

10. Hilpert, R. S. u. H. Hellwage: Buchenholz-Lignin, ein Reaktionsprodukt der Kohlenhydrate bei der Lignin-Bestimmung. Ber. dtsch. chem. Ges. 68, 380 (1935).

11. Willstätter, R. u. L. Zechmeister: Zur Kenntnis der Hydrolyse von Cellulose. Ber. dtsch. chem. Ges. 46, 2401 (1913). — Vgl. Béchamp, A.: Sur les produits de la transformation de la fécule et du ligneux sous l'influence des alkalis, du chlorure de zinc et des arides. Ann. chim. phys. 48, 458 (1856).

12. Braconnot, H.: Ann. chim. phys. 12, 172 (1819). — Klason, P.: Ber. Hauptvers. Verein d. Papier- u. Zellstoffchemiker 1908, 53.

13. Schlubach, H. H., H. Elsner u. V. Prochownick: Abbau der Cellulose nach einer neuen Methode. Angew. Chem. 45, 245 (1932). — Schlubach H. H., u. V. Prochownick: Über den Mechanismus des Abbaues der Cellulose mit Chlorwasserstoff unter Druck. Angew. Chem. 47, 132 (1934).

14. Fredenhagen, K. u. G. Cadenbach: Der Abbau der Cellulose durch Fluorwasserstoff und ein neues Verfahren der Holzverzuckerung durch hochkonzentrierten Fluorwasserstoff. Angew. Chem. 46, 113 (1933).

15. Hottenroth, V.: D. R. P. 306818 (1918).

16. Wenzl, H.: Papierfabrikant 22, 101 (1924). — Urban, H.: Zur Kenntnis des Fichtenholzes. Cellulosechem. 7, 73 (1926).

17. Freudenberg, K., M. Harder u. L. Markert: Bemerkungen zur Chemie des Lignins. (VII. Mitteilung über Lignin und Cellulose.) Ber. dtsch. chem. Ges. 61, 1760 (1928).

18. — K. Engler, E. Flickinger, A. Sobek u. F. Klink: Der Abbau des Fichten-Lignins zu Phenolcarbonsäuren. (XVII. Mitteilung über Lignin.) Ber. dtsch. chem. Ges. 71, 1810 (1938).

19. — A. Janson, E. Knopf u. A. Haag: Zur Kenntnis des Lignins. (XV. Mitteilung.) Ber. dtsch. chem. Ges. 69, 1415 (1936).

20. — H. Zocher u. W. Dürr: Weitere Versuche mit Lignin. (XI. Mitteilung über Lignin und Cellulose.) Ber. dtsch. chem. Ges. 62, 1814 (1929).

21. Herzog, R. O. u. A. Hillmer: Das ultraviolette Absorptionsspektrum des Lignins. Ber. dtsch. chem. Ges. 60, 365 (1927). Über das ultraviolette Absorptionsspektrum des Lignins und von Körpern mit dem Coniferylrest. Z. physiol. Chem. 168, 117 (1927). Zur Kenntnis des Lignins. (III. Mitteilung.) Ber. dtsch. chem. Ges. 64, 1288 (1931).

22. FREUDENBERG, K. u. E. BRAUN: Über Lignin, Coniferylalkohol und Saligenin. Cellulosechem. **12**, 270, Anm. 25 (1931).

23. HILPERT, R. S. u. Q. S. WOO: Die Einwirkung von SCHWEIZERS Reagens und Ammoniak auf Holz und andere Pflanzenteile. (Zur Kenntnis der „Cuproxam"-Lignine.) Ber. dtsch. chem. Ges. **70**, 413 (1937).

24. FREUDENBERG, K. u. K. ENGLER: Ber. dtsch. chem. Ges. **72** (1939) (im Druck).

25. — W. BELZ u. CHR. NIEMANN: Die aromatische Natur des Lignins. (X. Mitteilung über Lignin und Cellulose.) Ber. dtsch. chem. Ges. **62**, 1554 (1929).

26. — FR. KLINK, E. FLICKINGER u. E. SOBEK: Ber. dtsch. chem. Ges. **72** (1939) (im Druck).

27. — u. F. SOHNS: Zur Kenntnis des Lignins. Ber. dtsch. chem. Ges. **66**, 262 (1933)

28. WACEK, A. v.: Über Methylierung von Buchenholz und Spaltung des Methylbuchenholzes. Untersuchung des Buchenholz-Lignins. Ber. dtsch. chem. Ges. **63**, 282 (1930). Über Alkyl-Buchenholz-Lignine und ihre Spaltung. Ber. dtsch. chem. Ges. **63**, 2984 (1930).

29. FREUDENBERG, K., F. SOHNS u. A. JANSON: Weitere Untersuchung des Lignins. Liebigs Ann. Chem. **518**, 62 (1935).

30. — u. H. HESS: Ein Verfahren zur Kennzeichnung verschiedenartiger Hydroxylgruppen. Seine Anwendung auf das Lignin. Liebigs Ann. Chem. **448**, 121 (1926); ferner Zitat (*17*).

31. HILPERT, R. S. u. O. PETERS: Über benzyliertes Fichtenholz. Ber. dtsch. chem. Ges. **70**, 108 (1937). — FREUDENBERG, K., M. MEISTER u. E. FLICKINGER: Fichtenlignin. (XVI. Mitteilung über Lignin.) Ber. dtsch. chem. Ges. **70**, 500 (1937).

32. FREUDENBERG, K. u. H. FR. MÜLLER: Quecksilber und Jod enthaltende Derivate des Fichtenlignins. Ber. dtsch. chem. Ges. **71**, 2500 (1938).

33. — u. W. DÜRR: Lignin und Stickstoffdioxyd. (XV. Mitteilung über Lignin und Cellulose.). Ber. dtsch. chem. Ges. **63**, 2713 (1930).

34. — u. W. LAUTSCH: Unveröffentlicht.

35. — M. MEISTER u. E. FLICKINGER: Zitat (*31*).

36. WILLSTÄTTER, R. u. E. UNGAR: Dissert. des letzteren, Zürich 1914.

37. FREUDENBERG, K. u. E. FLICKINGER: Unveröffentlicht.

38. GRAFE, V.: Untersuchungen über die Holzsubstanz-Untersuchung der Sulfitablauge. Mh. Chem. **25**, 1001 (1904).

39. TOMLINSON, G. H. and H. HIBBERT: Studies on Lignin and Related Compounds. XXIV. The formation of Vanillin from Waste Sulfite Liquor. J. Amer. chem. Soc. **58**, 345, 348 (1936).

40. HÄGGLUND, E. u. L. C. BRATT: Svensk pappers Tidskr. **39**, 347 (1936).

41. — u. O. ALVFELDT: Cellulosechem. **40**, 236 (1937).

42. BELL, A., W. L. HAWKINS, G. F. WRIGHT and H. HIBBERT: Ocurrence of acetovanillone in waste sulfite liquor from coniferous Woods. J. Amer. chem. Soc. **59**, 597 (1937).

43. LEGER, F. and H. HIBBERT: Studies on Lignin and Related Compounds. XXXIV. Acetovanillone and Acetosyringone as Degradation Products of Lignin Sulfonic Acids. J. Amer. chem. Soc. **60**, 565 (1938).

44. HOLMBERG, BR.: Ing. Vet. Akad. Hand. **1930**, Nr. 103 B 69, 115 (1936).

45. KLASON, P.: Tekn. Tidskr. of Kemi och Metallurgi **23**, 11 (1893).

46. HARRIS, E. E., J. D'IANNI, and H. ADKINS: Reaktion of Hardwood Lignin with Hydrogen. J. Amer. chem. Soc. **60**, 1467 (1938).

47. PHILLIPS, M. and M. J. GOSS: The Chemistry of Lignin. VI. The distillation of alkali lignin with zinc dust in an atmosphere of hydrogen. J. Amer. chem. Soc. **54**, 1518 (1932).

48. Erdtman, H.: Dehydrierungen in der Coniferylreihe. II. Dehydrodiisoeugenol. Liebigs Ann. Chem. **503**, 283 (1933).

49. Cousin, H. u. H. Hérissey: Oxydation de l'isoeugénol. Sur le déhydro-diusoiegénol. C. R. Acad. Sciences **147**, 247 (1908).

50. Freudenberg, K.: Neues über Lignin. Papierfabrikant **36**, 34, Anm. 1 (1938).

51. Holmberg, Br.: Etyllignin och thioglykolsyre. Svensk kem. Tidskr. **57**, 257 (1935) **58**, 207 (1936). Lignin-Untersuchungen. XI. Mitteilung: Fichtenholz und Merkaptosäuren. Ber. dtsch. chem. Ges. **69**, 115 (1936).

52. Richzenhain, H.: Unveröffentlicht.

53. Nach unveröffentlichten Versuchen von E. Flickinger. Dissert., Heidelberg 1937.

54. Freudenberg, K.: Natürliche organische Riesenmoleküle. Naturwiss. **27**, 17 (1939).

55. Vgl. die Übersicht: A. v. Lüttringhaus jr. u. G. v. Sääf: Über die Spaltung von Phenyl-alkyl-äthern. Angew. Chem. **51**, 915 (1938).

56. Candlin, E. J. and S. B. Schryver: Proc. Roy. Soc. London **103** B, 365 (1928).

57. Griffioen, K.: The origin of lignin in the cell wall. Dissert., Leyden-Amsterdam 1938.

58. Buston, H. W.: Observations on the nature, distribution and development of certain cell-wall constituents of plants. Biochemical J. **29**, 196 (1935).

59. Norman, A. G.: The Biochemistry of Cellulose, the Polyuronides, Lignin etc. Oxford 1937.

60, Lieser, Th. und V. Schwind: Zur Kenntnis des Lignins I. Liebigs Ann. Chem. **532**, 104 (1937).

61. Cramer, A. B., M. J. Hunter and H. Hibbert: Studies on Lignin and Related Compounds. XXXV. The Ethanolysis of Spruce Wood. J. Amer. chem. Soc. **61**, 509 (1939); XXXVI. Ethanolysis of Maple Wood. J. Amer. chem. Soc. **61**, 516 (1939). Vgl. auch: Brickman, L., J. J. Pyle and H. Hibbert: The Aldehydic Constituents from the Ethanolysis of Spruce and Maple Woods. J. Amer. chem. Soc. **61**, 523 (1939); Peniston, Q. P., J. L. Mc Carthy and H. Hibbert: The Reconversion of an „Extracted" Lignin into its Primary Building Units. J. Amer. chem. Soc. **61**, 530 (1939).

(Eingelaufen am 13. Januar 1939; mit einem Nachtrag vom 10. März 1939.)

Flechtenstoffe.

Von **Y. Asahina**, Tokyo.

Die chemische Untersuchung der Flechtenstoffe begann bereits in der ersten Hälfte des 19. Jahrhunderts, in der Zeit, als die Flechten als Arznei- und Färbmittel noch eine Rolle gespielt haben. Angesichts der später sich rasch entwickelten chemischen Industrie hat die Flechtenchemie ihre praktische Bedeutung verloren. Seit der Einführung des Nylanderschen Prinzips in die Lichenologie — Unterscheidung der Flechten durch ihre chemischen Reaktionen — ist aber die Kenntnis der Flechtenstoffe für den Botaniker unentbehrlich geworden. Obwohl schon am Ende des vorigen Jahrhunderts die Anzahl der isolierten Flechtenstoffe gegen 150 betrug, so wurden doch nur wenige strukturell geklärt und viele miteinander verwechselt oder voneinander schlecht unterschieden, so daß das von Zopf (*1*) gesteckte Ziel, die chemisch-monographische Durcharbeitung der Flechten-genera in bezug auf ihre spezifischen Stoffwechselprodukte, kaum erreicht wurde.

Der Bahnbrecher der modernen Flechtenchemie war E. Fischer, der 1913 sowohl analytisch als auch synthetisch die Konstitution der Lecanorsäure aufklärte. Dann folgten nach einiger Pause gründliche Untersuchungen von Karrer (Vulpinsäure), von Pfau (Atranorin), von Schöpf (Usninsäure), von Koller (Cetrarsäure) und von Robertson (Usninsäure). Seit 1926 hat sich Asahina hauptsächlich mit der Untersuchung der Flechtendepside an die Forschung angeschlossen und in 1934 auf Grund der bis dahin gesammelten Ergebnisse eine Systematik (*2*) der Flechtenstoffe aufgestellt, welche schon heute einer Ergänzung bedarf. Selbstverständlich sind damit die Flechtenstoffe keineswegs erschöpft. Die bisher untersuchten Flechten sind meistens strauch- oder blattartig und entstammen hauptsächlich den gemäßigten und kälteren Zonen. Zieht man aber die Flechten der formenreichen, tropischen Flora sowie die Krustenflechten aus allen Erdteilen in den Kreis der Untersuchung, so wird man auf diesem Gebiet noch viel Neues entdecken.

A. Verbindungen der Fettreihe.

Gruppe I. Fettsäuren und Laktone.

1. Protolichesterinsäuren und ihre Derivate.

Wie Zopf (*3*) richtig bemerkte, ist der native Bestandteil des europäischen isländischen Mooses (*Cetraria islandica* Ach.) die *d-Protolichesterinsäure* $C_{19}H_{32}O_4$, woraus durch Umlagerung die d-Lichesterinsäure älterer Autoren entsteht. Asano (*4*) isolierte aus der japanischen *Cetraria crispa* Nyl. (von ihm früher als Cetraria islandica f. angustifolia oder f. subtubulosa genannt) die *l-Protolichesterinsäure*, die sich durch Kochen mit Acetanhydrid in die l-Lichesterinsäure überführen läßt. Wird die Lichesterinsäure mit Kalilauge gekocht, so entsteht die Lichesterylsäure $C_{18}H_{34}O_3$, die von Boehm (*5*) als eine γ-Oxysäure aufgefaßt wurde. Asano und Ohta (*6*) haben aber später gezeigt, daß die letztere keine Oxy-, sondern eine Ketosäure ist. Das aus ihrem Oxim durch Beckmannsche Umlagerung erhaltene Säureamid liefert beim Spalten Tridecylamin und Brenzweinsäure. Die Synthese der *Lichesterylsäure* (I) wurde von Asano und Ohta (*6*) nach folgendem Schema durchgeführt:

$$C_2H_5O{-}CO{-}\underset{\overset{|}{C_{13}H_{27}{-}CO}}{CH}{-}Na \quad + \quad Br{-}\underset{\overset{|}{COOC_2H_5}}{CH}{-}CH_3 \longrightarrow$$

$$\longrightarrow C_2H_5O{-}CO{-}\underset{\overset{|}{C_{13}H_{27}{-}CO}}{CH}{-}\underset{\overset{|}{COOC_2H_5}}{CH}{-}CH_3 \longrightarrow \underset{\overset{|}{C_{13}H_{27}{-}CO}}{CH_2}{-}\underset{}{CH}{-}CH_3$$

αα'-Methyl-myristinoyl-bernsteinsaure-diathylester.   (I). Lichesterylsäure.

Da anderseits das Lichesteryllakton $C_{18}H_{32}O_2$ (IV) (decarboxylierte Lichesterinsäure) beim Verseifen mit Alkali dieselbe Lichesterylsäure liefert, so muß es das Enollakton der Lichesterylsäure (V) sein. Nun liefert die Protolichesterinsäure mit Semicarbazid ein Additionsprodukt (*4*), sie besitzt also eine mit dem Carbonyl benachbarte Doppelbindung. Bei der Permanganatoxydation liefert die Protolichesterinsäure nur Myristinsäure (VI), während beim Oxydieren mit Ozon Formaldehyd, Ameisensäure, Oxalsäure und eine α-Oxypentadecylsäure (Schmelzp. 92°) (VII) entstehen; die letztere ist zweifellos eine optisch aktive Form der von Le Sueur (*7*) dargestellten razemischen Säure (Schmelzp. 84,5°). Für die Bindungsweise der Kohlenstoffkette der Protolichesterinsäure ist die Tatsache ausschlaggebend, daß die Dihydro-protolichesterinsäure (VIII), mit Jodwasserstoff und Phosphor reduziert, $\alpha\alpha'$-Methyltridecyl-bernsteinsäure (IX) gibt (*8*). Reduziert man dagegen die Lichesterinsäure mit demselben Reagens, so wird eine gesättigte Säure $C_{18}H_{36}O_2$ erhalten, die Boehm (*5*) λ-Isostearinsäure (X) nannte. Durch die von Asano und Azumi (*8*) ausgeführte Synthese wurde die letztere als α-Methyl-heptadecylsäure erkannt.

Auf Grund der oben geschilderten Tatsachen stellte Asano (*9*) für

die Protolichesterinsäure die nachstehende Konstitutionsformel (II) auf.
Als ein Itaconsäure-Derivat wird die Säure beim längeren Kochen mit
Alkohol oder mit Acetanhydrid in ein entsprechendes Citraconsäure-
Derivat, die *Lichesterinsäure* (III) übergeführt, welche auffälligerweise
gegen kaltes Permanganat beständig ist.

$$
\begin{array}{ccc}
\text{COOH} & \text{HOOC—CH—C=CH}_2 & \\
| & \gamma|\ ^\beta\quad {}^\alpha|\ ^{\beta'} & \\
\text{CH}_3\text{—(CH}_2)_{12}\text{—CH—OH} \xleftarrow{O_3} \text{CH}_3\text{—(CH}_2)_{12}\text{—CH}\quad\text{CO} \xrightarrow{} \text{CH}_3\text{—(CH}_2)_{12}\text{—COOH} \\
\text{(VII). } \alpha\text{-Oxypentadecylsäure.} \qquad\qquad\backslash\ O\ / \qquad\qquad \text{(VI). Myristinsäure.} \\
\end{array}
$$

(II). Protolichesterinsäure.

(VIII). Dihydro-protolichesterinsäure.

(III). Lichesterinsäure.

(IV). Lichesteryllakton.

$-CO_2$

(IX). $\alpha\alpha'$-Methyl-tetradecyl-bernsteinsäure.

(X). λ-Isostearinsäure.

(V). Lichesterylsäure.

Inzwischen haben ASAHINA und YANAGITA (*10*) die *l-Alloprotoliche-
sterinsäure*, ein Isomeres der l-Protolichesterinsäure, entdeckt, welche bei
der Umlagerung l-Lichesterinsäure gibt. Da bei der Umlagerung der
Protolichesterinsäure in Lichesterinsäure die Konfiguration des γ-Kohlen-
stoffatoms im Laktonring unverändert bleibt, so beruht die Isomerie
zwischen Protolichesterin- und Allo-protolichesterinsäure auf der verschiedenen Lage des Wasserstoffatoms und der Carboxylgruppe am
β-Kohlenstoffatom. Bezeichnet man also das Antipodenpaar *A* und *C*
als Protolichesterinsäure, so kommen der Allo-protolichesterinsäure *B*
und *D* zu:

A

B

C

D

R bedeutet $CH_3\text{—(CH}_2)_{12}$

Die von Hesse (*11*) ausgesprochene Meinung, daß das isländische Moos Proto-*x*-lichesterinsäure von der Zusammensetzung $C_{18}H_{30}O_5$ enthalte, ließ sich nicht bestätigen.

2. *Nephromopsinsäure.*

Asano und Azumi (*12*) isolierten aus der Flechte *Nephromopsis Stracheyi f. ectocarpisma* Hue eine gesättigte Laktonsäure $C_{19}H_{34}O_4$, die sie *Nephromopsinsäure* nannten. Die letztere ist nicht identisch mit der Dihydro-protolichesterinsäure, sie liefert aber, genau so wie die letztere, beim Reduzieren mit Jodwasserstoff und Phosphor *xx'*-Methyl-tetradecyl-bernsteinsäure. Ferner geht der Methylester der Nephromopsinsäure beim Verseifen mit alkoholischem Kali nicht in die ursprüngliche Säure über, sondern in l-Dihydro-protolichesterinsäure (*13*), so daß die Nephromopsin- sowie die l-Dihydro-protolichesterinsäure stereoisomere *x*-Methyl-*γ*-tridecylparaconsäuren sind.

3. *Nephrosterinsäure und Nephrosteransäure* (*14*).

Die in Japan heimische *Nephromopsis endocrocea* Y. Asahina enthält ein Gemisch von farbloser Fettsäuren, welche sich chromatographisch in zwei Bestandteile trennen ließen. Die leichter adsorbierbare Nephrosterinsäure ist eine ungesättigte Laktonsäure $C_{17}H_{38}O_4$ und wird durch Erhitzen mit Acetanhydrid in ihr Isomeres, die Iso-nephrosterinsäure, übergeführt. Beim Oxydieren mit Permanganat liefert die Nephrosterinsäure Laurinsäure, während die Iso-nephrosterinsäure beim Destillieren Kohlensäure verliert und in das Nephrosteryllakton $C_{16}H_{28}O_2$ übergeht. Beim Verseifen mit Alkali liefert das letztgenannte Lakton eine Ketonsäure $C_{16}H_{30}O_3$ (Nephrosterylsäure), deren Oxim nach vorheriger Umlagerung sich in n-Undecylamin und Brenzweinsäure spalten ließ. Da die synthetische *x*-Methyl-*γ*-laurinoyl-propionsäure sich als identisch mit der Nephrosterylsäure erwies, sind die chemischen Umwandlungen der Nephrosterinsäure ganz analog mit derjenigen der Protolichesterinsäure. Folglich kann man die erstere als ein niedrigeres Homologe (XI) der letzteren auffassen.

Der zweite, schwerer adsorbierbare Bestandteil (Nephrosteransäure) (XIII), (S. 30) wurde mit dem Hydrierungsprodukt der Nephrosterinsäure identifiziert.

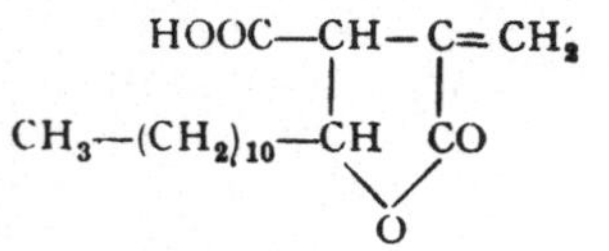

HOOC—CH—C=CH₂
    | |
CH₃—(CH₂)₁₀—CH CO
      \\ /
      O

HOOC—C=C—CH₃
    | |
CH₃—(CH₂)₁₀—CH CO
      \\ /
      O

(XI). Nephrosterinsäure. 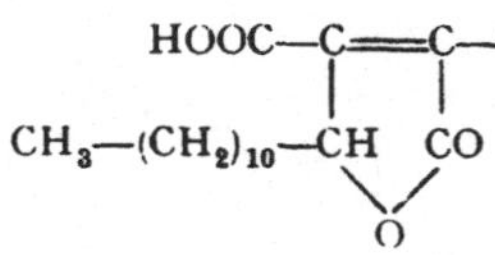   (XII). Iso-nephrosterinsäure.

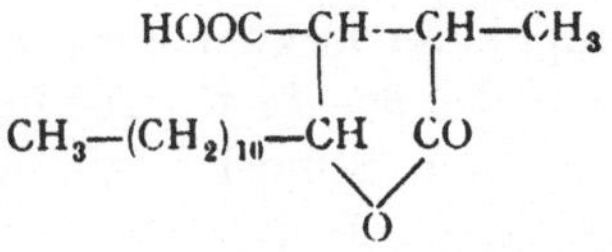

$$HOOC-CH-CH-CH_3$$
$$CH_3-(CH_2)_{10}-CH \quad CO$$
$$O$$

(XIII). Nephrosteransäure.

4. Caperatsäure.

Die Zusammensetzung der Caperatsäure wurde von Asano und Ohta (*15*) richtiggestellt und lautet $C_{21}H_{38}O_7$ (einschließlich eines Ester-methyls). Die daraus durch Verseifen erhaltene Norcaperatsäure wird einerseits durch konzentrierte Schwefelsäure zum Methyl-(n)-pentadecylketon, anderseits durch Kalilauge zu Palmitinsäure abgebaut. Eine analoge Umwandlung erfährt die Agaricinsäure (n-Hexadecyl-citronensäure), so daß die Nor-caperatsäure (XIV) als ein um 2 CH_2 ärmeres Homologe der Agaricinsäure anzusprechen ist.

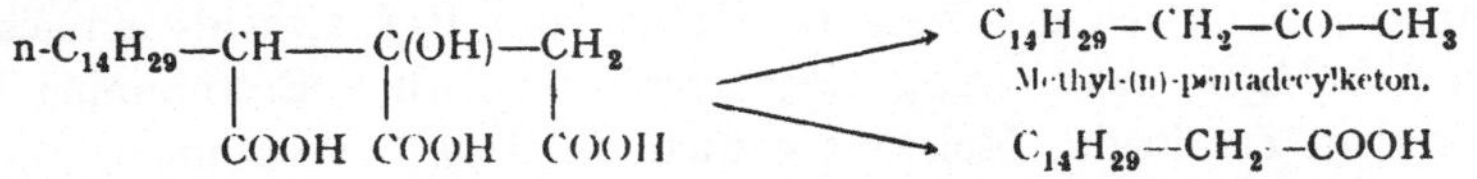

$$n\text{-}C_{14}H_{29}-CH-C(OH)-CH_2 \longrightarrow C_{14}H_{29}-CH_2-CO-CH_3$$
$$\text{(XIV). Nor-caperatsäure} \qquad \text{Methyl-(n)-pentadecylketon.}$$
$$COOH \quad COOH \quad COOH \longrightarrow C_{14}H_{29}-CH_2-COOH$$
$$\text{Palmitinsäure.}$$

5. Roccellsäure.

Die Roccellsäure (Schmelzp. 31°) ist einer der altbekannten Flechtenstoffe. Bereits Hesse (*16a*) hatte dafür die Formel $C_{17}H_{32}O_4$ aufgestellt und sowohl saure als auch neutrale Salze bereitet. Neuerdings haben Nolan und Mitarbeiter (*16*) optische Aktivität ($[\lambda]_D = +17{,}4°$) an der Roccellsäure beobachtet und ferner den Dimethylester (Schmelzp. 28—29), das Anilid (Schmelzp. 57—58°) und das p-Nitrophenylhydrazid (Schmelzp. 113—114°) gewonnen, so daß die Verbindung als eine zweibasische Säure charakterisiert ist. Sie zeigten auch, daß sich die Roccellsäure durch Einwirkung von Phosphorbromid nicht glatt bromieren läßt, sondern teilweise zu einer Substanz vom Schmelzp. 81—82° isomerisiert wird. Unter der Annahme, daß die Roccellsäure eine substituierte Bernsteinsäure sei und unter Berücksichtigung des Auftretens der Nephrosterinsäure, durch deren Reduktion die Bildung von $\lambda\lambda'$-Methyl-dodecylbernsteinsäure $C_{17}H_{32}O_4$ (XV) möglich ist, haben die genannten Forscher die letztere nach folgender Reaktion dargestellt:

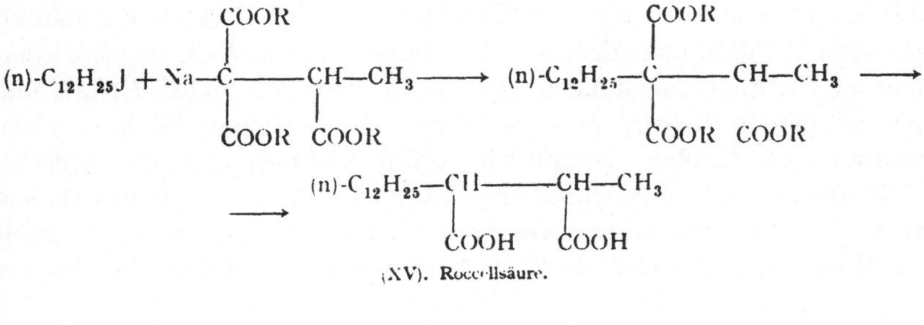

$$\text{COOR} \qquad\qquad \text{COOR}$$
$$(n)\text{-}C_{12}H_{25}J + Na-C-CH-CH_3 \longrightarrow (n)\text{-}C_{12}H_{25}-C-CH-CH_3 \longrightarrow$$
$$\text{COOR} \quad \text{COOR} \qquad\qquad \text{COOR} \quad \text{COOR}$$

$$\longrightarrow (n)\text{-}C_{12}H_{25}-CH-CH-CH_3$$
$$COOH \quad COOH$$
$$\text{(XV). Roccellsäure.}$$

Hierbei trat das Endprodukt in zwei Formen auf: die eine schmilzt bei 131—132,5°, die andere bei 80—81,5°. Die höher schmelzende Modifikation liefert das Anilid vom Schmelzp. 56° und das p-Nitrophenylhydrazid vom Schmelzp. 113,5°. Trotz der Übereinstimmung, der selben Höhe der Schmelzpunkte der synthetischen Säure und ihrer Derivate, ist das Nolansche Präparat nicht identisch mit der natürlichen, rechtsdrehenden Roccellsäure, sondern es ist das entsprechende Racemat.

Gruppe II. Neutrale, gegen Alkali indifferente Substanzen.

Hierzu zählt Zopf (*17*) etwa 17 Flechtenstoffe, die alle in Alkalien unlöslich sind und in alkoholischen Lösungen durch Eisenchlorid nicht gefärbt werden. Der Vertreter dieser Gruppe ist das von Paternò entdeckte Zeorin, das in den Flechten weit verbreitet ist. Wegen der charakteristischen Kristallform (hexagonale Doppelpyramide) läßt sich das Zeorin qualitativ leicht erkennen. Dafür fand Paternò als einfachste Formel $C_{13}H_{22}O$. Auf Grund einer ebullioskopischen Bestimmung ließ Hesse dem Zeorin das Molekulargewicht $(C_{13}H_{22}O)_4$ zukommen.

Zeorin und Leukotylin.

Bei der chemischen Untersuchung der japanischen Flechte *Parmalia laucotyliza* Nyl. haben Asahina und Akagi (*18*) das Zeorin rein isoliert und festgestellt, daß es eine optisch aktive Verbindung von der Zusammensetzung $C_{30}H_{52}O_2$ ist. ·Daß es sich hier um ein Triterpenoid-Derivat handelt, wurde dadurch bewiesen, daß das Zeorin die Liebermannsche Farbreaktion zeigt und beim Selen-abbau Agathalin (1,2,7-Trimethylnaphtalin) liefert. Die beiden Sauerstoffatome des Zeorins sind als Hydroxyle vorhanden, von denen das eine von tertiärer Natur ist. Ein zweiter Bestandteil derselben Flechte, das Leukotylin $C_{30}H_{52}O_3$, ist ebenfalls ein Triterpenoid-Derivat, indem es durch Erhitzen mit Selen zum Agathalin abgebaut wird. Das Leukotylin besitzt 3 Hydroxyle, von denen das eine tertiär ist, und stellt sehr wahrscheinlich ein Oxyzeorin dar.

Gruppe III. Zuckeralkohole.

Es ist eine altbekannte Tatsache, daß Erythrit in Roccella-arten teils mit Lecanorsäure verestert als Erythrin, teils frei vorkommt. Mannit, ein auch in Pilzen und Algen sehr verbreiteter Bestandteil, wurde wiederholt in Flechten aufgefunden (*19*). In neuerer Zeit haben Nolan und Keane (*20*) in *Lobaria pulmonaria* aus der Grafschaft Wicklow einen fünfwertigen Alkohol, vermutlich Arabit (Schmelzp. 102°) entdeckt. Bald darauf haben Asahina und Yanagita (*20a*) in *Lobaria pulmonaria*, in *Ramalina scopulorum* sowie in *Ramalina geniculata* d-Arabit nachgewiesen (Schmelzp. 103°, $[\alpha]_D = + 7,8°$; Schmelzp. des Acetats

$75°$). Der von KLIMA (*21*) aus *Alectoria ochroleuca* isolierte Zuckeralkohol vom Schmelzp. 103 (Acetat: $75°$) sowie die von ZELLNER (*22*) aus *Parmelia physodes* isolierte Verbindung von demselben Schmelzpunkt, denen die Formel $C_4H_{10}O_4$ zugeschrieben wurde, sind bestimmt nicht mit Erythrit, sondern mit Arabit identisch. Ferner wurde *Volemit*, ein siebenwertiger Alkohol, in *Dermatocarpon miniatum* aufgefunden (*23*). Obwohl ZOPF bei der Aufzählung der Flechtenstoffe die Zuckeralkohole nicht berücksichtigt, bieten die letzteren zum Studium des Flechtenstoffwechsels ein gutes Merkmal.

B. Verbindungen der Benzolreihe
Gruppe I. Pulvinsäure-Derivate.

1. Vulpinsäure.

Die Konstitution der Vulpinsäure hat VOLHARD mit der Formel (XVI) und SPIEGEL mit (XVII) ausgedrückt, aber erst durch die Untersuchung von KARRER, GEHRCKENS und HEUSS (*24*) wurde die Frage zugunsten von (XVII) endgültig entschieden.

$$C_6H_5-\overset{\displaystyle|}{\underset{\displaystyle COOH}{C}}=\overset{O}{\overset{\diagup\diagdown}{C}}--C=\overset{\displaystyle|}{\underset{\displaystyle COOCH_3}{C}}-C_6H_5$$

(XVI)

$$C_6H_5=C\quad\overset{OH}{\overset{|}{C}}--C=\overset{COOCH_3}{\overset{|}{C}}-C_6H_5$$
$$\underset{CO-\!-O}{}$$

(XVII). Vulpinsaure.

Ihre Beweisführung beruht vor allem auf der leichten Bildung des Anhydrides der Pulvinsäure (der Nor-vulpinsäure) sowie auf der Existenz zweier Reihen von Pulvinsäure-dialkylen mit ungleichen Alkylgruppen:

$$C_6H_5-\overset{OC_2H_5}{\overset{|}{C}}=C-\overset{COOCH_3}{\overset{|}{C}}=C-C_6H_5 \quad\text{und}\quad C_6H_5\;\overset{OCH_3}{\overset{|}{C}}=C--\overset{COOC_2H_5}{\overset{|}{C}}=C--C_6H_5$$
$$CO-\!-O\qquad\qquad CO-\!-O$$

(XVIII). Vulpinsaure-athylather. (XIX). Methylather-pulvinsaure-athylester.

2. Pinastrinsäure.

Die Pinastrinsäure ist der gelbe Farbstoff einiger Cetraria- und Lepraria-arten. Für sie stellte HESSE (*25*) die Formel $C_{19}H_{14}O_6$ auf und wies darin ein Methoxyl nach, ZOPF (*26*) zog aber den Ausdruck $(C_{10}H_8O_3)_2$ in Erwägung, der sowohl von KOLLER und PFEIFFER (*27*) als auch von ASANO und KAMEDA (*28*) bestätigt wurde. Da die Pinastrinsäure bei der Oxydation Benzoesäure und Anissäure, beim Kochen mit Barytlösung Phenylessigsäure und p-Methoxy-phenylessigsäure liefert, wurde sie von KOLLER und PFEIFFER als eine p-Methoxy-vulpinsäure erkannt. Zu ihrer

Synthese kondensierten Koller und Klein (29) nach Volhard molare Mengen von p-Methoxy-benzylcyanid und Benzylcyanid mit Oxalsäure-diäthylester und haben das erhaltene p-Methoxy-diphenyl-ketipinsäure-dicyanid zum p-Methoxy-pulvinsäureanhydrid verseift. Endlich wurde das letztere durch Erhitzen mit methanolischem Kali in die *Pinastrinsäure* übergeführt, wobei aber die Wahl zwischen den nachstehenden Formulierungen (XX) und (XXI) nicht zu treffen war.

$$(\text{p})\ CH_3O-C_6H_4-\underset{\underset{\displaystyle CO-\!\!-\!\!-O}{|}}{\overset{\overset{\displaystyle OH}{|}}{C}}=C-\underset{}{\overset{\overset{\displaystyle COOCH_3}{|}}{C}}=C-C_6H_5$$

$$(XX) \qquad\qquad\qquad\qquad\qquad (XXI)$$

$$(\text{p})\ CH_3O-C_6H_4-\underset{\underset{\displaystyle H_3COOC}{|}}{\overset{\overset{\displaystyle O-\!\!-\!\!-CO}{|}}{C}}=C-\underset{\underset{\displaystyle OH}{|}}{\overset{\overset{\displaystyle |}{|}}{C}}=C-C_6H_5$$

Bei der Volhardschen Synthese mit verschieden substituierten Benzolkernen entsteht schon in der ersten Stufe ein Gemisch von verschiedenen Ketipinsäure-dicyaniden, woraus ersichtlich ist, daß die von Koller und Klein dargestellten Zwischenprodukte nicht rein waren, infolgedessen die Ausbeute des Endproduktes nicht gut sein kann. Demgegenüber ließen Asano und Kameda (28) zunächst Benzylcyanid mit Oxalester zum Phenylcyan-brenztraubensäureester und dann den letzteren mit p-Methoxy-benzylcyanid zum p-Methoxy-diphenylketipinsäure-dicyanid kondensieren. Beim Behandeln mit mäßig starker Schwefelsäure wurde das Dicyanid in p-Methoxy-pulvinsäureanhydrid übergeführt, welches bei der Einwirkung von methanolischem Kali Pinastrinsäure liefert. Erst durch dieses Verfahren ließ sich die Ausbeute an substituiertem Pulvinsäureanhydrid erheblich steigern, indessen bleibt die Frage noch offen, ob der Pinastrinsäure die obige Formel (XX) oder (XXI) zukommt. Durch Reduktion mit Zink und Eisessig erhielten nun Asano und Kameda (30)·aus der Pinastrinsäure einen Methoxy-hydrocornicular-säure-methylester, welcher sich als identisch erwies mit γ-Oxo-α-phenyl--δ-(4-methoxy-phenyl-)butan-α-carbonsäure-methylester, von der Formel:

$$(\text{p})\ CH_3O-C_6H_4-CH_2-CO-CH_2-\underset{\underset{\displaystyle COOCH_3}{|}}{CH}-C_6H_5$$

Die Synthese der letzteren wurde nach dem Vorbild der Hydrocornicularsäure-Synthese (31), ausgehend von p-Methoxy-zimtaldehyd und Phenylessigsäure durchgeführt. Hiermit wurde die Konstitution (XX) für Pinastrinsäure festgelegt.

3. Calycin.

Das Calycin ist ein orangegelber Farbstoff, der in verschiedenen Sticta-arten verbreitet ist. Asano und Kameda (32) änderten die von Hesse aufgestellte Summenformel $C_{18}H_{12}O_5$ desselben in $C_{18}H_{10}O_5$ ab, und ferner erhielten sie durch Kochen des Farbstoffs mit Kalilauge Phenylessigsäure, o-Oxy-phenylessigsäure und Oxalsäure. Die genannten Forscher synthetisierten auch das Calycin nach ihrer Methode (*28*) und stellten dessen Konstitution als o-Oxy-pulvinsäureanhydrid fest. Im Anschluß an diese Arbeit wurden die Eigenschaften des o-, m- und p-Oxy-pulvinsäureanhydrids verglichen, wobei es sich gezeigt hat, daß die Schmelzpunkte nach der Reihenfolge o-, m- und p-Derivat steigen; das m-Derivat ist am schwächsten gefärbt.

		o-	m-	p-
Oxy-pulvinsäureanhydrid:	Schmelzp.	242—244°	255—259°	298°
	Farbe:	orangegelb	gelb	rot
Acetylderivat:	Schmelzp.	177—179°	202—205°	213—215°
	Farbe:	gelb	blaßgelb	gelb

Gruppe II. Usninsäure.

Obwohl die Usninsäure unter den Flechten weit verbreitet ist, so steht sie in chemischer Beziehung vereinzelt da und weist keinen strukturellen Zusammenhang mit anderen Flechtenstoffen auf. Ihre wichtigsten Abbaureaktionen sind: 1. die Bildung der Decarbousninsäure, gebildet durch Erhitzen mit wasserhaltigen Lösungsmitteln und 2. die Überführung in Usnetinsäure nebst Aceton und Kohlensäure durch Erhitzen mit Kalilauge:

I. $C_{18}H_{16}O_7 + H_2O = CO_2 + C_{17}H_{18}O_6$ (Decarbousninsäure);

II. $C_{18}H_{16}O_7 + 2\,H_2O = CO_2 + CH_3 \cdot CO \cdot CH_3 + C_{14}H_{14}O_6$ (Usnetinsäure).

Bei höherer Temperatur wird die Usnetinsäure unter Bildung von Pyro-usninsäure $C_{12}H_{12}O_5$ entacetyliert.

Es ist SCHÖPF und HEUCK (*33*) gelungen, das Usneol (Decarboxy-pyrousninsäure) mittels Ozons in Essigsäure und Methyl-phloroglucin zu spalten, sie betrachten daher das Usneol als 4,6-Dioxy-2,3,7-trimethyl-cumaron. Später haben CURD und ROBERTSON (*34*) das Dimethyläther- und Monomethyläther-usnetol synthetisch dargestellt und das Usneol als 4,6-Dioxy-2,3,5-trimethyl-cumaron, das Usnetol (Decarboxy-usnetinsäure) aber als 4,6-Dioxy-7-acetyl-2,3,5-trimethyl-cumaron erkannt. In neuerer Zeit sind BIRCH und ROBERTSON (*35*), ausgehend vom 4,6-Dimethoxy-2-aldehydo-3,5-dimethyl-cumaron (XXII), über dessen Azlakton zur Dimethyläther-pyrousninsäure (XXIII) gelangt:

(XXIII). Dimethyläther-pyrousninsäure.   (XXIV). Usnetinsäure.

Hieraus läßt sich die Konstitution der Usnetinsäure (XXIV) sofort ableiten. Über den Abbau der Usnetin- bzw. Pyrousninsäure vgl. bei Asahina und Yanagita (*36*).

Im Gegensatz zur Usninsäure, die nur ein Diacetyl-Derivat liefert, wird die Decarbousninsäure mit bis zu 4 Acetylgruppen substituiert. Die *Usninsäure* hat sich als ein 1,3-Diketon erwiesen, indem sie ein Bis-phenylhydrazid-anhydrid und Oxim-anhydrid lieferte (*33*). Sie bildet aber keinen Farbstoff mit o-Phenylendiamin (*36*). Dagegen färbt sich die Decarbousninsäure mit dem letzteren Reagens sofort tief violett. Ihr Oxim-anhydrid wird durch Oxydation in das Furan-Derivat (XXVI) übergeführt, woraus der Decarbousninsäure die Konstitution (XXV) zukommt.

(XXV). Decarbo-usninsäure.   (XXVI)

Bei der Decarbousninsäure-Darstellung tritt ein Nebenprodukt auf, welches Widman für ein Isomeres der Decarbousninsäure hielt; es hat sich aber gezeigt, daß es eine Desacetyl-decarbousninsäure (Acetusnetol) ist (*37*). Inzwischen haben Asahina, Yanagita und Mayeda (*38*) die merkwürdige Beobachtung gemacht, daß die Usninsäure beim Erhitzen mit absolutem Alkohol Acetusnetinsäure-äthylester gibt, welcher beim Verseifen einerseits in Aceto-usnetol (Ketonspaltung), anderseits in Usnetinsäure (Säurespaltung) übergeführt wird.

Daß die Usninsäure keine Carbonsäure, sondern ein stark sauer reagierendes Enol ist, wurde von Schöpf und Heuck (*33*) bewiesen. Man weiß es aber noch nicht sicher, ob die Kohlensäure, die sich bei der Decarbousninsäure-Bildung entwickelt, aus einem Lakton (Schöpf und Heuck; Asahina und Yanagita) oder aus einem Ketocarbonyl [Curd und Robertson (*34*)] stammt.

Die von Widman (*39*) dargestellte razemische *Usnonsäure* $C_{18}H_{16}O_8$, die sich vom Ausgangsmaterial durch einen Mehrgehalt von 1 Atom

Sauerstoff unterscheidet, wandelt sich beim Reduzieren in die Usninsäure zurück. Ferner liefert die Usnonsäure beim Erhitzen mit Alkohol
den Ester der Isooxy-acetusnetinsäure, ein Analogon der Acetusnetinsäure. Bei der alkalischen Hydrolyse liefert der Isooxy-acetusnetinsäure-
ester die Isooxy-usnetinsäure. Diese beiden Abbauprodukte werden beim
Reduzieren in Acetusnetinsäure bzw. Usnetinsäure übergeführt (*38*).
ASAHINA und YANAGITA (*40*) haben die aktive Usnonsäure dargestellt,
die bei dem gleichen Abbau aktive Isooxy-acetusnetinsäure liefert.
Durch Reduktion wird die aktive Usnonsäure in die ebenfalls aktive
Usninsäure übergeführt, ohne daß dabei selbst spurenweise eine Razemisierung eintritt.

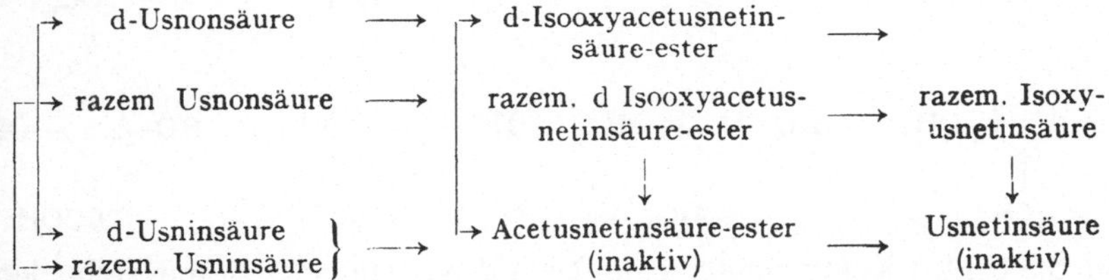

Damit ist gezeigt, daß das asymmetrische Zentrum der Usninsäure in
demselben Kern sitzt, welcher beim Übergang in die Decarbousninsäure usw. unter Razemisierung das Cumaron liefert. Durch Eintritt
von 1 Sauerstoffatom wird aber die Razemisierung des in Frage
stehenden Kerns verhindert.

Bei der katalytischen Hydrierung nimmt die Diacetyl-usninsäure
zunächst 1 Mol Wasserstoff auf. Die aus dem Reduktionsprodukt durch
Entacetylierung gewonnene Dihydro-usninsäure dreht das polarisierte
Licht nach der umgekehrten Richtung wie das Ausgangsmaterial. Bei dem
weiteren Hydrieren wird eine Tetrahydro-desoxy-diacetyl-usninsäure erhalten (*38*). Über die Usnolsäure und das Decarbousnol siehe bei ASAHINA
und YANAGITA (*37*).

Gruppe III. Thiophaninsäure-gruppe.

In neuerer Zeit wurde kein Vertreter dieser Gruppe chemisch untersucht.

Gruppe IV. Depside.

Allgemeines.

In den Flechten kommen keine einfachen Phenolcarbonsäuren, sondern
ihre Depside vor, während in einem Pilz (*Sparassis ramosa*) Everninsäure-
methylester (Sparassol) nachgewiesen wurde. Die zugrunde liegenden
Phenole sind fast ausschließlich 1,3-Dioxyverbindungen (Orcin- und
β-Orcin-Derivate), seltener tauchen 1,2,3-Trioxy- und 1,2,4-Trioxy-
Derivate auf.

Die Variation der Phenolkerne der Orcin-Derivate ist durch die verschiedenen normalen Alkyle bedingt, die ausnahmslos eine ungerade Anzahl von Kohlenstoffatomen enthalten:

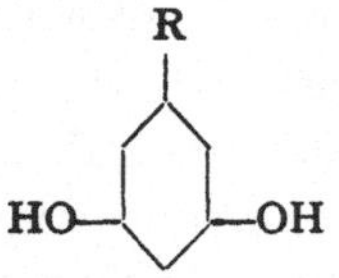

$$R = CH_3, C_3H_7, C_5H_{11}, C_7H_{15}, C_3H_7 \cdot CO \cdot CH_2-,$$
$$C_5H_{11} \cdot CO \cdot CH_2-$$

Demgegenüber unterscheiden sich die Phenolkerne der β-Orcin-Derivate nur durch die verschiedene Oxydationsstufe der eingliedrigen Seitenkette, ohne daß eine Verlängerung derselben stattfinden würde, z. B.:

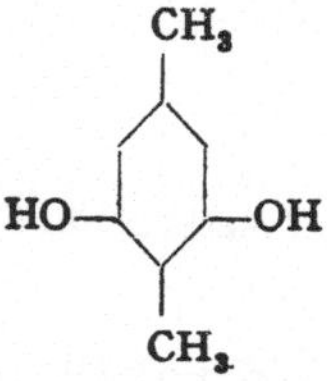

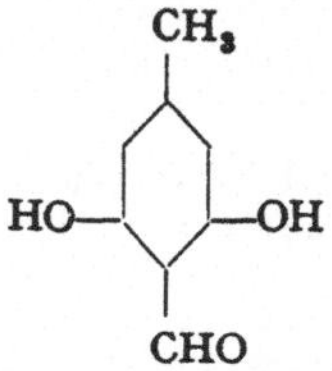

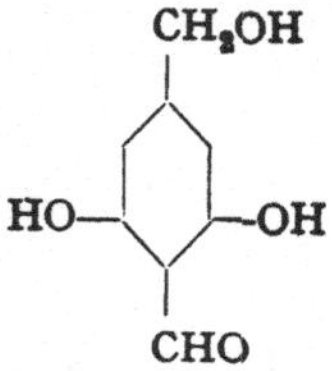

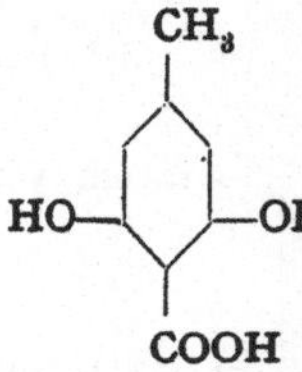

Um die beiden Komponenten eines Depsids voneinander zu unterscheiden, bezeichne ich diejenige, die vor der Depsidbildung das Carboxyl getragen hat, als *Komponente S* (Säureglied) und die andere als *Komponente A* (Alkoholglied). Bei einem Tri-Depsid wird das Zwischenglied, das gleichzeitig beide Funktionen aufweist, als *Komponente Z* bezeichnet:

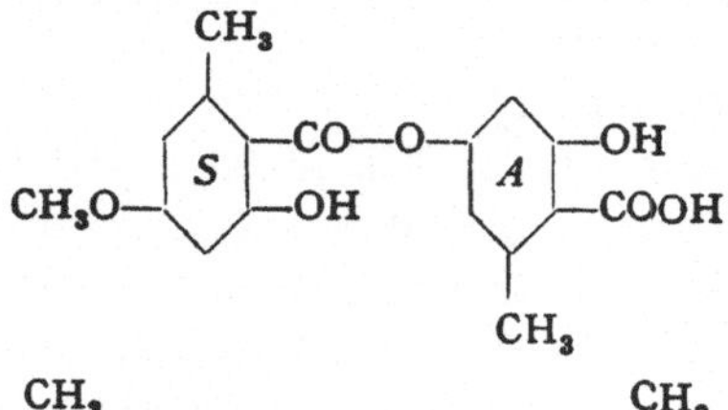

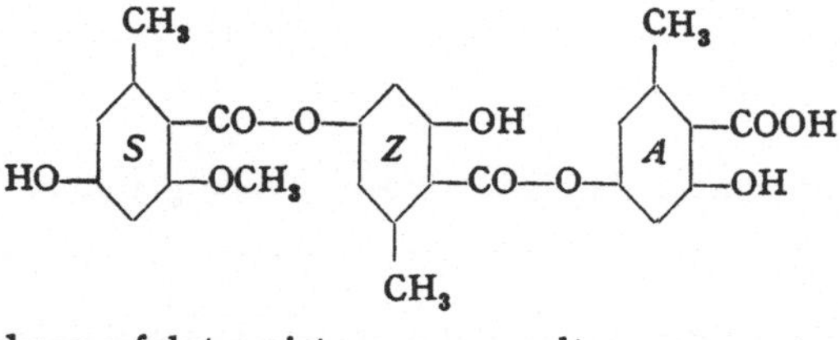

Die Depsidbindung erfolgt meist an para-, seltener an meta-, nie an ortho-Stellung, in bezug auf die Carboxylgruppe der Komponente Z oder A.

In Anbetracht dieser regelmäßig sich wiederholenden Strukturmerkmale ist die chemische Arbeit an der Konstitutionsaufklärung der Depside außerordentlich erleichtert.

Methoden zur Spaltung der Depside.

Bei der hydrolytischen Spaltung der Flechtendepside mittels Alkalis in der Wärme oder durch Erhitzen mit Alkoholen wird im allgemeinen die zu erwartende Phenolcarbonsäure, besonders aus der Komponente A, teilweise unter Kohlensäureabspaltung zersetzt. ASAHINA und HIGUTI (*41*) haben nun gefunden, daß Natriumsalze der Depside in wäßriger Lösung sowohl von *Tannase* als auch von *Taka*-Diastase in ihre Komponenten gespalten werden. ASAHINA und AKAGI (*42*) haben Depside in 5proz. methanolischem Kali 2 Stunden bei 40° digeriert, wobei Methylester der Komponente S und die Komponente A in fast quantitativer Ausbeute erhalten werden. Besonders geeignet ist dieses Verfahren zur Spaltung von Depsiden des Lecanorsäure-typus. Depside und Depsidester lassen sich ferner durch Lösen in konzentrierter Schwefelsäure und darauffolgenden Wasserzusatz spalten. Diese von FUJII und OSUMI (*43*) empfohlene Methode ist namentlich zur Zerlegung von Permethyl-Derivaten der Depside geeignet.

Die Depside vom Olivetorsäuretypus, welche die Seitenkette —CH_2—CO—R besitzen, sind leicht verseifbar, dabei tritt die Komponente mit der Ketongruppe meist in der Form eines Enollaktons auf:

Den einfachsten Vertreter solcher Ketocarbonsäuren fand man unter den Stoffwechselprodukten eines Pilzes, nach OXFORD und RAISTRICK (*44*) erzeugt nämlich der Schimmelpilz *Penicillium brevi-compactum* in Glukoselösung eine Verbindung $C_{10}H_{10}O_5$, der die Konstitution (XXVII) zugeschrieben worden ist. Dieselbe wird leicht in das entsprechende Enollakton (XXVIII) übergeführt:

(XXVII)   (XXVIII)

Durch Einwirkung von überschüssigem Diazomethan werden die Depside vom Olivetorsäure-typus gespalten; um also das normale Permethylat darzustellen, kocht man den Methylester des Depsids mit Jodmethyl und Kaliumcarbonat in Aceton (*57*).

Synthese der Depside.

Bei der Einwirkung von Dicarbomethoxy-orsellinoylchlorid auf Orsellinsäure in alkalischer Lösung haben E. FISCHER und H. O. L. FISCHER (*45*) Dicarbomethoxy-lecanorsäure erhalten, die sich leicht ent-

carbomethoxylieren ließ. Mit höheren Homologen der Orsellinsäure ausgeführt, gelingt diese Synthese nur dann, wenn die Komponente A in
Form von Methylester angewandt wird. Im letzteren Fall entsteht aber
der Methylester des Depsids, welcher sich in der Regel nicht zum freien
Depsid verseifen läßt. Zur Darstellung der o-Diorsellinsäure ließen
E. FISCHER und H. O. L. FISCHER Dicarbomethoxy-orsellinoyl-chlorid auf
p-Carbomethoxy-orcylaldehyd einwirken und oxydierten das so erhaltene
Produkt zur Säure, die schließlich zu o-Diorsellinsäure entcarbomethoxy-
liert wurde. Durch dieselbe Methode lassen sich auch p-Depside bequem
darstellen. Kuppelt man also ein carbalkoxyliertes Säurechlorid (Komponente S) mit einem der Komponente A entsprechenden Aldehyd, so
entsteht ein partiell carbalkoxylierter Depsidaldehyd, welcher nach voll-
ständigem Carbalkoxylieren zur Säure oxydiert wird. Die Depsidbindung
erfolgt bei Derivaten des β-Resorcylaldehyds an para-, bei Derivaten
des Pyrogallolaldehyds an meta-Stellung. Carbomethoxy-Derivate sind
im allgemeinen leichter kristallisierbar als Carboäthoxy-Derivate, aber
gegen Alkalien empfindlicher, so daß beim Behandeln mit Permanganat
eine Störung verursacht wird. ASAHINA und Mitarbeiter haben fast
ausschließlich Carboäthoxy-Derivate verwendet und die Bildung des
meist öligen, partiell carboäthoxylierten Depsidaldehyds durch Überführung in das p-Nitrophenylhydrazon kontrolliert.

Depside der Orcingruppe.

Bis Ende 1937 wurden 17 Depside der Orcingruppe strukturell geklärt
und die meisten auch synthetisiert. Sie lassen sich in vier Haupttypen
einteilen, nämlich in diejenigen der Lecanorsäure, Olivetorsäure, Sekikasäure und Gyrophorsäure.

1. Lecanorsäure-typus:

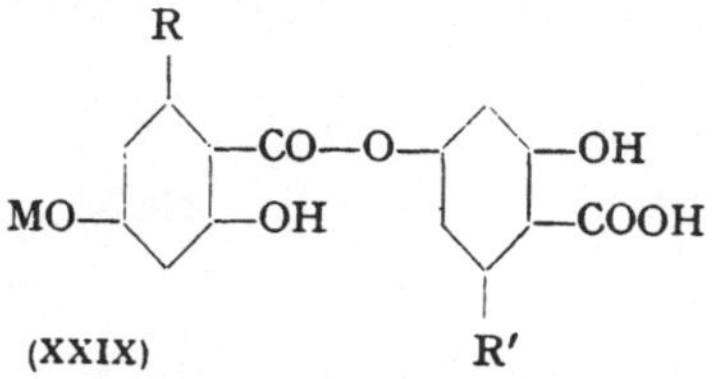

$$
\begin{array}{c}
R \\
| \\
\text{MO}-\underset{\text{OH}}{\overset{\text{CO}-\text{O}}{\bigcirc}}\cdots\overset{\text{OH}}{\underset{\text{COOH}}{\bigcirc}} \\
R'
\end{array}
$$

(XXIX)

Die *Lecanorsäure* (R = R′ = CH$_3$, M = H) ist eines der altbekannten
Flechtendepside, nach dessen Muster die folgenden sieben Verbindungen
aufgebaut sind.

Die *Evernsäure* (R = R′ = CH$_3$, M = CH$_3$) bildet den p-Methyläther
der Lecanorsäure. Sie wurde in 1936 von FUZIKAWA und ISHIGURO (46)
über den entsprechenden Aldehyd synthetisiert, obwohl der Methylester
derselben schon 1932 von ROBERTSON und STEPHENSON (47) synthetisch
dargestellt worden ist.

Die *Divaricatsäure* (R = R' = C_3H_7, M = CH_3) wurde von Asahina und Hirakata (*48*) eingehend untersucht und in 1937 von Asahina und Hiraiwa (*49*) synthetisch gewonnen.

Das *Sphärophorin* (R = CH_3, R' = C_7H_{15}, M = CH_3) (*50*) wurde bisher nur in Sphärophorus-arten aufgefunden. Neuerdings wurde es von Hashimoto (*50 a*) synthetisiert.

Die *Anziasäure* (R = R' = C_5H_{11}, M = H) (*51*), ein höheres Homologe der Lecanorsäure, kommt in einigen Anzia-arten und in *Cetraria sanguinea* vor. Wie Lecanorsäure, färbt sie sich mit Chlorkalk blutrot. In wasserhaltigen Lösungsmitteln ist sie leicht zersetzlich. Ein exsiccator-trocknes Präparat enthält noch $^1/_2$ Mol. Wasser. Die Anziasäure wurde jüngst von Asahina und Hiraiwa (*49*) synthetisch dargestellt.

Die *Perlatolinsäure* (R = R' = C_5H_{11}, M = CH_3) und die Imbricarsäure (R = C_5H_{11}, R' = C_3H_7, M = CH_3) liegen in *Parmelia cetrarioides* var. typica Du Rietz vor (*52*). Äußerlich kann man nicht unterscheiden, welche die in Frage stehende Flechte von den beiden Depsiden enthält, sondern erst durch die Mikromethode von Asahina und Mituno (*126*) wird eine Entscheidung herbeigeführt. Die Synthese dieser Depside ist Asahina und Yosioka (*53*) gelungen.

Die *Diploschistessäure* ist als eine Oxy-lecanorsäure aufzufassen, entstanden durch Eintritt von einem Hydroxyl in die Komponente *S*, so daß die letztere ein Pyrogallol-Derivat bildet. Sie kommt in einer Krustenflechte *Diploschistes scruposus* in Begleitung von Lecanorsäure vor. Früher entstand zwischen Hesse und Zopf eine lebhafte Diskussion über die Einheitlichkeit dieser Säure und erst in neuerer Zeit gelang es Koller und Hamburg (*54*), die letztere von Lecanorsäure scharf zu trennen. Sie färbt sich mit Barytlösung sowie mit Chlorkalk blau. Nach der allgemeinen Methode wurde sie von Asahina und Yasue (*55*) synthetisiert.

2. **Olivetorsäure-typus:** Hierher gehören die folgenden drei Depside, die noch nicht synthetisch dargestellt worden sind.

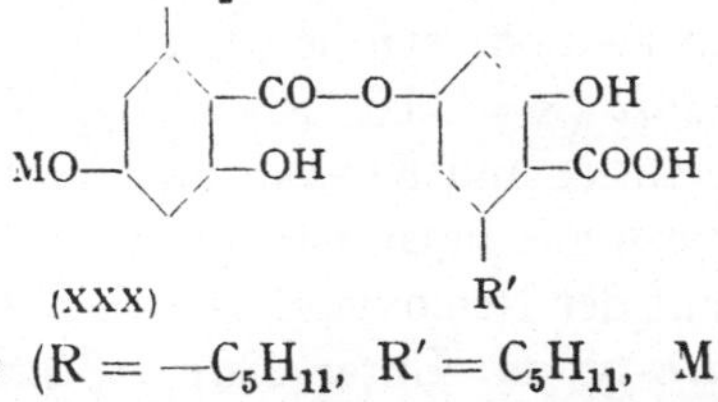

$$CH_2-CO-R$$

MO—[ring]—OH ... —CO—O— ... [ring] —OH, —COOH, R'

(XXX)

Die *Olivetorsäure* (R = —C_5H_{11}, R' = C_5H_{11}, M = H) ist ein schon lange bekanntes Depsid und wurde von Asahina und Asano (*56*) näher untersucht. Sie färbt sich mit Chlorkalk blutrot. Bei der Aufspaltung bildet die Komponente *S* leicht ein Enollakton (Olivetonid).

Die *Microphyllinsäure* (R = C_5H_{11}, R' = —CH_2—CO—C_5H_{11}, M = CH_3) (*57*) bildet einen spezifischen Bestandteil der *Cetraria collata f. microphyllina*

MÜLL. ARG. (= *Cetraria japonica* A. ZAHLBR.). Die Neigung zur Laktonbildung der Komponente S dieses Depsids ist so groß, daß das letztere bereits beim Schütteln mit 1proz. Natronlauge bei Zimmertemperatur unter Abscheidung von p-Methyläther-olivetonid gespalten wird. Aus dem, von letzterem befreiten Filtrat fällt bei vorsichtigem Ansäuern die Olivetonsäure aus (Komponente A).

Die *Glomellifersäure* (R = —C_3H_7, R′ = C_5H_{11}, M = CH_3) ist bisher nur in *Parmelia glomellifera* aufgefunden worden. Daß sie ein Depsid vom Olivetorsäure-typus ist, wurde von ASAHINA und NOGAMI (*58*) sehr wahrscheinlich gemacht. Wie bei der Microphyllinsäure, scheidet sich die Komponente S von der alkalischen Lösung in Form eines Enollaktons aus (Glomellin).

3. **Sekikasäure-typus:** Dieser Typus wird durch folgende drei Depside vertreten, die alle Pyrogallolkerne in der Komponente A enthalten und eine meta-Depsidbindung aufweisen.

$$\text{MO}-\!\!\!\begin{array}{c} \text{R} \\ \hline \end{array}\!\!\!-\text{OM}' \quad \text{CO—O} \quad \text{M}''\text{O}-\!\!\!\begin{array}{c} \text{OH} \\ \hline \end{array}\!\!\!-\text{COOH} \quad -\text{R}'$$

(XXXI)

Die *Sekikasäure* (R = R′ = C_3H_7, M = M″ = CH_3, M′ = H) wurde zuerst von NAKAO (*59*) in einer Ramalina aus der Mandschurei entdeckt und dann von ASAHINA und NONOMURA (*60*) strukturell geklärt. Die Synthese haben ASAHINA und YASUE (*61*) ausgeführt.

Die *Ramalinolsäure* (R = C_3H_7, R′ = C_5H_{11}, M = CH_3, M′ = M″ = H), die als Begleiter der Sekikasäure auftritt, wurde von ASAHINA und KUSAKA (*62*) rein isoliert und dann synthetisiert. Dieses Depsid zeichnet sich durch eine Rotfärbung mit Alkali aus, was auf die o- und p-ständigen freien Hydroxyle der Komponente A zurückzuführen ist.

Die *Boninsäure* (R = C_3H_7, R′ = C_5H_{11}, M = M′ = M″ = CH_3) wurde von ASAHINA und KUSAKA (*63*) in *Ramalina boninensis* aufgefunden und nach der allgemeinen Methode synthetisiert.

Die *Homosekikasäure* (R = C_3H_7, R′ = C_5H_{11}, M = M″ = CH_3, M′ = H) wurde zuerst von ASAHINA und KUSAKA (*64*) synthetisch dargestellt und dann in *Cladonia pityrea* aus Japan nachgewiesen. Später stellte ASAHINA (*65*) ihre Identität mit der Nemoxynsäure von ZOPF (*1*) fest.

4. **Gyrophorsäure-typus:** Unter diesem Begriff faßt man alle *Tridepside* zusammen [siehe (XXXII), S. 43].

Die *Gyrophorsäure* (M = M′ = M″ = H) kommt nicht nur in Gyrophora- und Lecanora-arten, sondern auch in *Lobaria pulmonaria* aus Japan vor. Zuerst haben ASAHINA und KUTANI (*66*) die Tridepsidnatur derselben wahrscheinlich gemacht, dann haben ASAHINA und WATANABE (*67*) von

$$\text{(XXXII)}$$

der analytischen Seite und ASAHINA und FUZIKAWA (*68*) durch Synthese des Permethylats der Gyrophorsäure diese Auffassung bekräftigt. Fast zu gleicher Zeit haben KOLLER (*69*) den Tetraacetyl-gyrophorsäure-methylester und CANTER, ROBERTSON und WATERS (*70*) das Permethylat der Gyrophorsäure synthetisch dargestellt, die freie Säure wurde jedoch von ASAHINA und YOSIOKA (*71*) nach der allgemeinen Methode synthetisiert.

Die *Umbilicarsäure* (M = M'' = H, M' = CH$_3$) kommt in Begleitung der Gyrophorsäure in einigen Gyrophora-arten vor. Ihre Konstitution wurde von KOLLER und PFEIFFER (*72*) auf analytischem Wege abgeleitet und von ASAHINA und YOSIOKA (*71*) durch Synthese sichergestellt.

Das *Tenuiorin* (M = M'' = CH$_3$, M' = H) wurde von ASAHINA und YANA-GITA (*73*) in *Lobaria pulmonaria f. tenuior* HEU entdeckt und auch durch partielle Methylierung der Gyrophorsäure gewonnen.

Depside der β-Orcingruppe.

$$\text{(XXXIII)} \qquad \text{(XXXIV)}$$

Die *Obtusatsäure* [= Ramalsäure von KOLLER und PFEIFFER (*72*)] (Formel XXXIII, M = CH$_3$) bildet ein Übergangsglied zwischen der Orcin- und β-Orcingruppe, indem sie aus Rhizoninsäure und Orsellinsäure besteht. Bisher wurde sie nur in einigen Ramalina-arten nachgewiesen, und zwar immer in Begleitung der Evernsäure (*59, 72, 74*). Die Ramalsäure von HESSE sowie von ZOPF war sicher ein Gemisch der beiden, was auch aus dem tieferen Schmelzpunkt 179—180° gegenüber 205° der reinen Obtusat-säure ersichtlich ist. Die Obtusatsäure sowie die Nor-obtusatsäure (XXXIII, M = H) wurden von FUZIKAWA (*75*) synthetisch dargestellt.

Die *Barbatinsäure* (Formel XXXIV, M = CH$_3$, M' = H) ist eine der alt-bekannten Flechtenstoffe und in verschiedenen Flechten weit verbreitet. Wie ASAHINA und Mitarbeiter (*76*) gezeigt haben, ist die sogenannte Coccellsäure oder Coenomycin nichts anderes als Barbatinsäure. Früher herrschte einige Verwirrung in bezug auf die Konstitution der Komponente S (Rhizoninsäure), die von PFAU (77) aufgeklärt wurde. Eine Synthese der Barbatin- sowie der Norbarbatinsäure (XXXIV, $M = M' = H$) wurde von FUZIKAWA (75) ausgeführt. Die Synthese der Norbarbatinsäure ist deshalb von Interesse, weil HESSE (78) aus *Solorina crocea* ein farbloses Depsid, die Solorsäure $C_{18}H_{18}O_7$ (Schmelzp. 205°), isolierte, die beim Kochen mit Methylalkohol β-Orcincarbonsäure-methylester geben soll. Nach der HESSEschen Beschreibung käme für seine Solorsäure in erster Linie die Norbarbatinsäure in Betracht, indessen ist die von FUZIKAWA synthetisierte Norbarbatinsäure (Schmelzp. 186°) von der Solorsäure ganz verschieden.

Die *Diffractasäure* (= Dirhizoninsäure von HESSE) (S. 43, Formel XXXIV, $M = M' = CH_3$) wurde von ASAHINA und FUZIKAWA (79) in *Usnea diffracta* WAIN. entdeckt und mit der HESSEschen Dirhizoninsäure identifiziert. Die Diffractasäure ist das einzige Depsid, dessen Methylester mittels heißer Barytlösung verseift werden kann, ohne daß dabei die Depsidbindung in Mitleidenschaft gezogen wird. Mit Rücksicht auf diesen günstigen Umstand haben ASAHINA und FUZIKAWA (80) Methyläther-rhizoninsäurechlorid und β-Orcincarbonsäure-methylester gekuppelt und durch Verseifen des gebildeten Diffractasäure-methylesters eine Synthese der Säure erreicht.

Das *Atranorin* (Formel XXXV, $M = H$, $M' = CH_3$) ist der am häufigsten vorkommende Depsidester. Beim Erhitzen mit Alkoholen wird es unter Bildung von Hämatommsäure-ester und β-Orcin-carbonsäure-methylester alkoholisiert. Erst durch die Arbeit von PFAU (81) wurde die Konstitution des Atranols (decarboxylierte Hämatommsäure) als p-Orsellinaldehyd erkannt. Das echte Anil (Schmelzp. 166°) des Atranorins wird mittels Anilins in ätherischer Lösung erhalten. Kocht man das Atranorin mit Anilin in Alkohol, so wird das Depsid in das Anil des Hämatommsäureesters und in β-Orcincarbonsäure-methylester gespalten (82). Durch katalytische Hydrierung haben ASAHINA und TUKAMOTO (83) das Atranorin in Norbarbatinsäure-methylester übergeführt.

$$\text{(XXXV)}$$

Im Jahre 1933 haben CURD, ROBERTSON und STEPHENSON (84) die merkwürdige Beobachtung gemacht, daß die Flechte *Parmelia prunastri* beim Extrahieren mit Chloroform ein chlorhaltiges Atranorin liefert, was ihrer Ansicht nach dem als Lösungsmittel gebrauchten Chloroform zuzuschreiben war, denn unter Ausschluß dieses Lösungsmittels soll ein chlorfreies Präparat entstehen. Später wurde aber einerseits von KOLLER und PÖPL (*85*), anderseits von PFAU (*86*) festgestellt, daß in *Parmelia furfuracea* sowie *P. prunastri* neben Atranorin auch ein *Chlor-atranorin* enthalten ist. Auf Grund seiner etwas stärkeren Azidität läßt sich das letztere vom gewöhnlichen Atranorin abtrennen. Da das Chlor-atranorin beim Spalten Chlor-atranol liefert, so muß das Chloratom am Hämatomm-säure-kern sitzen. ASAHINA (*87*) hat in den Atranorinfraktionen folgender Flechten eine positive Chlorreaktion beobachtet: *Parmelia physodes*, *P. marmariza*, *P. kamtschadalis*, *P. cetrarioides*, *Anaptychia hypoleuca*, *Anzia japonica*. Berücksichtigt man noch die Tatsache, daß NOLAN (*88*) in der Krustenflechte *Buellia canescens* einen Bestandteil mit einem Chlorgehalt von mehr als 30% entdeckte, so bietet das Auftreten von halogenierten Stoffwechselprodukten ein interessantes Problem für die Physiologie der Flechten.

Die *Baeomycessäure* (S. 44, Formel XXXV, $M = CH_3$, $M' = H$) wurde von KOLLER und MAASS (*89*) in *Baeomyces roseus* PERS. entdeckt, dessen Methylester von ASAHINA, TANASE und YOSIOKA (*90*) durch partielle Methylierung von Atranorin dargestellt wurde. Die *Baeomycessäure* liegt auch in *Thamnolia subvermicularis* Y. ASAHINA vor, begleitet von der Squamatsäure (*91*).

Die *Squamatsäure* (XXXV, $M = \overset{\cdot}{C}H_3$, $M' = H$; COOH statt CHO) ist als ein Oxydationsprodukt der Baeomycessäure aufzufassen. Bei der Hydrolyse entsteht daraus p-Methyläther-orcin-dicarbonsäure und β-Orcin-carbonsäure (*92*). Die Konstitution der Squamatsäure wurde von ASAHINA und TANASE (*93*) auf analytischem Wege und von ASAHINA und SAKU-RAI (*94*) durch Synthese des Squamatsäure-dimethylesters aufgeklärt.

Die „*Iso-squamatsäure*" von ASAHINA und YANAGITA (*95*) ist, wie eine Neubearbeitung gezeigt hat, keine selbständige Substanz, sondern mit Squamatsäure identisch; Näheres darüber wird bald veröffentlicht.

Die *Thamnolsaure* wurde zuerst von ZOPF in *Thamnolia vermicularis* aufgefunden. ASAHINA und IHARA (*96*) haben gezeigt, daß sie ein Depsid ist, und zwar entstanden durch Veresterung von p-Methyläther-orcin-dicarbonsäure mit Thamnol-carbonsäure (= Oxy-atranol-carbonsäure). Da Thamnolsäure beim Permethylieren kein kristallisierbares Produkt gibt, konnte die Bindungsstelle nicht sichergestellt werden. In neuerer Zeit haben ASAHINA und HIRAIWA (*97*) gefunden, daß die Thamnol-säure beim Erhitzen mit Aceton auf 120—130° Kohlensäure abspaltet. Die so entstandene Decarboxy-thamnolsäure liefert ein gut kristalli-sierendes Permethylat, welches beim Erhitzen mit Ameisensäure in Dimethyläther-orcin-dicarbonsäure-monomethylester und Thamnol-di-methyläther gespalten wird. Da der erstere bei weiterem Decarboxylieren Dimethyläther-p-orsellinsäure-methylester liefert, der Thamnol-dimethyläther mit Eisenchlorid keine Färbung gibt und gegen Dakinsches Reagens indifferent ist (d. h. kein der Aldehydgruppe benachbartes Hydroxyl enthält), so kommt der Thamnolsäure die Konstitution (XXXVI) zu.

(XXXVI). Thamnolsäure.

Bei der Depsidbindung in Flechten scheint also die meta-Stellung bevorzugt zu werden, selbst dann, wenn noch ein freies para-Hydroxyl vorhanden ist (vgl. Ramalinolsäure).

Die *Barbatolsäure* (XXXVII) wurde von Schöpf, Heuck und Duntze (98) aus *Usnea barbata* isoliert und strukturell geklärt.

(XXXVII). Barbatolsäure.

Gruppe V. Depsidone.

Ein Depsid, dessen beiden Phenolkerne durch einen Brückensauerstoff verbunden sind, so daß sich ein siebengliedriger Laktonring bildet, heißt *Depsidon*. Infolge der Diphenylätherbindung werden die Depsidone beim Verseifen nicht in einzelne Komponenten gespalten. Die bei den Depsiden beobachteten Regelmäßigkeiten in bezug auf das Bauprinzip der Phenolkerne wiederholen sich auch bei Depsidonen.

Depsidone der Orcingruppe.

(XXXVIII)

Die *Physodsäure* (XXXVIII, R = —CH$_2$—CO—C$_5$H$_{11}$, R′ = C$_5$H$_{11}$, M = H) wurde von Asahina und Nogami (99) strukturell aufgeklärt. Einen tieferen Einblick in die Konstitution bot die Kalischmelze, wodurch n-Capronsäure, Orcin und Olivetol (5-n-Amyl-resorcin) entstehen. Bei der Permanganat-oxydation liefert der Monomethyläther-physodsäure-methylester das Methyläther-olivetonid. Durch Lösen in Alkalilauge und darauffolgendes Ansäuern wird die Physodsäure unter Umlaktonisierung in die Iso-physodsäure übergeführt, welche leicht Kohlensäure abspaltet und in das Physodon übergeht. Durch Einwirkung von konzentriertem Alkali auf das Permethylat der Iso-physodsäure entsteht ein Diphenyläther-Derivat, der Protophysodon-trimethyläther, welcher sich aus Monomethyläther-orcinkalium und Monobrom-olivetol-dimethyläther synthetisieren läßt. Der Protophysodon-trimethyläther liefert beim Oxydieren mit Chromsäure 6-Methoxy-2-methyl-1,4-benzochinon, während aus dem Tribrom-Derivat das 6-Methoxy-2-amyl-3-brom-1,2-benzochinon erhalten wurde.

Die α-*Collatolsäure* (XXXVIII, R = R′ = —CH$_2$—CO—C$_5$H$_{11}$, M = CH$_3$) wurde zuerst von ASAHINA und Mitarbeiter in *Cetraria collata* MÜLL. *Arg.* aufgefunden und später mit der Lecanorolsäure von ZOPF identifiziert (*100*). Durch Lösen in Alkalilauge erfährt die α-Collatolsäure eine Umlaktonisierung und geht in β-Collatolsäure über. Beim Kochen mit Ameisensäure geben beide Collatolsäuren unter Verlust von Wasser Collatolon. Durch Einwirkung von starker Alkalilauge auf die Dimethyläther-collatolsäure entstehen n-Capronsäure, Kohlensäure und Alectol-trimethyläther. Der letztere bildet das folgende Diphenylätherskelett der Collatolsäure:

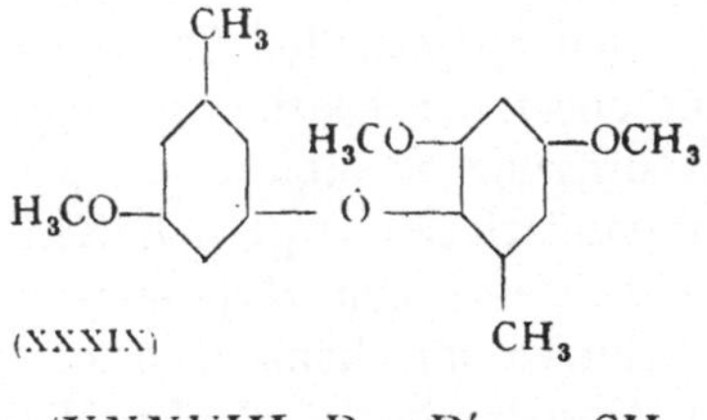

$$\text{H}_3\text{CO—} \quad \overset{\text{CH}_3}{\bigcirc} \quad \text{—O—} \quad \text{H}_3\text{CO—}\underset{\text{CH}_3}{\bigcirc}\text{—OCH}_3$$

(XXXIX)

Die *Alectoronsäure* (XXXVIII, R = R′ = —CH$_2$—CO—C$_5$H$_{11}$, M = H; Nor-α-collatolsäure) wurde zuerst in *Alectoria lata* aufgefunden, später auch in *A. sarmentosa* und in einigen Cetraria-arten nachgewiesen (*101*). Ihr Methylester wird nur dann gebildet, wenn man die Säure, unter Kühlung mit Eis und Kochsalz, mit Diazomethan bis zur beginnenden Gelbfärbung versetzt. Bei Raumtemperatur und in Gegenwart von überschüssigem Diazomethan wird das Hydroxyl der Komponente *S* leicht mitmethyliert, wodurch α-Collatolsäure-methylester entsteht.

Die *Lobarsäure* (R = —CO—C$_4$H$_9$, R′ = C$_5$H$_{11}$, M = CH$_3$) ist in Stereocaulon-arten weit verbreitet (*102*). Im Gegensatz zur Physodsäure u. dgl. erfährt sie keine Umlaktonisierung. Bei der Verseifung entsteht eine Dicarbonsäure, Lobariolcarbonsäure, die unter Verlust von einem Carboxyl in Lobariol übergeht. Durch Reduktion des letzteren wurde ein phtalidartiges Lakton, Lobariolid, erhalten. Abweichend von der Physodsäure läßt sich der Phenolkern der Komponente *A* der Lobarsäure durch Kalischmelze nicht fassen. Erst durch thermische Zersetzung

wurden Lobaritonid (Komponente S) (XL) und n-Amyl-hydrochinon
(Komponente A) (XLI) isoliert.

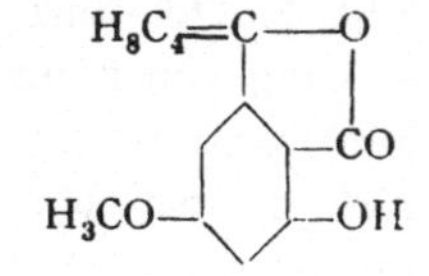

(XL). Lobaritonid. 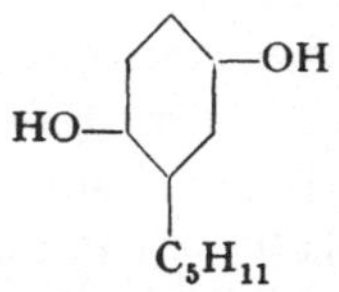   (XLI). n Amyl-hydrochinon.

Über das Diphenylätherskelett der Lobarsäure siehe bei ASAHINA und
YASUE (*103*).

Depsidone der β-Orcingruppe.

Alle bis jetzt bekannten Depsidone dieser Gruppe sind Aldehyde,
infolgedessen bilden sie mit Alkalien sowie mit aromatischen Basen,
wie Anilin, Benzidin, p-Phenylendiamin, mehr oder weniger lebhaft
gefärbte Verbindungen. Sie schmecken ausgesprochen bitter, was man
früher zur Diagnose der Flechten benutzt hat.

Die *Salazinsäure* $C_{18}H_{12}O_{10}$ befindet sich in manchen Flechten, deren
Markgewebe auf Alkalizusatz unter Abscheidung von roten, gebüschelten
Kristallen blutrote bis dunkelrote Flecke zeigt. Auf Grund der von
ASAHINA und ASANO (*104*) aufgestellten Strukturformel (XLII) (S. 49)
lassen sich die Umwandlungen der Salazinsäure folgendermaßen erklären:
Durch katalytische Hydrierung absorbiert sie zunächst 3 Mole Wasserstoff und geht in die Hyposalazinsäure $C_{18}H_{14}O_8$ (XLIII) über. Die letztere
wird dann mit Zink und Eisessig zum Hyposalazinolid $C_{18}H_{14}O_7$ (XLIV)
desoxydiert. Durch Erhitzen mit konzentrierter Kalilauge liefert das
Hyposalazinolid unter Aufnahme von 2 Molen Wasser und Abspaltung
von 2 Carboxylen das Hyposalazinol $C_{16}H_{18}O_5$ (XLV), welches 3 Phenol-
hydroxyle, 1 Carbinol-hydroxyl und 1 indifferentes Sauerstoffatom besitzt.
Bei der weiteren Reduktion wird das Desoxy-hyposalazinol (XLVI) gebildet, dessen Trimethyläther sich nach der ULLMANNschen Methode aus
Monomethyläther-β-orcinkalium und β-Brom-orcin-dimethyläther synthetisieren ließ. Die Stellung des Carbinols im Hyposalazinol ist daraus
ersichtlich, daß es beim Schmelzen mit Kali 3,5-Dioxy-p-toluylsäure
gibt. Das Desoxyhyposalazinol liefert die letztere Säure viel schwerer,
β-Orcin überhaupt nicht. Da die Salazinsäure bei der thermischen Zersetzung Atranol und bei der Kalischmelze β-Orcin und x-Resorcylsäure
liefert, so wird sie am besten durch (XLII) (S. 49) ausgedrückt. Früher
hat man geglaubt, daß das rote Alkalisalz der Salazinsäure von
einem Umwandlungsprodukt (Salazininsäure, Rubidinsäure) bedingt ist.
Es gelang tatsächlich ASAHINA und FUZIKAWA (*105*), das letztere rein zu
isolieren; sie stellten die Bruttoformel $C_{18}H_{10}O_{10}K_2 + 3\,H_2O$ auf und

gewannen aus dem Salz beim Ansäuern die Salazinsäure zurück. Da das rote Salz im Gegensatz zur freien Salazinsäure eine eigentümliche Absorption im Ultraviolett aufweist, so ist die ·Salzbildung entweder unter Umlagerung der Oxy-aldehydgruppe in die Keto-oxymethylengruppe oder durch eine Komplexbildung vor sich gegangen.

$$\text{(XLII). Salazinsaure.} \qquad \text{(XLIII). Hyposalazinsäure.}$$

$$\text{(XLIV). Hyposalazinolid.} \qquad \text{(XLV). Hyposalazinol.}$$

$$\text{(XLVI). Desoxy-hyposalazinol.}$$

α- und β-*Methyläther-salazinsäure* [ASAHINA und TUKAMOTO (*106*)] wurden nur in einer Flechte aus Japan, *Usnea articulata* var. *asperula* MÜLL. ARG. vorgefunden, der endgültige Beweis ihrer Konstitution bleibt weiteren Untersuchungen vorbehalten.

Die *Stictinsäure* $C_{19}H_{14}O_9$ (XLVII) ist ein Hauptbestandteil der sogenannten Lungenflechte (*Lobaria pulmonaria*) (*107*). Die Pseudopsoromsäure (aus Stereocaulon-arten) sowie die Scopulorsäure von ZOPF· (aus *Ramalina scopulorum*) sind mit Stictinsäure identisch (*108*, *109*). Der Beweis einer nahen Verwandtschaft derselben mit der Salazinsäure wurde dadurch erbracht, daß die erstere beim Hydrieren in die Hypostictinsäure $C_{19}H_{16}O_8$ übergeht, welche durch weitere Methylierung Trimethyl-hyposalazinsäure liefert. Da aus der Stictinsäure bei der trockenen Destillation Monomethyläther-atranol und beim Kochen mit konzentrierter Kalilauge unter Luftabschluß Methyläther-hämatommsäure gebildet wird, so muß das Methyl an der Hydroxylgruppe der Komponente *S* sitzen.

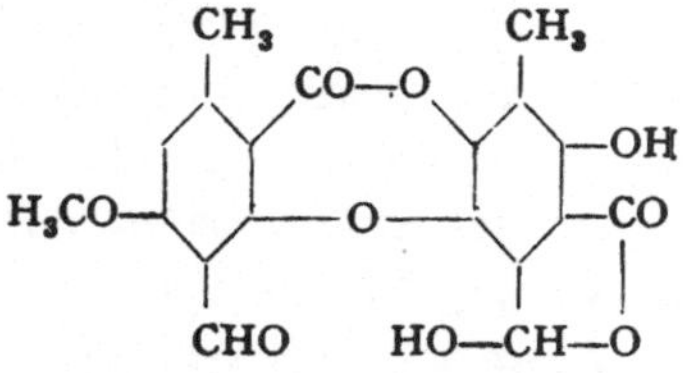

$$CH_3 \qquad CH_3$$

(XLVII). Stictinsäure.

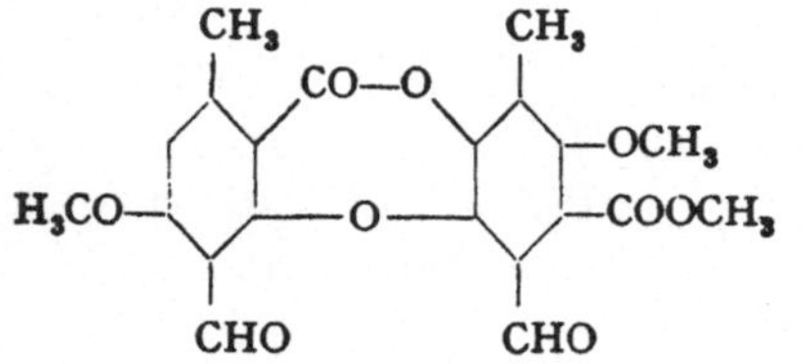

(XLVIII)

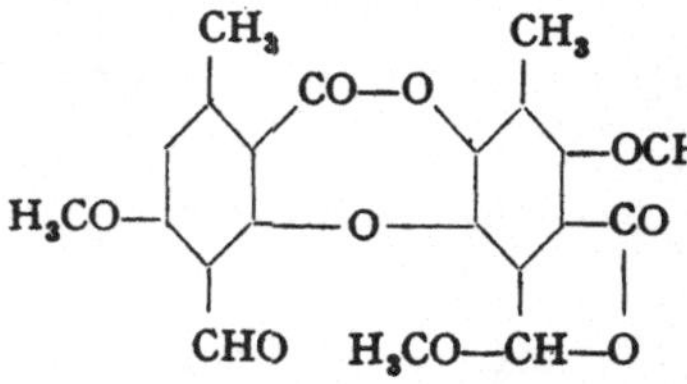

(XLIX)

In neuerer Zeit haben CURD und ROBERTSON (*109*) durch Anwendung von Silbercarbonat und Jodmethyl einen Methyläther-stictinsäure-methylester vom Schmelzp. 176°, mit Silberoxyd und Jodmethyl dagegen ein Isomeres vom Schmelzp. 243° erhalten. Die Isomerie läßt sich durch diejenige der Phtalaldehydsäure erklären (*110*). Die tiefer schmelzende Form (XLVIII) leitet sich von der echten Aldehydsäure ab, da sie ein *Di*-p-nitrophenylhydrazon gibt und bei weiterem Hydrieren in Hyposalazinolid-dimethyläther übergeführt wird. Demgegenüber liefert der höher schmelzende Körper (XLIX) nur ein *Mono*-p-nitrophenylhydrazon, so daß ihm eine Oxy-laktonformel zukommt. Bei weiterem Hydrieren geht (XLIX) in Methyläther-hypostictinsäure-methylester (Trimethyl-hyposalazin-säure) über. CURD und ROBERTSON haben das Verseifungsprodukt der Stictinsäure (Stictininsäure) durch Behandlung mit Acetanhydrid und Pyridin in Diacetyl-stictinsäure übergeführt, — es ist dies eine Rück-bildung des Depsidons aus seinem Verseifungsprodukt.

Die *Norstictinsäure* (*111*) ist nichts anderes als Desmethyl-stictinsäure und bildet bei der Berührung mit Lauge rote Nadeln, die man früher mit denen der Salazinsäure verwechselte. Es hat sich nun gezeigt, daß Stictinsäurepräparate, die aus Lobaria- und Stereocaulon-arten stammen, norstictinsäurehaltig sind. Als frei davon erwiesen sich Präparate aus *Parmelia pertusa* und *Baeomyces placophyllus* (*112*). Bei der Hydrierung wird Norstictinsäure in Hyposalazinsäure übergeführt. Durch Erhitzen mit Jodmethyl oder mit Anilin-hydrojodid gibt das Monoanil der Stictin-säure Norstictinsäure.

Die *Protocetrarsäure* (L, R = H) wurde von HESSE (*113*) durch vor-sichtiges Verseifen der Fumar-protocetrarsäure dargestellt; später hat es sich gezeigt, daß *Caprarsäure* (*114*) und *Ramalinsäure* (*115*) mit der Protocetrarsäure identisch sind. Beim Erhitzen mit Alkoholen wird die letztere an der Carbinolgruppe alkyliert. In dieser Weise lassen sich Methyl-, Äthyl-, n-Propyl-, n-Butyl-, iso-Amyl- und Benzyläther darstellen, von denen die Äthylverbindung die altbekannte Cetrarsäure ist (L, $R = C_2H_5$) (*116*).

$$\text{(L)} \qquad\qquad\qquad\qquad \text{(LI)}$$

Beim Kochen mit Eisessig wird die Protocetrarsäure an der Carbinolgruppe acetyliert. Die so erhaltene Acetyl-protocetrarsäure bildet ein Analogon zu der in der Natur weit verbreiteten Fumar-protocetrarsäure (L, $R = -CO-CH = CH-COOH$) (*117*). Bei der katalytischen Hydrierung werden nicht nur die Carbinol- und Carbinoläthergruppe der Protocetrarsäure, Cetrarsäure usw., sondern auch die Aldehydgruppe zum Methyl reduziert. Das so erhaltene Reduktionsprodukt $C_{18}H_{16}O_7$ (Hypoprotocetrarsäure) (LI) bildet beim Kochen mit starker Kalilauge glatt Desoxy-hyposalazinol (XLVI), bei der Kalischmelze aber β-Orcin und 3,5-Dioxy-p-toluylsäure.

Die *Psoromsäure* (= Parellsäure) $C_{18}H_{14}O_8$ geht beim Verseifen in die Parinsäure $C_{18}H_{16}O_9$ über, welche beim Kochen mit Barytlösung unter Verlust eines Carboxyls Parellinsäure $C_{17}H_{16}O_7$ liefert (*118, 119*). Bei der katalytischen Hydrierung wird Psoromsäure, unter Umwandlung der Aldehydgruppe in Methyl, in Hypopsoromsäure übergeführt, woraus sich die Hypoparinsäure und die Hypoparellinsäure ableiten. Reduziert

$$\text{(LII)} \qquad\qquad\qquad\qquad \text{(LIII)}$$

man die Dimethyläther-hypoparellinsäure zunächst elektrolytisch und dann katalytisch, so erhält man Trimethyläther-desoxy-hyposalazinol, wodurch das Vorhandensein eines Diphenyläther-skeletts in der Psoromsäure bewiesen wurde. Auf Grund der Bildung von Atranol und 3-Oxy-4-methyl-5-methoxy-phtalsäureanhydrid bei der thermischen Zersetzung der Psoromsäure stellten ASAHINA und HAYASHI (*119*) dafür die obenstehende Konstitution (LII) auf. Später fand HAYASHI (*120*), daß die Dimethyläther-hypo-parellinsäure unter Wasserverlust in eine sehr stabile

Verbindung $C_{19}H_{20}O_5$ übergeht. Es hat sich nun gezeigt, daß die letztere ein Xanthon-Derivat ist (*121*). Die Hypoparellinsäure (LIII), abgeleitet von (LII), kann aber kein Xanthon-Derivat geben, so daß die Konstitution (LII) für die Psoromsäure berichtigt werden muß.

Gruppe VI. Anthrachinon-Derivate.

Parietin, der gelbe Farbstoff der Wandflechte (*Xanthoria parietina*), ist ein Monomethyläther des Frangula-Emodins und schmilzt bei 207°. Da beim Methylieren des Emodins (*122*) ein Methyläther vom Schmelzp. 206° entsteht und dabei das 6-Hydroxyl am wenigsten gehindert ist, so ist wohl das Parietin als 1,8-Dioxy-6-methoxy-3-methyl-anthrachinon anzusprechen.

Endocrocin, der gelbe Farbstoff der *Nephromopsis endocrocea*, wurde von ASAHINA und FUZIKAWA (*123*) entdeckt und eingehend untersucht. Es ist eine Emodin-carbonsäure, da es beim Decarboxylieren in Frangula-Emodin übergeht. Oxydiert man mit Chromsäure, so entsteht aus dem permethylierten Endocrocin ein Monomethylester der 3-Methoxy-5-methyl-trimellitsäure (LIV). Da der Emodin-trimethyläther bei gleicher Behandlung Methyläther-γ-coccinsäure (LV) liefert, so stammt das methylierte Carboxyl. aus dem permethylierten Endocrocin. Auf Grund dieser Tatsachen kommt dem Endocrocin die Konstitution (LVI) zu:

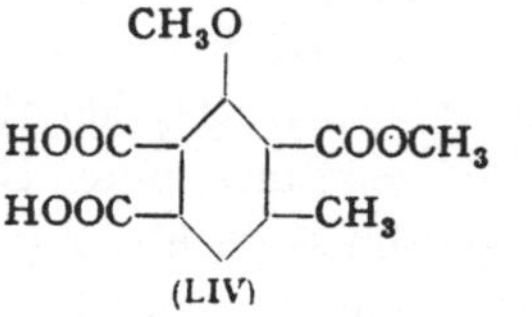

(LIV)

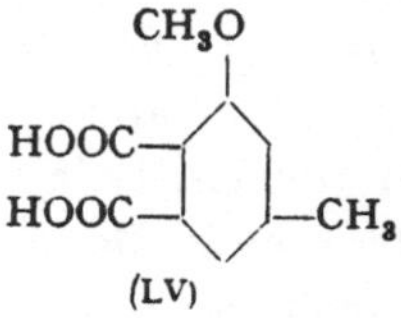

(LV)

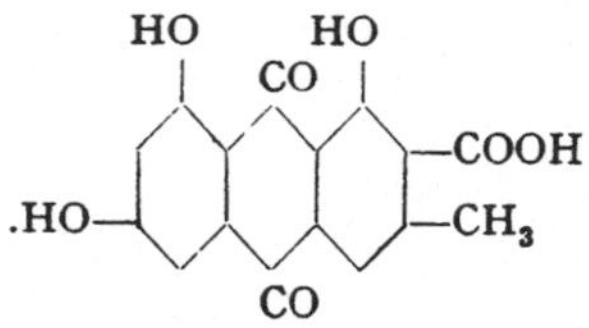

(LVI). Endocrocin.

KOLLER und HAMBURG (*124*) ermittelten für die *Rhodocladonsäure*, die in den roten Früchten der Cladonien zur Ausscheidung kommt, die Zusammensetzung $C_{17}H_{12}O_9$, einschließlich eines Methoxyls. Beim Acetylieren mit Essigsäureanhydrid, unter Zusatz von Spuren konzentrierter Schwefelsäure nimmt der Farbstoff fünf Acetylgruppen auf. Von diesen kann man die eine schon beim Kochen mit Eisessig einführen, was das Vorhandensein einer Carbinolgruppe vermuten läßt. Unter der Annahme, daß die Rhodocladonsäure ein Anthrachinon-Derivat ist, was aus ihrer roten Farbe und der durch Alkali entstehenden purpurroten

Färbung verraten wird, haben KOLLER und HAMBURG (*124*) die funktionellen Atomgruppen des Farbstoffs in folgender Weise verteilt:

$$\begin{array}{ccc}
HO \\
HO \\
HO
\end{array}
\left.\rule{0pt}{20pt}\right\}
\quad CO \quad
\left.\rule{0pt}{20pt}\right\{
\begin{array}{l}
CH_2OH \\
COOCH_3 \\
OH
\end{array}$$

(LVII). Rhodocladonsäure.

Die *Solorinsäure*, der orangerote Farbstoff der hochalpinen Flechte *Solorina crocea*, wurde neulich von KOLLER und RUSS (*125*) eingehend untersucht. Sie stellten dafür die Bruttoformel $C_{21}H_{20}O_7$ auf, die durch Analysen mehrerer Derivate gestützt ist. Außer der charakteristischen Färbung durch Alkali wurde die Anthrachinonnatur der Solorinsäure dadurch bewiesen, daß sie bei der Reduktion eine Verbindung $C_{21}H_{22}O_6$ liefert, die durch Luftoxydation in alkalischer Lösung in Solorinsäure rückverwandelt wird — eine Anthranol-Anthrachinon-Umwandlung — und bei der Zinkstaubdestillation in 2-Methyl-anthracen übergeht. Die Solorinsäure besitzt drei freie Phenol-hydroxyle, ein Methoxyl und ein Keto-Carbonyl. Kocht man sie unter Zusatz von Phenol mit Jodwasserstoffsäure, so wird sie in n-Capronsäure und einen Körper $C_{14}H_{10}O_5$ gespalten, der durch Luftoxydation in alkalischer Lösung 1,3,6,8-Tetra-oxy-anthrachinon $C_{14}H_8O_6$ liefert. Auf Grund dieser Daten teilten KOLLER und RUSS der Solorinsäure die folgende Konstitution zu:

(LVIII). Solorinsäure.

Anhang. Mikrochemischer Nachweis der Flechtenstoffe.

Zum mikrochemischen Nachweis der Flechtenstoffe haben ASAHINA und MITUNO (*126*) eine Methode ausgearbeitet, deren Prinzip darin besteht, daß man kleine Stücke Flechtenthalli auf dem Objektglas mit geeigneten Lösungsmitteln extrahiert und das Extrakt unter dem Deckglas umkristallisiert, eventuell charakteristische Salze davon herstellt. Durch Vergleich mit der reinen Substanz, besonders unter Anwendung des Polarisationsmikroskops, ließen sich mehrere zweifelhafte Fälle leicht entscheiden.

Literaturverzeichnis.

1. ZOPF, W.: Beiträge zu einer chemischen Monographie der Cladoniaceen. Ber. Dtsch. botan. Ges. **26**, Festschrift zur Feier des 25jährigen Bestehens (1907).

2. ASAHINA, Y.: Zur Systematik der Flechtenstoffe. Acta phytochim. **8**, 33 (1934).

3. ZOPF, W.: Zur Kenntnis der Flechtenstoffe, X. und XI. Mitteilung. Liebigs Ann **324**, 52 (1902); **327**, 353 (1903).

4. Asano, M.: Über die Konstitution von Protolichesterinsäure. I. (III. Mitteilung von den Untersuchungen über Flechtenstoffe von Y. Asahina.) Journ. pharmac. Soc. Japan 1927, Nr. 539, 1.

5. Boehm, R.: Über Lichesterinsäure. II. Arch. Pharmaz. 241, 1 (1903). — Vgl. Sinnhold, H.: Über Lichesterinsäure. Arch. Pharmaz. 236, 504 (1898).

6. Asano, M. u. Z. Ohta: Synthese der Lichesterylsäure. (III. Mitteilung über Bestandteile des isländischen Mooses.) Journ. pharmac. Soc. Japan 1931, Nr. 591, 36.

7. Le Sueur, H. R.: The Action of Heat on α-Hydroxycarboxylic Acids. II. Journ. chem. Soc. London 87, 1899 (1905).

8. Asano, M. u. T. Azumi: Über die Reduktion der Dihydroprotolichesterinsäure und der Lichesterinsäure. (V. Mitteilung über Bestandteile des isländischen Mooses.) Ber. Dtsch. chem. Ges. 68, 991 (1935).

9. — u. T. Kanematsu: Über die Konstitution der Proto-lichesterinsäure und Lichesterinsäure. Ber. Dtsch. chem. Ges. 65, 1175 (1932).

10. Asahina, Y. u. M. Yanagita: Untersuchungen über Flechtenstoffe. LXII. Mitteilung; Über die Bestandteile von Cetraria islandica Ach. Ber. Dtsch. chem. Ges. 69, 120 (1936). — Asahina, Y. u. M. Yasue: Untersuchungen über Flechtenstoffe. LXXIX. Mitteilung: Über die Bestandteile von Cetraria islandica (L.) Ach. II. Ber. Dtsch. chem. Ges. 70, 1053 (1937).

11. Hesse, O.: Beitrag zur Kenntnis der Flechten und ihrer charakteristischen Bestandteile. VIII. Journ. prakt. Chem. (2), 68, 27 (1903).

12. Asano, U. u. T. Azumi: Über die Bestandteile von Nephromopsis Stracheyi f. ectocarpisma Hue. I. Ber. Dtsch. chem. Ges. 68, 995 (1935).

13. — — (unveröffentlicht.)

14. Asahina, Y. u. M. Yanagita: Untersuchungen über Flechtenstoffe. LXXVII. Mitteilung: Über die Flechten-Fettsäuren aus Nephromopsis endocrocea. Ber. Dtsch. chem. Ges. 70, 227 (1937).

15. Asano, M. u. Z. Ohta: Über die Konstitution der Caperatsäure. I. Ber. Dtsch. chem. Ges. 66, 1020 (1933). — Zur Kenntnis der Norcaperatsäure und Agaricinsäure. Ber. Dtsch. chem. Ges. 67, 1842 (1934).

16. Kennedy, G., J. Breen, J. Keane and T. J. Nolan: The Chemical Constituents of Lichens found in Irland-Lecanora sordida Th. Fr. Scient. Proceed. Roy. Dublin Soc. (N. S.) 21, 557 (1937).

16a. Hesse, O.: Beitrag zur Kenntnis der Flechten und ihrer charakteristischen Bestandteile. I. Journ. prakt. Chem. (2), 57, 261 (1898).

17. Zopf, W.: Flechtenstoffe, S. 52. Jena 1907.

18. Asahina, Y. u. H. Akagi: Untersuchungen über Flechtenstoffe. LXXXVIII. Mitteilung: Über die Zeorin-Gruppe. I. Ber. Dtsch. chem. Ges. 71, 980 (1938).

19. Lilienthal, R.: Ein Beitrag zur Chemie des Farbstoffs der gemeinen Wandflechte. Dissert., Dorpat 1893. — Zopf, W.: Zur Kenntnis der Flechtenstoffe. V. und VII. Liebigs Ann. 300, 354 (1898); 364, 273 (1909). — Zellner, J.: Zur Chemie der Flechten. I. Mitteilung: Über Peltigera canina L. Monatsh. Chem. 59, 300 (1932).

20. Nolan, T. J. u. J. Keane: Salazinsäure und die Bestandteile der Flechte Lobaria pulmonaria. Nature (London) 132, 281 (1933); Chem. Ztrbl. 1933 II, 2141.

20a. Asahina, Y. u. M. Yanagita: Untersuchungen über Flechtenstoffe. XXXIX. Mitteilung: Über eine neue Flechtensäure, die Nor-stictinsäure, und das Vorkommen von d-Arabit in den Flechten. Ber. Dtsch. chem. Ges. 67, 799 (1934).

21. Klima, J.: Zur Chemie der Flechten. II. Alectoria ochroleuca Ehrh. Monatsh. Chem. 62, 209 (1933).

22. ZELLNER, J.: Zur Chemie der Flechten. III. *Parmelia physodes* L. Monatsh. Chem. **64**, 6 (1934).

23. ASAHINA, Y. u. M. KAGITANI: Untersuchungen über Flechtenstoffe. XL. Mitteilung: Über das Vorkommen von Volemit in den Flechten. Ber. Dtsch. chem. Ges. **67**, 804 (1934).

24. KARRER, P., K. A. GEHRCKENS u. W. HEUSS: Über die Konstitution und Konfiguration der Pulvinsäuren und Vulpinsäuren. Helv. chim. Acta **9**, 446 (1926).

25. HESSE, O.: Beitrag zur Kenntnis der Flechten und ihrer charakteristischen Bestandteile. I. Journ. prakt. Chem. (2), **57**, 309 (1898).

26. ZOPF, W.: Zur Kenntnis der Flechtenstoffe. I. Liebigs Ann. **284**, 107 (1895).

27. KOLLER, G. u. G. PFEIFFER: Über die Konstitution der Pinastrinsäure. Monatsh. Chem. **62**, 160 (1933).

28. ASANO, M. u. Y. KAMEDA: Über die Konstitution und Synthese der Pinastrinsäure. Journ. pharmac. Soc. Japan **53**, 67 (1933).

29. KOLLER, G. u. J. KLEIN: Über eine Synthese der Pinastrinsäure. Monatsh. Chem. **63**, 213 (1933).

30. ASANO, M. u. Y. KAMEDA: Über die Konstitution der Pinastrinsäure. Ber. Dtsch. chem. Ges. **67**, 1522 (1934). — Über die Reduktion der Pinastrinsäure und der Vulpinsäure. (III. Mitteilung über Flechtenfarbstoffe der Pulvinsäure-Reihe.) Ber. Dtsch. chem. Ges. **68**, 1565 (1935).

31. THIELE, J. u. J. MEISENHEIMER: Über die Reduktion der Dibenzalpropionsäure und der Phenylcinnamenylacrylsäure. Liebigs Ann. **306**, 225 (1899). — THIELE, J. u. F. STRAUSS: Über die ungesättigten Laktone der Dihydrocornicularsäure. Liebigs Ann. **319**, 211 (1901).

32. ASANO, M. u. Y. KAMEDA: Über die Konstitution des Calycins und dessen Synthese. (IV. Mitteilung über Flechtenfarbstoffe der Pulvinsäure-Reihe.) Ber. Dtsch. chem. Ges. **68**, 1568 (1935).

33. SCHÖPF, C. u. K. HEUCK: Die Konstitution der Usninsäure. Liebigs Ann. **459**, 233 (1927).

34. CURD, F. H. and A. ROBERTSON: Usnic acid. II—III. Journ. chem. Soc. London **1933**, 714, 1173.

35. BIRCH, H. F. and A. ROBERTSON: Usnic acid. VI. The Synthesis of o-Dimethylpyrousnic acid. Journ. chem. Soc. London **1938**, 306.

36. ASAHINA, Y. u. M. YANAGITA: Untersuchungen über Flechtenstoffe. LXIX. Mitteilung: Über die Usninsäure. I. Ber. Dtsch. chem. Ges. **69**, 1646 (1936). — Untersuchungen über Flechtenstoffe. LXXIV. Mitteilung: Über die Usninsäure. II. Ber. Dtsch. chem. Ges. **70**, 66 (1937).

37. — — Untersuchungen über Flechtenstoffe. LXXXII. Mitteilung: Über die Usninsäure. III. Ber. Dtsch. chem. Ges. **70**, 1500 (1937). — CURD, F. H. and A. ROBERTSON: Usnic acid. V. Journ. chem. Soc. London **1937**, 894.

38. — — u. S. MAYEDA: Zur Konstitution der Usninsäure. Proceed. Imp. Acad., Tokyo **13**, 270 (1937). — Untersuchungen über Flechtenstoffe. LXXXVII. Mitteilung: Über die Usninsäure. IV. Ber. Dtsch. chem. Ges. **70**, 2462 (1937).

39. WIDMAN, O.: Zur Kenntnis der Usninsäure. Liebigs Ann. **310**, 277 (1900).

40. ASAHINA, Y. u. M. YANAGITA: Teilweise unveröffentlicht, vgl. Zitat 38.

41. — u. T. HIGUTI: Untersuchungen über Flechtenstoffe. XXXIII. Mitteilung: Über die enzymatische Spaltung der Flechten-Depside und verwandter Verbindungen. Ber. Dtsch. chem. Ges. **66**, 1959 (1933).

42. — u. H. AKAGI: Untersuchungen über Flechtenstoffe. LII. Mitteilung: Über die Methanolyse der Flechten-Depside und die Synthese der Divarsäure. Ber. Dtsch. chem. Ges. **68**, 1130 (1935).

43. Fujii, K. u. S. Osumi: Über die Säure-Spaltung der Flechten-Depside. I. Journ. pharmac. Soc. Japan **56**, 531 (1936).

44. Oxford, A. E. u. H. Raistrick: Studien über die Biochemie von Mikroorganismen. XXX. Die molekulare Konstitution der Stoffwechselprodukte von *Penicillium brevi-compactum* Dierck und verwandten Spezies. Biochemical Journ. **27**, 634 (1933); Chem. Ztrbl. **1934** II, 3515.

45. Fischer, E. u. H. O. L. Fischer: Über die Carbomethoxyderivate der Phenolcarbonsäuren und ihre Verwendung für Synthesen. VIII. Derivate der Orsellinsäure und α-Resorcylsäure. Ber. Dtsch. chem. Ges. **46**, 1138 (1913). — Synthese der o-Diorsellinsäure und Struktur der Evernsäure. Ber. Dtsch. chem. Ges. **47**, 505 (1914).

46. Fuzikawa, F. u. K. Ishiguro: Über die Synthese der Evernsäure. Journ. pharmac. Soc. Japan **56**, 149 (1936).

47. Robertson, A. and R. J. Stephenson: Lichen Acids. II. The Constitution of Evernic Acid and the Synthesis of Methyl Evernate. Journ. chem. Soc. London **1932**, 1388.

48. Asahina, Y. u. T. Hirakata: Untersuchungen über Flechtenstoffe. XV. Mitteilung: Über Divaricatsäure. Ber. Dtsch. chem. Ges. **65**, 1665 (1932).

49. — u. M. Hiraiwa: Untersuchungen über Flechtenstoffe. LXXXVI. Mitteilung: Synthese der Divaricat- und Anziasäure. Ber. Dtsch. chem. Ges. **70**, 1826 (1937).

50. — u. A. Hashimoto: Untersuchungen über Flechtenstoffe. XXXVII. Mitteilung: Über die Konstitution des Sphaerophorins. Ber. Dtsch. chem. Ges. **67**, 416 (1936).

50a. Hashimoto, A.: Synthese des Sphaerophorins (im Druck).

51. Asahina, Y. u. M. Hiraiwa: Untersuchungen über Flechtenstoffe. LVII. Mitteilung: Über ein neues Depsid (Anziasäure) und die Bestandteile einiger Anzia-Arten. Ber. Dtsch. chem. Ges. **68**, 1705 (1935).

52. — u. F. Fuzikawa: Untersuchungen über Flechtenstoffe. L. Mitteilung: Über die Bestandteile von *Parmelia perlata* Ach. Ber. Dtsch. chem. Ges. **68**, 634 (1935).

53. — u. I. Yosioka: Untersuchungen über Flechtenstoffe. LXXXV. Mitteilung: Über die Synthese der Perlatolin- und Imbricarsäure. Ber. Dtsch. chem. Ges. **70**, 1823 (1937).

54. Koller, G. u. H. Hamburg: Über die Konstitution der Diploschistessäure. Monatsh. Chem. **65**, 367 (1935).

55. Asahina, Y. u. M. Yasue: Untersuchungen über Flechtenstoffe. LXXI. Mitteilung: Synthese der Diploschistessäure. Ber. Dtsch. chem. Ges. **69**, 2327 (1936).

56. — u. J. Asano: Untersuchungen über Flechtenstoffe. X. Mitteilung: Über Olivetorsäure. I. Ber. Dtsch. chem. Ges. **65**, 475 (1932). — XIII. Mitteilung: Über Olivetorsäure. II. Ber. Dtsch. chem. Ges **65**, 584 (1932). — Vgl. auch Asahina, Y. u. F. Fuzikawa: LXI. Mitteilung: Über Olivetorsäure. III. Ber. Dtsch. chem. Ges. **68**, 2026 (1935).

57. — u. F. Fuzikawa: Untersuchungen über Flechtenstoffe. XLVIII. Mitteilung: Über Mikrophyllinsäure, ein neues Depsid aus *Cetraria collate* f. *microphyllina* A. Zahlbruckner. Ber. Dtsch. chem. Ges. **68**, 80 (1935). — LX. Mitteilung: Über Mikrophyllinsäure und deren Spaltungsprodukte. Ber. Dtsch. chem. Ges. **68**, 2022 (1935).

58. — u. H. Nogami: Untersuchungen über Flechtenstoffe. LXXXI. Mitteilung: Über die Glomellifersäure. I. Ber. Dtsch. chem. Ges. **70**, 1498 (1937).

59. Nakao, M.: Über die Bestandteile der chinesischen Droge „Shi-Hoa". Journ. pharmac. Soc. Japan **1923**, Nr. 496; Chem. Ztrbl. **1925** II, 1768

60. Asahina, Y. u. S. Nonomura: Untersuchungen über Flechtenstoffe. XVI. Mitteilung: Bestandteile der Ramalina-Arten mit besonderer Berücksichtigung der Sekikasäure. Ber. Dtsch. chem. Ges. 66, 30 (1933).

61. — u. M. Yasue: Untersuchungen über Flechtenstoffe. XLIX. Mitteilung: Synthese des Dimethyläther-sekikasäure-methylesters. Ber. Dtsch. chem. Ges. 68, 132 (1935). — LIII. Mitteilung: Synthese der Oxydivaricatinsäure und der Sekikasäure. Ber. Dtsch. chem. Ges. 68, 1133 (1935).

62. — u. T. Kusaka: Untersuchungen über Flechtenstoffe. LXV. Mitteilung: Über ein neues Depsid „Ramalinolsäure". Ber. Dtsch. chem. Ges. 69, 450 (1936). — LXX. Mitteilung: Synthese der Ramalinolsäure. Ber. Dtsch. chem. Ges. 69, 1896 (1936).

63. — — Untersuchungen über Flechtenstoffe. LXXXIII. Mitteilung: Über ein neues Depsid, die Boninsäure; Synthese der Boninsäure und der Homosekikasäure. Ber. Dtsch. chem. Ges. 70, 1815 (1937).

64. — — Untersuchungen über Flechtenstoffe. LXXXIV. Mitteilung: Über das Vorkommen von Homosekikasäure in Cladonien. Ber. Dtsch. chem. Ges. 70, 1821 (1937).

65. — Mikrochemischer Nachweis der Flechtenstoffe. VI. Mitteilung. Journ. of Japan. Botany 14, 249 (1938). — Lichenologische Notizen. X. Journ. of Japan. Botany 14, 251 (1938).

66. — u. N. Kutani: Untersuchungen über Flechtenstoffe. I. Mitteilung: Über Gyrophorsäure. Journ. pharmac. Soc. Japan Nr. 519, Mai-Heft 1925; Chem. Ztrbl. 1925 II, 1765.

67. — u. M. Watanabe: Untersuchungen über Flechtenstoffe. VI. Mitteilung: Über Gyrophorsäure. Ber. Dtsch. chem. Ges. 63, 3044 (1930).

68. — u. F. Fuzikawa: Untersuchungen über Flechtenstoffe. XIV. Mitteilung: Synthese der Gyrophorsäure. I. Ber. Dtsch. chem. Ges. 65, 983 (1932).

69. Koller, G.: Über eine Synthese des Diacetyl-evernsäure-methylesters und des Tetraacetyl-gyrophorsäure-methylesters. Monatsh. Chem. 61, 147 (1932).

70. Canter, F. W., A. Robertson, and R. B. Waters: Lichen Acids. V. A Synthesis of Methyl O-Tetramethylgyrophorate. Journ. chem. Soc. London 1933, 493.

71. Asahina, Y. u. I. Yosioka: Untersuchungen über Flechtenstoffe. LXXV. Mitteilung: Synthese der Gyrophorsäure. II. Umbilicarin- und Umbilicarsäure. Ber. Dtsch. chem. Ges. 70, 200 (1937).

72. Koller, G. u. G. Pfeiffer: Über die Umbilicarsäure und die Ramalsäure. Monatsh. Chem. 62, 241 (1933).

73. Asahina, Y. u. M. Yanagita: Untersuchungen über Flechtenstoffe. XXXII. Mitteilung: Über Tenuiorin, einen Monomethyläther-gyrophorsäure-methylester. Ber. Dtsch. chem. Ges. 66, 1910 (1933).

74. — u. F. Fuzikawa: Untersuchungen über Flechtenstoffe. XI. Mitteilung: Über die Konstitution der Obtusatsäure. Ber. Dtsch. chem. Ges. 65, 580 (1932). — Synthese des Dimethyläther-obtusatsäure-methylesters. Journ. pharmac. Soc. Japan 53, Nr. 618 (1933). — Koller, G.: Über die Ramalsäure. Monatsh. Chem. 61, 286 (1932).

75. Fuzikawa, F.: Über die Synthese der Depside: Barbatinsäure, Nor-barbatinsäure, Obtusatsäure und Nor-obtusatsäure. Journ. pharmac. Soc. Japan 56, 25 (1936).

76. Asahina, Y. u. F. Fuzikawa: Untersuchungen über Flechtenstoffe. XLV. Mitteilung: Über die Identität der Coccellsäure mit der Barbatinsäure. Ber. Dtsch. chem. Ges. 67, 1793 (1934). — Asahina, Y. u. M. Mituno: Mikrochemischer Nachweis der Flechtenstoffe. IV. Journ. of Japan. Botany 13, 854 (1937).

77. Pfau, A. S.: Zur Kenntnis der Flechtenbestandteile. II. Die Konstitution der Barbatinsäure. Helv. chim. Acta 11, 864 (1928).

78. Hesse, O.: Beitrag zur Kenntnis der Flechten und ihrer charakteristischen Bestandteile. XIII. Mitteilung: Journ. prakt. Chem. (2), 92, 440 (1915).

79. Asahina, Y. u. F. Fuzikawa: Untersuchungen über Flechtenstoffe. IX. Mitteilung: Über Diffractasäure, eine Monomethyläther-barbatinsäure. Ber. Dtsch. chem. Ges. 65, 175 (1932). — Über die Identität der Diffractasäure mit der Hesseschen Dirhizoninsäure. Ber. Dtsch. chem. Ges. 65, 1668 (1932).

80. — — Untersuchungen über Flechtenstoffe. XII. Mitteilung: Synthese der Diffractasäure. Ber. Dtsch. chem. Ges. 65, 583 (1932).

81. Pfau, A. S.: Zur Kenntnis der Flechtenbestandteile. I. Die Konstitution des Atranorins. Helv. chim. Acta 9, 650 (1928).

82. Asahina, Y. u. H. Hayashi: Untersuchungen über Flechtenstoffe. IV. Mitteilung: Über die Bestandteile von *Alectoria sulcata* Nyl. Journ. pharmac. Soc. Japan 48, Nr. 11 (1928); Chem. Ztrbl. 1929 I, 762.

83. — u. T. Tukamoto: Untersuchungen über Flechtenstoffe. XXIV. Mitteilung: Über Nor-barbatinsäure-methylester. Ber. Dtsch. chem. Ges. 66, 897 (1933).

84. Curd, F. H., A. Robertson, and R. J. Stephenson: Lichen Acids. IV. Atranorin. Journ. chem. Soc. London 1933, 130.

85. Koller, G. u. K. Pöpl: Über einen chlorhaltigen Flechtenstoff. I—II. Monatsh. Chem. 64, 106, 126 (1934).

86. Pfau, A. S.: Zur Kenntnis der Flechtenbestandteile. IV. Über Chlor-atranorin. Helv. chim. Acta 17, 1319 (1934).

87. Asahina, Y.: (teils unveröffentlicht).

88. Nolan, T. J.: The Chemical Constituents of Lichens found in Ireland. *Buellia canescens*. I. Scient. Proceed. Roy. Dublin Soc. (N. S.) 21, 67 (1934).

89. Koller, G. u. W. Maass: Über einen Inhaltsstoff von *Baeomyces roseus* Pers. Monatsh. Chem. 66, 57 (1935).

90. Asahina, Y., Y. Tanase u. I. Yosioka: Untersuchungen über Flechtenstoffe. LXIII. Mitteilung: Über die Bestandteile der Baeomyces-Arten. Ber. Dtsch. chem. Ges. 69, 125 (1936).

91. — u. M. Yasue: Untersuchungen über Flechtenstoffe. LXXX. Mitteilung: Über die Bestandteile der sogenannten *Thamnolia vermicularis* f. *taurica*. Ber. Dtsch. chem. Ges. 70, 1496 (1937).

92. — u. M. Yanagita: Untersuchungen über Flechtenstoffe. XVII. Mitteilung: Über Squamatsäure. Ber. Dtsch. chem. Ges. 66, 36 (1933).

93. — u. Y. Tanase: Untersuchungen über Flechtenstoffe. LXXII. Mitteilung: Über die Konstitution der Squamatsäure. Ber. Dtsch. chem. Ges. 70, 62 (1937).

94. — u. Y. Sakurai: Untersuchungen über Flechtenstoffe. LXXIII. Mitteilung: Synthese des Squamatsäure-dimethylesters. Ber. Dtsch. chem. Ges. 70, 64 (1937).

95. — u. M. Yanagita: Untersuchungen über Flechtenstoffe. XVIII. Mitteilung: Über Iso-squamatsäure, ein neues Depsid aus *Cladonia Boryi* Tuck. Ber. Dtsch. chem. Ges. 66, 393 (1933).

96. — u. S. Ihara: Untersuchungen über Flechtenstoffe. V. Mitteilung: Über die Konstitution der Thamnolsäure. I. Ber. Dtsch. chem. Ges. 62, 1196 (1929). — Über die Konstitution der Thamnolsäure. II. Ber. Dtsch. chem. Ges. 65, 55 (1932). — Asahina, Y. u. F. Fuzikawa: Über die Konstitution der Thamnolsäure. III. Ber. Dtsch. chem. Ges. 65, 58 (1932).

97. — u. M. Hiraiwa: Untersuchungen über Flechtenstoffe. LXIV. Mitteilung: Über die Konstitution der Thamnolsäure. IV. Ber. Dtsch. chem. Ges. 69, 330 (1936).

98. Schöpf, C., K. Heuck u. R. Duntze: Die Konstitution der Barbatolsäure. Liebigs Ann. **491**, 220 (1931).

99. Asahina, Y. u. H. Nogami: Untersuchungen über Flechtenstoffe. XLI. Mitteilung: Über die Konstitution der Physodsäure. I. Ber. Dtsch. chem. Ges. **67**, 805 (1934). — XLVII. Mitteilung: Über die Konstitution der Physodsäure. II. Ber. Dtsch. chem. Ges. **68**, 77 (1935). — LIV. Mitteilung: Über die Konstitution der Physodsäure. III. Ber. Dtsch. chem. Ges. **68**, 1500 (1935).

100. — Y. Kanaoka u. F. Fuzikawa: Untersuchungen über Flechtenstoffe. XX. Mitteilung: Über Collatolsäure, eine Monomethyläther-alectoronsäure. Ber. Dtsch. chem. Ges. **66**, 649 (1933). — Asahina, Y. u. F. Fuzikawa: XXXIV. Mitteilung: Über die Konstitution der Alectoron- und α-Collatolsäure. Ber. Dtsch. chem. Ges. **67**, 163 (1934). — XXXV. Mitteilung: Über die Identität der α-Collatolsäure mit Lecanorolsäure. Ber. Dtsch. chem. Ges. **67**, 169 (1934). — LIX. Mitteilung: Über die Nicht-Existenz der γ-Collatolsäure. Ber. Dtsch. chem. Ges. **68**, 2020 (1935).

101. — u. A. Hashimoto: Untersuchungen über Flechtenstoffe. XIX. Mitteilung: Über Alectoronsäure, einen neuen Bestandteil aus den hellfarbigen Alectoria-Arten. Ber. Dtsch. chem. Ges. **66**, 641 (1933); vgl. auch Zitat 100..

102. — u. S. Nonomura: Untersuchungen über Flechtenstoffe. LVI. Mitteilung: Über die Konstitution der Lobarsäure. I. Ber. Dtsch. chem. Ges. **68**, 1698 (1935). — Asahina, Y. u. M. Yasue: LXVI. Mitteilung: Über die Konstitution der Lobarsäure. II. Ber. Dtsch. chem. Ges. **69**, 643 (1936).

103. — u. M. Yasue: Untersuchungen über Flechtenstoffe. LXXVI. Mitteilung: Über die Konstitution der Lobarsäure. III. Ber. Dtsch. chem. Ges. **70**, 206 (1937).

104. — u. J. Asano: Untersuchungen über Flechtenstoffe. XXI. Mitteilung: Über Salazinsäure. I. Ber. Dtsch. chem. Ges. **66**, 689 (1933). — XXIII. Mitteilung: Über Salazinsäure. II. Ber. Dtsch. chem. Ges. **66**, 893 (1933). — XXIX. Mitteilung: Über Salazinsäure. III. Ber. Dtsch. chem. Ges. **66**, 1215 (1933).

105. — u. F. Fuzikawa: Untersuchungen über Flechtenstoffe. XLIV. Mitteilung: Über Salazinsäure und Nor-stictinsäure. Ber. Dtsch. chem. Ges. **67**, 1789 (1934).

106. — u. T. Tukamoto: Untersuchungen über Flechtenstoffe. XLII. Mitteilung: Bestandteile einiger Usnea-Arten unter besonderer Berücksichtigung der Verbindungen der Salazinsäure-Gruppe. II. Ber. Dtsch. chem. Ges. **67**, 963 (1934).

107. — M. Yanagita u. J. Omaki: Untersuchungen über Flechtenstoffe. XXV. Mitteilung: Über Stictinsäure. Ber. Dtsch. chem. Ges. **66**, 943 (1933). — Asahina, Y. u. M. Yanagita: XLVI. Mitteilung: Über Stictinsäure. II. Ber. Dtsch. chem. Ges. **67**, 1965 (1934).

108. — — T. Hirakata u. M. Ida: Untersuchungen über Flechtenstoffe. XXVIII. Mitteilung: Über das Vorkommen von Stictinsäure in verschiedenen Flechten. Ber. Dtsch. chem. Ges. **66**, 1080 (1933).

109. Curd, F. H. u. A. Robertson: Lichen Acids. VI. Constituents of *Ramalina scopulorum*. Journ. chem. Soc. London **1935**, 1379.

110. Asahina, Y. u. M. Yanagita: Untersuchungen über Flechtenstoffe. LXVII. Mitteilung: Über Stictinsäure. III. Ber. Dtsch. chem. Ges. **69**, 1370 (1936).

111. — — Untersuchungen über Flechtenstoffe. XXXIX. Mitteilung: Über eine neue Flechtensäure, die Nor-stictinsäure und das Vorkommen von d-Arabit in den Flechten. Ber. Dtsch. chem. Ges. **67**, 799 (1934). — Asahina, Y. u. F. Fuzikawa: XLIV. Mitteilung: Über Salazinsäure und Nor-stictinsäure.

Ber. Dtsch. chem. Ges. **67**, 1789 (1934). — LI. Mitteilung: Über das Vorkommen von Nor-stictinsäure in *Parmelia acetabulum* Ach. Ber. Dtsch. chem. Ges. **68**, 946 (1935).

112. Asahina, Y., M. Yanagita u. I. Yosioka: Untersuchungen über Flechtenstoffe. LXVII. Mitteilung: Über Stictinsäure. III. Ber. Dtsch. chem. Ges. **69**, 1370 (1936).

113. Hesse, O.: Beitrag zur Kenntnis der Flechten und ihrer charakteristischen Bestandteile. IX. Mitteilung. Journ. prakt. Chem. (2), **70**, 462 (1904).

114. Asahina, Y. u. M. Yanagita: Untersuchungen über Flechtenstoffe. XXX. Mitteilung: Über Caprarsäure. Ber. Dtsch. chem. Ges. **66**, 1217 (1933). — Asahina, Y. u. Y. Tanase: XXXVIII. Mitteilung: Über die Proto-cetrarsäure und ihre Alkyläther. Ber. Dtsch. chem. Ges. **67**, 766 (1934).

115. Koller, G., E. Krakauer u. K. Pöpl: Über die Ramalinsäure. Monatsh. Chem. **64**, 3 (1934).

116. Asahina, Y. u. Y. Tanase: Untersuchungen über Flechtenstoffe. XX. Mitteilung: Über Cetrarsäure. Ber. Dtsch. chem. Ges. **66**, 700 (1933). — Asahina, Y. u. J. Asano: XXIII. Mitteilung: Über Salazinsäure. Ber. Dtsch. chem. Ges. **66**, 893 (1933).

117. — — Untersuchungen über Flechtenstoffe. XXXVI. Mitteilung: Über Fumar-protocetrarsäure. Ber. Dtsch. chem. Ges. **67**, 411 (1934).

118. Hesse, O.: Beitrag zur Kenntnis der Flechten und ihrer charakteristischen Bestandteile. III. Mitteilung. Journ. prakt. Chem. (2), **58**, 524 (1898). — X. Mitteilung. Journ. prakt. Chem. (2), **73**, 171 (1905). — Zopf, W.: Zur Kenntnis der Flechtenstoffe. VIII. Mitteilung. Liebigs Ann. **317**, 114 (1901).

119. Asahina, Y. u. H. Hayashi: Untersuchungen über Flechtenstoffe. XXVI. Mitteilung: Über Psoromsäure. Ber. Dtsch. chem. Ges. **66**, 1023 (1933). — LXXVIII. Mitteilung: Über Psoromsäure. II. Ber. Dtsch. chem. Ges. **70**, 810 (1937).

120. Hayashi, H.: Über einige Derivate der Psoromsäure. Journ. pharmac. Soc. Japan **57**, 114 (1937).

121. Asahina, Y. u. S. Shibata: (unveröffentlicht).

122. Oesterle, O. A. u. U. Johann: Über die sogenannte Methylchrysophansäure. Arch. Pharmaz. **248**, 476 (1910).

123. Asahina, Y. u. F. Fuzikawa: Untersuchungen über Flechtenstoffe. LV. Mitteilung: Über Endocrocin, ein neues Oxy-anthrachinon-Derivat. Ber. Dtsch. chem. Ges. **68**, 1558 (1935).

124. Koller, G. u. H. Hamburg: Über die Rhodocladonsäure. Monatsh. Chem. **68**, 202 (1936).

125. — u. H. Russ: Über die Konstitution der Solorinsäure. Monatsh. Chem. **69**, 54 (1937).

126. Asahina, Y. u. M. Mituno: Mikrochemischer Nachweis der Flechtenstoffe. Journ. of Japan. Botany **12**, 516, 859 (1936); **13**, 529, 855 (1937); **14**, 39, 244, 318, 650 (1938).

(Eingelaufen am 15. August 1938.)

Flavine.

Mit besonderer Berücksichtigung des Lactoflavins.

Von **H. RUDY**, Erlangen.

(Mit 8 Abbildungen.)

A. Allgemeines.

Entdeckung. Die rasche Entwicklung der Flavinchemie geht auf die Isolierung und Aufklärung des *Lactoflavins* zurück. Dieses nach seinem Vorkommen in der Milch benannte Flavin wurde erstmals von R. KUHN und TH. WAGNER-JAUREGG (*46*) rein dargestellt, nachdem es schon früher von A. W. BLYTH (*5*) entdeckt (,,Lactochrom") und von B. BLEYER und O. KALLMANN (*4*) sowie besonders von PH. ELLINGER und W. KOSCHARA (*8*) aus Molke angereichert worden war.

O. WARBURG und W. CHRISTIAN (*64*) fanden 1932/33 bei der Untersuchung von Atmungsvorgängen ein gelbes ,,*Oxydations*"- bzw. ,,*Atmungsferment*", aus dem sie einen grün fluoreszierenden Farbstoff abspalten konnten. Beim Belichten in schwach alkalischer Lösung erhielten sie daraus ein chloroformlösliches, kristallisiertes ,,*Photoderivat*", dessen Konstitution von R. KUHN und Mitarbeitern im Zusammenhang mit der Aufklärung des Lactoflavins sichergestellt wurde. 1934 fand H. THEORELL (*60*), daß das gelbe Atmungsferment aus einem farblosen *Protein* und einer *Flavin-phosphorsäure* besteht. In jüngster Zeit hat sich ergeben, daß dieses gelbe Ferment (*Flavin-enzym*) nicht das einzige seiner Art ist. So wurden von O. WARBURG und W. CHRISTIAN (*65*) sowie von E. HAAS (*17*) ,,*neue gelbe Fermente*" beschrieben, die sich von dem ,,*alten*" sowohl bezüglich des Proteins (Apoferment) als auch der prosthetischen Gruppe (Coferment) unterscheiden. Zu ihnen gehören die d-Aminosäure-Oxydase und die Xanthin-Oxydase. Ihr Coferment ist eine kompliziertere Verbindung des Lactoflavins.

Unabhängig von diesen fermentchemisch gerichteten Untersuchungen fanden P. GYÖRGY, R. KUHN und TH. WAGNER-JAUREGG 1933 (*15*), daß das von J. GOLDBERGER und R. D. LILLIE (*13*) beschriebene, thermostabile ,,*Antipellagra-Vitamin*", das bis dahin für einheitlich gehalten worden war, aus mehreren Faktoren besteht. Sie stellten fest, daß der in Leber-, Herz- und anderen Kochsäften enthaltene, grün fluoreszierende Farbstoff eine Komponente des „Antipellagra-Vitamins B_2" ist (*15, 16, 3, 19*), und isolierten ihn anschließend aus Molke. Das Lactoflavin war der erste kristallisierte und chemisch definierte Faktor des *Vitamin-B_2-Komplexes*. Es wurde daher einfach als *das* Vitamin B_2 bezeichnet. *Lactoflavin und Vitamin B_2 sind seither synonyme Begriffe.*

PH. ELLINGER und W. KOSCHARA (*8*) fanden zu derselben Zeit bei Untersuchungen über die „*Intravital-Mikroskopie*" ebenfalls grün fluoreszierende Farbstoffe. Sie nannten sie, da sie wasserlöslich sind, als Gegenstück zu den fettlöslichen Lipochromen, „*Lyochrome*"; sie sind mit Lactoflavin bzw. Lactoflavin-Derivaten identisch.

Darstellung des Lactoflavins aus Molke [R. KUHN und TH. WAGNER-JAUREGG (*46*)]. Die mit *Salzsäure* versetzte Molke wird zur Adsorption des Lactoflavins mit *Fuller-erde* verrührt, die überstehende Flüssigkeit dekantiert, das Flavin mit einem Gemisch von *Pyridin-Methanol-Wasser* eluiert und die Elutionslösung eingeengt. Durch Zusatz von *Aceton* werden farblose Begleitkörper ausgefällt, dann wird nach dem Entfernen des Acetons an *Frankonit KL* adsorbiert, wieder eluiert und nach dem Verdampfen des Pyridins zur Abtrennung von Begleitbasen mit *Pikrinsäure* behandelt. Der entstehende Niederschlag wird abzentrifugiert, die überschüssige Pikrinsäure aus der Lösung mit Äther extrahiert und das Lactoflavin anschließend als *Thallium-* und dann als *Silbersalz* gefällt. Das Silbersalz wird mit Schwefelwasserstoff zerlegt und das durch Eindampfen erhaltene Rohflavin aus Essigsäure und Alkohol (im Extraktionsapparat) umkristallisiert. Man erhält so das reine Lactoflavin in orangegelben Nadeln vom Schmelzp. 292° (Zersetzung). [Siehe auch R. D. GREEN und A. BLACK (*14*).]

Bestimmungsmethoden. Neben den biologischen Methoden, die nur für B_2-wirksame Flavine Bedeutung haben und später besprochen werden, sind vor allem die chemisch-physikalischen Verfahren zu erwähnen. Sie sind bis jetzt im wesentlichen zur Bestimmung des Lactoflavins verwendet worden, können aber auch allgemein zur Prüfung des Reinheitsgrades von Flavinen herangezogen werden, zumal die Schmelzpunkte zu diesem Zweck ungeeignet sind.

In erster Linie sind hier *die kolorimetrischen Verfahren* zu erwähnen, die auf der Bestimmung des Extinktionskoeffizienten beruhen. Nach O. WARBURG und W. CHRISTIAN (*64*) sowie R. KUHN, TH. WAGNER-JAUREGG und H. KALTSCHMITT (*36*) führt man das Lactoflavin (und die Lactoflavin-phosphorsäure) zweckmäßig durch Belichten in schwach alkalischer Lösung in *Lumiflavin* über, schüttelt dieses mit Chloroform aus und bestimmt die Extinktion, z. B. am Stufenphotometer von ZEISS (*64, 47, 9, 51, 66*). Man kann Lactoflavin nach entsprechender Vorbehandlung der Extrakte auch unmittelbar kolorimetrieren [W. KOSCHARA (*29*)]. Die Extinktionskoeffizienten finden sich im Abschnitt „Farbe" (S. 68).

Neben der Farbe dient auch die *Fluoreszenz zur Ermittlung von Lactoflavin*. Man hat sowohl direkte Fluoreszenzmessungen durchgeführt als

auch das beim Belichten entstehende Lumiflavin fluorimetrisch bestimmt
[H. v. EULER, E. ADLER und A. SCHLÖTZER (*11*), F. VIVANCO (*61*);
L. B. PETT (*52*); G. C. SUPPLEE, S. ANSBACHER, G. E. FLANIGAN und
Z. M. HANFORD (*58*)].

Die „gebundene Form" des Lactoflavins („gelbes Ferment") kann
grundsätzlich in der gleichen Weise bestimmt werden, indem man sie
durch Kochen mit verdünnter Säure oder Methanol zerlegt und die
Flavinkomponente nach einer der genannten Methoden quantitativ ermittelt. Freies und gebundenes Flavin nebeneinander bestimmt man
derart, daß man gegen Wasser dialysiert, wobei das freie Flavin nach
außen tritt, während Flavin-enzym unzerlegt zurückbleibt.

Verbreitung. Lactoflavin ist im Tier- und Pflanzenreich weit verbreitet. Im allgemeinen liegt es als Flavin-enzym vor, manchmal, und
zwar besonders in der Milch, aber auch als solches (*36*). Über die Verbreitung geben die folgenden Tabellen 1—4 Auskunft (kolorimetrische
und fluorimetrische Bestimmung).

Tabelle 1. Flavingehalt von Bakterien und Hefen.
[O. WARBURG und W. CHRISTIAN (*64*).]

	mg Flavin in 1 kg Trockensubstanz
Essigsäurebakterien (Bact. Pasteurianum)	15
Bierhefe *(Schultheiß-Patzenhofer)*	30
Bäckerhefe	36
Milchsäurebakterien (Bact. Delbrückii)	115
Buttersäurebakterien (Clostridium butyricum)	166
[L. P. PETT (*52*).]	
Unterhefe	20—25
Oberhefen	25—38
Wilde Hefen	12—30
Aspergillus	0
Penicillium	0
Proteus vulgaris	0
Staphylococcus albus	0
Bakterium coli A	0
„ „ B (pathogen)	Spuren bis 1
„ aerogenes	9,8
Bacillus subtilis	7,5

Tabelle 2. Verbreitung des Lactoflavins in Nahrungs- und Genußmitteln.
[R. KUHN, TH. WAGNER-JAUREGG und H. KALTSCHMITT (*36*).]

	mg Lactoflavin
1 l Traubensaft (sterilisiert, *Wachenheim*)....................	0,060
1 „ Weißwein (Pfalz 1933, *Oberhaardt*)	0,125
1 „ Apfelsinensaft	0,089
1 kg Hagebutten (frisch)	0,069

Fortsetzung von Tabelle 2.

	mg Lactoflavin
1 kg Bananen (geschält)	0,075
1 „ Aprikosen (getrocknet)	0,57
1 „ Tomatenmark	0,71
1 „ Karotten (frisch)	0,20
1 „ Spinat (frisch)	0,57
1 „ Heumehl (getrocknete Luzerne)	7,17
1 „ Gras (frisch)	1,42
1 „ Kartoffeln (Pfälzer „Industrie")	0,075
1 l helles Bier (Spatenbräu, München)	0,29
1 kg Weizenkleie	0,33
1 „ Malzextrakt (E. LÖFFLUND)	2,10
1 „ Tannenhonig (1933, Deutscher Imkerbund)	1,00
1 „ Hefe (trocken, Löwenbräu, München)	18,00
1 „ Vitox *(Marmite)*	33,0
1 „ Hefeextrakt *(Cenovis)*	43,2
1 l Vollmilch (Kuh)	1,00
1 „ Molke (Kuhmilch)	0,45
1 kg Rindsleber (frisch)	15,90
1 „ Dorschleber (frisch)	0,58

Tabelle 3. Flavingehalt einiger tierischer Organe.
[H. v. EULER und E. ADLER (10).]

	mg Flavin in 1 kg Frischgewicht
Leber (Rind)	10—20
Niere (Rind)	10—20
Nebenniere (Rind)	5—10
Corpus luteum (Rind)	5—10
Gehirn (Rind)	1—5
Ovarium (Rind):	
Stroma	1—5
Follikelwand	0,025—0,5
Follikelsaft	0,025
Milz (Rind)	0,5—1,0
Lunge (Rind)	0,5—1,0
Hypophyse (Rind)	
Vorderlappen	0,5—1,0
Hinterlappen	0,025—0,5
Plazenta (Mensch)	0,5—1,0
Auge (Rind):	
Netzhaut	1—5
Pigmentepithel	0,5—1,0
Netzhaut (Schaf)	1—5
Auge (Kaninchen)	0,025—0,5
„ (Huhn)	1—5
„ (Fisch)	10—20
Blut (Rind). Vollblut und Serum	0,025
Harn (Mensch)	0,075 [TH. WAGNER-JAUREGG und H. WOLLSCHITT (63)]

Tabelle 4. Anteil an gebundenem Flavin in verschiedenen Produkten.
[H. v. Euler, E. Adler und A. Schlötzer (*11*).]

	Gesamtgehalt in 1 kg Frischgew. (mg)	Anteil an gebundenem Flavin (%)
Leber (Rind)	9—18	70—80
Niere (Rind)	8—16	70—80
Corpus luteum (Rind)	4—8	70—80
Gehirn (Mensch)...........................	2	70—80
Eigelb (Huhn).............................	5—6	90—100
Eiweiß	4—5	90—100
Kuhmilch	2—3	20—25
Trocken-Unterhefe	18—21	90

Nomenklatur. Ursprünglich unterschied man die natürlichen Flavine nach ihrer Herkunft als Lacto-, Ovo-, Hepa-, Uroflavin usw. Nachdem sich aber herausgestellt hat, daß die aus Molke, Eiklar, Eigelb, Leber, Heu, Löwenzahn, Malz, Harn, Algen u. a. dargestellten Flavine identisch sind [R. Kuhn und H. Kaltschmitt (*36*); R. Kuhn und Th. Wagner-Jauregg (*46*); P. Karrer mit zahlreichen Mitarbeitern (*27*); W. Koschara (*29*); J. M. Heilbron (*18*)], ist diese Unterscheidung überflüssig geworden, und man bezeichnet sie alle als Lactoflavin. Es gibt bis jetzt in der Natur lediglich nucleosidähnliche Derivate des Lactoflavins, die davon verschieden sind, sowie die von W. Koschara (*29*) im Harn aufgefundenen *Aquoflavine*, die bei der alkalischen Photolyse chloroform-*un*lösliche Photoderivate geben.

Die Flavine sind gelbe Farbstoffe mit blaugrüner bis gelber Fluoreszenz, die sich von einer tautomeren Form des Alloxazins von O. Kühling (*30*) ableiten.[1] Diese, auch *Iso-alloxazin* benannte Form ist als solche allerdings nicht beständig, sondern lagert sich sofort in das stabile Alloxazin um. Durch Substitution des wanderungsfähigen Wasserstoffs in 9-Stellung wird sie jedoch zum „Flavin" stabilisiert. Nach R. Kuhn *leitet man die Namen aller Flavine von diesem* nicht isolierbaren *Stammkörper „Flavin" ab.* Man bezeichnet z. B. das Lactoflavin, dessen hydroxylhaltige Seitenkette sich von der d-Ribose ableitet, als 6,7-Dimethyl-9-d-ribo- (bzw. 9-d-1'-ribityl-) Flavin und das durch alkalische Photolyse daraus entstehende „Lumi-lactoflavin" als 6,7,9-Trimethyl-flavin.

[1] Der Begriff Alloxazin bedarf einer kurzen Erläuterung. An sich wäre das Alloxazin als Benzalloxazin zu bezeichnen. Nach R. Kuhn und H. W. Cook (*33*) nennt man den Grundkörper jedoch zweckmäßiger „Lumazin" und das 6,7-Benzlumazin schlechthin Alloxazin. Davon ist hier Gebrauch gemacht.

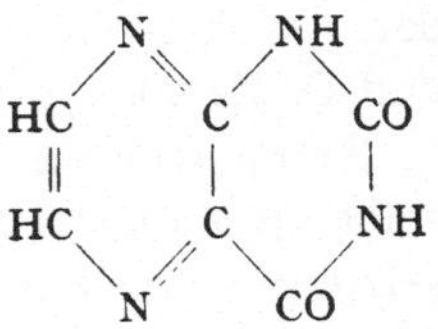

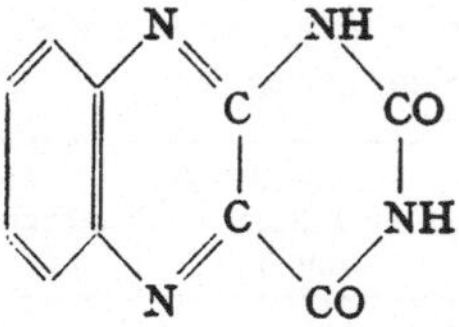

Alloxazin (stabil).

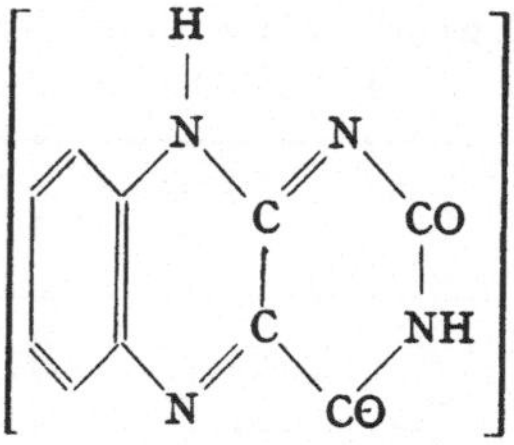

„Flavin" (labil).

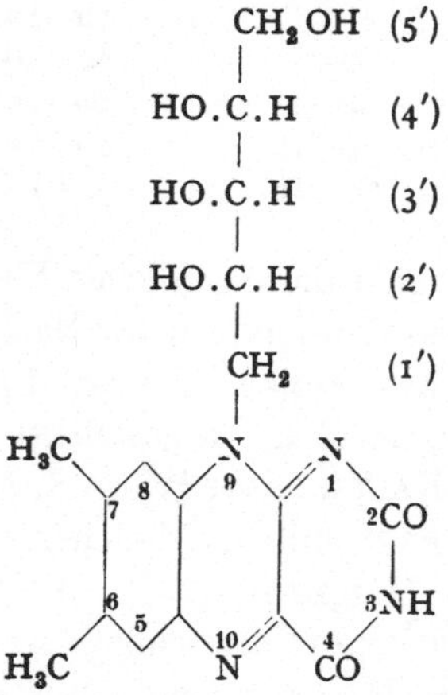

CH$_2$OH   (5′)

HO.C.H   (4′)

HO.C.H   (3′)

HO.C.H   (2′)

CH$_2$ (1′)

Lactoflavin (6,7-Dimethyl-9-d-ribo-flavin).

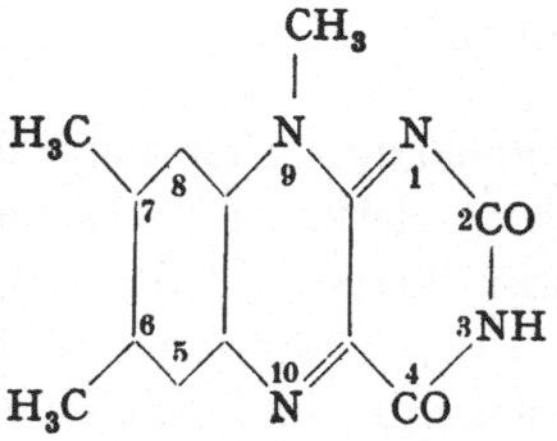

Lumi-lactoflavin
(6,7,9-Trimethyl-flavin).

Die Formeln lassen erkennen, daß viele Möglichkeiten der Substitution im Molekül bestehen, daß also viele Flavine denkbar sind. Die Zahl der bereits dargestellten Flavine ist tatsächlich schon groß. Während man die NH-Gruppe (Stellung 3) bis jetzt lediglich methyliert und im Benzolkern hauptsächlich die Zahl und Stellung der Alkylgruppen verändert hat, sind die Variationen der 9-ständigen Substituenten bedeutend zahlreicher. Die durch die Arbeitskreise von R. KUHN sowie von P. KARRER synthetisierten Flavine können je nach der Art des Substituenten in 9-Stellung eingeteilt werden in:

9-Alkyl-flavine,
9-Aryl-flavine,
9-Amino-alkyl-flavine,
9-Flavin-alkyl-carbonsäuren,
9-Oxyalkyl- und 9-Polyoxy-alkyl-flavine.

Eine andere Abwandlung des Flavinmoleküls stellen die 8-Azaflavine dar, die an Stelle des Benzolkerns einen Pyridinring enthalten [H. RUDY und O. MAJER (55)].

Schmelzpunkt, Farbe, Spektrum, Fluoreszenz. Die Flavine bilden gelbe bis orangefarbene Kristalle, die verhältnismäßig hoch und unter Zersetzung schmelzen. *Die hohen und unscharfen Schmelzpunkte sind zur Identifizierung nur wenig geeignet*, zumal im Gemisch nur selten Depressionen auftreten. Man ist daher vielfach auf Derivate angewiesen. Zur Identifizierung der Polyoxy-alkyl-flavine eignen sich vor allem die Acetylverbindungen, die scharf schmelzen und im Gemisch Depressionen geben.

Die Flavine lösen sich in neutralen Medien mit gelber Farbe und mehr oder minder grüner Fluoreszenz. Die Farbe kommt in dem charakteristischen Absorptionsspektrum des Lactoflavins deutlich zum Ausdruck, dessen Hauptbanden bei 445, 365, 270 und 225 mμ liegen. Die Spektren der übrigen Flavine unterscheiden sich davon nur wenig. Die Substituenten in 9-Stellung haben geringen Einfluß, da sie außerhalb des Systems konjugierter Doppelbindungen liegen; so liegt das Maximum im Sichtbaren sowohl beim Lactoflavin als auch beim Lumi-lactoflavin und bei der 6,7-Dimethyl-flavin-9-essigsäure jeweils bei 445 mμ. Auch die molaren Absorptionskoeffizienten stimmen überein [$\varkappa_{445} = (28,5 - 30) \times 10^3$]. Die Einführung des Phenylrestes in 9-Stellung bewirkt eine Farbaufhellung um 3 mμ. Einen stärkeren Einfluß haben die Methylgruppen des Benzolkerns, wie aus der folgenden Tabelle 5 hervorgeht, in welcher die 9-ständigen Substituenten vernachlässigt sind [R. KUHN, H. VETTER und H. W. RZEPPA (45)]:

Tabelle 5.

Substituenten am Benzolkern	Absorptionsmaxima mμ	Fluoreszenz
Keine	440, 335, 268, —	blaugrün
6,7-Trimethylen-	440, 357, 267, 226	grün
5,7-Dimethyl-	$\sim$, 392, 266, 222	hellgrün
6-Methyl-	440, 356, 267, 226	grüngelb
6,7-Dimethyl-	445, 365, 270, 221	,,
6,7-Tetramethylen-	450, 363, 262, 226	olivegelb
6,8-Dimethyl-	450, 372, 270, 222	gelb

8-Aza-9-propyl-flavin hat je eine ausgeprägte Bande bei 425 und 260 mμ und fluoresziert grün; der Pyridinring bewirkt also eine beträchtliche Farbaufhellung.

Durch die Bildung des Natriumsalzes in verdünnter Natronlauge tritt bei den Flavinen geringe Farbvertiefung ein (um etwa 5—8 mμ).

Die Flavin-enzyme zeigen dieselben charakteristischen Absorptionsbanden wie Lactoflavin und Lactoflavin-phosphorsäure, nur mit dem Unterschied, daß die Maxima etwas langwelliger liegen; so beträgt der Unterschied zwischen Lactoflavin-phosphorsäure und dem „alten" gelben Ferment etwa 20 mμ. Diese Farbvertiefung entspricht etwa derjenigen in verdünnter Lauge (Bildung des Na-Salzes an der 3-ständigen NH-Gruppe), so daß man darin einen gewissen Hinweis dafür erblicken darf, daß auch im „alten" gelben Ferment die NH-Gruppe in 3-Stellung salzartig gebunden ist.

Molarer Absorptionskoeffizient

$$\varkappa = \frac{2,3}{c \times d} \log \frac{I_0}{I} \left[\frac{10^3 \times cm^2}{g \times Mol.\text{-}Gew.} \right],$$

wobei I_0 bzw. I die Intensität des eintretenden bzw. austretenden Lichtes, c die Konzentration in Mol pro Liter und d die Schichtdicke in cm bedeuten.

Die Eigenfarbe der Flavine wird zur kolorimetrischen Bestimmung und zur Prüfung des Reinheitsgrades verwendet. Es gelten z. B. folgende Extinktionskoeffizienten (Stufenphotometer Zeiss):

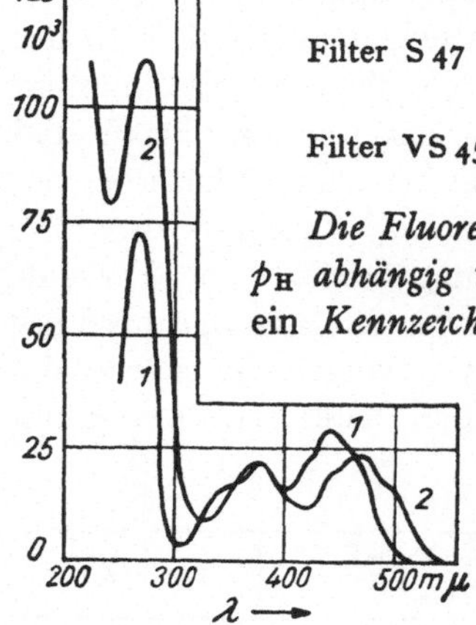

Abb. 1. Absorptionskurven von Lactoflavin (1) und von gelbem Ferment (2).

Filter S 47
$\begin{cases} 100\,\gamma \text{ Lactoflavin in 1 ccm:} & \varepsilon = 3,25 \\ 100\,\gamma \text{ Lumi-lactoflavin in 1 ccm:} & \varepsilon = 4,75 \end{cases}$

Filter VS 45
$\begin{cases} 100\,\gamma \text{ Lactoflavin in 1 ccm:} & \varepsilon = 3,85 \\ 100\,\gamma \text{ Lumi-lactoflavin in 1 ccm:} & \varepsilon = 5,65 \end{cases}$

Die Fluoreszenz ist in ganz charakteristischer Weise vom p_H *abhängig* und zwischen p_H 3 und 9 maximal. Sie ist ein *Kennzeichen des elektrisch neutralen Moleküls bzw. des Zwitterions.* Flavin-anion und -kation fluoreszieren nicht. Aus der Fluoreszenz-p_H-Kurve ergeben sich die Dissoziationskonstanten des Lactoflavins: $k_a = 63 \times 10^{-12}$ und $k_b = 0,5 \times 10^{-12}$. Der isoelektrische Punkt des Lactoflavins liegt bei $p_H = 6$ [R. Kuhn und G. Moruzzi (37)].

Die Flavin-enzyme fluoreszieren nicht. Da Lactoflavin in schwach alkalischer Lösung ebenfalls keine Fluoreszenz mehr zeigt und die Salzbildung nur an der 3-ständigen NH-Gruppe stattfindet, ergibt sich daraus eine weitere Stütze für die Auffassung, daß im Flavin-enzym auch diese NH-Gruppe salzartig gebunden ist [R. Kuhn und H. Rudy (41); R. Kuhn und P. Boulanger (32)].

Die Fluoreszenz der Flavine ist auch konzentrations-abhängig. Sie fällt oberhalb einer Konzentration von 0,003% rasch ab, so daß Fluoreszenzmessungen zur Bestimmung des Flavingehaltes nur unterhalb dieser Grenzkonzentration genau sind [P. Karrer und H. Fritzsche (21)].

Wie die Lichtabsorption, hängt auch die Fluoreszenz der Flavine von den Substituenten am Benzolkern ab, und zwar ergibt sich (wie bei den Carotinen) eine *spiegelbildliche Beziehung zwischen Absorption und Fluoreszenz* [R. Kuhn, H. Vetter und H. W. Rzeppa (45)]. Diese ist aus der Tabelle 5 (S. 67) deutlich zu erkennen.

Löslichkeit. Die Löslichkeit der Flavine hängt ganz besonders von dem 9-ständigen Substituenten ab. Während z. B. Lactoflavin und die Oxyalkyl-flavine wasserlöslich sind (eine gesättigte wäßrige Lactoflavinlösung ist ungefähr 0,025 proz.), lösen sich die 9-Alkyl-flavine in

Wasser *und* Chloroform und können so aus der wäßrigen Phase ausgeschüttelt werden. Mit zunehmender Größe des Alkylrestes nimmt die
Wasserlöslichkeit erwartungsgemäß ab, um beim 9-n-Amyl- (ebenso wie
beim 9-Phenyl-) flavin praktisch gleich Null zu sein. Die Oxyalkyl-flavine
lassen sich durch Veresterung oder sonstige Ausschaltung der OH-Gruppen
„*fettlöslich*" machen, wie das Beispiel des 2', 3', 4', 5'-Tetraacetyl- und
2', 3', 4', 5'-Diaceton-lactoflavins zeigen. Lactoflavin läßt sich über die
Acetylverbindung quantitativ von seinem natürlich vorkommenden
Phosphorsäure-ester, der Lactoflavin-5'-phosphorsäure trennen; denn
die Tetraacetylverbindung des Lactoflavins ist chloroformlöslich, während

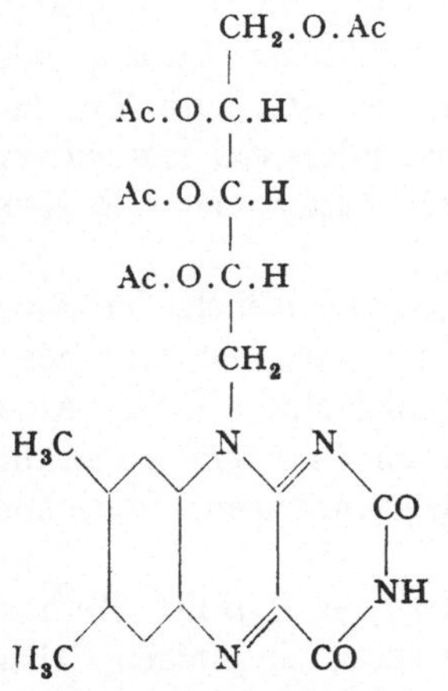

2',3',4',5'-Tetraacetyl-lactoflavin.

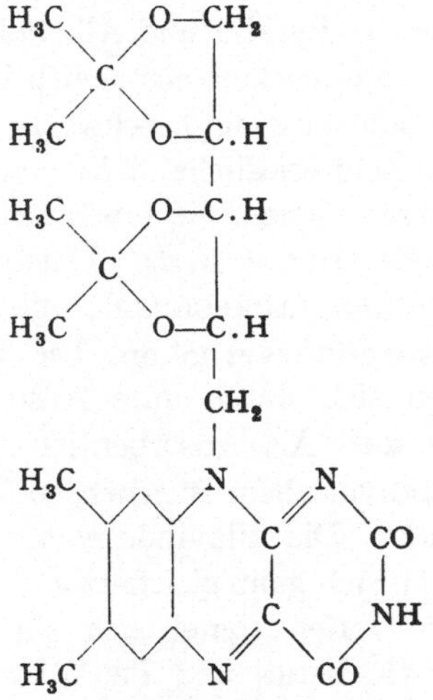

2',3',4',5'-Diaceton-lactoflavin.

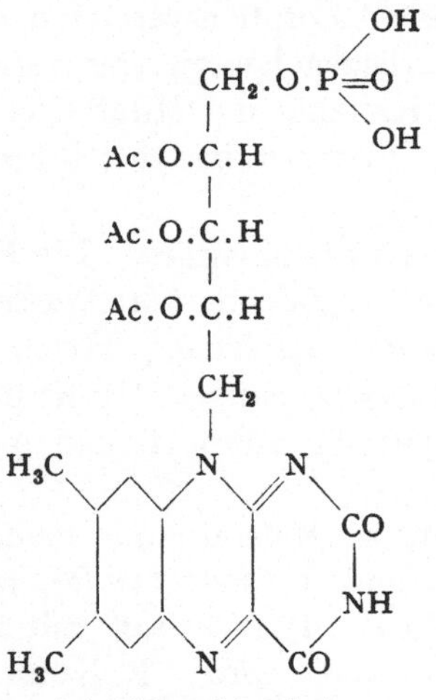

2',3',4'-Triacetyl-lactoflavin-
5'-phosphorsäure.

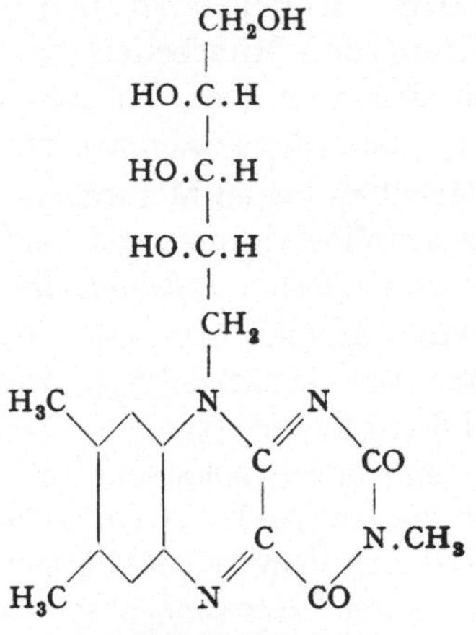

3-Methyl-lactoflavin.

die 2′, 3′, 4′-Triacetyl-lactoflavin-5′-phosphorsäure streng wasserlöslich ist. Da die Acetylreste sehr leicht abgespalten werden, kann man die ursprünglichen Flavine unverändert wiedergewinnen [R. KUHN und H. RUDY (*40, 54*)].

Eine Trennung von Lactoflavin und Lactoflavin-phosphorsäure wird auch durch Benzylalkohol erreicht, in dem die letztere unlöslich ist, während sich Lactoflavin gut darin löst [A. EMMERIE (*9*)].

In verdünnter Lauge sind alle Flavine unter Salzbildung leicht löslich. Die 9-Alkyl- und 9-Aryl-flavine lassen sich auf diese Weise vollständig aus Chloroform ausschütteln. Die 3-Methylflavine bilden naturgemäß keine Alkalisalze und sind in Lauge höchstens unter Zersetzung löslich.

Eisessig, Pyridin und Alkohole sind mehr oder minder gute Lösungsmittel. Ameisensäure eignet sich besonders für 9-Alkyl- und 9-Arylflavine.

In neutraler und schwach ammoniakalischer Lösung bilden die Flavine schwerlösliche *Schwermetallsalze*, die sich zum Teil zur Reindarstellung eignen. Zu erwähnen sind besonders *das rote Silbersalz und das gelbe kristallisierte Thallosalz des Lactoflavins* [R. KUHN und TH. WAGNER-JAUREGG (*42*); vgl. S. 62].

Adsorptionsverhalten. Die Flavine, einschließlich der Aza-flavine, zeichnen sich durch gute Adsorbierbarkeit aus neutraler oder saurer Lösung aus. Als Adsorbentien wurden Bleisulfid, Kohle, Aluminiumoxyd und vor allem Bleicherden (Fullererden, Frankonite, Floridine u. a.) verwendet. Die Flavinderivate (Acetylverbindungen, Phosphorsäuren) verhalten sich ganz gleichartig.

Zur Elution eignet sich ein Gemisch von Pyridin, Methanol und Wasser (R. KUHN und TH. WAGNER-JAUREGG). In einigen Fällen (Bleisulfid) führt auch Auskochen mit verdünnter Essigsäure zum Ziel [PH. ELLINGER und W. KOSCHARA (*8*)]. Die Adsorptionsverfahren wurden besonders zur Reindarstellung des natürlichen Lactoflavins verwendet [R. KUHN und Mitarbeiter (*36, 46*), P. KARRER und Mitarbeiter (*27*)], haben sich aber auch bei synthetischen Flavinen bewährt [Chromatogramm: (*40, 48*); Zusammenfassendes: (*68*)].

Verhalten gegen Mineralsäuren und Oxydationsmittel. Die Flavine sind gegen Mineralsäuren und Oxydationsmittel (Salpetersäure, Wasserstoffsuperoxyd, Brom) *außerordentlich beständig*, unabhängig davon, ob es sich um 9-Alkyl-, -Aryl- oder -Oxyalkyl-flavine handelt [R. KUHN und TH. WAGNER-JAUREGG (*35*)]. Ähnliches gilt für 9-Propyl- und 9-Cyclohexyl-8-aza-flavin (*55*).

Abbau durch Alkalien. Im Gegensatz zu Mineralsäuren greifen Alkalien die Flavine leicht an. O. WARBURG und W. CHRISTIAN (*64*) fanden, daß das aus dem gelben Ferment erhaltene „*Photoderivat*" mit Barytlauge unter *Harnstoff*-abspaltung abgebaut wird. R. KUHN und TH. WAGNER-JAUREGG (*35*) konnten diese Reaktion auch beim Lactoflavin verwirklichen. *Die Alkalispaltung* des Photoderivats Lumi-lacto-flavin (von O. WARBURG später Luminoflavin genannt) wurde von R. KUHN und H. RUDY (*42*) *zur Konstitutionsaufklärung des Flavin-skelets herangezogen.* Bei gelinder Einwirkung wird eine Oxo-carbonsäure erhalten, die sich zu einem Lactam decarboxylieren läßt und durch energische Alkalibehandlung (20% Natronlauge, 130—140°) in *1,2-Dimethyl-4-amino-5-methylamino-benzol* übergeht. Dieses entsteht auch bei kräftiger Alkali-einwirkung auf das Lumiflavin selbst.

$$\text{Lumi-lactoflavin} \xrightarrow[+\,2\,H_2O]{NaOH} \text{Harnstoff} + \text{Oxo-carbonsäure} \longrightarrow$$

Lumi-lactoflavin. Harnstoff. Oxo-carbonsäure.

$$\xrightarrow{-\,CO_2} \text{Lactam} \xrightarrow[+\,2\,H_2O]{NaOH} \text{1,2-Dimethyl-4-amino-5-methylamino-benzol} + \left[\begin{array}{c} \end{array} \right]$$

Lactam. 1,2-Dimethyl-4-amino-5-methylamino-benzol.

Einwirkung von Licht. Während die 9-Alkylflavine gegen Licht weitgehend beständig sind und durch ultraviolettes Licht erst bei längerer Einwirkungsdauer zersetzt werden, erleiden die Oxyalkyl-flavine schon durch sichtbares Licht einen raschen Abbau. Dieser verläuft je nach den angewandten Bedingungen verschieden. Aus Lactoflavin entsteht z. B. in alkalischer Lösung fast nur *Lumiflavin*, in neutraler oder schwach essigsaurer hingegen 6,7-Dimethyl-alloxazin [von P. KARRER (*27*) auch *Lumichrom* genannt]. Die Pentitkette wird in alkalischer Lösung zwischen den C-Atomen 1' und 2' gesprengt, in neutraler jedoch ganz abgelöst, wobei das zunächst entstehende instabile ,,Flavin'' in das stabile 6,7-Di-methyl-alloxazin umgelagert wird (siehe die Formeln S. 72).

Ähnlich dem Lactoflavin werden auch die übrigen Polyoxyalkyl-flavine durch Licht abgebaut. *Die Konfiguration der Pentitkette* scheint dabei *keinen Einfluß* zu haben; denn die Lumiflavinbildung geht z. B. bei 6,7-Dimetnyl-9-d-ribo-flavin und 6,7-Dimethyl-9-l-arabo-flavin gleich schnell, wie aus dem folgenden Kurvenbild zu ersehen ist [Abb. 2, S. 72: R. KUHN und F. WEYGAND (*43*)].

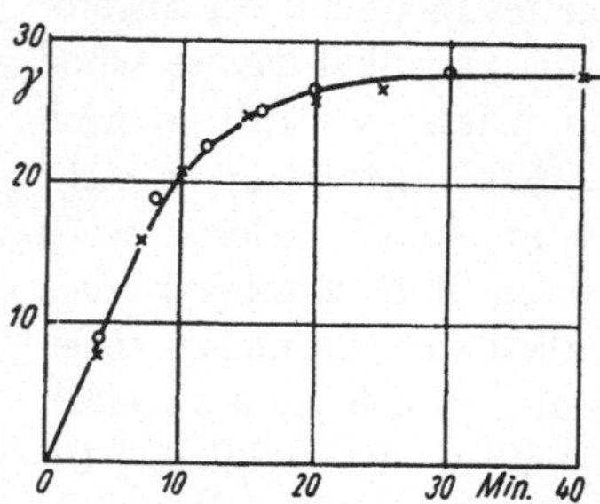

Lactoflavin.

(NaOH) Licht →

6,7,9-Trimethyl-flavin.

Licht | (neutral)

6,7-Dimethyl-alloxazin.

Die Bildung des Lumiflavins ist ein komplizierter Vorgang. Wird Lactoflavin im Hochvakuum belichtet, so entsteht eine farblose Verbindung, die durch Lauge und Luftsauerstoff im Dunkeln in Lumiflavin übergeht [,,*Leuko-deutero-flavin*", R. Kuhn und Th. Wagner-Jauregg (*42*)]. Für den Verlauf der Photolyse ist die Anwesenheit freier Hydroxylgruppen notwendig, da Tetra-acetyl-lactoflavin nur langsam und in anderer Richtung abgebaut wird. Anscheinend spielen Dehydrierungsvorgänge am C-Atom 2' eine Rolle [W. Koschara (*29*); P. Karrer, T. Köbner, H. Salomon und F. Zehender (*22*)].

Abb. 2. Lumiflavinbildung aus 6,7-Dimethyl-9-d-ribo-flavin (×) und 6,7-Dimethyl-9-1-arabo-flavin (○). Ord.: Gebildetes Lumiflavin (γ). Abs.: Zeit in Min.

Es ist bemerkenswert, daß die Pentit-kette auch oxydativ mit Bleitetraacetat abgebaut wird, wobei das 6,7-Dimethyl-alloxazin entsteht [R. Kuhn, Th. Wagner-Jauregg und H. Rudy (*42*)].

6,7-Dimethyl-flavin-9-*essigsäure* wird in neutralem oder schwach saurem Medium sehr rasch photolytisch gespalten. Dabei bildet sich zum größten Teil 6,7-Dimethyl-alloxazin und nur wenig Lumiflavin. In verdünnter Lauge ist sie jedoch ziemlich beständig, woraus zu schließen ist, daß sie kein Zwischenprodukt des photolytischen Lactoflavin-abbaues darstellt [R. KUHN und H. RUDY (*40*)].

9-[*3'-Oxy-propyl*]-flavin wird in Methanol in Anwesenheit von Luftsauerstoff zur Flavin-9-propionsäure oxydiert [P. KARRER, T. KÖBNER. H. SALOMON und F. ZEHENDER (*22*)].

Die *8-Aza*-flavine scheinen lichtempfindlicher zu sein als die Flavine; denn 9-Alkyl- und 9-Phenyl-8-aza-flavin werden bereits im diffusen Tageslicht unter Bildung schwachblau fluoreszierender Verbindungen zersetzt [H. RUDY und O. MAJER (*55*)].

Redox-verhalten. *Die Flavine lassen sich durch Natriumhydro-sulfit ($Na_2S_2O_4$) oder katalytisch erregten Wasserstoff reversibel redu-zieren*, wie O. WARBURG und W. CHRISTIAN (*64*) bereits am „alten" gelben Ferment beobachteten. Sie gehen dabei unter Aufnahme von zwei Atomen Wasserstoff in *Leuko-flavine* über, die schon durch den Luft-sauerstoff wieder zum Flavin dehydriert werden. Die Anlagerung des Wasserstoffes geschieht nach folgendem Schema, in welchem auch die Mono-hydro-Stufe, nämlich das Radikal *Chloro-flavin* aufgeführt ist [R. KUHN und R. STRÖBELE (*44*)]:

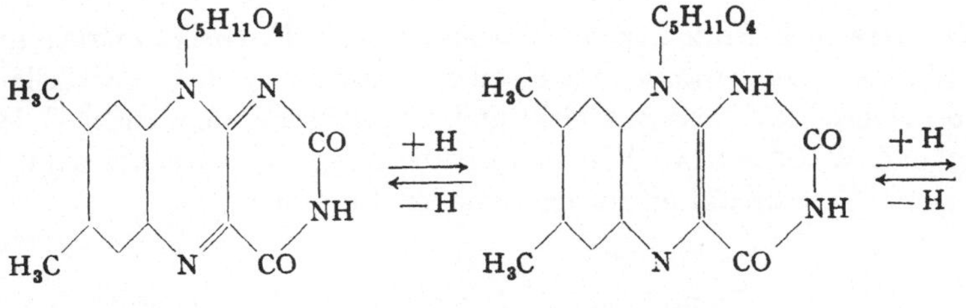

Lactoflavin.

Chloro-flavin.

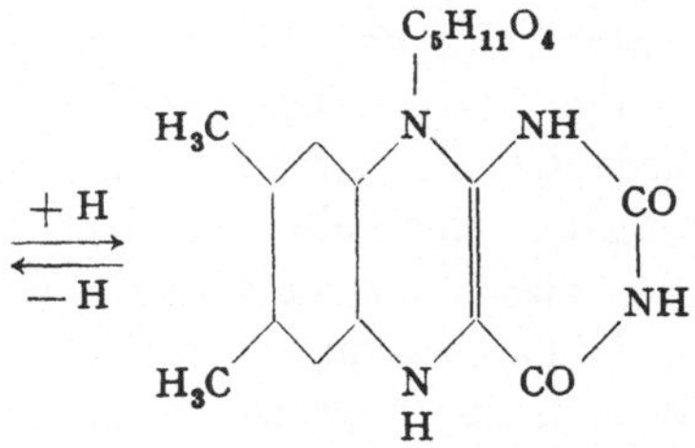

Leuko-flavin.

Die *Redoxpotentiale* der verschiedenen synthetisch gewonnenen Flavine sind beträchtlich negativ, ihrem Absolutwert nach aber nicht gleich. Aus Tabelle 6 (S. 74) ist der Einfluß der Substituenten zu ersehen.

Man erkennt, daß Änderungen in der Pentitkette, insbesondere auch *die Phosphorylierung ohne besonderen Einfluß auf das Redoxpotential* sind. Ganz auffällig ist jedoch *die Rolle der Methylgruppen im Benzolkern, die sich in dem extrem negativen Potential der 6,7-Dimethyl-flavine kundtut.* Zu erwähnen ist noch der Anstieg des Potentials beim Eintritt einer OH-Gruppe in den Alkylrest.

Tabelle 6. Redoxpotentiale[1] [R. Kuhn und P. Boulanger (32)].

	E_c (Volt)
9-Methyl-flavin	— 0,167
3,9-Dimethyl-flavin	— 0,175
9-Phenyl-flavin	— 0,126
6,9-Dimethyl-flavin	— 0,176
6,7,9-Trimethyl-flavin (Lumi-lactoflavin)	— 0,207
6,8,9-Trimethyl-flavin	— 0,109
9-Oxyäthyl-flavin	— 0,156
9-Dioxypropyl-flavin	— 0,134
6,7-Dimethyl-9-d-ribo-flavin (Lactoflavin)	— 0,185
6,7-Dimethyl-9-d-gluco-flavin	— 0,186
6,7-Dimethyl-9-d-ribo-flavin-5′-phosphorsäure (Lactoflavin-phosphorsäure)	— 0,191
„Altes" gelbes Ferment	— 0,060

Die reversible Reduktion des Lactoflavins ist die Grundreaktion seiner biologischen Wirkungsweise. Da es allem Anschein nach in der Zelle nur in Form eines Flavin-enzyms wirkt und die gelben Fermente nach O. Warburg und W. Christian Wasserstoff übertragende Fermente sind, läßt sich diese Grundreaktion folgendermaßen formulieren:

$$\text{Gelbes Ferment} \underset{-2\,H}{\overset{+2\,H}{\rightleftarrows}} \text{Reduziertes gelbes Ferment}$$
$$\text{(Flavin-enzym)} \qquad \text{(Leuko-flavin-enzym)}$$

Dabei ist zu beachten, daß *das Redoxpotential des „alten" gelben Ferments nur — 0,060 Volt* beträgt. Die *Erhöhung gegenüber der Lacto-flavin-phosphorsäure* bedeutet, daß sich das Flavin-enzym in bedeutend mehr Dehydrierungsvorgänge einschalten kann als Lactoflavin und sein Phosphorsäure-ester. Die Flavin-enzyme sind also bedeutend wirksamere Wasserstoffüberträger als Lactoflavin.

Bei der durchgreifenden katalytischen Hydrierung mit Platin und Wasserstoff erhielten P. Karrer und R. Ostwald (24 a) farblose Octa-hydro-flavine, die an der Luft in gelbe Hexahydro-flavine übergehen. Diese (im Benzolkern hydrierten) Hexahydro-flavine scheinen gegen den Luftsauerstoff beständig zu sein.

---

[1] Die Redoxpotentiale E_0' sind auf die Normalwasserstoffelektrode bezogen und gelten für 50proz. Reduktion bei p_H 7 und 20°.

$$CH_2 \cdot CHOH \cdot CH_2OH$$

Octahydro-flavin.

$$CH_2 \cdot CHOH \cdot CH_2OH$$

Hexahydro-flavin.

Pharmakologisches Verhalten. Die Flavine sind zum Teil recht giftige Verbindungen und bewirken beim Säugetier vielfach Atemlähmungen. Die Giftigkeit hängt stark von der Art der Substituenten ab, wie die folgende Tabelle 7 zeigt [R. KUHN und P. BOULANGER (32)].

Tabelle 7. Giftigkeit der Flavine.

	Flavin pro kg Maus
9-Phenyl-flavin	17 mg tödlich
9-Benzyl-flavin	50 ,, ,,
9-Cyclohexyl-flavin	50 ,, ,,
9-Methyl-flavin	125 ,, ,,
Flavin-9-essigsäure	130 ,, ,,
9-Dioxypropyl-flavin	200 ,, ,,
9-Oxyäthyl-flavin	280 ,, ,,
6,8,9-Trimethyl-flavin	310 ,, ,,
6,9-Dimethyl-flavin............	350 ,, ungiftig
6,7,9-Trimethyl-flavin	350 ,, ,,
6,7-Dimethyl-9-d-ribo-flavin	350 ,, ,,
6,7-Dimethyl-9-essigsäure	775 ,, ,,

Die Oxyalkyl-flavine sind demnach ungiftiger als die Alkyl-flavine. Auffällig ist insbesondere die stark entgiftende Wirkung der beiden Methylgruppen in 6- und 7-Stellung, die gleichzeitig auch das Redoxpotential stark herabsetzen. Allgemein gültige Beziehungen zwischen Redoxpotential und Giftigkeit scheinen indes nicht zu bestehen.

In untertoxischen Dosen ruft 9-Methyl-flavin Erhöhung des Blutdruckes, Verstärkung der Herzkontraktion, Dehnung der Blutgefäße in den Nieren und Diurese hervor (Katze). Weiterhin ist die Wirkung auf die glatte Muskulatur bemerkenswert [J. W. SUPNIEWSKY und J. HANO (59)].

B. Die synthetischen Verfahren.

Für die Synthese von Flavinen gibt es bis jetzt nur ein Verfahren, nämlich die von R. KUHN und F. WEYGAND (48) aufgefundene *Kondensation von N-monosubstituierten o-Diaminobenzolen mit Alloxan in saurer*

Lösung. Bei den 9-Aryl- und -Polyoxy-alkyl-flavinen hat sich ein *Zusatz von Borsäure als unentbehrlich erwiesen* (49).

Bei dieser Synthese reagiert das Alloxan in einer Enolform. Bemerkenswert ist, daß die Kondensation zum Flavin (Abspaltung von $2\,H_2O$[1]) anscheinend in *einer* Reaktion vor sich gehen muß; denn aus den an sich als Zwischenprodukte denkbaren Alloxan-anilen von O. KÜHLING (*30*) gelingt ein weiterer Ringschluß zum Flavin nicht (R. KUHN und F. WEYGAND). Das gilt auch für die Aza-flavine, bei denen neben dem Alloxanimid auch ein als Zwischenprodukt denkbares Aza-chinoxalin-carbonsäure-ureid bekannt ist. Trotz der formal gegebenen Möglichkeit einer Wasserabspaltung zu Flavinen ist diese Reaktion auch hier nicht durchführbar [H. RUDY und O. MAJER (*55*)].

Alloxan-[2-alkyl-amino-anil]-(5).   Alloxan-[2-alkyl-amino-3-pyridyl-imid]-(5).   1-Alkyl-2-oxo-1,2-dihydro-8-aza-chinoxalin-carbonsäure-(3)-ureid.

Neben der allgemeinen Darstellungsmethode für Flavine ist noch eine *Bildungsweise* zu erwähnen, nämlich die Einwirkung von Kalium-methylsulfat auf Alloxazine [K. G. STERN und E. R. HOLIDAY (*56*)]. Die Umwandlung von Alloxazinen zu Flavinen gelingt zu einem geringen Bruchteil auch durch Kochen mit Dimethylsulfat und läßt sich auch beim Pyridino-alloxazin durchführen (H. RUDY, zum Teil unveröffentlicht). Eine Darstellungsmethode ist diese Umwandlung von Alloxazinen jedoch nicht.

9-Alkyl- und 9-Aryl-flavine.

Die wichtigste Verbindung in dieser Reihe ist das durch alkalische Photolyse aus dem Lactoflavin entstehende *Lumilactoflavin* (6,7,9-Trimethylflavin). Die Synthese durch R. KUHN, F. WEYGAND und K. REINEMUND (*50*) geht vom o-Xylol über das 4,5-Dinitro-o-xylol zum 1,2-Dimethyl-4-amino-5-nitro-xylol und von diesem folgendermaßen weiter:

---

[1] bzw. $3\,H_2O$, wenn man das Alloxanhydrat zugrunde legt.

Lumilactoflavin.

Die Kondensation des Diamins mit Alloxan verläuft ohne Borsäure mit 95proz. Ausbeute.

Das Lumilactoflavin kristallisiert aus Ameisensäure in langen, seideglänzenden Nadeln und zersetzt sich bei raschem Erhitzen bei 330° unter Aufschäumen, während es bei langsamer Temperatursteigerung allmählich ohne Aufschäumen verkohlt. Die Löslichkeit in Wasser oder Essigsäure ist ziemlich gering, so daß es sich durch Chloroform leicht ausschütteln läßt.

Das *3-Methyl-lumiflavin* wird in entsprechender Weise aus *Monomethyl-alloxan-Natriumbisulfit* und 1,2-Dimethyl-4-amino-5-methylamino-benzol erhalten. Es entsteht auch bei der Methylierung des Lumiflavins mit Dimethylsulfat und Lauge (*39*).

3,6,7,9-Tetramethyl-flavin (3-Methyl-lumiflavin).

Farbe und Fluoreszenz des 3,6,7,9-Tetramethyl-flavins sind wie beim Lumiflavin, nur fehlen die Farbvertiefung und die reversible Fluoreszenzlöschung auf Zusatz von verdünnter Lauge, weil keine Salzbildung mehr eintreten kann; bei längerer Alkali-einwirkung bei gewöhnlicher Temperatur wird die Fluoreszenz zwar gelöscht, kehrt aber beim Ansäuern infolge Zerstörung des Flavins nicht wieder.

9-Phenyl-flavin ist von den 9-Alkyl-flavinen nicht grundsätzlich verschieden. Die Löslichkeit in Wasser ist sehr gering, die Löslichkeit in Chloroform hingegen sehr ausgeprägt. Natronlauge löst mit tiefgelber Farbe und unter Fluoreszenzlöschung. Zur Darstellung wird *o-Aminodiphenyl-amin* mit Alloxan kondensiert. Dabei ist ein Zusatz von *Borsäure* unentbehrlich; denn ohne diese werden nur Spuren des Flavins erhalten R. KUHN und F WEYGAND (*49*)].

Bis jetzt sind folgende Flavine mit 9-ständigen Kohlenwasserstoffresten dargestellt worden (Tabelle 8).

Tabelle 8. Synthetische Flavine mit 9-ständigen Kohlenwasserstoffresten.

	Schmelzpunkt ($^\circ$)	Literatur
9-Methyl-flavin	392	(*48*)
3,9-Dimethyl-flavin................	320—325	(*48*)
6,9-Dimethyl-flavin................	> 360	(*53*)
6,7,9-Trimethyl-flavin	> 360	(*38*)
3,6,7,9-Tetramethyl-flavin..........	291	(*38*)
6,7-Dimethyl-9-n-amyl-flavin	295—300	(*48*)
5,6-Benzo-9-methyl-flavin	> 360	(*53*)
6,8,9-Trimethyl-flavin	268	(*48*)
9-Benzyl-flavin	Zersetzung	(*32*)
9-Cyclohexyl-flavin................	,,	(*32*)
9-Heptadecyl-flavin	262—263	(*32*)
9-Cyclopentadecyl-flavin	279	(*32*)
9-Phenyl-flavin	> 370	(*49*)
3-Methyl-9-phenyl-flavin	> 360	(*49*)

Flavin-9-alkylcarbonsäuren.

Flavine dieser Art sind nur wenige bekannt. Man erhält sie aus den *o-Amino-anilino-carbonsäuren* durch Kondensation mit Alloxan in (mineral)saurer Lösung.

Die aus *1,2*-Dimethyl-4-amino-5-nitro-benzol und Bromessigsäure gebildete *1,2-Dimethyl-4-nitro-5-anilino-essigsäure* wird in alkalischer Lösung mit Stannit reduziert und ohne Isolierung des Zwischenprodukts in eine essigsaure Lösung von Alloxan einlaufen gelassen [R. KUHN und H. RUDY (*40*)]:

$$\text{Alloxan} \longrightarrow$$

6,7-Dimethyl-flavin-9-essigsaure.

Farbe und Fluoreszenz der *6,7-Dimethyl-flavin-9-essigsäure* stimmen mit der des Lumilactoflavins überein. Auch die Fluoreszenzlöschung und Farbvertiefung mit Lauge und Säure ist identisch. Zum Unterschied von den 9-Alkyl-flavinen ist die Verbindung in Chloroform unlöslich. Über das Verhalten bei der Photolyse wurde oben schon berichtet. Durch Schütteln mit Methanol-Salzsäure erhält man den chloroformlöslichen Methylester. Die *Flavin-9-propionsäure* wurde auf analogem Weg erhalten.

Tabelle 9.

	Schmelzpunkt (°)	Literatur
Flavin-9-essigsäure	Zersetzung	(*32*)
6,7-Dimethyl-flavin-9-essigsäure.......................	328—329	(*40*)
6,7-Dimethyl-flavin-9-essigsäure-methylester	293	(*40*)
Flavin-9-propionsäure-methylester	> 320	(*22*)

9-Aminoäthyl-flavin.

An basischen Flavinen ist bis jetzt nur das *9-Aminoäthyl-flavin* bekannt, das folgendermaßen dargestellt wurde [P. KARRER und R. NAEF (*24*)]:

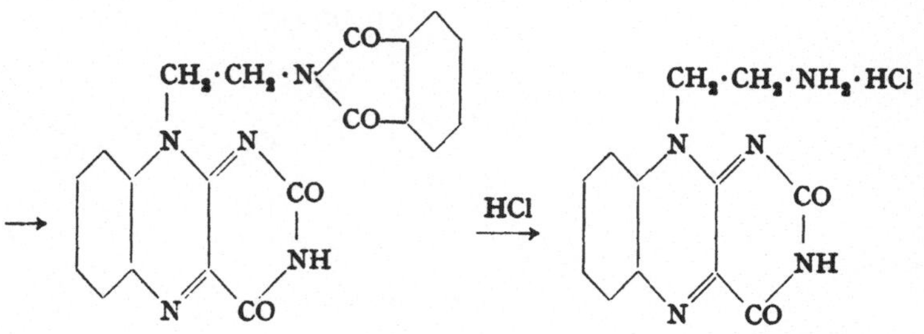

9-Aminoäthyl-flavin-hydrochlorid.

Das Hydrochlorid des 9-Äthylamino-flavins zersetzt sich über 300°. Es geht beim Belichten weder in alkalischer noch in neutraler Lösung in Lumilactoflavin oder 6,7-Dimethyl-alloxazin über, sondern wird in anderer, ungeklärter Weise zersetzt.

8-Aza-flavine.

Die 8-Aza-flavine lassen sich durch Kondensation von *2-Alkyl-* bzw. *2-Aryl-amino-3-amino-pyridinen* mit Alloxan in saurer Lösung darstellen. Zusatz von *Borsäure* verbessert die Ausbeute mehr oder minder, ohne Unterschied, ob es sich um Alkyl- oder Aryl-flavine handelt. Beim 9-Cyclohexyl-8-aza-flavin ist Borsäure jedoch entbehrlich. Die zur Kondensation benötigten Pyridinbasen werden nach O. v. SCHICKH, A. BINZ und A. SCHULZ (*55a*) erhalten.

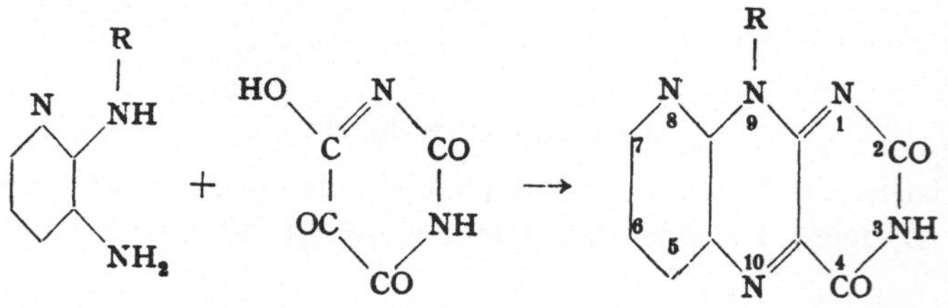

9-Alkyl(-Aryl)-8-aza-flavin.

Farbe, Fluoreszenz und chemisches Verhalten der 9-Alkyl-8-aza-flavine entsprechen dem der Flavine. Die Löslichkeit ist etwas größer, die Beständigkeit gegen Lauge geringer [H. RUDY und O. MAJER (*55*)]. 9-Phenyl-8-aza-flavin ist jedoch wesentlich labiler und wird bereits beim Kochen in verdünnter Essigsäure im Dunkeln zerstört.

Tabelle 10.

	Schmelzpunkt (°)
9-Propyl-8-aza-flavin	345—350 (Zersetzung)
9-Cyclohexyl-8-aza-flavin .	320—325 (,,)
9-Phenyl-8-aza-flavin	335—340 (,,)

9-Oxyalkyl- und 9-Polyoxy-alkyl-flavine.

Das wichtigste Flavin dieser Reihe ist das *Lactoflavin*. Neben ihm sind eine ganze Anzahl ähnlicher Flavine dargestellt worden, die besonders im Hinblick auf Vitamin-B_2-Wirkung näher untersucht wurden. Über die allgemeinen Eigenschaften wurde bereits oben berichtet.

Hier sei noch erwähnt, daß die Polyoxyflavine als Abkömmlinge von Zuckeralkoholen optisch aktiv sind. *Die optische Drehung ist in neutraler oder mineralsaurer Lösung allerdings gering, in verdünnter Natronlauge (n/10—n/20) jedoch ganz deutlich* [R. KUHN und TH. WAGNER-JAUREGG (46)]. *In Anwesenheit von Natriumborat erfährt die spezifische Drehung eine starke Änderung in entgegengesetzter Richtung,* wie das Beispiel des Lactoflavins zeigt:

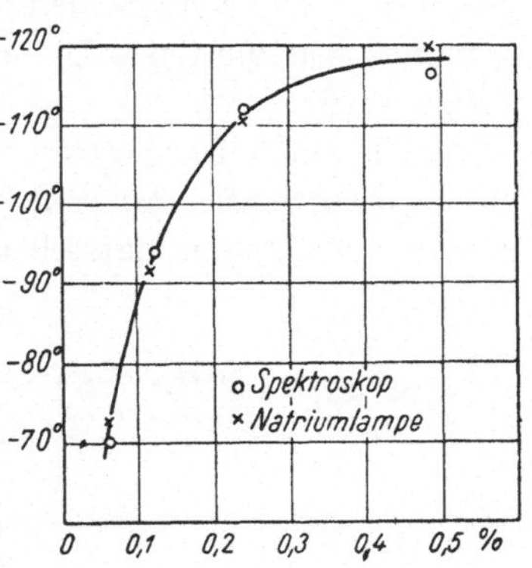

Abb. 3. Abhängigkeit der spezifischen Drehung des Lactoflavins von der Konzentration. Absz.: g/100 ccm. Ord.: $[\alpha]_D^{20}$.

$$[\alpha]_D^{20} \text{ (n/10 NaOH)} = -115°; \quad [\alpha]_D^{20} \text{ (n/20 NaOH, gesätt./2 Boraxlösung)} = +350°.$$

Weiterhin ist bemerkenswert, daß *die Drehung* des Lactoflavins (und seiner Isomeren) *von der Konzentration des Flavins abhängig* ist, wie aus der Abb. 3 hervorgeht [R. KUHN und H. RUDY (40); vgl. auch P. KARRER und H. FRITZSCHE (21a)].

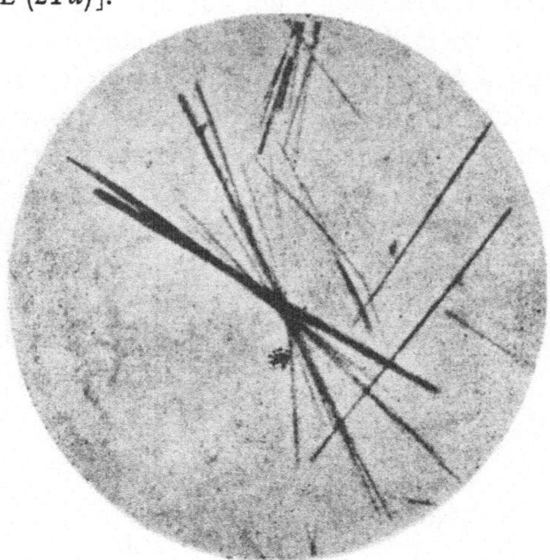

Abb. 4. Kristallisiertes Lactoflavin (Schmelzp. 292° Ø).

Synthese der Oxy- und Polyoxy-flavine, einschließlich Lactoflavin.

Das allgemeine Verfahren von R. Kuhn *und* F. Weygand *(49) in Verbindung mit dem Borsäurezusatz ist allen folgenden Flavinsynthesen gemeinsam.* Die Unterschiede bestehen lediglich in der Darstellung der N-monosubstituierten o-Diamino-benzole, die als Zwischenprodukte benötigt werden.

a) Die einfachen Vertreter, wie z. B. das *Oxy-äthyl-flavin* lassen sich mit befriedigender Ausbeute nach dem bei den Alkyl-flavinen angewandten Verfahren darstellen:

9-Oxyäthyl-flavin.

Auf grundsätzlich dem gleichen Weg können auch die Polyoxy-alkyl-flavine synthetisiert werden. Man stellt aus dem Zucker, z. B. der *d-Ribose*, das *Oxim* dar, reduziert dieses mit Natriumamalgam oder auf katalytischem Wege zum *d-Ribamin*, setzt mit *o-Dinitro*-benzol (-xylol) um und reduziert zum entsprechenden *o-Amino-d-ribityl-anilin*. Dieses wird dann mit Alloxan zum Flavin umgesetzt. Das Verfahren liefert gute Ausbeuten. *Es ist in manchen Fällen unentbehrlich, in denen andere Methoden versagen. So konnte das 6,8-Dimethyl-9-d-ribo-flavin nur auf diesem Wege gewonnen werden* [R. Kuhn, P. Desnuelle *und* F. Weygand *(34)*]:

$$CH_2OH$$
$$|$$
$$HO \cdot C \cdot H$$
$$|$$
$$HO \cdot C \cdot H$$
$$|$$
$$HO \cdot C \cdot H$$
$$|$$
$$CH_2$$

6,8-Dimethyl-9-d-ribo-flavin.

b) Ein Verfahren, das von P. KARRER und mehreren Mitarbeitern ausgearbeitet wurde (*27a*), besteht in der reduzierenden Kondensation von *o-Amino-phenyl-urethanen* mit *Aldosen* zu *o-[Polyoxy-alkyl-amino]-phenyl-urethanen*, Verseifung zu den N-substituierten o-Diamino-benzolen und Kondensation mit Alloxan:

$+ \; Cl \cdot CO_2C_2H_5 \longrightarrow$ $\xrightarrow{HNO_3}$

$\xrightarrow{\text{Reduktion}}$ $+$

$+$ $\xrightarrow[\text{Ni, H}_2]{100°, 25 \,\text{Atm.}}$ $\xrightarrow{2 \,\text{n-NaOH}}$

$\xrightarrow{\text{Alloxan}}$ Flavin.

Bei der Verseifung der Urethane entstehen meist größere Mengen von Oxy-polyoxyalkyl-benzimidazolen.

c) Ein dritter Weg besteht nach P. KARRER und H. F. MEERWEIN (*23*) darin, daß man *3,4-Dimethyl-anilin* mit der *Aldose* reduzierend konden-

Tabelle 11. Synthetische Flavine.

	Schmelzpunkt (°)	Schmelzpunkt d. Acetyl-Verbind. (°)	$[\alpha]_D^{20}$ in n/10—n/20 NaOH (Grade)	$[\alpha]_D^{20}$ in n/20 NaOH, ges. n/2 Boraxlösung (Grade)	Literatur
9-[2'-Oxyäthyl]-flavin	{ 266—267 310	— —	— —	— —	(32) (26a)
9-[3'-Oxypropyl]-flavin	297	—	—	—	(22)
9-[2',3'-Dioxy-1'-propyl]-flavin	etwa 300	—	—	—	(26, 32)
9-[2'-Oxy-2'-methyl-1'-propyl]-flavin	285	—	—	—	(23)
9-[2',3'-Dioxy-1'-isopropyl]-flavin	261 —263	—	—	—	(23)
9-[d-1'-Ribityl]-flavin	285—286	—	— 43 ± 4	+ 133 ± 10	(26, 67)
9-[d-1'-Xylityl]-flavin	293—294	—	— 24,6	+ 0 ± 10	(53)
9-[d-1'-Arabityl]-flavin	296	265—266	—	—	(67)
9-[l-1'-Arabityl]-flavin	296	265—266	— 108 ± 10	—	(27a, 67)
9-[d-1'-Glucityl]-flavin	289—290	202	—	—	(67)
3-Methyl-[9-d-1'-glucityl]-flavin	264—266	—	—	—	(67)
6-Methyl-[9-l-1'-arabityl]-flavin	276	—	— 67,5	+ 277	(45)
6-Methyl-[9-d-1'-ribityl]-flavin	{ 282 277	— —	— 84,6 ± 5 — 62,5	— + 275	(28) (45)
7-Methyl-[9-d-1'-ribityl]-flavin	285—286	215	—	—	(26)
7-Methyl-[9-d-1'-xylityl]-flavin	270	—	— 61 ± 6	—	(12, 27a)
7-Methyl-[9-l-1'-arabityl]-flavin	284—285	—	— 46,3 ± 6	—	(12, 27a)
7-Methyl-[9-d-1'-arabityl]-flavin	—	—	—	—	(21)
7-Methyl-[9-d-1'-sorbityl]-flavin	—	—	— 58,4 ± 6	—	(27a)
7-Methyl-[9-d-1'-mannityl]-flavin	272	199	—	—	(12)
7-Methyl-[9-d-1'-dulcityl]-flavin	239	222	— 30,6 ± 6	—	(12)

7-Äthyl-[9-d-1′-ribityl]-flavin	220	—	—	—	*(25)*
8-Methyl-[9-oxyäthyl]-flavin	294	—	—	—	*(23a)*
5,6-Benzo-[9-d-1′-ribityl]-flavin	290	—	—	—	*(25)*
5,6-Benzo-[9-l-1′-arabityl]-flavin	etwa 275	—	—	—	*(25)*
5,7-Dimethyl-[9-d-1′-ribityl]-flavin	246	—	— 47	+ 219	*(34)*
5,7-Dimethyl-[9-l-1′-arabityl]-flavin	277	—	— 176	+ 407	*(34)*
6,7-Dimethyl-[9-2′,3′-dioxy-1′-propyl]-flavin	etwa 294	—	—	—	*(26)*
6,7-Dimethyl-[9-d-1′-ribityl]-flavin	292—293	242—243	— 115	+ 350	*(27a, 44)*
3,6,7-Trimethyl-[9-d-1′-ribityl]-flavin	272	—	—	—	*(67)*
6,7-Dimethyl-[9-l-1′-ribityl]-flavin	280	—	+ 98	—	*(26)*
6,7-Dimethyl-[9-d-1′-arabityl]-flavin	305	221—222	+ 70,9	— 441	*(26, 49)*
6,7-Dimethyl-[9-l-1′-arabityl]-flavin	302—303	221—222	— 69,7	+ 448	*(27a, 48)*
6,7-Dimethyl-[9-d-1′-xylityl]-flavin	287—288 / 280—282	216 / 225—226	— 105 $\pm$ 3	+ 280 $\pm$ 10	*(27a, 53)*
6,7-Dimethyl-[9-l-1′-xylityl]-flavin	280—282	225—226	+ 59,8 $\pm$ 5	—	*(26)*
6,7-Dimethyl-[9-d-1′-desoxyribityl]-flavin	283	—	— 78 $\pm$ 8	—	*(26)*
6′,7-Dimethyl-[9-d-1′-glucityl]-flavin	273—274	240	— 47,7 $\pm$ 4	—	*(67)*
3,6,7-Trimethyl-[9-d-1′-glucityl]-flavin	279—280	—	—	—	*(67)*
6,7-Dimethyl-[9-d-1′-rhamnityl]-flavin	—	—	—	—	*(21)*
6,7-Dimethyl-[9-l-1′-rhamnityl]-flavin	269—270	224	— 51,9 $\pm$ 6	—	*(27a)*
6,7-Trimethylen-[9-l-1′-arabityl]-flavin	300	—	— 61,0	+ 326	*(45)*
6,7-Trimethylen-[9-d-1′-ribityl]-flavin	—	—	—	—	*(45)*
6,7-Tetramethylen-[9-l-1′-arabityl]-flavin	286	243	— 45,8	+ 320	*(45)*
6,7-Tetramethylen-[9-d-1′-ribityl]-flavin	—	201—202	—	—	*(45)*
6-Äthyl-7-methyl-[9-l-1′-arabityl]-flavin	243—244	—	—	—	*(25)*
6-Äthyl-7-methyl-[9-d-1′-ribityl]-flavin	238—240	—	—	—	*(25)*
6,8-Dimethyl-9-oxyäthyl-flavin	268	—	—	—	*(21)*
6,8-Dimethyl-[9-d-1′-ribityl]-flavin	230	—	— 275	+ 145	*(34)*
6,8-Dimethyl-[9-l-1′-arabityl]-flavin	256	—	— 212	+ 165	*(34)*

siert, das erhaltene Xylyl-zucker-amin mit *Phenyldiazoniumchlorid*
kuppelt und den entstehenden *Azofarbstoff* reduzierend aufspaltet. Diese
Methode eignet sich nur zur Gewinnung von 6,7-Dimethyl-(alkyl-)fla-
vinen, weil nur 3,4-Dimethyl-(alkyl-)N-polyoxyalkyl-aniline mit dem
Diazoniumsalz im Benzolkern kuppeln:

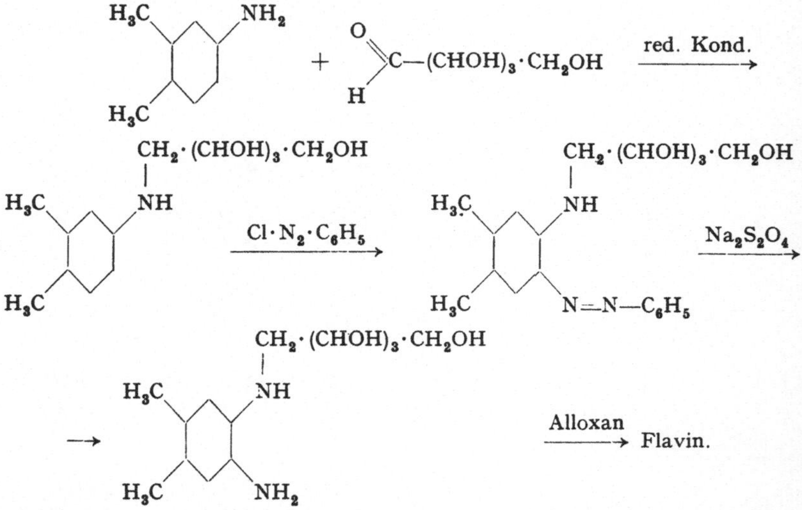

$$H_3C \quad NH_2 \qquad + \qquad \underset{H}{\overset{O}{C}}-(CHOH)_3 \cdot CH_2OH \qquad \xrightarrow{\text{red. Kond.}}$$

$$\xrightarrow{\quad} \quad H_3C \quad \overset{CH_2 \cdot (CHOH)_3 \cdot CH_2OH}{\underset{}{NH}} \quad \xrightarrow{Cl \cdot N_2 \cdot C_6H_5} \quad H_3C \quad \overset{CH_2 \cdot (CHOH)_3 \cdot CH_2OH}{NH} \quad N = N - C_6H_5 \quad \xrightarrow{Na_2S_2O_4}$$

$$\xrightarrow{\quad} \quad H_3C \quad \overset{CH_2 \cdot (CHOH)_3 \cdot CH_2OH}{NH} \quad NH_2 \quad \xrightarrow{\text{Alloxan}} \text{Flavin.}$$

d) Wohl *die ergiebigste Synthese stellt das Verfahren von* R. KUHN *und*
R. STRÖBELE *(44)* dar. Zur Synthese des Lactoflavins kondensiert man
d-Ribose mit einem Überschuß von *1,2-Dimethyl-4-amino-5-nitro-benzol*
in absolutem Alkohol, unter Zusatz von *Ammoniumchlorid* als Konden-

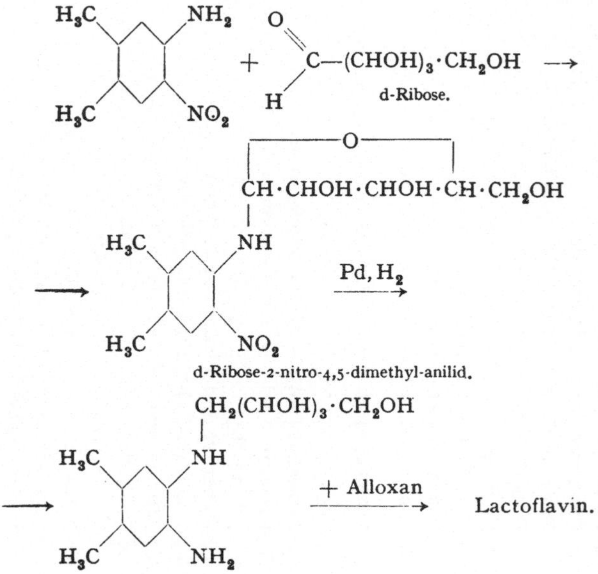

$$H_3C \quad NH_2 \qquad + \qquad \underset{H}{\overset{O}{C}}-(CHOH)_3 \cdot CH_2OH \quad \longrightarrow$$
$$H_3C \quad NO_2 \qquad\qquad\qquad\qquad \text{d-Ribose.}$$

$$CH \cdot CHOH \cdot CHOH \cdot CH \cdot CH_2OH$$

$$\xrightarrow{\quad\quad} \quad H_3C \quad NH \qquad \xrightarrow{Pd, H_2}$$
$$H_3C \quad NO_2$$
$$\text{d-Ribose-2-nitro-4,5-dimethyl-anilid.}$$

$$CH_2(CHOH)_3 \cdot CH_2OH$$
$$\xrightarrow{\quad\quad} \quad H_3C \quad NH \qquad \xrightarrow{+ \text{ Alloxan}} \text{Lactoflavin.}$$
$$H_3C \quad NH_2$$

sationsmittel. Der Überschuß an Nitro-xylidin wird durch Kristallisation und chromatographische Adsorption entfernt und das *d-Ribose-2-nitro-4,5-dimethyl-anilid* unter Zusatz von Natriumborat (1 Mol Borsäure und 0,2 Mol NaOH auf 1 Mol Anilid) mit *Palladium-Calciumcarbonat-Wasserstoff* reduziert (80°, 25 Atm.). Dabei wird neben der Reduktion der Nitrogruppe auch das Glucosid in das Zuckeramin umgewandelt. Die Kondensation erfolgt in *Eisessig* ohne weiteren Zusatz von Borsäure. Die Ausbeute beträgt 60% der Theorie, bezogen auf das Nitranilid.

Nach diesen verschiedenen Verfahren sind zahlreiche Oxyalkyl- und Polyoxy-alkyl-flavine dargestellt worden. Sie sind in Tabelle 11 zusammengestellt (S. 84—85).

Flavin-glucoside.

Den Nucleosiden entsprechende Flavinglucoside sind bisher in der Natur noch nicht aufgefunden worden, man kann sie jedoch durch Synthese gewinnen. Zur Darstellung reduziert man die *Triacetyl-verbindungen der Aldose-nitranilide* (nicht die freien Nitranilide) in Gegenwart von *Trimethylamin* mit *Platinoxyd*-Wasserstoff und kondensiert mit *Alloxan* in *Eisessig-Borsäure*. Durch Abspaltung der Acetylreste mit methanolischem NH_3 erhält man die Flavinglucoside selbst (Tab. 12, S. 88). Die Lage des Sauerstoffringes ist noch ungeklärt [R. Kuhn und R. Ströbele (*44*)].

Triacetyl-d-ribose-2-nitro-4,5-dimethyl-anilid.

6,7-Dimethyl-9-d-ribosido-flavin.

Tabelle 12.　Synthetische Flavin-glucoside.

	Schmelz-punkt (°)	$[\alpha]_D^{20}$
6,7-Dimethyl-9-d-ribosido-flavin	180—200	$+466° \pm 10°$ (Pyridin)
6,7-Dimethyl-9-l-arabinosido-flavin ..	238	$+694° \pm 5°$ (n/10 NaOH)
		$+471° \pm 10°$ (n/20 NaOH, ges./2 Boraxlösung)
6,7-Dimethyl-9-d-arabinosido-flavin .	240	$+684° \pm 5°$ (n/10 NaOH)

Die Flavinglucoside stimmen in Farbe und Fluoreszenz mit den Flavinen überein. Sie unterscheiden sich von ihnen aber durch ihre viel geringere Beständigkeit. So werden sie bereits durch verdünnte Essigsäure unter Bildung von 6,7-Dimethyl-alloxazin gespalten, wobei sich zuerst das labile Flavin bilden dürfte. Diese Säureempfindlichkeit ist ebenso wie die hohe spezifische Drehung eine Folge der Glucosidstruktur. Durch Licht werden die Flavinglucoside ebenfalls rascher abgebaut als die Flavine. Dabei entsteht in neutraler Lösung 6,7-Dimethyl-alloxazin:

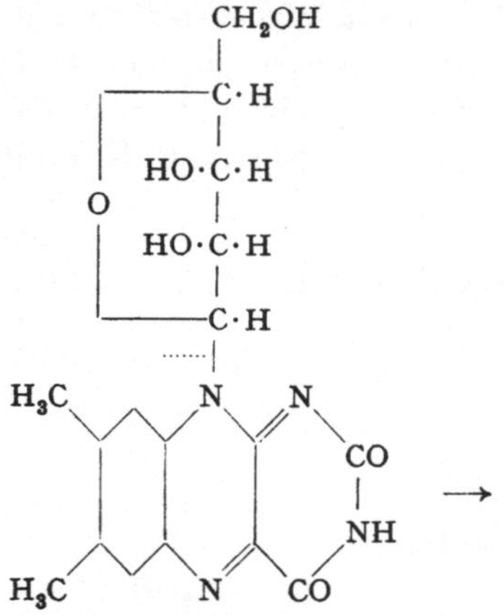

6,7-Dimethyl-9-d-ribosido-flavin.

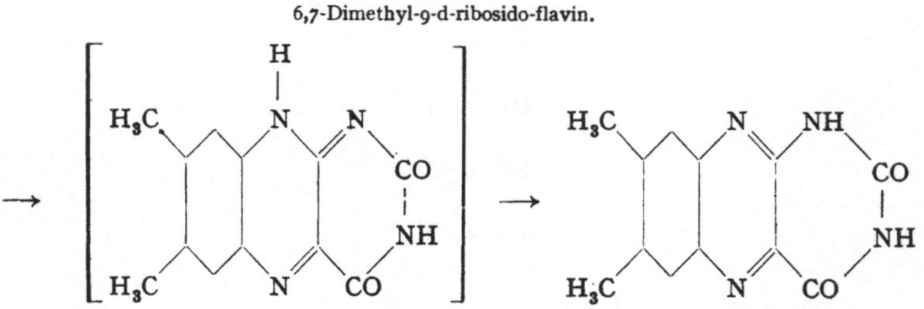

6,7-Dimethyl-alloxazin.

Flavin-radikale.

Bei der Reduktion von Flavinen lassen sich, außer den „monomolekularen" *Stufen Mono- und Di-hydro-flavin, auch Molekülverbindungen* nachweisen bzw. isolieren [R. Kuhn und R. Ströbele (44)]. Wird z. B.

6,7-Dimethyl-9-l-arabo-flavin in alkalischer Lösung mit Natriumhypo-sulfit oder katalytisch erregtem Wasserstoff reduziert, so erhält man eine kristallisierte, olivgrüne Molekülverbindung („*Verdo-flavin*"), die aus je einem Molekül Monohydro-flavin und Flavin-Natrium besteht und Radikalnatur besitzt. Eine zweite Molekülverbindung (aus Mono- und Di-hydro-flavin bestehend) läßt sich als rotes Hydrochlorid gewinnen, wenn man zunächst in alkalischer Lösung mit Palladiumoxyd-Wasser-stoff über die Monohydrostufe hinaus reduziert und dann mit Salzsäure versetzt („*Rhodo-flavin*"). Das Monohydro-flavin („*Chloro-flavin*") er-hält man, wenn man das Rhodo-flavin vorsichtig mit Luftsauerstoff oxydiert. Die Reduktionsstufe der verschiedenen Flavinradikale läßt sich sehr gut an dem Verbrauch von Sauerstoff bei der Rückoxydation zum 6,7-Dimethyl-9-l-arabo-flavin bestimmen. Die Tabelle 13 enthält die wahrscheinlichsten Strukturformeln [R. KUHN und R. STRÖBELE (*44*)].

Die Radikal-zwischenstufen haben möglicherweise auch für die physiologische Wirkungsweise des Lactoflavins Bedeutung [vgl. auch L. MICHAELIS und G. SCHWARZENBACH (*50a*).

Tabelle 13.

Strukturformel	Bruttoformel	Schmelzpunkt	O_2-Verbrauch (Mole) bei d. Rückoxydation von 1 Mol Flavin
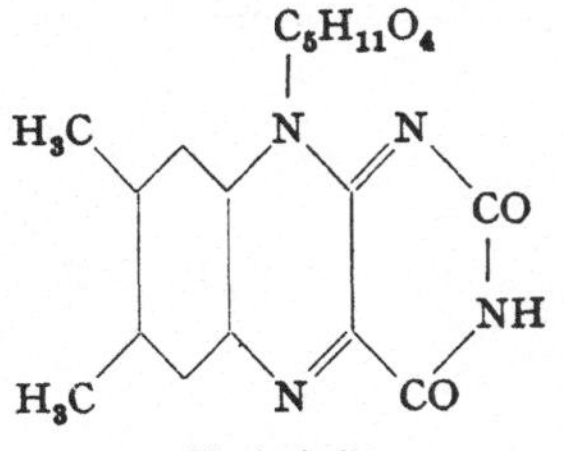 Flavin (gelb).	$C_{17}H_{20}O_6N_4$	303°	0,00
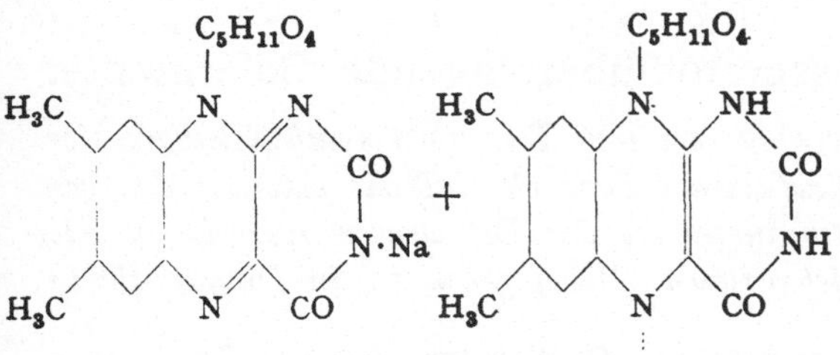 Verdo-flavin (bronzierend grün).	$C_{17}H_{21}O_6N_4$ $C_{17}H_{19}O_6N_4Na$	über 40° zer-setzt	0,25

Fortsetzung von Tabelle 13.

Strukturformel	Bruttoformel	Schmelzpunkt	O_2-Verbrauch (Mole) bei d. Rückoxydation von 1 Mol Flavin
Chloro-flavin (grasgrün).	$C_{17}H_{21}O_6N_4$	288°	0,50
Rhodo-flavin (karmoisinrot).	$C_{17}H_{21}O_6N_4 \cdot HCl$ $C_{17}H_{22}O_6N_4 \cdot HCl$	über 150° zersetzt	0,75
Leuko-flavin (farblos).	$C_{17}H_{22}O_6N_4$		1,00

C. Flavine als wasserstoff-übertragende Cofermente.[1]

Vitamin B_2 (Lactoflavin) ist die vom Tier nicht synthetisierbare Vorstufe gelber Fermente. Diese wirken dadurch, daß sie entweder das vom Substrat reduzierte Nicotinsäure-amid der Dehydrasen reoxydieren oder aber das Substrat selbst dehydrieren. Dabei gehen sie in Dihydro-flavin-

[1] Siehe die Zusammenfassungen von O. WARBURG und von TH. WAGNER-JAUREGG (S. 98).

enzyme über, die nun ihrerseits vom Luftsauerstoff oder anderen Wasser-
stoffakzeptoren wieder zum Flavin-enzym dehydriert werden. Die Wasser-
stoffverschiebung durch gelbe Fermente besteht also in der aufeinander-
folgenden Anlagerung und Abspaltung von Wasserstoff an das Lactoflavin
enthaltende Coferment im Sinne der S. 73 erwähnten „Grundreaktion".

Flavin-phosphorsäuren.

Lactoflavin-5'-phosphorsäure (Alloxazin-mono-nucleotid).

Das bestuntersuchte *Coferment* dieser Art ist *die von* H. THEORELL (60)
aus dem alten gelben Ferment der Hefe isolierte Lactoflavin-phosphorsäure.
Ihre Konstitution wurde durch die folgende Synthese aufgeklärt [R. KUHN,
H. RUDY und F. WEYGAND (43)]:

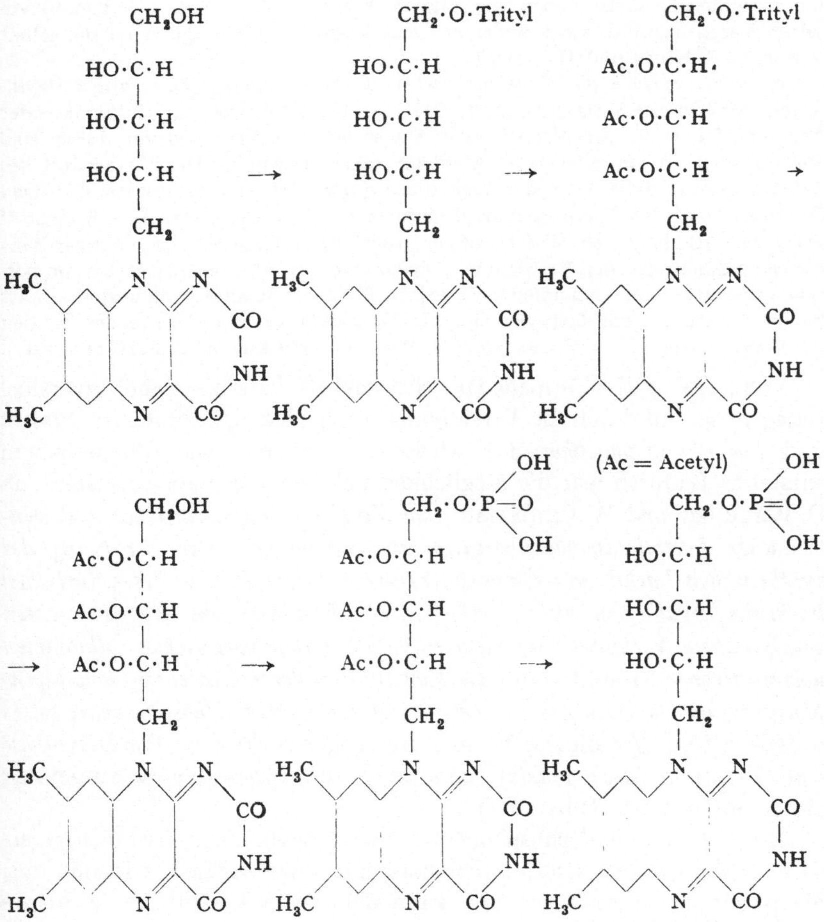

$$CH_2OH - HO \cdot C \cdot H - HO \cdot C \cdot H - HO \cdot C \cdot H - CH_2 \rightarrow CH_2 \cdot O \cdot Trityl - HO \cdot C \cdot H - HO \cdot C \cdot H - HO \cdot C \cdot H - CH_2 \rightarrow CH_2 \cdot O \cdot Trityl - Ac \cdot O \cdot C \cdot H - Ac \cdot O \cdot C \cdot H - Ac \cdot O \cdot C \cdot H - CH_2 \rightarrow$$

(Ac = Acetyl)

$$CH_2OH - Ac \cdot O \cdot C \cdot H - Ac \cdot O \cdot C \cdot H - Ac \cdot O \cdot C \cdot H - CH_2 \rightarrow CH_2 \cdot O \cdot P(=O)(OH)_2 - Ac \cdot O \cdot C \cdot H - Ac \cdot O \cdot C \cdot H - Ac \cdot O \cdot C \cdot H - CH_2 \rightarrow CH_2 \cdot O \cdot P(=O)(OH)_2 - HO \cdot C \cdot H - HO \cdot C \cdot H - HO \cdot C \cdot H - CH_2$$

Lactoflavin-5'-phosphorsäure.

6a*

Der Nachweis der Identität von natürlicher und synthetischer Lacto-flavin-phosphorsäure wurde durch chemische und biologische Unter-suchung geführt.

In chemischer Hinsicht ist zu erwähnen, daß natürliche Lactoflavin-phosphor-säure aus Hefe und Herz durch Mineralsäure und α-Phosphatase ebenso schnell gespalten wird wie die synthetische.

Die biologische Prüfung wurde nach zweierlei Methoden durchgeführt:

a) *Rattenwachstums-test* [P. GYÖRGY, R. KUHN und TH. WAGNER-JAUREGG (*16*)]. Dieser zur Lactoflavinbestimmung verwendete Test wird so ausgeführt, daß man junge Ratten solange vitamin-B$_2$-frei ernährt, bis sie gewichtskonstant sind, und dann der Kost das zu prüfende lactoflavinhaltige Material zulegt. Die Vitamin-B$_2$-Einheit ist diejenige Menge von Flavin, die bei täglicher Verabreichung einen durch-schnittlichen *Gewichtsanstieg von 40 g in 30 Tagen* hervorruft. Sie entspricht *7—8 γ Lactoflavin.*

Lactoflavin-phosphorsäure aus Hefe und aus Herz und die synthetische Lacto-flavin-5'-phosphorsäure haben die gleiche Vitaminwirksamkeit wie Lactoflavin selbst (bezogen auf Gewichtseinheiten Lactoflavin). Dasselbe gilt auch für gelbes Ferment [R. KUHN und H. RUDY (*40*)].

b) *Fermentversuch* [O. WARBURG und W. CHRISTIAN (*64*)]. Das „alte" Flavin-enzym wird in der Weise bestimmt, daß man Hexose-6-phosphat (ROBISON- oder NEUBERG-Ester) in Anwesenheit von Sauerstoff und Flavin-enzym durch eine Dehydrase (z. B. diejenige roter Pferdeblutzellen) oxydiert. Der Wasserstoff des Substrats wird dabei von der Dehydrase (bzw. dem nicotinsäureamidhaltigen Coferment) auf das Flavin-enzym übertragen und von diesem an den Sauerstoff abgegeben (Bildung von Wasserstoffsuperoxyd bzw. Wasser). Bei richtiger Ver-suchsanordnung ist der Verbrauch an Sauerstoff der Flavinenzym-Menge propor-tional und kann zur Bestimmung von gelbem Ferment herangezogen werden. Statt Sauerstoff kann auch Methylenblau als Wasserstoffakzeptor verwendet werden [O. WARBURG (*64*); H. V. EULER (*10*); TH. WAGNER-JAUREGG und E. F. MÖLLER (*62*)].

Das „alte" gelbe Ferment läßt sich nach H. THEORELL (*60*) reversibel zerlegen, so daß durch die Vereinigung der beiden Spaltprodukte *Protein* und *Lactoflavin-phosphorsäure* wieder das ursprüngliche Flavin-enzym entsteht. Dadurch war die Möglichkeit geboten, *den Fermentversuch von* O. WARBURG *und* W. CHRISTIAN *zum Vergleich von natürlicher und syn-thetischer Lactoflavin-phosphorsäure* zu verwenden. *Die Kupplung der synthetischen Lactoflavin-5'-phosphorsäure mit dem Protein des natürlichen Ferments ergab nun ein „synthetisches" Flavin-enzym, das in seinen katalytischen Wirkungen mit dem resynthetisierten natürlichen vollkommen übereinstimmte.* Damit stand *die Konstitution der natürlichen Lactoflavin-phosphorsäure* als *die des synthetisch dargestellten 5'-Phosphorsäure-esters* endgültig fest. Mit diesem Versuch war zugleich *die erste Partialsynthese eines Ferments durch Totalsynthese der prosthetischen Gruppe* ausgeführt [R. KUHN und H. RUDY (*41*)].

Die Lactoflavin-5'-phosphorsäure wurde noch nicht kristallisiert er-halten. Ihr schwerlösliches *Calciumsalz* fällt indes vielfach kristallin aus. Sie ist streng wasserlöslich und kann daher von Lactoflavin leicht ge-trennt werden (siehe S. 69). Bemerkenswerterweise kann sie aus Wasser, ebenso wie Lactoflavin, durch *Phenole* ausgeschüttelt werden [A. EMMERIE (9)]. Farbe und Fluoreszenz sowie chemisches Verhalten (Photolyse, Redoxverhalten) sind wie beim Lactoflavin. Im Gegensatz zu diesem wandert sie im *elektrischen Feld* zur Anode (220 Volt, 5—10 Milliamp., bei p_H 7). Neben dem Silbersalz bildet Lactoflavin-phosphorsäure zum Unterschied vom Lactoflavin auch schwerlösliche Merkuri- und Erdalkalisalze [H. THEORELL (60)].

Alloxazin-adenin-dinucleotid [O. WARBURG und W. CHRISTIAN (65)].

Die prosthetische Gruppe der in der jüngsten Zeit entdeckten neuen gelben Fermente ist eine Verbindung *aus 1 Mol. Flavin, 1 Mol. Adenin und 2 Mol. Phosphorsäure*. Sie entsteht wahrscheinlich aus Lactoflavin-phosphorsäure und Adenylsäure durch Wasserabspaltung ($C_{27}H_{33}N_9P_2O_{15}$). Über die Konstitution dieses „Alloxazin-adenin-dinucleotids" ist nichts Endgültiges bekannt. Es ist allem Anschein nach recht verbreitet (Tab. 14).

Tabelle 14. Gehalt an Alloxazin-adenin-dinucleotid [O. WARBURG und W. CHRISTIAN (65)].

	mg Alloxazin-adenin-di-nucleotid pro kg Frischgewicht
Rattenherz	60
Rattenleber	45
Rattenniere	20
Rattentumor (JENSEN-Sarkom)	4
Pferdeherz	11
Pferdemuskel	3
Bäckerhefe	10—20

Das Dinucleotid ist gegen verdünnte *Säuren* bei gewöhnlicher Temperatur ziemlich beständig, wird bei 100° jedoch rasch zerstört. Auch verdünnte *Lauge* greift bei Zimmertemperatur verhältnismäßig rasch an. Beim Belichten in alkalischer Lösung entsteht ein *Lumiflavin*, das wahrscheinlich mit Lumi-lactoflavin identisch ist.

Das Alloxazin-adenin-dinucleotid bildet in kongosaurer Lösung schwerlösliche *Quecksilber* (II)- und *Silber-salze*. Da die Lactoflavin-5′-phosphorsäure des alten gelben Ferments nur in neutraler oder schwach ammoniakalischer Lösung ein schwerlösliches Silbersalz bildet, lassen sich *Alloxazin-mono-nucleotid und Alloxazin-adenin-dinucleotid über das Silbersalz trennen*. Zur Isolierung und Reindarstellung hat sich das *Bariumsalz* bewährt (fraktionierte Kristallisation aus Wasser).

Die Absorptionskurve hat dieselbe Charakteristik wie die des Lactoflavins und der Lactoflavin-phosphorsäure. Die stärkere Absorption im Sichtbaren bedingt eine rötlichgelbe Farbe gegenüber der grünlichgelben des Lactoflavins.

Alloxazin-adenin-dinucleotid vereinigt sich auch mit dem Protein des alten gelben Ferments unter Farbvertiefung zu einem neuen Flavin-enzym („*Alloxazin-adenin-proteid*"), das wie jenes wirkt. Die Geschwin-

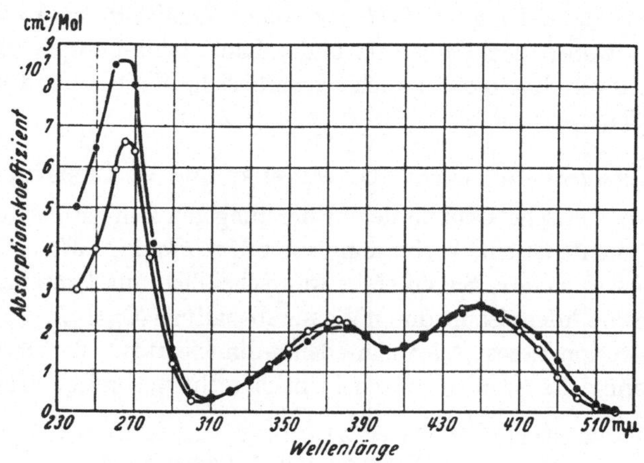

Abb. 5. Absorptionskurven des Lactoflavins (o—o—o—o) und des Alloxazin-adenin-dinucleotids (•—•—•—•).

digkeit ist allerdings um 30% geringer. Die Proteine der übrigen Flavin-enzyme sind jedoch nicht „austauschbar" [O. WARBURG und W. CHRI-STIAN (65)].

Darstellung. Zur Darstellung kann Herz oder Niere (Pferd) oder auch Bäcker-hefe verwendet werden. Aus Bäckerhefe gewinnt man das *Alloxazin-adenin-dinucleotid* folgendermaßen: Die Hefe wird bei 75—80° extrahiert und der Kochsaft mit Phenol ausgeschüttelt. Die das Coferment enthaltende Phenollösung wird mit viel Äther versetzt und mit Wasser ausgeschüttelt. Aus der wäßrigen Schicht wird es nach Zugabe von Salpetersäure als Silber-salz gefällt, der Niederschlag mit Schwefelwasser-stoff zerlegt und mit Bariumacetat versetzt. Das ausgeschiedene Bariumsalz wird mit Schwefelsäure zerlegt, die mit Ammonsulfat versetzte Lösung mit Kresol ausgeschüttelt und das Coferment nach Zugabe von Äther wieder in das Bariumsalz ver-wandelt. Durch fraktioniertes Lösen und Um-fällen erhält man das Bariumsalz in traubenförmig vereinigten Kugeln.

6,7-Dimethyl-9-l-arabo-flavin-5 -phosphorsäure.

Diese der Lactoflavin-5 -phosphorsäure entsprechend dargestellte Flavin-phosphor-säure bildet mit dem aktiven Protein des alten gelben Ferments ein Flavin-enzym, das Hexose-phosphat zu dehydrieren vermag. Die Wirksamkeit steht hinter derjenigen des natürlichen Ferments allerdings etwas zurück, was ganz der Tatsache entspricht, daß auch die Wachstumswirkung des 6,7-Dimethyl-9-l-arabo-flavins bei vitamin-B_2-frei ernährten Ratten diejenige des Lactoflavins nicht erreicht. Tabelle 15 bringt einen quantitativen Vergleich der beiden Flavin-enzyme [R. KUHN, H. RUDY und F. WEYGAND (*43a*)].

Cofermentwirkung der freien Flavine; Konstitution und Vitamin-B_2-Wirkung.

Der Rattenwachstums-test erlaubt die quantitative Bestimmung des Lactoflavins, der Lactoflavin-phosphorsäure und der Flavin-enzyme sowie die Ermittlung der relativen Vitaminwirksamkeit anderer 9-Polyoxy-alkyl-flavine.

Tabelle 15.

Zeit (Min.)	Sauerstoffaufnahme (cmm) durch Flavin-enzym aus	
	6,7-Dimethyl-9-d-ribo-flavin-5'-phosphorsäure	6,7-Dimethyl-9-l-arabo-flavin-5'-phosphorsäure
10	45,1	26,7
20	76,4	45,2
30	104,2	58,7
40	130,4	75,2
50	154,7	87,9
60	177,2	102,6
70	187,5	113,8

Der Dehydrierungsversuch von Hexose-6-phosphat mit spezifischer Dehydrase gestattet die Bestimmung von Flavin-enzym und, wie die beschriebene Synthese von Flavin-enzymen zeigt, von Flavin-phosphorsäuren durch Messen der Sauerstoffaufnahme. Nun hat sich ergeben, daß man *zur Synthese von Flavin-enzymen auch unphosphorylierte Flavine verwenden* kann. Man muß zu diesem Zweck das Protein allerdings *mit einem Überschuß von Flavin* versetzen. *Dieser Test erlaubt in einfacher Weise die Feststellung, ob ein Flavin katalytisch wirksam ist* und, da sich ergeben hat, daß der Rattenwachstums-test und dieser vereinfachte Fermentversuch zu dem gleichen Ergebnis führen, damit auch die Feststellung, *ob es Vitaminwirkung hat.* Zur exakten Bestimmung eignet sich diese Versuchsanordnung infolge des erforderlichen Flavinüberschusses nicht, doch ist die Sauerstoffaufnahme der angewandten Flavinmenge proportional. Die obenstehenden Kurven (Abb. 6) zeigen am Beispiel des Lactoflavins diese Zunahme des Sauerstoffverbrauches; doch wird auch bei der höchstmöglichen Lactoflavinkonzentration nicht derjenige

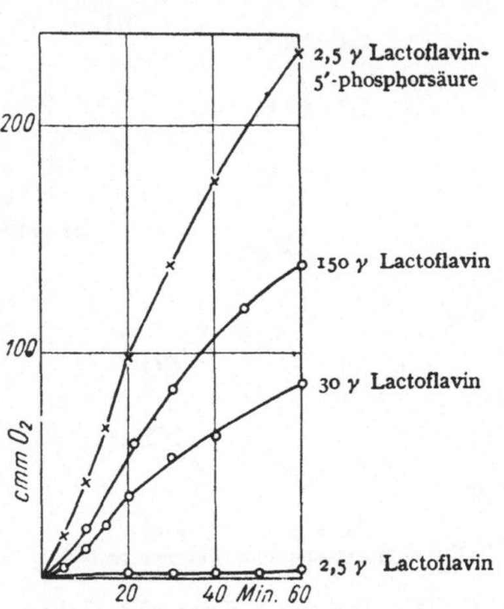

Abb. 6. Cofermentwirkung von Lactoflavin. Abs.: Zeit in Min. Ord.: aufgenommener Sauerstoff in cmm.

der Lactoflavin-phosphorsäure erreicht (die geringe Sauerstoffaufnahme mit 2,5 γ Lactoflavin ist durch den Leerwert des Trägerproteins bedingt).

Die starke Abhängigkeit der Fermentwirkung von der Flavinkonzentration zeigt, daß das *Gleichgewicht*:

$$\text{Protein} + \text{Lactoflavin} \rightleftharpoons \text{Protein} \ldots \text{Lactoflavin}$$

bei neutraler Reaktion weitgehend zugunsten der Dissoziation des Fermentsymplexes verschoben ist, während beim natürlichen gelben Ferment unter denselben Bedingungen nur der Symplex vorliegt:

$$\text{Protein} + \text{Lactoflavin-phosphorsäure} \rightarrow \text{Protein} \ldots \text{Lactoflavin-phosphorsäure.}$$

Der Phosphorsäurerest verursacht also eine größere *Beständigkeit des Fermentsymplexes*, die sich ganz einfach auch daran erkennen läßt, daß das gelbe Ferment bei der Dialyse gegen Wasser keinen Farbstoff abgibt, während der Symplex: Protein ... Lactoflavin durch neutrale Dialyse vollständig zerlegt wird.

Die Konstitution beider Flavin-enzyme, die man zweckmäßig als *Flavo-phosphoprotein* und *Flavo-protein* bezeichnet, ist nicht grundsätzlich verschieden, sondern kann nach R. KUHN, P. BOULANGER und H. RUDY (*41*) folgendermaßen formuliert werden, wobei man sich über die angedeuteten Bindungen hinaus vorstellen muß, daß das Flavinmolekül sich als Ganzes noch irgendwie in das Protein „einbettet".

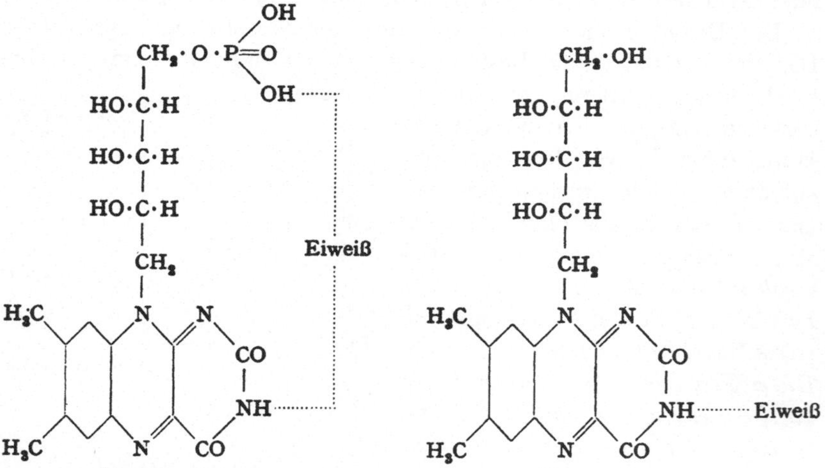

Altes gelbes Ferment, Flavo-phospho-protein; Alloxazin-proteid.   Flavo-protein.

Die Prüfung der zahlreichen synthetischen Flavine hat ergeben, daß beide Methoden, Wachtumstest und vereinfachter Dehydrierungsversuch, gleichsinnig arbeiten. Eine Verschiedenheit hat sich nur beim Tetraacetyl-lactoflavin und bei der Triacetyl-lactoflavin-phosphorsäure ergeben, die beide im katalytischen Versuch unwirksam, im Wachstumsversuch dagegen wirksam sind. Der Unterschied erklärt sich wohl dadurch, daß die Acetylverbindungen im Organismus rasch verseift werden.

Im einzelnen *haben sich folgende Zusammenhänge zwischen Vitamin- bzw. Fermentwirkung und Konstitution ergeben:*

1. Die Pentitkette wirkt sehr spezifisch; denn außer d-Ribo-flavinen sind nur noch l-Arabo-flavine wirksam. Beide stimmen in der Konfiguration des C-Atoms 2′ überein (links geschrieben). d-Arabo-flavine sind unwirksam [R. KUHN und F. WEYGAND (49); siehe dagegen H. v. EULER und P. KARRER und Mitarbeiter (12 a)]. Die optischen Antipoden (l-Ribo-flavine) sind unwirksam.

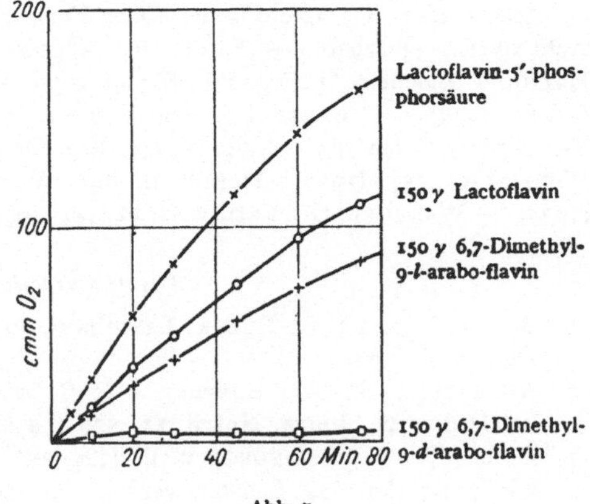

Abb. 7.

2. Der Zuckerrest muß als Alkohol vorliegen; denn das 6,7-Dimethyl-9-d-ribosido-flavin ist kein Vitamin B₂.

3. Zur Vitaminwirkung ist mindestens eine der beiden 6,7-ständigen Methylgruppen notwendig, da 6- und 7-Methyl-9-d-ribo-flavin wirksam, 9-d-Ribo-flavin dagegen unwirksam ist.

4. Die beiden 6,7-ständigen Methylgruppen können durch den Tri- oder Tetra-methylenring ersetzt werden, ohne daß die Vitaminwirkung verlorengeht.

5. Die Einführung einer Methylgruppe in 5- oder 8-Stellung vernichtet die Vitaminwirkung; denn 5,7- und 6,8-Dimethyl-9-d-ribo-flavin sind un-

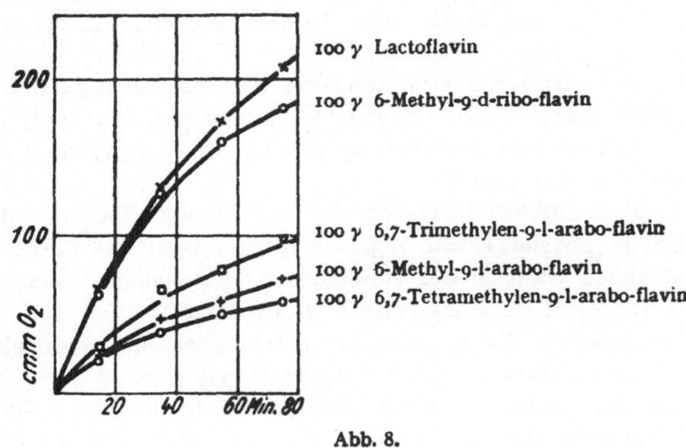

Abb. 8.

wirksam, obwohl 6- und 7-Methyl-9-d-ribo-flavin sehr starke Wirksamkeit besitzen.

6. Die NH-Gruppe 3 muß frei sein, da 3-Methyl-lactoflavin als B₂ unwirksam ist.

Die relativen Wirksamkeiten einiger Polyoxyalkyl-flavine im katalytischen Test ergeben sich aus den Kurvenbildern der Abb. 7—8 [R. KUHN, H. RUDY, H. VETTER und H. R. RZEPPA (41, 45)].

Literaturverzeichnis.

Sammelwerke.

ANSBACHER, S.: Lactoflavin. New York 1936. — KARRER, P.: Helv. chim. Acta **19** (E), 33 (1936). — KUHN, R.: Angew. Chem. **49**, 6 (1936). — RUDY, H.: Handb. d. Biochem., 3. Erg.-Bd., S. 790. 1936. — THEORELL, H.: Erg. Enzymforsch. **6**, 111 (1937). — VETTER, H.: Erg. Physiol. **38**, 855 (1936). — WAGNER-JAUREGG, TH.: Angew. Chem. **47**, 318, 547 (1934). Erg. Enzymforsch. **4**, 333 (1935). Wien. klin. Wchschr. **9**, 257 (1936). Handb. d. biol. Arbeitsmeth., Abt. V, Teil 3 B, S. 1211 (1937). — WARBURG, O.: Naturwiss. **22**, 441 (1934). Erg. Enzymforsch. **7**, 210 (1938).

Originalarbeiten.

1. ADLER, E. and H. v. EULER: Lactoflavin in the Eyes of Fish. Nature (London) **141**, 790 (1938).

2. ANSBACHER, S., G. C. SUPPLEE u. R. C. BENDER: Ein pellagraartiges Syndrom bei Hühnern. Journ. Nutrit. **11**, 529 (1936).

3. BIRCH, TH. W., P. GYÖRGY u. L. J. HARRIS: Der Vitamin-B_2-Komplex. Unterscheidung der das Schwarzwerden der Zunge verhindernden und „P.-P."-Faktoren von Lactoflavin und Vitamin B_6 (sogenannter Rattenpellagrafaktor). Biochemical Journ. **29**, 2830 (1935).

4. BLEYER, B. u. O. KALLMANN: Beiträge zur Kenntnis einiger bisher wenig studierter Inhaltsstoffe der Milch (Kuhmilch). Biochem. Ztschr. **155**, 54 (1925).

5. BLYTH, A. W.: Journ. chem. Soc. London **1879**, 530.

6. CHICK, H., A. M. COPPING u. C. E. EDGAR: Die wasserlöslichen B-Vitamine. IV. Biochemical Journ. **29**, 722 (1935).

7. COPPING, A. M.: Die wasserlöslichen Vitamine. V.—VI. Biochemical Journ. **30**, 845, 849 (1936).

8. ELLINGER, PH. u. W. KOSCHARA: Über eine neue Gruppe tierischer Farbstoffe (Lyochrome). I.—III. Ber. dtsch. chem. Ges. **66**, 315, 808, 1411 (1933); Nature (London) **133**, 553 (1934).

9. EMMERIE, A.: Quantitative Bestimmung von Flavinen im normalen Menschenharn. Acta brev. neerl. **6**, 108, 136 (1936); Nature (London) **138**, 164 (1936); **141**, 416 (1936). Chemische Bestimmung von Lactoflavin (Vitamin B_2). Ztschr. f. Vitaminforsch. **7**, 244 (1938).

10. EULER, H. v. u. E. ADLER: Über das Vorkommen von Flavinen in tierischen Geweben. Ztschr. physiol. Chem. **223**, 105 (1934). Über das Flavin und einen blaufluorescierenden Stoff in der Netzhaut der Fischaugen. Ztschr. physiol. Chem. **228**, 1 (1934); Erg. Enzymforsch. **3**, 19 (1934).

11. — — u. A. SCHLÖTZER: Verbreitung des gebundenen und des freien Flavins in Pflanzen. Ztschr. physiol. Chem. **226**, 87 (1934).

12. — P. KARRER, K. SCHÖPP, F. BENZ, B. BECKER u. P. FREI: Synthese des Lactoflavins (Vitamin B_2) und anderer Flavine. Helv. chim. Acta **18**, 522 (1935).

12a. — P. KARRER u. M. MALMBERG: Wachstumswirkungen des l- und d-Araboflavins [6,7-Dimethyl-9-(l bzw. d-1′-arabityl)-isoalloxazins]. Helv. chim. Acta **18**, 1336 (1935).

13. GOLDBERGER, J. u. R. D. LILLIE: U. S. Health Rep. **41**, 1025 (1926).

14. GREEN, R. D. and A. BLACK: The Preparation of pure d-Riboflavin from Natural Sources. Journ. Amer. chem. Soc. **59**, 1820 (1937).

15. GYÖRGY, P.: Untersuchungen am Vitamin-B_2-Komplex. I.—III. Biochemical Journ. **29**, 741, 760, 767 (1935). Über die Wachstumswirkung synthetischer Flavinpräparate. Ztschr. Vitaminforschg. **4**, 223 (1935).

16. György, P, R. Kuhn u. Th. Wagner-Jauregg: Verbreitung des Vitamins B_2 im Tierkörper. Ztschr. physiol. Chem. **223**, 21 (1934). Darstellung von Vitamin B_2-Konzentraten. Ztschr. physiol. Chem. **223**, 27 (1934). Flavine und Flavoproteine als Vitamin B_2. Ztschr. physiol. Chem. **223**, 241 (1934). — György, P., F. W. van Klavern, R. Kuhn u. Th. Wagner-Jauregg: Anwendung der Bourgain-Sherman-Diät zur Bestimmung der Vitamine B_2 und B_4. Ztschr. physiol. Chem. **223**, 236 (1934); Klin. Wchschr. **1933** II, 1241.

17. Haas, E.: Isolierung eines neuen gelben Ferments. Biochem. Ztschr. **298**, 378 (1938).

18. Heilbron, J. M., E. G. Parry u. R. F. Phipers: Die Beziehung zwischen einigen Algenbestandteilen. Biochem. Journ. **29**, 1382 (1935).

19. Hogan, A. G. u. L. R. Richardson: Differenzierung des antidermatitischen Faktors. Science (New York) **83**, 17 (1936).

20. Karrer, P., B. Becker, F. Benz, P. Frei, H. Salomon u. K. Schöpp: Zur Synthese des Lactoflavins. Helv. chim. Acta **18**, 1435 (1935).

20a. — P. Frei u. H. Meerwein: Zur Konstitution der Lactoflavin-phosphorsäure aus Leber. Helv. chim. Acta **20**, 79 (1937).

21. — u. H. Fritzsche: Fluorescenskurven des Lactoflavins und synthetischer Flavine. Helv. chim. Acta **18**, 911 (1935). Konstitution und Fluorescenz bei Flavinen. Helv. chim. Acta **19**, 481 (1936).

21a. — — Die optische Aktivität des Lactoflavins. Helv. chim. Acta **18**, 1026 (1935).

22. — T. Köbner, H. Salomon u. F. Zehender: Über den Lichtabbau der Flavine. Helv. chim. Acta **18**, 266 (1935). — Karrer, P., T. Köbner u. F. Zehender: Über den Mechanismus des Lumichromabbaus der Flavine. Helv. chim. Acta **19**, 261 (1936).

23. — u. H. F. Meerwein: Ein weiterer Beitrag zum Lichtabbau der Flavine. Helv. chim. Acta **18**, 480 (1935). Weitere Untersuchungen über den Lichtabbau der Flavine. Helv. chim. Acta **18**, 1126 (1935). Eine modifizierte Flavinsynthese. Helv. chim. Acta **18**, 1130 (1935). Eine verbesserte Synthese des Lactoflavins und 6,7-Dimethyl-9-[1'-arabityl]-iso-alloxazins. Helv. chim. Acta **19**, 264 (1936).

23a. — u. C. Musante: Über einige Methylalloxazine. Helv. chim. Acta **18**, 1134 (1935).

24. — u. R. Naef: Über ein Aminoflavin, das 9-[2'-Aminoäthyl]-iso-alloxazin. Helv. chim. Acta **19**, 1029 (1936).

24a. — u. R. Ostwald: Octahydroflavin. Rec. Trav. chim. Pays-Bas **57**, 500 (1938).

25. — u. T. H. Quibell: Synthesen einiger neuer Flavine. Helv. chim. Acta **19**, 1034 (1936).

26. — H. Salomon, K Schöpp, F. Benz u. (teils) B. Becker: Synthesen von drei weiteren Stereoisomeren des Lactoflavins. Helv. chim. Acta **18**, 908 (1935). Synthetische Flavine. VII. Helv. chim. Acta **18**, 1143 (1935).

26a. — E. Schlittler, K. Pfaehler u. F. Benz: Weitere Synthesen lactoflavinähnlicher Verbindungen. II. Helv. chim. Acta **17**, 1516 (1934).

27. — H. Salomon u. K. Schöpp: Isolierung des Hepaflavins. Helv. chim. Acta **17**, 419 (1934). — Karrer, P. u. K. Schöpp: Isolierung des Lyochroms aus Eigelb (Ovoflavin g). Helv. chim. Acta **17**, 735 (1934). Isolierung eines pflanzlichen Flavins. Helv. chim. Acta **17**, 771 (1934). — Karrer, P., H. Salomon, K. Schöpp, E. Schlittler u. H. Fritzsche: Ein neues Bestrahlungsprodukt des Lactoflavins: Lumichrom. Helv. chim. Acta **17**, 1010 (1934). — Karrer, P. u. K. Schöpp: Isolierung des Flavins aus Malz. Helv. chim. Acta **17**, 1013 (1934). — Karrer, P., H. Salomon, K. Schöpp u. E. Schlittler: Synthese lactoflavinähnlicher Verbindungen. Helv. chim. Acta **17**, 1165 (1934).

27a. KARRER, P., K. SCHÖPP, F. BENZ u. K. PFAEHLER: Synthese von Flavinen. III. Helv. chim. Acta **18**, 69 (1935). — KARRER, P., K. SCHÖPP u. F. BENZ: Synthese von Flavinen. IV. Helv. chim. Acta **18**, 426 (1935). — EULER, H. v., P. KARRER, M. MALMBERG, K. SCHÖPP, F. BENZ, B. BECKER u. P. FREI: Synthese des Lactoflavins (Vitamin B_2) und anderer Flavine. Helv. chim. Acta **18**, 522 (1935). — KARRER, P., B. BECKER, F. BENZ, P. FREI, H. SALOMON u. K. SCHÖPP: Zitat (*20*).

28. — u. F. M. STRONG: Flavinsynthesen. VIII. Synthese des 6-Methyl-9-[d-1'-ribityl]-iso-alloxazins und weitere synthetische Versuche in der Flavinreihe. Helv. chim. Acta **18**, 1343 (1935). Synthetische Versuche in der Flavinreihe Helv chim. Acta **19**, 483 (1936).

29. KOSCHARA, W.: Über ein Lyochrom aus Harn (Uro-flavin). Ber. dtsch. chem. Ges. **67**, 761 (1934). Über Harnlyochrome. Ztschr. physiol. Chem. **232**, 101 (1934). Über die Einwirkung von Licht auf Lyochrome. Ztschr. physiol. Chem. **229**, 103 (1934).

30. KÜHLING, O.: Über Azine der Harnsäuregruppe. Ber. dtsch. chem. Ges. **24**, 2363 (1891). Über die Oxydation des Tolualloxazins. Ber. dtsch. chem. Ges. **27**, 2116 (1894). — KÜHLING, O. u. O. KASELITZ: Über die Kondensationsprodukte N-substituierter o-Diamine mit Alloxan und dessen Derivaten. Ber. dtsch. chem. Ges. **39**, 1314 (1906).

31. KUHN, R.: Bemerkungen zu Abhandlungen von P. KARRER und Mitarbeitern über Flavine. Ber. dtsch. chem. Ges. **68**, 172 (1935).

32. — u. P. BOULANGER: Beziehungen zwischen Reduktions-Oxydations-Potential und chemischer Konstitution der Flavine. Ber. dtsch. chem. Ges. **69**, 1557 (1936). Über die Giftigkeit der Flavine. Ztschr. physiol. Chem. **241**, 233 (1936).

33. — u. H. W. COOK: Über Lumazine und Alloxazine. Ber. dtsch. chem. Ges. **70**, 761 (1937).

34. — P. DESNUELLE u. F. WEYGAND: Zur Spezifität des Lactoflavins; die Bedeutung der Stellung der Methylgruppen. Ber. dtsch. chem. Ges. **70**, 1293 (1937).

35. — P. GYÖRGY u. TH. WAGNER-JAUREGG: Über eine neue Klasse von Naturfarbstoffen. (Vorläufige Mitteilung.) Ber. dtsch. chem. Ges. **66**, 317 (1933). Über Ovoflavin, den Farbstoff des Eiklars. Ber. dtsch. chem. Ges. **66**, 576 (1933). Über Lactoflavin, den Farbstoff der Molke. Ber. dtsch. chem. Ges. **66**, 1034 (1933).

36. — u. H. KALTSCHMITT: Isolierung von Lactoflavin (Vitamin B_2) aus Heu. Ber. dtsch. chem. Ges. **68**, 182 (1935). Über den Zustand des Vitamins B_2 in der Kuhmilch. Ber. dtsch. chem. Ges. **68**, 386 (1935). — KUHN, R., H. KALTSCHMITT u. TH. WAGNER-JAUREGG: Über den Flavingehalt der Leber und Muskulatur von gesunden und von B_2-avitaminotischen Ratten. Ztschr. physiol. Chem. **232**, 36 (1934).

37. — u. G. MORUZZI: Über die Dissoziationskonstanten der Flavine; p_H-Abhängigkeit der Fluorescenz? Ber. dtsch. chem. Ges. **67**, 888 (1934). Über das Reduktions-Oxydations-Potential des Lactoflavins und seiner Derivate. Ber. dtsch. chem. Ges. **67**, 1220 (1934).

38. — u. K. REINEMUND: Über die Synthese des 6,7,9-Trimethyl-flavins (Lumilactoflavins). Ber. dtsch. chem. Ges. **67**, 1932 (1934). — KUHN, R., H. RUDY u. K. REINEMUND: Über das natürliche und das synthetische Lumi-lactoflavin. Ber. dtsch. chem. Ges. **68**, 170 (1935).

39. — u. H. RUDY: Über den alkali-labilen Ring des Lactoflavins; Monomethyl- und Dimethylverbindungen. Ber. dtsch. chem. Ges. **67**, 1125 (1934). Über die Konstitution des Lumi-lactoflavins. Ber. dtsch. chem. Ges. **67**, 1298 (1934). 6,7-Dimethyl- und 1,3,6,7-Tetramethyl-alloxazin. Ber. dtsch. chem. Ges. **67**, 1826 (1934). Über die photochemische Bildung von 6,7-Dimethyl-alloxazin aus Lactoflavin. Ber. dtsch. chem. Ges. **67**, 1936 (1934); vgl. Angew. Chem. **48**, 29 (1935).

40. Kuhn, R. u. H. Rudy: Über die optische Aktivität des Lactoflavins. Ber. dtsch. chem. Ges. **68**, 169 (1935). 6,7-Dimethyl-flavin-9-essigsäure. Ber. dtsch. chem. Ges. **68**, 300 (1935). Synthetische Vitamin B_2-Phosphorsäure. Ber. dtsch. chem. Ges. **68**, 383 (1935). Wachstumswirkung von Flavinphosphorsäuren. Ztschr. physiol. Chem. **239**, 47 (1936); siehe auch (*54*).

41. — —. Katalytische Wirkung der Lactoflavin-5′-phosphorsäure; Synthese des gelben Ferments. Ber. dtsch. chem. Ges. **69**, 1974 (1936). Lactoflavin als Co-Ferment; Wirkstoff und Träger. Ber. dtsch. chem. Ges. **69**, 2557 (1936).

42. — — u. Th. Wagner-Jauregg: Über Lactoflavin (Vitamin B_2). Ber. dtsch. chem. Ges. **66**, 1950 (1933).

43. — — u. F. Weygand: Über die zuckerähnliche Seitenkette des Lactoflavins. Ber. dtsch. chem. Ges. **68**, 625 (1936).

43a. — — u F. Weygand: Über die Bildung eines künstlichen Ferments aus 6, 7-Dimethyl-9-l-arabo-flavin-5′-phosphorsäure. Ber. dtsch. chem. Ges. **69**, 2034 (1936).

44. — u. R. Ströbble: Synthese von Flavinglucosiden. Ber. dtsch. chem. Ges. **70**, 747 (1937). Über Verdo-, Chloro- und Rhodo-flavine. Ber. dtsch. chem. Ges. **70**, 753 (1937). Über o-Nitranilin-glucoside. Ber. dtsch. chem. Ges. **70**, 773 (1937).

45. — H. Vetter u. H. W. Rzeppa: Zur Spezifität des Lactoflavins; Ersatz der Methylgruppen durch den Tetramethylen- und Trimethylen-Ring. Ber. dtsch. chem. Ges. **70**, 1302 (1937).

46. — u. Th. Wagner-Jauregg: Über die aus Eiklar und Milch isolierten Flavine. Ber. dtsch. chem. Ges. **66**, 1577 (1933). Über das Reductions-Oxydationsverhalten und eine Farbreaktion des Lactoflavins (Vitamin B_2). Ber. dtsch. chem. Ges. **67**, 361 (1934). Lactoflavin (Vitamin B_2) aus Leber. Ber. dtsch. chem. Ges **67**, 1770 (1934).

47. — — u. H. Kaltschmitt: Über die Verbreitung der Flavine im Pflanzenreich. Ber. dtsch. chem. Ges. **67**, 1452 (1934).

48. — u. F. Weygand: Synthese des 9-Methyl-iso-alloxazins. Ber. dtsch. chem Ges. **67**, 1409 (1934). Bedingungen und Geltungsbereich der Flavinsynthese. Ber. dtsch. chem. Ges. **67**, 1459 (1934). Synthetische Verbindungen der Lactoflavingruppe. Ber. dtsch. chem. Ges. **67**, 1939 (1934). Synthese des 6,7-Dimethyl-9-n-amyl-flavins. Ber. dtsch. chem. Ges. **67**, 1941 (1934). Synthetisches Vitamin B_2. Ber. dtsch. chem. Ges. **67**, 2084 (1934).

49. — — 6,7-Dimethyl-9-l-araboflavin. Ber. dtsch. chem. Ges. **68**, 166 (1935). Verbesserung der Flavinsynthese; Borsäure-Verfahren. Ber. dtsch. chem. Ges. **68**, 1282 (1935).

50. — K. Reinemund u. F. Weygand: Synthese des Lumi-lactoflavins. Ber. dtsch. chem. Ges. **67**, 1460 (1934).

50a. Michaelis, L. and G. Schwarzenbach: The intermediale forms of oxidation-reduction of the flavins. Jour. biol. Chemistry. **123**, 527 (1938).

51. Neuweiler, W.: Der Gehalt fötaler Organe (Leber, Placenta) an Flavinen. Ztschr. physiol. Chem. **249**, 225 (1937).

52. Pett, L. B.: Lactoflavin in Mikroorganismen. Biochemical Journ. **29**, 937 (1935); **30**, 1438 (1936).

53. Reinemund, K.: Dissert., Frankfurt 1936.

54. Rudy, H.: Enzymatische. Spaltung von Lactoflavin-phosphorsäuren. Ztschr. physiol. Chem. **242**, 198 (1936). Über die Konstitution des Lactoflavins (Vitamin B_2) und die Synthese von Flavinenzymen (Flavo-phospho- und Flavo-protein). Ber. physikalisch-medizin. Societät Erlangen **69**, 225 (1937).

55. — u. O. Majer: 9-Propyl-8-azaflavin. Ber. dtsch. chem. Ges. **71**, 1243 (1938). Zweikernige Alloxanabkömmlinge von 2,3-Diaminopyridinen. Ber. dtsch. chem. Ges. **71**, 1323 (1938); **72** (1939) (im Druck).

55a. Schickh, O. v. A. Binz u. A. Schulz: Ber. dtsch. chem. Ges. **69**, 2593 (1936).

56. Stern, K. G. u. E. R. Holiday: Zur Konstitution des Photo-flavins; ·Versuche in der Alloxazinreihe. Ber. dtsch. chem. Ges. **67**, 1104 (1934).

57. Ströbele, R.: Dissert., München 1937.

58. Supplee, G. C., S. Ansbacher, G. E. Flanigan u. Z. M. Hanford: Fluorimetrische Messung von Lactoflavin. Journ. Dairy **19**, 215 (1936).

59. Supniewsky, J. W. u. J. Hano: Extr. du Bull. Acad. Bolon. Sci., classe de Med. **1935**, 35.

60. Theorell, H.: Reindarstellung (Krystallisation) des gelben Atmungsferments und die reversible Spaltung desselben. Biochem. Ztschr. **272**, 155 (1934). Über die Wirkungsgruppe des gelben Ferments. Biochem. Ztschr. **275**, 37 (1935). Reindarstellung der Wirkungsgruppe des gelben Ferments. Biochem. Ztschr. **275**, 344 (1935). Über Hemmung der Reaktionsgeschwindigkeit durch Phosphat in Warburgs und Christians System. Biochem. Ztschr. **275**, 416 (1935). Das gelbe Oxydationsferment. Biochem. Ztschr. **278**, 263 (1935). Quantitative Bestrahlungsversuche an gelbem Ferment, Flavinphosphorsäure und Lactoflavin. Biochem. Ztschr. **279**, 186 (1935).

61. Vivanco, F.: Zur Flavinbilanz im Tierkörper. Naturwiss. **23**, 306 (1935).

62. Wagner-Jauregg, Th., E. F. Möller u. (teils) H. Rauen: Über die Wirkungsweise des Vitamins B_2 und die Beteiligung von Flavoproteinen an enzymatischen Dehydrierungen. Ztschr. physiol. Chem. **228**, 273 (1935). Über die enzymatische Dehydrierung der Citronensäure. Ztschr. physiol. Chem. **233**, 215 (1935). Die Dehydrierung der Citronensäure und Iso-citronensäure durch Gurkensamen-Dehydrase. Ztschr. physiol. Chem. **237**, 227 (1935). Über die enzymatische Dehydrierung der Glycerinphosphorsäure. Ztschr. physiol. Chem. **237**, 233 (1935).

63. — u. H. Wollschitt: Bemerkungen zu einer Mitteilung „Über Urochrom und die Teilnahme von Lyochromen an der Zellatmung". Naturwiss. **22**, 107 (1934).

64. Warburg, O. u. W. Christian: Ein zweites sauerstoffübertragendes Ferment und sein Absorptionsspektrum. Naturwiss. **20**, 688 (1932). Über das neue Oxydationsferment. Naturwiss. **20**, 980 (1932). Über ein neues Oxydationsferment und sein Absorptionsspektrum. Biochem. Ztschr. **254**, 438 (1933). Über das gelbe Oxydationsferment. Biochem. Ztschr. **257**, 492 (1933); **258**, 496 (1933); **263**, 228 (1933). Zerstörung des wasserstoffübertragenden Co-Ferments durch ultraviolettes Licht. Biochem. Ztschr. **282**, 221 (1935). — Warburg, O., W. Christian u. A. Griese: Wasserstoffübertragendes Co-Ferment, seine Zusammensetzung und Wirkungsweise. Biochem. Ztschr. **282**, 157 (1935). — Warburg, O.: Sauerstoffübertragende Fermente. Naturwiss. **22**, 441 (1934).

65. — — Isolierung der prosthetischen Gruppe der d-Aminosäureoxydase. Biochem. Ztschr. **298**, 150 (1938). Bemerkung über gelbe Fermente. Biochem. Ztschr. **298**, 368 (1938).

66. Watanabe, W.: Über die Verbreitung des Flavins in Meeresalgen. Beiträge zur Stoffwechselphysiologie der Algen. III. Acta phytochim. **9**, 255 (1937).

67. Weygand, F.: Dissert., Frankfurt 1936.

68. Zechmeister, L. u. L. v. Cholnoky: Die chromatographische Adsorptionsmethode, 2. Aufl., S. 164—169. Berlin: Julius Springer 1938.

(Eingelaufen am 6. Januar 1939.)

Chemistry of the iodine compounds
of the thyroid.

By C. R. HARINGTON, London.

The outstanding anatomical feature of the thyroid gland is its peculiar arrangement of spheroidal vesicles, enclosed (in the normal organ) by a single layer of flattened epithelium, and filled with a jelly-like substance, the so-called "colloid". The amount of this colloid varies very considerably with pathological alterations of the gland; since such alterations involve abnormalities of the bodily functions which are under thyroid control it is not surprising that the recognition of the essentially chemical nature of the mechanism through which this control is exercised should have directed attention to the colloid as the probable source of the active secretion.

The earliest chemical work on the separation of the constituents of the thyroid was the attempt of BUBNOW (*1*) to isolate the colloid on the assumption that it was the major protein component of the gland; he, and also GOURLAY (*2*), obtained a series of ill-defined protein fractions by extraction of the gland substance with dilute salt solutions and dilute alkali, the principal fraction being precipitable by careful acidification with acetic acid. This fraction was correctly regarded as being essentially identical with the colloid, and it exhibited in the main the properties of a *globulin*.

A similar substance was obtained from the thyroid by HUTCHISON (*3, 4*) who clearly recognised its globulin character; by this time however iodine had been discovered to occur in the thyroid and HUTCHISON was more interested in the pursuit of the iodine-containing compound than in the study of the protein as a whole. A more systematic investigation of the characteristic thyroid protein was that which was undertaken by OSWALD (*5, 6, 7, 8*); he made it quite clear that the "globulin" fraction, i. e. that portion which could be extracted with physiological salt solution, constituted the major protein of the thyroid, and moreover that this protein was uniquely characterised by containing the whole of the iodine of the thyroid in firm organic combination.

Thyroglobulin.

The method adopted by OSWALD for the preparation of the characteristic iodine-containing protein (thyroglobulin) was to extract minced fresh thyroid glands exhaustively with 0,9% aqueous sodium chloride which brought into solution all the iodine-containing compounds; the bulk of the protein in such an extract was precipitated by half-saturation with ammonium sulphate and this precipitate contained the whole of the iodine; a further small amount of a phosphoprotein could be separated from the mother liquor by full saturation with ammonium sulphate.

The iodine-containing protein could be purified to some extent by many repetitions of the process of dissolution in dilute alkali followed by reprecipitation with acetic acid; in the purified condition it was sparingly soluble in distilled water, more so in dilute salt solution especially at faintly alkaline reaction; it differed from ordinary globulins in the possession of a zone of low solubility, even in presence of small quantities of salt, and in its content of *iodine*.

The content of iodine was observed by OSWALD (5, 6, 7, 8) to be variable and this observation has been confirmed by subsequent workers. The iodine content of the thyroid glands of the fauna of any district is a reflection of the available environmental iodine. In regions where there is environmental deficiency of iodine the thyroids tend to be enlarged, to contain less total iodine and to yield preparations of thyroglobulin of low iodine content; conversely where there is unusual abundance of iodine the thyroids will be small and will yield thyroglobulin rich in this element. What we may call normal thyroglobulin, that is to say thyroglobulin prepared by the standard method from glands which are histologically normal, contains 0,5–1,0% of iodine calculated on the dry weight; this variability alone is sufficient to indicate that thyroglobulin is an ill-characterised protein, and even at the present time no claim has been established to the isolation of a homogeneous product.

As soon as it had been definitely shown that the physiological activity of the thyroid was associated with its iodine content the attention of most chemists interested in the subject became directed to the attempt to isolate a crystalline iodine-containing compound by application of degradative methods, and interest in the thyroid protein was largely lost; in recent years however a return to the study of thyroglobulin has been made and a few data are now available which are worth recording.

Preparation of thyroglobulin. The methods employed by later workers for the preparation of thyroglobulin do not differ in principle from that of OSWALD already described. The minced gland material may be extracted with dilute sodium chloride solution containing a little sodium hydroxide [HARINGTON and SALTER (9)] or with dilute aqueous sodium acetate

HEIDELBERGER and PALMER (*10*), BARNES and JONES (*11*) ; in either case over 90% of the total iodine of the original thyroid appears in the extract. Fat can be largely removed from the extract mechanically after chilling or after standing in presence of toluene. The protein may be precipitated by OSWALD's method, i. e. by careful acidification of the largely diluted extract, or it may be salted out with sodium or ammonium sulphate.

According to HEIDELBERGER and PALMER (*10*) extracts of thyroid contain a nucleoprotein which is precipitated together with thyroglobulin by OSWALD's technique; these authors therefore recommend the following procedure: a press juice is prepared from minced thyroid glands, extraction being completed with the aid of a little 1% sodium acetate; the concentrated extract so prepared is freed from fat and carefully acidified to pH 5,0 with 50% acetic acid; the precipitate of the above-mentioned nucleoprotein, containing only traces of iodine, is removed, and the thyroglobulin precipitated from the diluted mother liquor by half-saturation with sodium sulphate at 35°; in this way preparations of approximately constant iodine content (0,6%) and optical rotation ($[\alpha]_D = -58°$) were obtained.

Although solutions of thyroglobulin are stable for long periods under proper conditions [HEIDELBERGER and PEDERSEN (*12*)] the protein is very readily denatured by acid; if it is required in the native condition therefore care must be taken to avoid exposure to pH < 4.

Molecular weight and isoelectric point of thyroglobulin. The molecular weight of thyroglobulin has been determined by ultracentrifugal methods. For one of the preparations of HEIDELBERGER and PALMER (*10*) referred to above, having 0,58% iodine, and for other similar preparations HEIDELBERGER and PEDERSEN (*12*) found mol. wt. 700000 (sedimentation rate) or 650000 (sedimentation equilibrium) for the main component; the solutions were definitely not homogeneous, and moreover, under certain conditions (variation of salt concentration etc.) thyroglobulin readily dissociates into smaller fragments [LUNDGREN (*13*)].

The specific volume of hog thyroglobulin was found to be 0,72 and the molecule to be non-spherical. Results for human thyroglobulin were essentially similar. The isoelectric point of thyroglobulin was shown by the same authors, using the electrophoretic method, to be 4,58 for the native protein.

Amino-acid composition of thyroglobulin. The data available for the composition of thyroglobulin are scanty and unsatisfactory. The distribution of nitrogen was determined by the VAN SLYKE method by ECKSTEIN (*14*) but insufficient information is available concerning the preparation employed to enable the value of the results to be assessed. A much more complete and careful study is that of CAVETT (*15*); this author worked with a number of carefully purified samples of human thyroglobulin containing 0,3–0,4% iodine, and obtained the average values shown in Table 1.

The figures obtained by WHITE (*16*) by direct determination of the bases differ from those given above, being as follows (recalculated as % of total N): arginine 13,7, histidine 1,06, lysine 2,34; the two analyses, and indeed that of ECKSTEIN (*14*), agree however in showing arginine to be the most important basic constituent; WHITE finds cystine corresponding to 1,56% of the total N.

Table 1. Average VAN SLYKE nitrogen distribution of normal human thyroglobulin [CAVETT (*15*)].

	% of total N
Amide N	9,33
Humin N	3,93
Arginine N	14,91
Histidine N	2,99
Lysine N	6,84
Cystine N	1,91
Filtrate amino N	56,77
Filtrate non-amino N	4,90

The dicarboxylic acid content is low, the figures given by WHITE being 6,56% glutamic acid and 1,59% aspartic acid.

WHITE and CAVETT are in fairly close agreement with respect to the values for tyrosine (3,17, 3,29%) and tryptophan (1,8, 2,1%).

According to CAVETT (*15*) the variation in iodine content of thyroglobulin which corresponds to different states of the thyroid gland is not accompanied by variations in the amino-acid composition of the protein except in the case of the tyrosine; there does however exist an approximate reciprocal relationship between the tyrosine and the iodine-containing compounds; where these are deficient, as in thyroglobulin prepared from colloid goitres, the tyrosine is significantly increased in amount.

Iodine in the thyroid.

As will be apparent from what has been said above the iodine of the thyroid is almost exclusively confined to the characteristic protein, thyroglobulin, which constitutes the colloid material of the gland. The thyroid is indeed remarkable as being the only organ in the animal body in which iodine occurs in other than minimal amounts. In correspondence with its ubiquitous occurrence in nature, traces of iodine are indeed to be found in other parts of the body (e. g. 5–10 μg. per 100 ml. in the blood) but the concentration encountered in the thyroid is of an altogether different order of magnitude. The affinity of the thyroid for iodine can be demonstrated by physiological experiment; thus it has been found by MARINE and FEISS (*17*) that after oral administration of 38 mg. of iodine to a dog in the form of potassium iodide, 18,5% of this iodine could be recovered from the thyroid although the latter only represented 1/687 of the body weight.

Even when the thyroid gland has been loaded with excessive amounts of iodine by artificial means of this sort the iodine is apparently rapidly taken into organic combination; it is never possible to extract more than traces of iodine in the ionised form. The position is therefore clear that the thyroid must possess a mechanism by which it can introduce the inorganic iodine which it receives into the molecule of an organic compound and can subsequently or simultaneously build this compound into the structure of its specific protein.

The general outlines of this situation became clear immediately after the demonstration of the occurrence of large amounts of iodine in the thyroid, and since it was shown at the same time that the iodine was intimately connected with the physiological activity of the thyroid it is natural that attempts should at once have been made to apply the ordinary methods of protein degradation to the isolation of the iodine-containing component; the next section deals with the development of these attempts into the method which was finally successful in yielding the iodine-containing compounds in the pure condition.

Isolation of iodine compounds from the thyroid.

A. Isolation of thyroxine.

No detailed description can be given here of the earlier fruitless attempts to obtain crystalline iodine-containing compounds from the thyroid; these will only be mentioned briefly in so far as the information derived from them led to the ultimate success.

BAUMANN (*18*) who was himself responsible for the discovery of iodine in the thyroid, attempted the method of acid hydrolysis. By treatment with 10% sulphuric acid the protein was partly hydrolysed, and fractions of acid-insoluble material, having as much as 10–15% of iodine and a high degree of physiological activity, were obtained; the acid treatment however was accompanied by extensive decomposition and the iodine-rich fraction, although dignified with the name of iodothyrin, had no claim to chemical individuality.

Degradation of thyroglobulin by means of proteolytic enzymes was the next method of attack to be employed; in the hands of BAUMANN and ROOS (*19*), HUTCHISON (*3, 4*) and OSWALD (*5*) peptic digestion yielded products similar in properties to the "iodothyrin" mentioned above, although generally not so rich in iodine; again no homogeneous product was obtained. Tryptic digestion on the other hand was stated by OSWALD (*6, 7, 8*) to be useless since it was accompanied by the elimination of iodine as iodide.

Finally, in the attempt to apply alkaline hydrolysis on the lines which had already led to the isolation of diiodotyrosine by DRECHSEL (*20*),

OSWALD employed barium hydroxide as the hydrolytic agent but his experiments met with no success; in the light of later work this failure is somewhat surprising, but in the case of one of the iodine compounds it may perhaps be ascribed to failure to realise the formation of an insoluble barium salt.

The first success was attained in the well-known work of KENDALL (21) who employed dilute (5%) sodium hydroxide; fresh defatted thyroid glands were hydrolysed by boiling with this reagent, after which the iodine (still almost entirely in organic combination) could be separated into acid-soluble and acid-insoluble fractions, the latter of which contained all the physiological activity. This acidic fraction was then subjected to a laborious series of concentrations which need not be described in detail here but which finally led to the isolation of a crystalline sodium salt; on dissolving the latter in hot alkaline aqueous alcohol and acidifying with acetic acid the free acid was obtained in crystalline form.

The compound thus isolated (*thyroxine*) contained 65% of iodine and showed in high degree the characteristic physiological activity of the thyroid gland. It was obtainable by KENDALL's method only with great labour and in minute yield so that no serious progress with the study of its chemical structure was at first possible.

The next advance came with the development of an improved method for the isolation of thyroxine [HARINGTON (22)]; this method consists essentially in stepwise hydrolysis of thyroid substance with barium hydroxide and is depicted diagrammatically as follows:

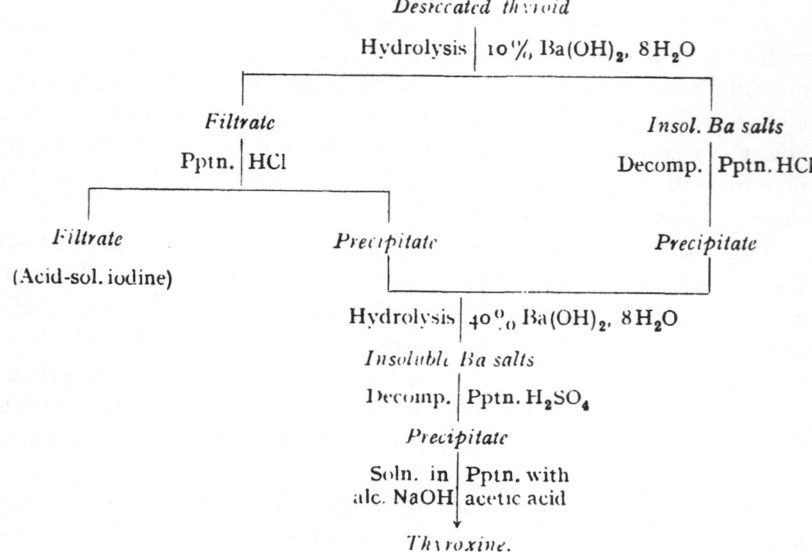

When thyroid gland substance or thyroglobulin is boiled for 5 hours with 10% aqueous baryta the greater part of the material passes into solution; acidification of the filtered hydrolysate divides the iodine into approximately equal parts; the acid-insoluble portion, after recombination with traces of acid-insoluble iodine carried down with the insoluble barium salts, is then subjected to more drastic hydrolysis by heating at 100° for 18 hours with 40% aqueous baryta; decomposition of the insoluble barium salts resulting from this hydrolysis yields an acidic substance which, on solution in alkaline alcohol followed by acidification at the boiling point with acetic acid, gives crystalline thyroxine identical with the product obtained by KENDALL (21).

B. Isolation of 3 : 5-diiodotyrosine.

The method outlined above offers considerable advantages in simplicity and efficiency over that of KENDALL; under the best conditions however only a relatively small proportion of the total iodine of the thyroid is isolable as crystalline thyroxine and the question is left open as to whether the losses of iodine are due to destruction of thyroxine or whether they represent a second iodine compound which is left on one side in the process of isolation of thyroxine. The first of these explanations is rendered unlikely by the stability of thyroxine and by the fact that at the end of the preliminary hydrolysis all the acid-soluble iodine remains in organic combination.

Before the discovery of thyroxine the only iodine-containing compound known to be associated with proteins was 3 : 5-diiodotyrosine, and a search for this amino-acid among the products of hydrolysis of thyroid gland was a natural undertaking. Success was finally attained by HARINGTON and RANDALL (23) who were able to isolate diiodotyrosine from the acid-soluble fraction of the iodine-containing compounds. The isolation was followed by a careful quantitative study of the fate of the iodine during the processes involved; this is depicted diagrammatically in Tables 2 and 3 (p. 110 and 111) and it will be seen that, with one exception, every step of the long and complex procedure leading to the isolation of thyroxine on the one hand and diiodotyrosine on the other is accompanied by a small loss of iodine only, such as is inevitably associated with manipulations of this kind. The one exception concerns the drastic hydrolysis of the acid-soluble iodine fraction, where the loss of iodine is heavy; this is however to be expected since neither thyroxine nor diiodotyrosine is entirely stable under these conditions, and diiodotyrosine is particularly liable to destruction since it is not largely removed from the sphere of reaction in the form of an insoluble barium salt as is the case with thyroxine.

If a third iodine compound were present in the thyroid its existence should be indicated by a significant loss of iodine at one of the stages of isolation depicted in Tables 2 and 3; since no such loss occurs except for the explicable one already mentioned, it may reasonably be concluded that the whole of the iodine of the thyroid is accounted for as thyroxine and diiodotyrosine.

Table 2. Separation of iodine into acid-soluble and acid-insoluble fractions.

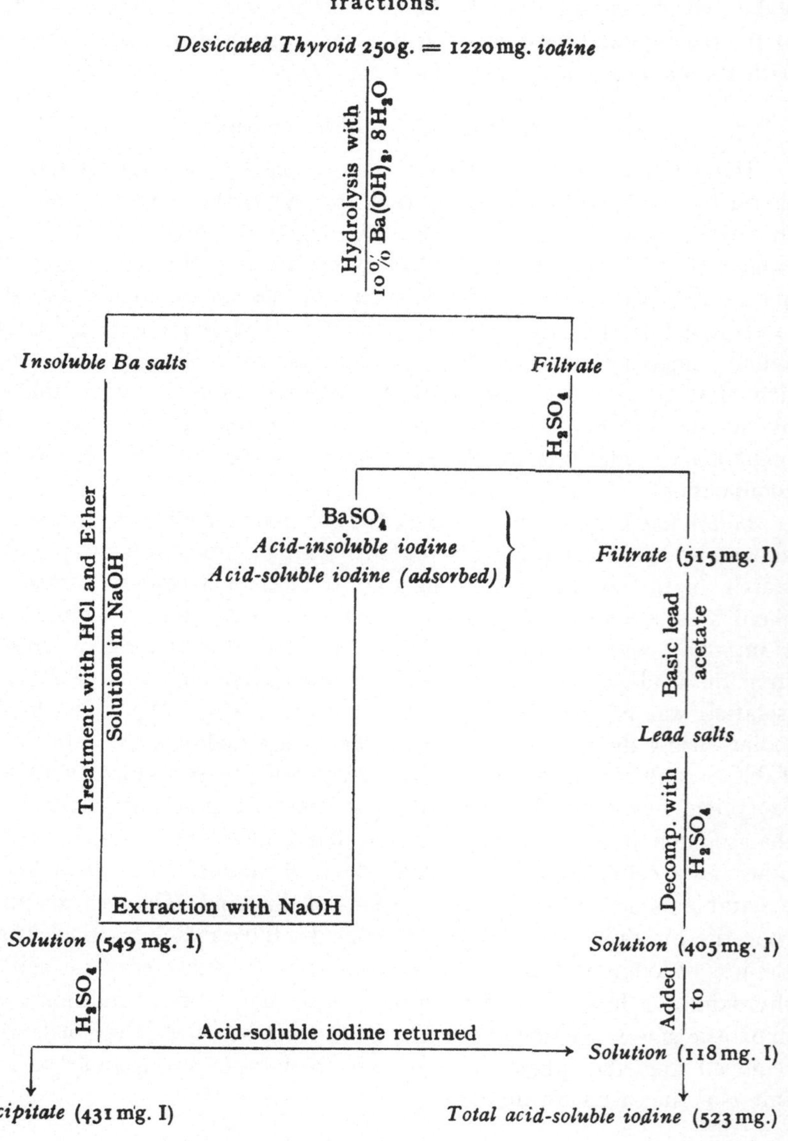

Table 3. Isolation of thyroxine and of 3:5-diiodotyrosine.

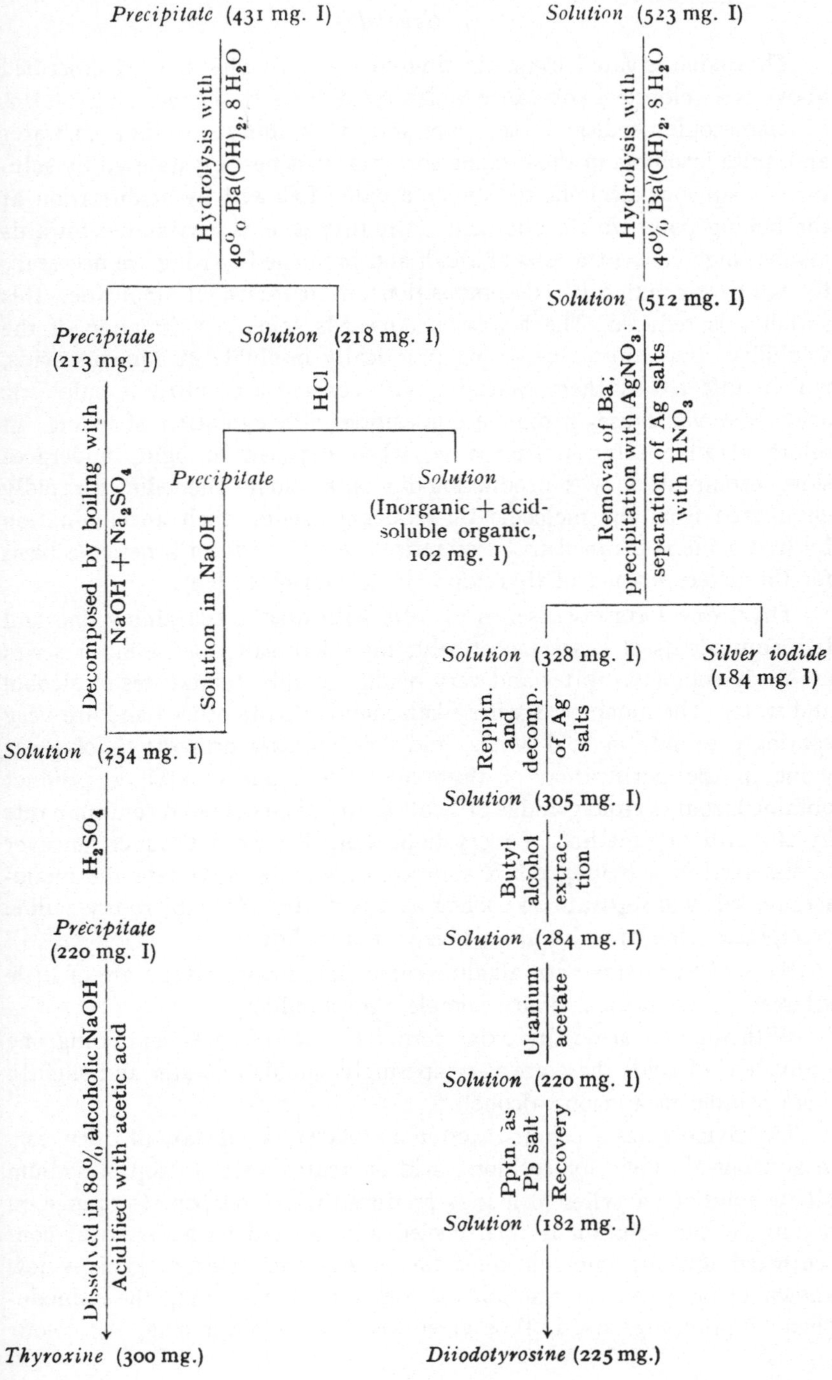

Precipitate (431 mg. I)   *Solution* (523 mg. I)

Hydrolysis with 40% Ba(OH)$_2$, 8 H$_2$O   Hydrolysis with 40% Ba(OH)$_2$, 8 H$_2$O

Solution (512 mg. I)

Precipitate (213 mg. I)   *Solution* (218 mg. I)

Decomposed by boiling with NaOH + Na$_2$SO$_4$

HCl

Solution in NaOH

Precipitate   *Solution* (Inorganic + acid-soluble organic, 102 mg. I)

Removal of Ba; precipitation with AgNO$_3$; separation of Ag salts with HNO$_3$

Solution (254 mg. I)

Solution (328 mg. I)   *Silver iodide* (184 mg. I)

Repptn. and decomp. of Ag salts

H$_2$SO$_4$

Solution (305 mg. I)

Precipitate (220 mg. I)

Butyl alcohol extraction

Solution (284 mg. I)

Uranium acetate

Dissolved in 80% alcoholic NaOH   Acidified with acetic acid

Solution (220 mg. I)

Pptn. as Pb salt   Recovery

Solution (182 mg. I)

Thyroxine (300 mg.)   *Diiodotyrosine* (225 mg.)

Chemistry of Thyroxine.

A. General.

Thyroxine isolated from the thyroid gland by the method described above is a colourless substance which crystallises in sheaves and rosettes of microscopic needles. In the pure state it is almost insoluble in water and quite insoluble in the organic solvents; it is best crystallised by solution in aqueous-alcoholic sodium hydroxide followed by acidification at the boiling point with acetic acid. Pure thyroxine is very stable towards alkalis; high concentrations of alkali and prolonged heating are necessary to cause any extensive decomposition; in presence of impurities this stability is reduced. The behaviour towards acids is a function of the solubility; pure thyroxine, being practically insoluble in aqueous acids, is little affected by them; warming with concentrated nitric or sulphuric acids however causes rapid decomposition with evolution of iodine. In dilute alkaline solution thyroxine, when exposed to light, undergoes slow decomposition with production of.a pink colour. The iodine is rapidly eliminated from the molecule by reducing agents; such an elimination by hydrazine is claimed to be quantitative and to form a possible basis for the determination of thyroxine [Paal and Motz (*24*)].

Thyroxine forms two series of salts with alkalis containing one and two equivalents of base respectively; the alkali salts of the latter series are fairly soluble in water and very readily soluble in mixtures of alcohol and water. The mono-salts with alkali metals on the other hand are very sparingly soluble in cold water, and this unusual property is of great value in the purification of thyroxine; the crude crystalline product obtained from thyroid gland is difficult to free from coloured contaminants by the ordinary method of recrystallisation; if such a product however is dissolved in a boiling o,1 N solution of sodium carbonate the mono-sodium salt will separate on cooling as a perfectly white micro-crystalline precipitate, often from an almost black mother liquor.

Salts of thyroxine with alkaline earths and heavy metals are of little interest owing to their almost complete insolubility.

With mineral acids thyroxine forms a series of salts containing one equivalent of acid; these are very sparingly soluble in water and slightly more soluble in aqueous alcohol.

Thyroxine gives a colour reaction as follows: a solution of a few mg. in aqueous-alcoholic hydrochloric acid is treated with a drop of sodium nitrite solution; a yellow colour is produced which deepens to orange on boiling; if the solution is then cooled and treated with excess of concentrated aqueous ammonia the colour changes to rose-red. (This is now known to be a general reaction for compounds containing the *o*-diiodo-phenolic grouping, and is thus given also by diiodotyrosine; the colour given by thyroxine however has a characteristic tint which can be recognised with experience.) Thyroxine also gives the ninhydrin reaction.

The compound isolated from the thyroid gland by the method described above is optically inactive; it melts at 231–232° (uncorr.) with decomposition and evolution of iodine.

The general properties thus indicate that thyroxine is an α-amino-acid containing two acidic groups, the second of which is weak; the absence of optical activity in spite of the fact that it is an amino-acid is explicable by reason of the alkaline hydrolysis employed in the course of isolation.

B. Constitution.

Empirical formula. In view of the high content of iodine the empirical formula of thyroxine is difficult to settle with certainty by elementary analysis alone; its proof follows however from the fact that on catalytic deiodination with hydrogen and palladised calcium carbonate in alkaline solution thyroxine yields a compound $C_{15}H_{15}O_4N$ with simultaneous formation of four equivalents of iodide; the formula of thyroxine itself must therefore be $C_{15}H_{11}O_4NI_4$:

$$C_{15}H_{11}O_4NI_4 + 4\,KOH + 4\,H_2 = C_{15}H_{15}O_4N + 4\,KI + 4\,H_2O.$$

thyroxine   thyronine

Constitution of thyronine [HARINGTON (25)]. The compound $C_{15}H_{15}O_4N$ (thyronine) thus obtained from thyroxine, gives the MILLON reaction and yields the whole of its nitrogen in 3 min. shaking in the apparatus of VAN SLYKE; it is therefore a phenolic amino-acid, and it possesses indeed a general similarity in properties to tyrosine.

A general indication of the structure of thyronine is afforded by the results of alkaline fusion (Table 4), from which it will be seen that the degradation products vary with the temperature employed. At 250° the main product is a monohydric phenol which presumably contains two benzene rings, since, when the fusion is conducted at the higher temperature of 300°, it is almost quantitatively replaced by equimolecular amounts of p-hydroxybenzoic acid and quinol. The ammonia and oxalic acid formed in both cases suggest the presence of an amino-propionic acid side-chain.

Table 4. Products of fusion of thyronine with potassium hydroxide.

At 250°	At 300°
Monohydric phenol, $C_{13}H_{12}O_2$	p-Hydroxybenzoic acid ⎫
p-Hydroxybenzoic acid ⎫ traces	Quinol ⎬ good yields
Quinol ⎭	Ammonia
Ammonia	Oxalic acid
Oxalic acid	

If now thyronine is methylated with dimethyl sulphate and alkali an unstable betaine is formed which loses trimethylamine to give an unsaturated acid $C_{16}H_{14}O_4$; this contains a methoxyl group, evidently derived from the phenolic group of thyronine, and on oxidation with permanganate gives first an aldehyde, $C_{14}H_{12}O_3$ and finally a stable acid $C_{14}H_{12}O_4$. These reactions may be formulated thus:

$HO \cdot C_{12}H_8O \cdot CH_2 \cdot CH(NH_2) \cdot COOH$ — Thyronine $C_{15}H_{15}O_4N$

$(CH_3)_2SO_4 \downarrow KOH$

$CH_3O \cdot C_{12}H_8O \cdot CH_2 \cdot CH{-}CO$ — Betaine $C_{19}H_{23}O_4N$

$(CH_3)_3N{-}O$

$\downarrow KOH$

$CH_3O \cdot C_{12}H_8O \cdot CH:CH \cdot COOH$ — Unsaturated acid $C_{16}H_{14}O_4$

$\downarrow KMnO_4(3\ O)$

$CH_3O \cdot C_{12}H_8O \cdot CHO$ — Aldehyde $C_{14}H_{12}O_3$

$\downarrow KMnO_4(1\ O)$

$CH_3O \cdot C_{12}H_8O \cdot COOH$ — Acid $C_{14}H_{12}O_4$

It is evident that the unidentified residue — $C_{12}H_8O$ — corresponds to the monohydric phenol $C_{13}H_{12}O_2$ obtained as a product of mild alkaline fusion of thyronine; reasons have already been given for the supposition that this phenol contains two benzene rings. The inertness of the oxygen atom in the residue — $C_{12}H_8O$ — suggests that it may form an ether linkage in which case the probable structure of this residue would be:

That such is indeed the case is proved as follows. Condensation of *p*-bromoanisole with potassium *p*-cresoxide by ULLMANN's method yields *p*-methoxyphenoxytoluene; on demethylation this gives *p*-hydroxyphenoxytoluene identical with the phenol $C_{13}H_{12}O_2$:

$CH_3O\langle\ \rangle Br + KO\langle\ \rangle CH_3$

$\downarrow$

$CH_3O\langle\ \rangle O\langle\ \rangle CH_3$

$\downarrow$

$HO\langle\ \rangle O\langle\ \rangle CH_3$

Similarly condensation of *p*-bromoanisole with potassium phenoxide yields *p*-methoxyphenoxybenzene, from which *p*-methoxyphenoxybenzaldehyde (I) can be prepared by GATTERMANN's synthesis; this aldehyde is identical with that obtained in the course of the oxidative degradation of methylated thyronine described above, and from it can be prepared by standard methods the acid $C_{14}H_{12}O_4$ (II), the unsaturated acid $C_{16}H_{14}O_4$ (III) and thyronine itself (IV).

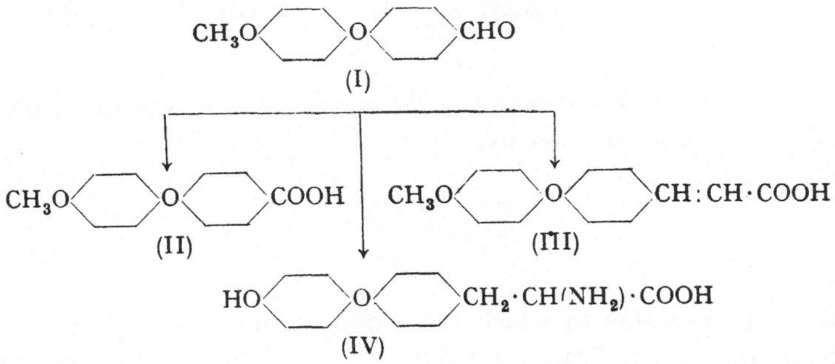

$$CH_3O\langle\rangle O\langle\rangle CHO$$
(I)

$$CH_3O\langle\rangle O\langle\rangle COOH \qquad CH_3O\langle\rangle O\langle\rangle CH:CH\cdot COOH$$
(II) (III)

$$HO\langle\rangle O\langle\rangle CH_2\cdot CH(NH_2)\cdot COOH$$
(IV)

The acid (II) can also be obtained by oxidation of *p*-methoxyphenoxy-toluene (see above).

Orientation of iodine atoms in thyroxine. Thyronine is thus the *p*-hydroxyphenyl ether of tyrosine and thyroxine is a tetraiodo substitution product thereof. Indications of the probable positions occupied by the iodine atoms are given by the following observations. (*a*) The nitrous acid colour reaction described above is, as already mentioned, characteristic of the *o*-diiodophenolic grouping; it follows that there are almost certainly two iodine atoms adjacent to the phenolic group of thyronine. (*b*) Alkaline fusion of thyroxine gives (impure) products which exhibit colour reactions of the pyrogallol type, such as would be expected from alkaline fusion of an *o*-diiodophenol; on the other hand if all the iodine atoms were in the ring which bears the phenolic group it would be expected that alkaline fusion of thyroxine should yield *p*-hydroxybenzoic acid; no trace of this is in fact formed so that it is likely that the second pair of iodine atoms is in the ring which carries the amino-acid side chain. (*c*) Consideration of the probable mode of biological synthesis of thyroxine leads to the supposition that it is likely to arise from diiodotyrosine as follows:

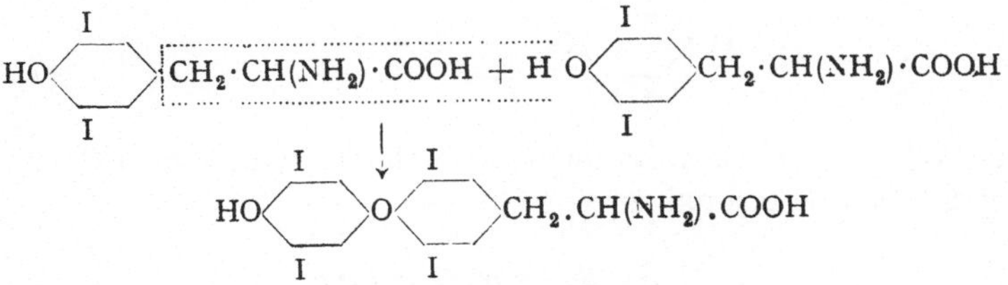

$$HO\langle\rangle CH_2\cdot CH(NH_2)\cdot COOH + H\ O\langle\rangle CH_2\cdot CH(NH_2)\cdot COOH$$

$$HO\langle\rangle O\langle\rangle CH_2.CH(NH_2).COOH$$

Now application of the reactions of exhaustive methylation followed by oxidation, as described above in the case of thyronine, to thyroxine itself leads to an acid $C_{14}H_8O_4I_4$ which, if the suggested constitution of thyroxine be correct, should be 3 : 5-diiodo-4-[3′ : 5′-diiodo-(4′-methoxy)-phenoxy]benzoic acid (V):

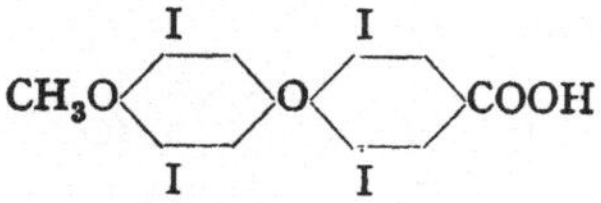

$$CH_3O\langle\ \rangle O\langle\ \rangle COOH \qquad (V)$$

The test of this supposition by synthesis involves the primary difficulty of synthesising phenyl ethers of the general type

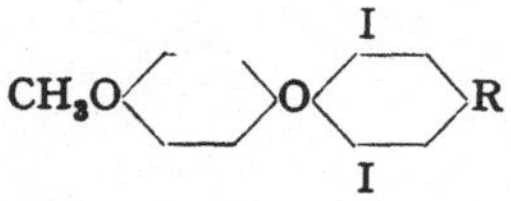

$$CH_3O\langle\ \rangle O\langle\ \rangle R$$

to the preparation of which the ordinary methods of phenyl ether synthesis are not applicable. Fortunately this difficulty can be surmounted by utilising the preferential activation of the 4-iodine atom in 3 : 4 : 5-triiodonitrobenzene; thus if the latter is boiled in methylethyl ketone solution with *p*-methoxyphenol and anhydrous potassium carbonate a good yield is obtained of 3 : 5-diiodo-4-(4′-methoxy)phenoxynitrobenzene (VI):

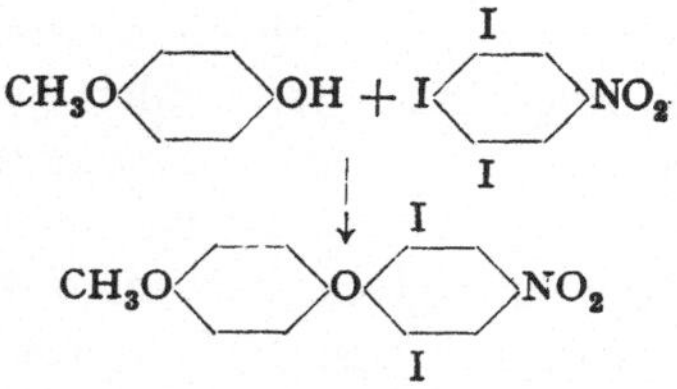

$$CH_3O\langle\ \rangle OH + I\langle\ \rangle NO_2$$
$$\downarrow$$
$$CH_3O\langle\ \rangle O\langle\ \rangle NO_2 \qquad (VI)$$

In the latter compound the nitro group can be exchanged in turn for the amino, cyano and carboxyl groups, and the acid (VII) so formed,

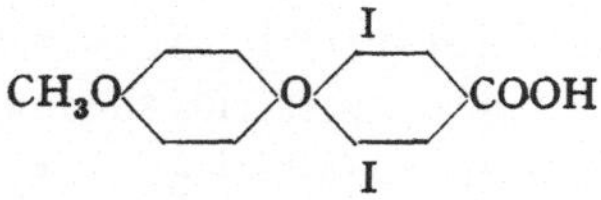

$$CH_3O\langle\ \rangle O\langle\ \rangle COOH \qquad (VII)$$

on demethylation followed by iodination, gives the tetraiodo-acid (VIII):

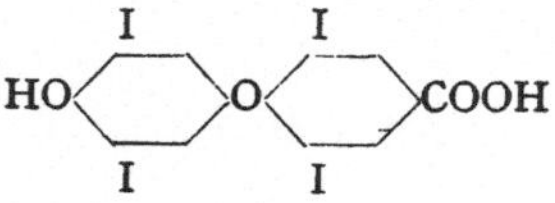

$$HO\langle\ \rangle O\langle\ \rangle COOH \qquad (VIII)$$

the methyl ether of which is identical with the compound (V) obtained by degradation of thyroxine.

C. Synthesis of thyroxine.

The synthesis of thyroxine itself [Harington and Barger (*26*)], follows the lines indicated in the preceding section as far as the nitrile (IX); this is then converted into the aldehyde (X) which is condensed with hippuric acid to yield in turn the azlactone and the benzamidocinnamic acid (XI):

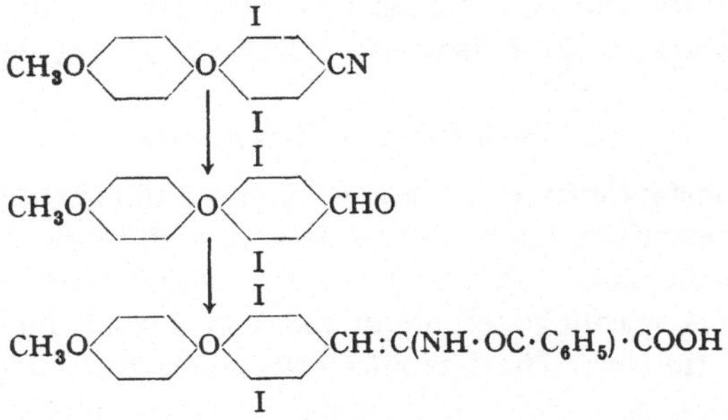

$$CH_3O\text{—}O\text{—}CN \qquad (IX)$$

$$\downarrow$$

$$CH_3O\text{—}O\text{—}CHO \qquad (X)$$

$$\downarrow$$

$$CH_3O\text{—}O\text{—}CH:C(NH\cdot OC\cdot C_6H_5)\cdot COOH \quad (XI)$$

At this stage the usual ERLENMEYER synthesis has to be modified since the reducing agents commonly employed would eliminate iodine from the molecule; the compound (XI) is therefore boiled with hydriodic acid, acetic anhydride and red phosphorus [cf. HARINGTON and McCARTNEY (27)] which effects simultaneous demethylation, debenzoylation and reduction of the double bond, with formation of the amino-acid (XII); the latter (3 : 5-diiodothyronine) is finally iodinated with iodine in ammoniacal solution, when it takes up two atoms of iodine to give the compound (XIII) chemically and physiologically indistinguishable from thyroxine isolated from the thyroid gland:

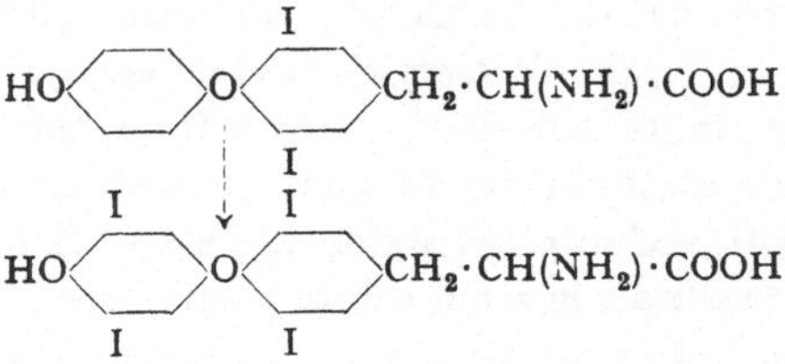

$$HO\text{—}O\text{—}CH_2\cdot CH(NH_2)\cdot COOH \qquad (XII)$$

$$\downarrow$$

$$HO\text{—}O\text{—}CH_2\cdot CH(NH_2)\cdot COOH \qquad (XIII)$$

D. Resolution of thyroxine.

As already pointed out thyroxine isolated from the thyroid by chemical methods is optically inactive owing to racemisation induced by the alkaline hydrolysis; the later isolation of thyroxine by enzymic digestion of thyroglobulin (see below) has however shown that the naturally occurring substance has $[\alpha]_{5461} - 3.5°$. The artificial resolution of racemic thyroxine has been effected as follows [HARINGTON (28)]. Formyl dl-3 : 5-diiodothyronine is converted into the salt with l-α-phenylethylamine; the insolubility of the salts is so high that the more soluble fraction is more easily purified and after crystallisation to constant rotation has $[\alpha]_{5461} + 23.8°$ in 50% alcohol; from this salt can be obtained in turn: formyl-l-diiodothyronine, $[\alpha]_{5461} + 27.8°$ in alcohol, l-diiodothyronine, $[\alpha]_{5461} - 1.3°$ in concentrated aqueous ammonia and l-thyroxine, $[\alpha]_{5461} - 3.2°$ in alkaline aqueous alcohol; the latter compound is therefore identical with natural thyroxine as it occurs in the thyroid gland.

The d-isomeride can be obtained in a precisely similar manner using d-α-phenylethylamine. Both isomerides have m. p. 235–236° (decomp.).

E. Derivatives of dl-thyroxine.

Thyroxine methyl ester hydrochloride [ASHLEY and HARINGTON (29,30)] is prepared by esterification of thyroxine with methyl alcohol and hydrogen chloride in the usual manner; it forms colourless needles, m. p. 221,5° (decomp.) and is sparingly soluble in water or alcohol but more readily in mixtures of the two. The free *ester* crystallises from dilute alcohol as colourless needles, m. p. 156°; it is soluble in alcohol but not in the other common organic solvents or in water.

Thyroxamine $HO\text{—}C_6H_2I_2\text{—}O\text{—}C_6H_3I\text{—}CH_2 \cdot CH_2NH_2$ cannot be prepared by direct decarboxylation of thyroxine; 3 : 5-diiodothyronine can however readily be decarboxylated to give 3 : 5-diiodothyronamine, which, on iodination, yields thyroxamine, m. p. 207° (decomp.). The base is very sparingly soluble in all solvents; it forms a *chloroacetate*, m. p. 152°, which is fairly soluble in warm water.

Acetyl derivatives. (a) *Diacetylthyroxine ethyl ester.* This is obtained by the action of excess of acetic anhydride on an alcoholic solution of the disodium salt of thyroxine; it crystallises from dilute alcohol in colourless needles, m. p. 216–217°; (b) *N-acetylthyroxine methyl ester*, colourless plates from benzene, m. p. 208–209°, results from the action of acetyl chloride on thyroxine methyl ester in anisole solution; on hydrolysis at room temperature with sodium hydroxide it yields (c) *N-acetylthyroxine*, m. p. 215°, after crystallisation from dilute acetic acid.

N-Lactylthyroxine has m. p. 192–200°; it is prepared through the stage of acetyllactylthyroxine methyl ester.

N-Chloroacetylthyroxine methyl ester, from thyroxine methyl ester and chloroacetyl chloride, forms prisms from benzene, m. p. 156–160°, and yields on hydrolysis *N-chloroacetylthyroxine*, m. p. 201–203°.

N-Bromopropionylthyroxine methyl ester, prismatic needles from benzene, m. p. 199–200°, gives similarly *N-bromopropionylthyroxine*, m. p. 193–194°.

Glycylthyroxine and *dl-alanylthyroxine*, result from the action of 25% aqueous ammonia at 100° on *N*-chloroacetylthyroxine and *N*-bromopropionylthyroxine respectively; both peptides form colourless microcrystalline powders melting at about 200°, and both are almost as insoluble in water as thyroxine itself.

Ketonic acid analogous with thyroxine [CANZANELLI, GUILD, and HARINGTON (*31*)]. If the azlactone obtained by condensation of 3 : 5-diiodo-4-(4'methoxy)phenoxybenzaldehyde with acetylglycine is warmed with 30% aqueous potassium hydroxide there is obtained 3 : 5-diiodo-4-(4'-methoxy)phenoxyphenylpyruvic acid; this, on demethylation and subsequent iodination, yields the ketonic acid corresponding to thyroxine, m. p. 173°, which has about $^1/_4$ of the physiological activity of thyroxine itself.

Analogues of thyroxine. The following analogues of thyroxine in which the halogen atoms are varied have been prepared by the general method of synthesis outlined above [SCHUEGRAF (*32*); cf. also HARINGTON and McCARTNEY (*33*)].

3:5-Diiodo-3':5'-dibromothyronine, m. p. 245–246° (decomp.).
3:5-Diiodo-3':5'-dichlorothyronine, m. p. 262° (decomp.).
3:5:3':5'-Tetrabromothyronine, m. p. 241–242° (decomp.).
3:5-Dibromo-3':5'-diiodothyronine, m. p. 229° (decomp.).
3:5-Dichloro-3':5'-diiodothyronine, m. p. 229° (decomp.).
3:5-Dichloro-3':5'-dibromothyronine, m. p. 240° (decomp.).
3:5:3':5'-Tetrachlorothyronine, m. p. 231° (decomp.).

All these compounds have physical properties very similar to those of thyroxine itself.

Chemistry of diiodotyrosine.

Natural 3:5-diiodotyrosine as it occurs in thyroglobulin and other natural iodoproteins crystallises from 50% acetic acid or better from water in prismatic needles having m. p. 195° to 210° according to the rate of heating and $[\alpha]_D + 2,9°$ in 4% hydrochloric acid [ABDERHALDEN and GUGGENHEIM (*34*)]. It gives the ninhydrin reaction and the nitrous acid reaction described above for thyroxine (p. 112) but with a more brownishred tint.

The apparent dissociation constants of diiodotyrosine at 25° are: K'_{a_1} 3,32 × 10⁻⁷; K'_{a_2} 1,51 × 10⁻⁸; K'_b 1,32 × 10⁻¹² [DALTON, KIRK and SCHMIDT (*35*)] and its isoelectric point is at pH 4,3; it is thus a much stronger acid than tyrosine (isoelectric point pH 5,6).

The solubility of diiodotyrosine in water is, somewhat surprisingly, greater than that of tyrosine itself [WINNEK and SCHMIDT (*36*)]. Towards alkalis diiodotyrosine is fairly stable (it was first isolated by hydrolysis of natural iodo-proteins with concentrated barium hydroxide); towards acids it is much less stable, and the iodine is eliminated with particular ease by nitric acid especially in presence of silver nitrate. Catalytic deiodination with hydrogen and palladised calcium carbonate-converts diiodotyrosine quantitatively into tyrosine.

Diiodotyrosine is precipitated from its aqueous solution by phosphotungstic acid (incompletely), by basic lead acetate and by silver salts at slightly alkaline reaction; it is readily extracted from aqueous solution by means of butyl alcohol.

Diiodotyrosine may be prepared synthetically by iodination of tyrosine either by adding solid iodine to a solution of tyrosine in sodium hydroxide [WHEELER and JAMIESON (*37*), ABDERHALDEN and GUGGENHEIM (*34*)] or by treating a solution of tyrosine in concentrated aqueous ammonia with iodine in potassium iodide [HARINGTON (*28*)].

The following derivatives of natural diiodotyrosine have been described [ABDERHALDEN and GUGGENHEIM (*34*)].

Diiodotyrosine methyl ester hydrochloride, prepared by esterifying diiodotyrosine in the usual way with methyl alcohol and hydrogen chloride, forms colourless needles from methyl alcohol-ether, m. p. 210,9° (corr.). The *methyl ester* crystallises from alcohol in glistening platelets, m. p. 192° (corr.).

N-Chloroacetyldiiodotyrosine methyl ester, obtained from the above ester with chloroacetyl chloride in chloroform solution, crystallises from benzene in prismatic needles, m. p. 149° (corr.); on hydrolysis with sodium hydroxide it gives *N-chloroacetyldiiodotyrosine*, m. p. 221° (corr.).

Glycyldiiodotyrosine, formed by the action of ammonia on *N*-chloroacetyldiiodotyrosine or by iodination of glycyltyrosine, separates in prismatic needles on evaporation of its solution in ammonia, m. p. 232° (corr.), $[\alpha]_D + 51,32°$ in 25% ammonia solution; it forms a *methyl ester hydrochloride*, m. p. 185° and a *methyl ester*, m. p. 156,5°.

Relationship of chemical structure to physiological action in the thyroxine series.

A few facts are now available which have a bearing on the question of the structural features of the molecule of thyroxine which determine its specific physiological activity [cf. GADDUM (*38*)].

The most striking chemical features of thyroxine are its possession of the *o*-diiodophenolic grouping and of the phenylether linkage. Neither of these alone however is sufficient to confer thyroxine-like activity on a compound. Diiodotyrosine which contains the *o*-diiodophenolic grouping is generally agreed to be inactive and even α-amino-β-di(3:5-diiodo-4-hydroxyphenyl)propionic acid [HARINGTON and MCCARTNEY (*33*)], a compound isomeric with thyroxine and in which the *o*-diiodophenolic grouping occurs twice, is entirely devoid of activity. On the other hand thyronine, containing the phenylether linkage but no iodine, is equally inactive.

Elimination of the carboxyl group of thyroxine, as in thyroxamine, abolishes activity, which suggests that the aminopropionic side chain may be necessary; on the other hand activity persists in *N*-acylated derivatives and peptides of thyroxine and in the analogous ketonic acid; the activity of the latter is probably no more than an instance of the well known potential interchange of amino- and keto-acids in the animal body.

The full complement of iodine is not required for the development of physiological activity qualitatively similar to that of thyroxine; thus 3:5-diiodothyronine possesses about $^1/_{50}$ of the activity of thyroxine, and, owing to its favourable physical properties which facilitate absorption and to the absence of any toxic effects following its use, it has met with some success as a therapeutic substitute for thyroxine itself [ANDERSON, HARINGTON and LYON (39)].

An unexpected observation is that iodine can be entirely replaced by another halogen in the molecule of thyroxine without total loss of physiological activity; thus 3:5:3':5'-tetrabromothyronine, the bromo-analogue of thyroxine, exhibits the characteristic physiological action of the latter, although in very much lower degree.

It will be seen that in this as in other fields the attempt to relate chemical constitution to physiological action has not hitherto met with any great success. All that can be said with certainty at present is that obligatory requirements for the development of thyroxine-like activity are the presence of the thyronine nucleus and the substitution of this nucleus with halogen atoms in the 3:5-positions:

$$\text{Halogen}$$
$$\text{HO}\langle\ \rangle\text{O}\langle\ \rangle\text{CH}_2\cdot\text{CH(NH}_2)\cdot\text{COOH}$$
$$\text{Halogen}$$

Configurative relationship of thyroxine to tyrosine.

It has already been suggested that the probable mode of biological formation of thyroxine is from tyrosine through the stage of diiodotyrosine; direct evidence that this is actually the route followed is lacking but the compatibility of the hypothesis with the chemistry of the compounds involved has been proved by the demonstration of the configurative relationship of thyroxine with tyrosine [CANZANELLI, HARINGTON and RANDALL (40)].

If *N*-benzoyl-*l*-tyrosine ethyl ester is condensed with 3:4:5-triiodonitrobenzene by boiling in methylethylketone solution with anhydrous potassium carbonate, there is obtained ethyl α-benzamido-β-[4-(2':6'-diiodo-4'-nitrophenoxy)phenyl]-propionate (XIV); this can be hydrolysed to the free acid which in turn is reduced to the amino-compound (XV); catalytic deiodination of (XV) yields the acid (XVI) which on diazotisation and boiling gives N-benzoylthyronine; the thyronine (XVII) obtained by hydrolysis of the latter has $[\alpha]_{5461} + 13.3°$; conversely, catalytic deiodination of natural thyroxine $([\alpha]_{5461} - 3.5°)$ yields thyronine having $[\alpha]_{5461} + 12.2°$. It is clear therefore, since none of the reactions described involves the chance of a WALDEN inversion, that *natural tyrosine and natural thyroxine are configuratively related.*

$$NO_2\!\!\!\left\langle\!\!\bigcirc\!\!\right\rangle\!\!I + HO\!\!\left\langle\!\!\bigcirc\!\!\right\rangle\!\!CH_2\cdot CH(NH\cdot OC\cdot C_6H_5)\cdot COOC_2H_5$$

$$NO_2\!\!\left\langle\!\!\bigcirc\!\!\right\rangle\!\!O\!\!\left\langle\!\!\bigcirc\!\!\right\rangle\!\!CH_2\cdot CH(NH\cdot OC\cdot C_6H_5)\cdot COOC_2H_5 \qquad (XIV)$$

Hydrolysis | Reduction

$$NH_2\!\!\left\langle\!\!\bigcirc\!\!\right\rangle\!\!O\!\!\left\langle\!\!\bigcirc\!\!\right\rangle\!\!CH_2\cdot CH(NH\cdot OC\cdot C_6H_5)\cdot COOH \qquad (XV)$$

$$H_2 \mid Pd\text{---}CaCO_3$$

$$NH_2\!\!\left\langle\!\!\bigcirc\!\!\right\rangle\!\!O\!\!\left\langle\!\!\bigcirc\!\!\right\rangle\!\!CH_2\cdot CH(NH\cdot OC\cdot C_6H_5)\cdot COOH \qquad (XVI)$$

Diazotisation | Hydrolysis

$$HO\!\!\left\langle\!\!\bigcirc\!\!\right\rangle\!\!O\!\!\left\langle\!\!\bigcirc\!\!\right\rangle\!\!CH_2\cdot CH(NH_2)\cdot COOH \qquad (XVII)$$

$$H_2 \mid Pd\text{---}CaCO_3$$

$$HO\!\!\left\langle\!\!\bigcirc\!\!\right\rangle\!\!O\!\!\left\langle\!\!\bigcirc\!\!\right\rangle\!\!CH_2\cdot CH(NH_2)\cdot COOH$$

Mode of combination of thyroxine and diiodotyrosine in the thyroid.

From the facts that thyroxine and diiodotyrosine are amino-acids which can only be isolated from the thyroid after drastic hydrolysis it may appear fairly obvious that they must exist in the thyroid protein as constituent amino-acids. The matter is placed beyond doubt however by the observations to be described in this section.

Reference has already been made to fruitless attempts by the earlier workers to isolate the physiologically active iodine-containing constituent of the thyroid by enzymic degradation of the gland material. A renewal of this type of experiment in recent years has however met with more success [HARINGTON and SALTER (9)].

Thyroglobulin is somewhat resistant to attack by proteolytic enzymes and prolonged exposure either to the acid conditions of peptic digestion or the alkaline conditions which are optimal for the action of trypsin is accompanied by more or less elimination of iodine in the ionic form. If however large amounts of highly active enzyme preparations are used and the time of the experiment is reduced to a minimum it is possible to effect far-reaching degradation of the thyroglobulin molecule without simultaneous destruction of all the iodine compounds.

Table 5. Course of purification of degradation products of thyroglobulin.

Yields and atomic nitrogen: iodine ratios at various stages.

Starting material	Peptic product	After trypsin and ether	After baryta	After acetone-alcohol purification
A. Thyroglobulin 2,17 g. iodine	0,95 g. iodine N:I 49	0,2 g. iodine N:I 3,4	—	—
B. Thyroglobulin 1,455 g. iodine	0,88 g. iodine N:I 57	0,34 g. iodine N:I 6,3	0,071 g. iodine N:I 1,8	—
C. Thyroglobulin 1,81 g. iodine	0,91 g. iodine N:I 60	0,30 g. iodine N:I 5,3	0,068 g. iodine N:I 2,5	—
D. Thyroglobulin 4,65 g. iodine	Not analysed	0,85 g. iodine N:I 4,4	0,42 g. iodine N:I 1,9	0,145 g. iodine N:I 1,0
E. Desiccated thyroid 3,34 g. iodine	1,44 g. iodine N:I 55	0,65 g. iodine N:I 4,2	0,4 g. iodine N:I 1,0	0,17 g. iodine N:I 0,8
F. Desiccated thyroid 3,77 g. iodine	1,78 g. iodine N:I 76	1,07 g. iodine N:I 6,0	0,57 g. iodine N:I 1,3	0,25 g. iodine N:I 1,15
G. Thyroglobulin 11,3 g. iodine	4,8 g. iodine N:I 57	(a) 1,15 g. iodine N:I 5,6 (b) 0,78 g. iodine N:I 6,5	(a) 0,47 g. iodine N:I 1,9 (b) 0,31 g. iodine N:I 2,8	0,32 g. iodine N:I 1,1
H. Thyroglobulin 11,0 g. iodine	8,2 g. iodine N:I 109	1,7 g. iodine N:I 11,4	0,9 g. iodine N:I 2,2	(After 2nd trypsin) (a) 0,22 g. iodine N:I 0,98 (b) 0,45 g. iodine N:I 1,1
K. Thyroglobulin 2,06 g. iodine	No pepsin	0,2 g. iodine N:I 4,3	0,075 g. iodine N:I 1,3	0,028 g. iodine N:I 0,6
L. Thyroglobulin 12,6 g. iodine	No pepsin	2,4 g. iodine N:I 4,1	1,5 g. iodine N:I 1,0	0,63 g. iodine N:I 0,6

When thyroglobulin (or whole defatted thyroid gland) is digested intensively with pepsin most of the protein rapidly passes into solution; if, after 48 hours, the reaction of the mixture is brought to p_H 5,0 a precipitate is formed which contains most of the thyroxine; re-digestion of this precipitate with trypsin followed by re-precipitation at p_H 5,0 gives an insoluble fraction containing about 15% of iodine. Further purification of this product can be effected as follows: treatment of its solution in a large volume of dilute aqueous ammonia with barium hydroxide to 5% final concentration precipitates a large proportion of pigmented impurities of low iodine content, and the material recovered by acidification of the mother liquor to p_H 5,0 has an iodine content of 30–40%; if the latter substance is dissolved in 80% alcohol containing sodium hydroxide and the solution is acidified with acetic acid and diluted with acetone, further pigmented impurities are precipitated; dilution of the mother liquor with water then gives a precipitate containing about 45% iodine and 5% nitrogen. Repeated fractionations of this product from dilute alkali carbonate and dilute pyridine solutions finally lead to the isolation of a small amount of crystalline thyroxine, which is optically active, having $[\alpha]_{5461} - 3,5°$

In order to make full use of the results of this series of observations it is necessary to consider briefly the analytical findings in the course of the enzymic digestion and subsequent purification.

Table 5 (p. 123) shows the yields and atomic nitrogen: iodine ratios of the fractions obtained at the various stages in ten successive preparations; it will be seen that except for preparation H, in which the peptic digestion was peculiarly inefficient, the results show a remarkable degree of constancy.

Since thyroxine contains four iodine atoms the nitrogen: iodine ratios when multiplied by 4 give the nitrogen: thyroxine ratios; thus it can be deduced that the product of tryptic digestion has the approximate composition of a peptide of thyroxine with nineteen other amino-acids; after purification with baryta the product gives figures approximately correct for a heptapeptide and after the final acetone-alcohol purification for a tri- or tetra-peptide containing thyroxine.

The more important analytical results however are contained in Table 6 and particularly in the last column of this Table.

Table 6. Detailed analysis of partly purified digestion products.

Material	Iodine %	Total nitrogen %	Amino-nitrogen %	Amino-nitrogen / thyroxine
Preparation H. After baryta purification	30,2	7,42	0,97	1,2
(a) Preparation H. After acetone purification	45,3	4,92	1,26	1,01
(b) Ditto	42,0	5,2	1,01	0,88
Preparation K. After baryta purification	38,1	4,8	1,3	1,3
Preparation K. After acetone purification	49,8	3,4	1,34	0,97

The figures represent determinations of the ratio of free amino-nitrogen to thyroxine in the more highly purified products, and it will be seen that this ratio is close to unity, the slight deviations therefrom being no more than can reasonably be accounted for by the error of the determination with such small amounts of material. Such an analytical result is consistent with the supposition that the material is either a thyroxine-containing peptide or a mixture of thyroxine with such a peptide; it could not be obtained from a mixture of thyroxine with non-thyroxine-containing peptides. In further support of this hypothesis is the fact that acid hydrolysis of the digestion product containing 40–50% of iodine converts the whole of the nitrogen into the amino condition.

There remains therefore little doubt that thyroxine is present in the thyroid as a *constituent amino-acid of thyroglobulin*, and in view of the subsequent isolation of diiodotyrosine (also in the optically active form) from thyroglobulin [HARINGTON and RANDALL (*41*)] the same conclusion applies to this compound.

Quite recently further evidence has been forthcoming from an entirely different type of observation. It has been shown by CLUTTON, HARINGTON and YUILL (*42*) that it is possible to form artificial thyroxine-protein complexes by coupling the azide of N-carbobenzyloxy-3:5-diiodothyronine with proteins in alkaline solution, and subsequently iodinating the product formed. In the final substance N-carbobenzyloxythyroxyl residues are attached to the amino groups of the original protein whilst the tyrosyl groups of the latter have been iodinated in the 3:5-positions.

If complexes of this sort are used as antigens, antisera are produced which react not only with the homologous antigens but also with natural thyroglobulin; moreover the latter reaction is specifically inhibited partly by thyroxine, partly by diiodotyrosine and completely by a mixture of the two. From this it is clear not only that the thyroxyl groups artificially introduced in peptide linkage into the protein used as antigen are acting as determinant ("hapten") groups but that entirely similar groups must be present in the molecule of natural thyroglobulin itself.

Quantitative relationship of thyroxine and diiodotyrosine in the thyroid.

Reasons have already been given for the conclusion that thyroxine and diiodotyrosine are the only organic iodine compounds which occur in the thyroid. The distribution of these compounds is of some interest since, whatever may be the nature of the actual active secretion produced by the gland in the body, in so far as the pure substances are concerned physiological activity is confined to thyroxine.

It will have been observed that the predominant character of that fraction of the degradation products of thyroglobulin from which thyroxine is obtained is its insolubility in water at acid reaction (pH 4,5–5,0); this remark applies both to alkaline and enzymic hydrolyses of thyroglobulin and the phenomenon becomes apparent at a very early stage in the process. Thus after mild alkaline hydrolysis with 10% baryta the whole of the thyroxine and of the residual physiological activity are already confined to the fraction insoluble at p_H 5,0. It appears therefore that a rapid estimate of the *amount of thyroxine in the thyroid* should be obtainable by determining the proportion of the total iodine which remains insoluble at p_H 4,5–5,0 after gentle alkaline hydrolysis.

The method of HARINGTON and RANDALL (43) for the chemical assay of thyroid gland is based on this principle. The material to be analysed is boiled for 4 hours with N sodium hydroxide during which process everything passes into solution; an aliquot portion of this solution is analysed for total iodine and the remainder is treated with dilute sulphuric acid until faintly acid to Congo red; after 24 hours the precipitate is filtered off and the residual iodine in the filtrate is determined; the difference between the two determinations is taken to represent the thyroxine iodine of the original material.

A series of analyses of different samples of thyroid gland with widely differing total iodine contents gave figures varying from about 30 to 60% for the proportion of iodine in the form of thyroxine, the average being 48%. Figures of a similar order are given by CAVETT, RICE and MAC-CLENDON (44), and CUNY and ROBERT (45) for normal thyroids; the proportion of the total iodine in the form of thyroxine is however, according to these authors, much reduced in thyroglobulin. from cases of colloid goitre.

The validity of the results obtained by the method of HARINGTON and RANDALL (43) is disputed by LELAND and FOSTER (46) who propose a modification in which, after preliminary alkaline hydrolysis, the thyroxine fraction is extracted from the alkaline solution by means of butyl alcohol; this method yields results which are considerably lower (about one half) of those given by the technique of HARINGTON and RANDALL.

The problem has been further examined by BLAU (47) who employs 8% Ba(OH)$_2$ as hydrolytic agent and extracts the thyroxine-iodine-containing fraction from acid solution with butyl alcohol; the figures for the thyroxine content of thyroid obtained by him are in closer accord with those of LELAND and FOSTER than with the results of HARINGTON and RANDALL.

It is impossible at the present time to decide which method gives the more accurate results; attention may be called to the fact, however, that the results recorded in Table 2 (p. 110), which are representative of many experiments on samples of (presumably normal) ox thyroid glands, give a figure (45%) for the proportion of iodine in the thyroxine fraction which is closely similar to the mean result (48%) recorded by HARINGTON and RANDALL (*43*). In the experiment recorded in Table 2 the greatest care was taken to effect quantitative separation of the thyroxine and diiodotyrosine fractions from one another.

In the view of the present author therefore the proper conclusion at present is that thyroxine accounts for 40–50% of the total iodine of normal thyroid gland; in·diseased conditions of the gland the proportion may be greatly altered, nearly always in the direction of a diminution of the thyroxine.

Nature of the active secretion of the thyroid.

The final question to be considered is the *nature of the real thyroid hormone*, that is to say the substance which is secreted by the gland under natural conditions and is effective on the peripheral bodily tissues.

Chemical observations have not hitherto proved of much assistance in answering this question. It seems scarcely possible to suppose that the active hormone is thyroglobulin itself since it is difficult to imagine how a protein molecule of this magnitude could obtain access to the sites in the cells where it must exercise its effect; moreover thyroglobulin is physiologically effective when given by mouth to the thyroidectomised animal; in such a case the protein must be broken down before absorption can take place and, in the absence of a thyroid gland, it is not possible to suppose that re-synthesis into thyroglobulin occurs after absorption.

On the other hand it appears equally unlikely that the circulating thyroid hormone is thyroxine. There can no longer be any doubt that whole thyroid gland exhibits a physiological activity greater than that which would be exercised by its maximum content of thyroxine in the isolated condition, whilst at the same time we know that even the mildest degradation of thyroglobulin effects immediate concentration of the physiological activity in the thyroxine-containing fraction.

There is a good deal of evidence [see especially SALTER, LERMAN and MEANS (*48*); MEANS, LERMAN and SALTER (*49*)] that the physiological activity of a given sample of thyroid is proportional to its content of total iodine rather than of thyroxine iodine; moreover highly purified digestion products of thyroglobulin, containing a large proportion of thyroxine still in peptide combination, but no diiodotyrosine, are stated to be no more active than amounts of thyroglobulin containing equivalent quantities of total iodine. The apparent deduction to be made from these observations is that mild degradation of thyroglobulin, such as is effected for instance by hydrolysis with dilute alkali, induces some change as the result of which proportionality ceases to exist between total iodine and physiological activity. Since the chemical events accompanying mild hydrolysis involve the separation of the diiodotyrosine fraction of the iodine in an inactive form from the thyroxine fraction the further deduction may be made that, in the original thyroglobulin, the diiodotyrosine makes some contribution to the physiological activity.

Experiments have been reported [SALTER (*50*), SALTER and PEARSON (*51*), SALTER and LERMAN (*52*)] purporting to show that subjection of the diiodotyrosine fraction of the products of partial hydrolysis of thyroglobulin to the so-called plastein resynthesis results in the formation of a physiologically active product; no thyroxine could however be isolated from this product and the observations have been severely criticised by FOSTER, PALMER and LELAND (*53*), who point out that SALTER's experiments probably consist in a concentration of residual traces of thyroxine peptides persisting in the so-called diiodotyrosine fraction. It is therefore unnecessary at present to confuse the situation still further with the hypothesis of the formation from diiodotyrosine of an active substance other than thyroxine.

In the view of the present writer a more acceptable explanation is afforded by the hypothesis that the active thyroid hormone, as it is secreted by the gland under natural conditions, and as it is liberated from thyroglobulin when the latter is administered, contains both thyroxine and diiodotyrosine; it may well be that in such a compound the intrinsic activity of thyroxine would be enhanced and that rupture of the linkage between the two iodine compounds (as for instance by mild alkaline hydrolysis) may leave a diminished residual activity confined to the more highly specific constituent, namely thyroxine.

It has to be admitted that direct evidence in support of this idea is lacking since no synthetic or natural derivative of thyroxine [with the possible exception of the product of proteolytic digestion of thyroglobulin described by THOMPSON, NADLER, THOMPSON and TAYLOR (*54*)] has been found which is more active than thyroxine itself; moreover the direct combination of thyroxine and diiodotyrosine in peptide linkage gives products which are less active than thyroxine (unpublished experiments of the author). In view however of the enormous variety of linkages involving other amino-acids through which thyroxine and diiodotyrosine may be joined in the molecule of thyroglobulin these negative observations have little or no value as evidence, and it can at least be said that the hypothesis outlined remains in accordance with all the known facts.

If the general correctness of the idea is assumed it is possible to form a connected picture of the chemical events in the body leading to the synthesis of the thyroid hormone. Remembering the strong affinity of the thyroid for iodine we may suppose that most of this element which finds its way into the bloodstream will be concentrated in the gland and that here it will first be introduced into the molecule of tyrosine to form

3:5-diiodotyrosine. The latter will then fulfil a dual role: part of it will be converted into thyroxine as schematically represented above, and part will be linked with the thyroxine so formed together with other amino-acids to form the true active principle of the gland. This active principle will then be built up into the molecule of thyroglobulin and stored as such in the form of the colloid, from which it may be subsequently released in accordance with the metabolic demands of the body.

I am indebted to Mrs. R. V. PITT RIVERS for valuable help in the preparation of this article.

References.

1. BUBNOW, N. A.: Beitrag zu der Untersuchung der chemischen Bestandteile der Schilddrüse des Menschen und des Rindes. Ztschr. physiol. Chem. 8, 1 (1884).

2. GOURLAY, F.: The proteids of the thyroid and the spleen. Journ. Physiol. 16, 23 (1894).

3. HUTCHISON, R.: The chemistry of the thyroid gland and the nature of its active constituent. Journ. Physiol. 20, 474 (1896).

4. — Further observations on the chemistry and actions of the thyroid gland. Journ. Physiol. 23, 178 (1898/99).

5. OSWALD, A.: Die Eiweißkörper der Schilddrüse. Ztschr. physiol. Chem. 27, 14 (1899).

6. — Über die Einwirkung des Trypsins auf 3:5-Dijod-*l*-tyrosin. Ztschr. physiol. Chem. 62, 432 (1909).

7. — Neue Beiträge zur Kenntnis der Bindung des Jods im Thyreoglobulin nebst einigen Bemerkungen über das Jodthyrin. I. Arch. exp. Pathol. Pharmakol. 60, 115 (1909).

8. — Neue Beiträge zur Kenntnis der Bindung des Jods im Thyreoglobulin nebst einigen Bemerkungen über das Jodthyrin. II. Arch. exp. Pathol. Pharmakol. 63, 263 (1910).

9. HARINGTON, C. R. and W. T. SALTER: The isolation of *l*-thyroxine from the thyroid gland by the action of proteolytic enzymes. Biochemical Journ. 24, 456 (1930).

10. HEIDELBERGER, M. and W. W. PALMER: The preparation and properties of thyroglobulin. Journ. biol. Chemistry 101, 433 (1933).

11. BARNES, B. O. and M. JONES: Thyroglobulin content of the thyroid gland. Amer. Journ. Physiol. 105, 556 (1933).

12. HEIDELBERGER, M. and K. O. PEDERSEN: The molecular weight and isoelectric point of thyroglobulin. Journ. gen. Physiol. 19, 95 (1935).

13. LUNDGREN, H. P.: Association and dissociation reactions of thyroglobulin. Nature (London) 138, 122 (1936).

14. ECKSTEIN, H. C.: The distribution of some of the more important amino-acids in the globulin of the thyroid. Journ. biol. Chemistry 67, 601 (1926).

15. CAVETT, J. W.: Thyroglobulin Studies II. The VAN SLYKE nitrogen distribution and tyrosine and tryptophane analyses for normal and goitrous human thyroglobulin. Journ. biol. Chemistry 114, 65 (1936).

16. WHITE, A.: Some analyses of thyroglobulin. Proceed. Soc. exp. Biol. (N. Y.) 32, 1558 (1935).

17. Marine, D. and H. O. Feiss: The absorption of potassium iodide by perfused thyroid glands and some factors modifying it. Journ. Pharmacol. exp. Therapeutics 7, 557 (1915).

18. Baumann, E.: Über das normale Vorkommen von Jod im Tierkörper. Ztschr. physiol. Chem. 21, 319 (1896).

19. — u. E. Roos: Über das normale Vorkommen des Jods im Tierkörper. Ztschr. physiol. Chem. 21, 481 (1896).

20. Drechsel, E.: Beiträge zur Chemie einiger Seetiere. Ztschr. Biol. 33, 85 (1895).

21. Kendall, E. C.: Isolation of the iodine compound which occurs in the thyroid. Journ. biol. Chemistry 39, 125 (1919).

22. Harington, C. R.: Chemistry of thyroxine. I. Isolation of thyroxine from the thyroid gland. Biochemical Journ. 20, 293 (1926).

23. — and S. S. Randall: Observations on the iodine-containing compounds of the thyroid gland. Isolation of dl-3:5-diiodotyrosine. Biochemical Journ. 23, 373 (1929).

24. Paal, H. u. G. Motz: Thyroxinjodbestimmung nach Behandlung mit Hydrazin. Biochem. Ztschr. 279, 106 (1935).

25. Harington, C. R.: Chemistry of thyroxine. II. Constitution and synthesis of desiodothyroxine. Biochemical Journ. 20, 300 (1926).

26. — and G. Barger: Chemistry of thyroxine. III. Constitution and synthesis of thyroxine. Biochemical Journ 21, 169 (1927).

27. — and W. McCartney: Synthesis of an isomeride of thyroxine and of related compounds. Biochemical Journ 21, 852 (1927).

28. — The resolution of dl-thyroxine. Biochemical Journ. 22, 1429 (1928).

29. Ashley, J. N. and C. R. Harington: Some derivatives of thyroxine. Biochemical Journ. 22, 1436 (1928).

30. — — Note on the acetyl derivatives of thyroxine. Biochemical Journ. 23, 1178 (1929).

31. Canzanelli, A., R. Guild, and C. R. Harington: Note on the ketonic acid analogous with thyroxine. Biochemical Journ. 29, 1617 (1935).

32. Schuegraf, K.: Halogensubstitutionsprodukte des Thyronins (Desjodthyroxins). Helv. chim. Acta 12, 405 (1929).

33. Harington, C. R. and W. McCartney: Synthesis of an isomeride of thyroxine, and of related compounds. Journ. chem. Soc. London 1929, 892.

34. Abderhalden, E. u. M. Guggenheim: Synthesen von Polypeptiden. XXIV. Derivate des 2,5-Dijod-l-tyrosins. Ber. Dtsch. chem. Ges. 41, 1237 (1908).

35. Dalton, J. B., P. L. Kirk, and C. L. A. Schmidt: The apparent dissociation constants of diiodotyrosine, its heat of solution, and its apparent heat of ionisation. Journ. biol. Chemistry 88, 589 (1930).

36. Winnek, S. and C. L. A. Schmidt: The solubilities of the l-dihalogenated tyrosines in ethanol-water mixtures and certain related data. Journ. gen. Physiol. 19, 773 (1936).

37. Wheeler, H. C. and G. S. Jamieson: Synthesis of iodogorgonic acid. Amer. chem. Journ. 33, 365 (1905):

38. Gaddum, J. H.: Quantitative observations on thyroxine and allied substances. I. The use of tadpoles. Journ. Physiol. 64, 246 (1927/28). — Quantitative observations on thyroxine and allied substances. II. Effects on the oxygen consumption of rats. Journ. Physiol. 68, 383 (1929/30).

39. Anderson, A. B., C. R. Harington and D. M. Lyon: Use of 3:5-diiodothyronine in treatment of myxoedema. Lancet II, 1081 (1933).

40. Canzanelli, A., C. R. Harington and S. S. Randall: The configurative relationship of thyroxine and tyrosine. Biochemical Journ. 28, 68 (1934).

41. HARINGTON, C. R. and S. S. RANDALL: The isolation of *d*-3:5-diiodotyrosine from the thyroid gland by the action of proteolytic enzymes. Biochemical Journ. **25**, 1032 (1931).

42. CLUTTON, R. F., C. R. HARINGTON and M. E. YUILL: Studies in synthetic immunochemistry. III. Preparation and antigenic properties of thyroxyl derivatives of proteins, and physiological effects of their antisera. Biochemical Journ. **32**, 1119 (1938).

43. HARINGTON, C. R. and S. S. RANDALL: The chemical assay of the thyroid gland. Quart. Journ. Pharmac. **2**, 501 (1929).

44. CAVETT, J. W., C. O. RICE, and J. F. McCLENDON: The thyroxine and iodine content of normal and goitrous thyroglobulin. Journ. biol. Chemistry **110**, 673 (1935).

45. CUNY, L. et J. ROBERT: Observations sur le dosage de l'iode thyroxinien dans la poudre de glande thyroïde. Journ. Pharmac. Chim. **18**, 233 (1933).

46. LELAND, J. and G. L. FOSTER: A method for the determination of thyroxine in the thyroid. Journ. biol. Chemistry **95**, 165 (1932).

47. BLAU, N. F.: Determination of thyroxine in thyroid substance. Journ. biol. Chemistry **110**, 351 (1935).

48. SALTER, W. T., J. LERMAN and J. H. MEANS: The calorigenic action of thyroxin polypeptide. Journ. clin. Invest. **12**, 327 (1933).

49. MEANS, J. H., J. LERMAN and W. T. SALTER: The role of thyroxin iodine and total organic iodine in the calorigenic action of the whole thyroid gland. Journ. clin. Invest. **12**, 683 (1933).

50. SALTER, W. T.: The relief of human myxoedema by an artificial protein. Journ. clin. Invest. **14**, 702 (1935).

51. — and O. H. PEARSON: Artificial protein relieving myxoedema. Journ. biol. Chemistry **112**, 579 (1935/36).

52. — and J. LERMAN: The response of human myxoedema to an artificial thyroid protein. Journ. clin. Invest. **15**, 468 (1936).

53. FOSTER, G. L., W. W. PALMER and J. LELAND: A comparison of the calorigenic potencies of *l*-thyroxine, *dl*-thyroxine and thyroid gland. Journ. biol. Chemistry **115**, 467 (1936).

54. THOMPSON, W. O., S. B. NADLER, P. K. THOMPSON and S. G. TAYLOR: A thyroid derivative with greater calorigenic activity than thyroxine. Journ. clin. Invest. **14**, 702 (1935).

(Received, September 25, 1938.)

The Structure and Synthesis of Vitamin C (Ascorbic Acid) and its Analogues.

By **E. L. HIRST**, Bristol (England).

Isolation of Ascorbic Acid.

The history of organic chemistry can contain few chapters more unexpected in their development than that concerned with the isolation and chemical investigation of Vitamin C. Although it had been discovered in the early part of the 17th. century that scurvy could be both prevented and cured by the use of lemon juice, no progress was possible in the examination of the nature of the antiscorbutic factor until work on Vitamins and other accessory food factors had progressed sufficiently far to permit of the separation of these factors into groups differing in chemical and physiological properties. In the present instance, the possibility of detailed chemical investigation followed the discovery of HOLST and FRÖHLICH (*1*) that the guinea-pig was susceptible to scurvy in the same way as man. Methods for the quantitative estimation of Vitamin C were then elaborated by CHICK and HUME (*2*) and investigations on the preparation of concentrates containing the Vitamin, with the object of isolating it and studying its chemical constitution, were undertaken by ZILVA (*3*). At each stage these required tedious and difficult biological assays of potency and in view of the intractable materials, subsequent work having revealed that lemon juice although of high Vitamin content is a particularly unsuitable source for its isolation, noteworthy progress was made in the elucidation of its chemical properties. After removal of citric acid and other materials the Vitamin was precipitated in the form a of complex with basic lead acetate and after removal of lead with hydrogen sulphide, the resulting solution gave, on concentration, products several hundred times more active antiscorbutically than the original lemon juice. Subsequent work has revealed that these products approximated very closely to the pure Vitamin inasmuch as daily doses of 0,5–1,0 mg. of these concentrates sufficed to protect guinea pigs against scurvy.

It appeared from these experiments that the active principle was a water-soluble organic substance, possibly a labile sugar derivative, highly susceptible to oxidation which proceeded readily in alkaline solution and slowly in acid solution. It contained no nitrogen and in molecular size it appeared to correspond to that of a hexose sugar (3). Nevertheless the highly potent concentrates from lemon juice could not be crystallised and were unsuitable for constitutional investigations. In addition, the whole problem was complicated by the discovery that physiologically active and strongly reducing solutions of the Vitamin retained immediately after oxidation the greater part of the antiscorbutic activity. Zilva (3a) was therefore inclined to take the view that the so-called reducing factor, which he found could be most specifically measured by use of phenol indophenol, was not necessarily identical with the true antiscorbutic agent, although closely associated with it.

The correctness of this view is now apparent since it has been found that the oxidised solutions contained the reversibly oxidised form of the Vitamin which has the full antiscorbutic activity of the original material. The investigations of Tillmans (4) were largely instrumental in solving this difficulty in that he obtained evidence pointing to the identity of Vitamin C with Zilva's reducing factor and suggested that the results could be explained on the assumption that the Vitamin was reversibly oxidisable and that the oxidation product retained full physiological activity. Experimental proof of this was soon forthcoming and at this stage the whole problem was revolutionised by the surprising discovery [Szent-Györgyi (5)] that a substance then named hexuronic acid, which had been described some four years earlier by Szent-Györgyi (6) possessed antiscorbutic activity and was possibly pure Vitamin C. This substance, which was subsequently renamed ascorbic acid by Haworth and Szent-Györgyi, had been isolated in the course of brilliant work of extreme difficulty on a subject–biological oxidation-reduction systems–which at the time was apparently unconnected with Vitamin C. The new substance was reversibly oxidisable and obviously played an important part in certain biological oxidations and reductions. Its chemical properties corresponded exactly with those of Vitamin C as elucidated by Zilva, and Tillmans independently suggested that the two substances might be identical. Since this article is concerned exclusively with the *chemistry* of ascorbic acid and its analogues, it is not feasible to deal fully with the evidence brought forward to show that ascorbic acid was in fact the pure Vitamin and it must suffice to refer (a) to the work of Svirbely and Szent-Györgyi (7) on the acetone derivative of ascorbic acid which itself is inactive but the ascorbic acid regenerated from it is fully active, (b) to the confirmation of Tillmans' hypothesis by Hirst and Zilva (8), who found that the primary oxidation product of ascorbic acid and the ascorbic acid regenerated by reduction of the latter both possessed the full activity of the original material, (c) to the investigations on the potency of samples of ascorbic acid from different sources and on the Vitamin C activity of various foodstuffs [TILLMANS (4), HARRIS and RAY (9)], and lastly (d) to the final and incontrovertible proof of identity given by the observation that synthetic ascorbic acid prepared from completely inactive substances has the same antiscorbutic power as that of the material isolated from natural sources [REICHSTEIN, GRÜSSNER and OPPENAUER (10), HAWORTH, HIRST and ZILVA (11)].

In the course of SZENT-GYÖRGYI's early work, *hexuronic acid* (ascorbic acid) had been isolated from adrenal cortex, from orange juice and from cabbage juice. In addition, it is widely distributed in small amount in many animal and vegetable products. Nevertheless, none of these sources is suitable, owing to experimental difficulties, for the preparation of the substance in quantity and this applies specially to lemon juice, in spite of its high content of Vitamin C, although WAUGH and KING (12) succeeded in obtaining from lemons a crystalline material which corresponded in properties with hexuronic acid. Later on SZENT-GYÖRGYI (13) discovered that the most potent natural source is Hungarian Paprika (*Capsicum annuum*), and it was from adrenal cortex and afterwards from paprika that he prepared the material used in Professor W. N. HAWORTH's laboratories in Birmingham for the determination of the chemical constitution of ascorbic acid. With the advent of convenient synthetic methods, ascorbic acid is now most readily obtained by synthesis and not from natural sources.

Chemical Properties and Constitution of Ascorbic Acid.

Natural l-ascorbic acid (I) (p. 136) crystallises in plates, m. p. 191°, $[\alpha]_D + 23°$ in water. The crystallographic properties are of special interest in that their investigation by Cox (14) showed that the molecules have the form of unusually thin plates. The shape and size of the molecule deduced by Cox from X-ray measurements played an important part in the elucidation of the constitutional formula, since in the early stages of the investigation all tentative structures which did not conform to the stringent crystallographic requirements could be summarily rejected. Ascorbic acid acts as a monobasic acid by virtue of the acidity of one of the enolic hydroxyl groups, giving rise to salts of the type $C_6H_7O_6M$. It is a powerful reducing agent and its oxidation can be carried out in two well-defined stages. For the first of these, at which the oxidation product is capable of being reduced quantitatively to ascorbic acid, one atomic proportion of oxygen is required and suitable reagents for the oxidation are iodine in acidified aqueous solution, phenol indophenol (or various derivatives of this substance) in acid solution, quinone or hydrogen peroxide with a suitable catalyst. The reversibly oxidised product, named dehydro-ascorbic acid, can be reduced by reagents such as hydrogen sulphide or hydriodic acid. On the other hand, if ascorbic acid is oxidised in alkaline solution, complex changes take place with formation of oxalic acid and other breakdown products. In particular, dilute aqueous solutions of $p_H > 5$ are extremely sensitive to oxidation by gaseous oxygen in the presence of minute traces of copper.

There are four hydroxyl groups in ascorbic acid, two of which are enolic in character and react rapidly with diazomethane, giving dimethyl ascorbic acid (m. p. 59° [hydrate]; $[\alpha]_D + 32°$ in methyl alcohol); absorption band at 2350 Å) (VI) (p. 138), whilst the other two are alcoholic in character and combine with acetone, independently of the enolic groups, so that both monoacetone ascorbic acid (XIX) (p. 143) and monoacetone dimethyl ascorbic acid are known [KARRER (*15*), MICHEEL (*16*)]. The enolic character is further revealed by the absorption spectrum of ascorbic acid which shows a very intense single band with head at 2450 Å (ε 10000) in acid solution. This type of band points to the presence of conjugated double bonds and an exact analogy for the behaviour of ascorbic acid is to be found in dihydroxy maleic acid which has a similar absorption spectrum and undergoes reversible oxidation by iodine in aqueous solution [HERBERT, HIRST, PERCIVAL, REYNOLDS and SMITH (*17*)].

$$
\begin{array}{ccc}
\mathrm{COOH} & & \mathrm{COOH} \\
| & & | \\
\mathrm{C-OH} & & \mathrm{CO} \\
\| & \rightleftarrows & | \\
\mathrm{C-OH} & & \mathrm{CO} \\
| & & | \\
\mathrm{COOH} & & \mathrm{COOH}
\end{array}
$$

Dihydroxy maleic
acid.

These observations, with further evidence provided by the action of phenylhydrazine, which gives an osazone derived from dehydro ascorbic acid (*16*, *17a*), point to the presence of the grouping

$$-\mathrm{C(OH)}{=}\mathrm{C(OH)}{-} \rightleftarrows -\mathrm{CO-CO-}$$

in the ascorbic acid molecule.

The transformation of ascorbic acid into furfural (*17*) showed that the molecule contained a straight and not a branched chain of carbon atoms but still further evidence was required before the correct structural formula could be ascertained, the chief difficulty being that at first the strong acidity of the substance seemed to demand the presence of a carboxyl group. Further study of the *oxidation products* showed that ascorbic acid does not, in fact, contain a carboxyl group and this enabled HIRST and his collaborators (*18*) to suggest for it the formula (I), detailed proof of the correctness of this structure following shortly afterwards (*17*).

The main outlines of the evidence on which structure (I) is founded are as follows.

When the primary oxidation product of ascorbic acid is further oxidised in alkaline solution by sodium hypoiodite, oxalic acid and l-threonic acid (IV) are produced quantitatively. The identity of the l-threonic acid was determined by its oxidation to d-tartaric acid [recognised as its characteristic crystalline derivative, dimethoxy d-succinamide (V)], and by its transformation after methylation and treatment with ammonia, into trimethyl l-threonamide (IVa) (p. 136). In this way it was proved that the primary oxidation product was capable of reacting as the salt of the diketo acid (III) (2 : 3-diketo-l-gulonic acid) and furthermore, the stereochemical relationship between l-ascorbic acid and l-gulose was established.

$$
\begin{array}{ccc}
\text{(I)} & \text{(II)} & \text{(III)} \\[2pt]
\begin{array}{l}
\text{CO}\!\!-\!\!\rceil \\
| \\
\text{HO}\!\!-\!\!\text{C} \\
\| \qquad \text{O} \\
\text{HO}\!\!-\!\!\text{C} \\
| \\
\text{H}\!\!-\!\!\text{C}\!\!-\!\!\rfloor \\
| \\
\text{HO}\!\!-\!\!\text{C}\!\!-\!\!\text{H} \\
| \\
\text{CH}_2\text{OH}
\end{array}
&
\begin{array}{l}
\text{CO}\!\!-\!\!\rceil \\
| \\
\text{CO} \\
| \qquad \text{O} \\
\text{CO} \\
| \\
\text{H}\!\!-\!\!\text{C}\!\!-\!\!\rfloor \\
| \\
\text{HO}\!\!-\!\!\text{C}\!\!-\!\!\text{H} \\
| \\
\text{CH}_2\text{OH}
\end{array}
&
\begin{array}{l}
\text{COOH} \\
| \\
\text{CO} \\
| \\
\text{CO} \\
| \\
\text{H}\!\!-\!\!\text{C}\!\!-\!\!\text{OH} \\
| \\
\text{HO}\!\!-\!\!\text{C}\!\!-\!\!\text{H} \\
| \\
\text{CH}_2\text{OH}
\end{array}
\end{array}
$$

(I). l-Ascorbic acid.   (II). Dehydro-l-ascorbic acid.   (III). 2 : 3-Diketo-l-gulonic acid.

(IV). l-Threonic acid:
$$
\begin{array}{l}
\text{COOH} \\
| \\
\text{H}\!\!-\!\!\text{C}\!\!-\!\!\text{OH} \\
| \\
\text{HO}\!\!-\!\!\text{C}\!\!-\!\!\text{H} \\
| \\
\text{CH}_2\text{OH}
\end{array}
$$

(IV). l-Threonic acid.

(Me = CH₃)

Oxalic acid:
$$
\begin{array}{l}
\text{COOH} \\
| \\
\text{COOH}
\end{array}
$$

$$
\begin{array}{ccc}
\begin{array}{l}
\text{COOMe} \\
| \\
\text{H}\!\!-\!\!\text{C}\!\!-\!\!\text{OMe} \\
| \\
\text{MeO}\!\!-\!\!\text{C}\!\!-\!\!\text{H} \\
| \\
\text{CH}_2\text{OMe}
\end{array}
& \rightarrow &
\begin{array}{l}
\text{CONH}_2 \\
| \\
\text{H}\!\!-\!\!\text{C}\!\!-\!\!\text{OMe} \\
| \\
\text{MeO}\!\!-\!\!\text{C}\!\!-\!\!\text{H} \\
| \\
\text{CH}_2\text{OMe} \\
\text{(IVa)}
\end{array}
\end{array}
$$

$$
\begin{array}{ccc}
\begin{array}{l}
\text{COOH} \\
| \\
\text{H}\!\!-\!\!\text{C}\!\!-\!\!\text{OH} \\
| \\
\text{HO}\!\!-\!\!\text{C}\!\!-\!\!\text{H} \\
| \\
\text{COOH}
\end{array}
& \rightarrow &
\begin{array}{l}
\text{CONH}_2 \\
| \\
\text{H}\!\!-\!\!\text{C}\!\!-\!\!\text{OMe} \\
| \\
\text{MeO}\!\!-\!\!\text{C}\!\!-\!\!\text{H} \\
| \\
\text{CONH}_2 \\
\text{(V)}
\end{array}
\end{array}
$$

The behaviour of dehydro-ascorbic acid in aqueous solution is complicated and examination of it at the precise moment of its formation revealed that this primary oxidation was not an acid at all, but was, in fact, the lactone (II), and it develops acidity only after opening of the lactone ring of (II), which takes place slowly when dehydro ascorbic acid is kept in aqueous solution. It appeared therefore that the acidic nature of ascorbic acid is not due to the presence of a carboxyl group, and the relationship between ascorbic acid and its reversible oxidation product was at once apparent, ascorbic acid being a lactone of the acid (III) in which the diketo group is replaced by the dienol group:

$$-C(OH)\!=\!C(OH)-.$$

The general features of the structure of ascorbic acid were now clear but two possibilities remained.

Inspection of the formula of diketo gulonic acid (III) shows that it is open to this acid to form either a γ- or a δ-lactone and according to which of the two is present in dehydro-ascorbic acid the ring system of ascorbic acid itself could be either of the furanose or pyranose type. The decision between these two possibilities and the allocation of the *five-membered ring* to ascorbic acid came about as the result of a study of the degradative oxidation of the tetramethyl derivative of ascorbic acid. It had already been shown by MICHEEL (*16*) that the dimethyl ether of ascorbic acid, in which only the two enolic groups are methylated, gave a di-p-nitro-benzoate and that the latter on treatment with ozone is transformed into a neutral ester which contains the same number of carbon atoms as the unoxidised substance. It followed, therefore, that the double bond attacked by ozone was situated in a ring. After hydrolysis of the neutral ester, the products were oxalic acid and l-threonic acid, and from these it is not possible to gain decisive evidence concerning the nature of the original ring system. If, however, a similar method of oxidative degradation be applied to the tetramethyl ether of ascorbic acid, the methoxyl groups formed by methylation of the alcoholic hydroxyls will remain stable to hydrolysis and the final products will be oxalic acid and a dimethyl l-threonic acid. If the position of the methyl groups in the latter substance can be ascertained, the nature of the ring system in ascorbic acid follows immediately.

It was found [HERBERT, HIRST, PERCIVAL, REYNOLDS and SMITH (*17*)] that dimethyl ascorbic acid (VI) (p. 138) readily yields the tetramethyl derivative (VII) by the action of silver oxide and methyl iodide and that by the action of ozone on (VII) the neutral ester (VIII) is produced. The neutral ester reacted with methyl alcoholic ammonia giving oxamide and the amide of a dimethyl l-threonic acid, with which a strong positive WEERMAN test was observed (formation of sodium cyanate, recognised as hydrazodicarbonamide after reaction with semicarbazide, when the amide was treated with sodium hypochlorite). In such instances a positive WEERMAN reaction is proof of the presence of a hydroxyl group in the x-position to the carbonamide group [for further details see AULT, HA-WORTH and HIRST (*19*)] and the amide therefore must be 3 : 4-dimethyl l-threonamide (IX) (p. 138). Now the free hydroxyl group in the degradation product must necessarily be the point of attachment of the lactone ring in the original ascorbic acid and reference to the accompanying formulae will show that the above observations provide unequivocal proof that ascorbic acid contains a γ-lactone ring and that its structure must be that shown in formula (I). *Vitamin C is therefore the enolic form of 2-keto-l-gulonolactone.* Reference to models shows that a molecule built up in accordance with this formula is almost flat and has dimensions in exact agreement with those demanded of the crystallographic and X-ray data. This structure provided a ready interpretation of the known chemical properties of ascorbic acid and is in full agreement with all the subsequent observations on its transformation products. For instance, it was shown by MICHEEL and KRAFT (20) that dimethyl ascorbic acid liberates formaldehyde on oxidation by lead tetra-acetate (CRIEGEE's reagent), the implication being that free hydroxyl groups must be present at $C_{(6)}$ and $C_{(5)}$ and that the lactone ring must engage the hydroxyl at $C_{(4)}$. Again, l-idonic acid has been observed amongst the reduction products of ascorbic acid [MICHEEL and KRAFT (20)], and the structure (I) accounts readily for the results obtained by OHLE and his collaborators (22) on the condensation products of ascorbic acid with substituted hydrazines and phenylene diamines. (See below.)

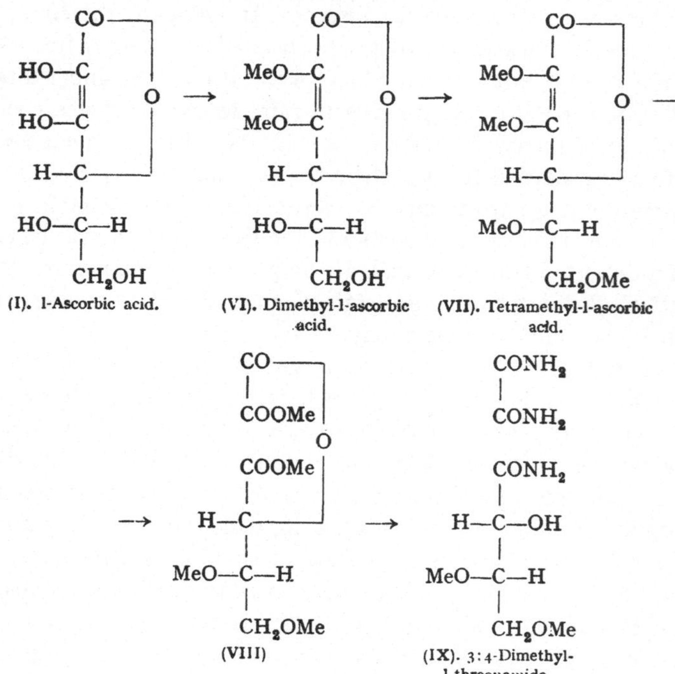

(I). l-Ascorbic acid.   (VI). Dimethyl-l-ascorbic acid.   (VII). Tetramethyl-l-ascorbic acid.

(VIII)   (IX). 3:4-Dimethyl-l-threonamide.

Perhaps the most surprising feature in connection with the structure shown in (I) is that the molecule contains a lactone ring which is quite exceptionally stable to alkali. This ring cannot be opened even by strong aqueous alkali. The sodium salt of ascorbic acid still retains the ring structure and the ionisable hydrogen of ascorbic acid is situated on an enolic hydroxyl group, probably that at $C_{(3)}$. For the marked acid character of this enolic group many analogies can be given, some of which will be referred to in the section on the synthesis of ascorbic acid, but the stability of the lactone ring appears to be novel and is apparently connected in some way with the special nature of the system of enolic groups and conjugated double bonds present in the ring. It is probable that this valency system, particularly when ionised, assumes a mesomeric form and it is significant in this connection that if the possibility of ionisation is eliminated and the activity of the enolic groups suppressed by methylation, as, for example, in 2 : 3-dimethyl ascorbic acid, the lactone ring then resumes its normal character and is readily opened by dilute alkali with formation of a salt of the corresponding carboxylic acid.

Dehydro-ascorbic acid.

The primary reversible oxidation product of ascorbic acid is formed in solution by gentle oxidation in neutral or acid media, for example, by use of iodine in aqueous solution, by cupric acetate, by phenol indophenol or by quinone. It appears to be formed as an intermediate stage in all degradative oxidations of ascorbic acid by reagents such as permanganate or alkaline hypoiodite. The ease of oxidation is dependent on the presence of the two enolic hydroxyl groups and if one of these, as in 3-methyl ascorbic acid, is protected, oxidation proceeds much more slowly. At the moment of formation, dehydro ascorbic acid ($[\alpha]_D + 56°$ in water) has the structure shown in (X) (p. 140), possibly hydrated in aqueous solution. It does not display selective absorption in the ultraviolet, possesses the full antiscorbutic activity of ascorbic acid and can be reduced to the latter substance by means of hydrogen sulphide or hydriodic acid (see *17*). When an aqueous solution of the dehydro body is kept, mutarotation accompanied by complex changes in the absorption spectrum takes place and, as mutarotation proceeds, the capacity of being reduced by hydrogen sulphide to ascorbic acid and the antiscorbutic activity are lost gradually and simultaneously. Under these conditions the main change taking place seems to be the opening of the lactone ring with formation of 2 : 3-diketogulonic acid (XI) (p. 140) and on evaporation of the solution with the appropriate amount of hydriodic acid reduction and lactonisation with regeneration of ascorbic acid can be effected. But it is obvious that even in acid solution more complicated changes are possible since the diketo acid can react in several ways as a ketose sugar possessing a ring structure. If solutions of dehydro-ascorbic acid

are rendered alkaline, large-scale and extremely rapid changes of rotation
are observed and no regeneration of ascorbic acid is then possible. Apparently far-reaching enolisations take place in alkaline solution and products are obtained which are essentially similar whether the starting
point is l-ascorbic acid or l-arabo-ascorbic acid (HIRST and WOODWARD,
unpublished results). At the same time, there occur complex changes in
the oxidation-reduction potential and several stages involving structural
transformations have been detected in the course of extensive studies
[see, e. g. BORSOOK (*21*), BALL (*21a*)], but beyond the main outline
indicated already no precise interpretation in terms of structural formulae
can be given. Most of this work has been carried out with solutions of
dehydro-ascorbic acid and it is only recently that the substance has been
isolated in a solid form (HIRST and WOODWARD, unpublished). During
the early stages of the chemical investigation of ascorbic acid KARRER (*21b*)
obtained an oxidation product of formula $C_6H_6O_6$ which was probably
mainly dehydro-ascorbic acid. The recent work has confirmed that the
primary oxidation product, which is a solid of formula $C_6H_6O_6$, is the true
dehydro body, and freshly prepared solutions of this solid possess the
full anti-scorbutic activity of ascorbic acid itself.

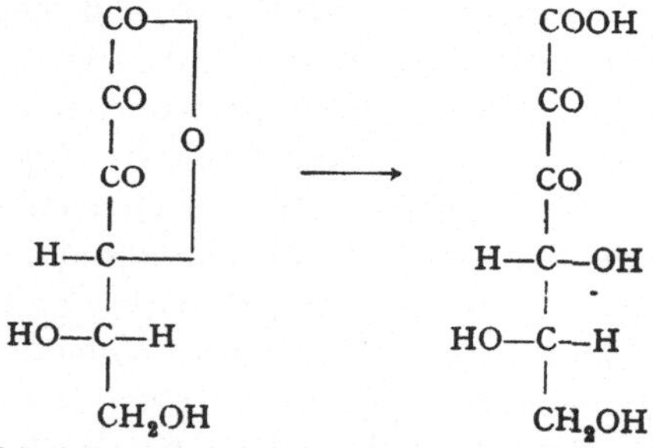

```
       CO——┐                      COOH
       |   |                       |
       CO  |                       CO
       |   | O        ⟶           |
       CO  |                       CO
       |   |                       |
     H—C——┘                     H—C—OH
       |                           |
    HO—C—H                      HO—C—H
       |                           |
      CH₂OH                       CH₂OH
```

(X). Dehydro-l-ascorbic acid.   (XI). 2:3-Diketo-l-gulonic acid.

Condensation products of Dehydro-ascorbic Acid with Phenylhydrazine and o-Phenylene Diamine.

It was known from an early period in the investigation of ascorbic
acid that it readily formed derivatives with phenylhydrazine, which
appeared to be of the nature of osazones. They are, in fact, derived from
dehydro-ascorbic acid after preliminary oxidation of ascorbic acid by
a molecule of phenylhydrazine. Several derivatives of identical composition are obtainable and the allocation of structural formulae is rendered
difficult because of the numerous possibilities for isomerism and tauto-
merism. For example, both ascorbic acid and arabo-ascorbic give two
well defined derivatives with phenylhydrazine, both being derived from
the reversibly oxidised substance. The relationship between these has been

elucidated by OHLE's work (22) on arabo-ascorbic acid. It appears that
in the presence of acetic acid, phenylhydrazine and arabo-ascorbic acid
yield mainly the pyrazolone (XIV) which possesses a highly reactive
hydroxyl group at $C_{(1)}$. But if mineral acid is present during the condensation instead of acetic acid, the product is then mainly a mixture of the
osazone of the open chain acid (XIII) and the true osazone of arabo-
ascorbic acid (XII), together with a little of (XIV). It is probable that (XII) or
(XIII) is the primary condensation product and that re-arrangement to the
pyrazolone structure is a subsequent stage. The acid (XIII) readily lactonises

```
   CO ─────────┐          COOH              HO─C ──────────── NPh
   |           |          |                 |                  |
   C=N·NHPh    |          C=N·NHPh           C─N=NPh            |
   |           O          |                  |                  |
   C=N·NHPh    |          C=N·NHPh           C ═══════════════ N
   |           |          |                  |                  |
   H─C ────────┘          H─C─OH             H─C─OH
   |                      |                  |
   H─C─OH                 H─C─OH             H─C─OH·
   |                      |                  |
   CH₂OH                  CH₂OH              CH₂OH
   (XII)                  (XIII)             (XIV)


            MeO                          OC ──────────── NPh
              \                          |                |
               C ──────────── NPh        H─C─N=NPh         |
               ‖                          · |              |
               C=N   NPh                   C ═══════════ N
               |             |             |
      HOOC─C ═══════════ N                 COOH
            (XV)        (Ph = C₆H₅).        (XVI)
```

and gives (XII) on simple recrystallisation and the osazone (XII) is transformed into the pyrazolone (XIV) by treatment with hot alkali. Evidence
in favour of these structures is found in the observation that (XIV)
contains an enolic hydroxyl group and gives a triacetyl O-methyl derivative from which, after de-acetylation, the crystalline O-methyl ether
of (XIV) is obtained. This methyl ether on oxidation with permanganate
in acetone gives (XV) from which (XVI) is produced on hydrolysis.
(XVI) gives the ordinary ester (carbomethoxy) with methyl alcoholic
hydrogen chloride, but with diazomethane enolisation takes place with
methylation of the hydroxyl at $C_{(1)}$ and the product is then the methyl
ester of the acid (XV).

Experiments with ascorbic acid (22) indicate that the yellow phenylhydrazine derivative, m. p. 210°, has the pyrazolone structure, corresponding to formula (XIV) and that the red product, m. p. 197° is the true
osazone with structure similar to (XII).

The reaction between d-arabo-ascorbic acid and o-phenylene diamine
is by no means simple. As elucidated by OHLE et al. (22) the course of the

reaction involves preliminary oxidation to the dehydro body which reacts with the diamine giving (XVII). The latter on treatment with mineral acid

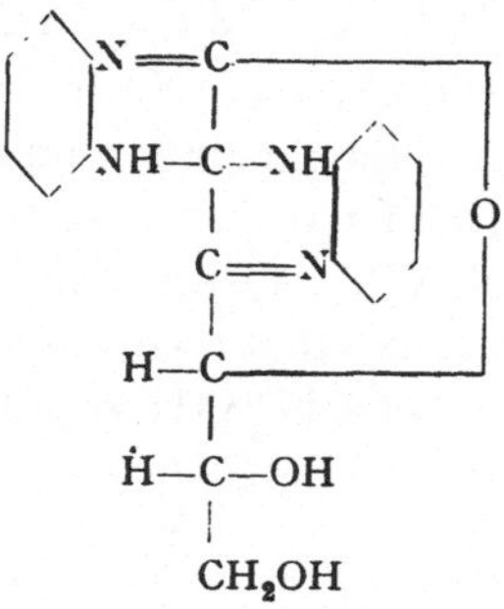

(XVII) 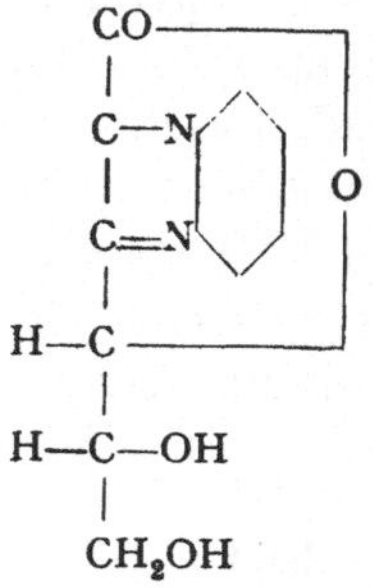   (XVIII)

is transformed into (XVIII) and it is of interest to find that this behaves as an ordinary lactone and is readily hydrolysed in aqueous solution with formation of the open chain acid.

Reactions of Ascorbic Acid with Acetone, Triphenyl-methyl chloride and p-Nitro-benzoyl chloride.

In view of the special type of ring system present in ascorbic acid an intensive study of its various derivatives has been made, both because of their possible physiological importance and on account of the novel chemical problems arising out of their transformations. The 5 : 6 acetone derivative of ascorbic acid (XIX) played an important part in the proof that ascorbic acid was, in fact, pure Vitamin C. It ·was prepared by VON VARGHA (23) by condensing acetone and ascorbic acid in the presence of an acid catalyst. The reaction proceeds normally, the acetone residue being attached in the 5 : 6 positions, leaving the enolic groups free. Consequently, the acetone derivative oxidises in the same way as ascorbic acid, readily yields the dehydro-derivative and from the latter, by degradative oxidation, l-threonic acid is obtained [REICHSTEIN (24), MICHEEL (25)]. The two enolic groups of the acetone derivative of ascorbic acid react normally with diazomethane with formation of the corresponding 2 : 3-dimethyl derivative (15, 16).

Triphenyl methyl chloride reacts with the primary alcoholic group of ascorbic acid giving the 6-trityl derivative (XX) [VON VARGHA (26)] and in a similar way the 6-trityl derivative of 2 : 3-dimethyl ascorbic acid has been obtained and used in the preparation of partially methylated ascorbic acid [HAWORTH, HIRST, SMITH and WILSON (27)]. In the case of 2 : 3-dimethyl ascorbic acid, esterification of the hydroxyl groups at $C_{(5)}$ and $C_{(6)}$ by means of p-nitro benzoyl chloride gives the 5 : 6-di-p-nitrobenzoate, which as MICHEEL and KRAFT (28) showed, reacts with ozone giving a neutral molecule (XXII) without loss of carbon atoms. The importance of this in the constitutional study of ascorbic acid has already been mentioned.

$$
\begin{array}{ccccc}
\text{(XIX)} & \text{(XX)} & \text{(XXI)} & \text{(XXII)} & \text{l Threonic acid.}
\end{array}
$$

(R = CO·C$_6$H$_4$·NO$_2$; Ph = C$_6$H$_5$).

Derivatives of ascorbic acid have been obtained in which one, or both, of the enolic hydroxyl groups is replaced by an amino group [MICHEEL (29)]. The starting point for the preparation of scorbamic acid (XXV) is 2-deoxy l-ascorbic acid (XXIII), which is obtained in turn from acetone-ascorbic acid by the series of transformations shown in the accompanying formulae

(Et = C$_2$H$_5$)

XXIII

2-Deoxy-l-ascorbic acid (XXIII) reacts with phenyl diazonium chloride, giving the phenyl hydrazone of dehydro-ascorbic acid (XXIV)

and on reduction the latter substance is transformed into scorbamic acid (XXV). Catalytic reduction of the osazone of ascorbic acid (diphenylhydrazone of dehydro-ascorbic acid) (XXVI) yields the diamino analogue of ascorbic acid (XXVII). Both these amino acids possess strong reducing powers.

$$
\begin{array}{cccc}
\begin{array}{l}
CO\!-\!\!\!\rceil \\
|\\
PhHN\cdot N\!=\!C\quad| \\
|\qquad\quad O \\
CO\qquad| \\
|\\
H\!-\!C\!-\!\!\rfloor \\
|\\
HO\!-\!C\!-\!H \\
|\\
CH_2OH
\end{array}
&
\begin{array}{l}
CO\!-\!\!\!\rceil \\
|\\
H_2N\cdot C\quad| \\
\|\qquad\quad O \\
HO\cdot C\qquad| \\
|\\
H\!-\!C\!-\!\!\rfloor \\
|\\
HO\!-\!C\!-\!H \\
|\\
CH_2OH
\end{array}
&
\begin{array}{l}
CO\!-\!\!\!\rceil \\
|\\
PhHN\cdot N\!=\!C\quad| \\
|\qquad\quad O \\
PhHN\cdot N\!=\!C\quad| \\
|\\
H\!-\!C\!-\!\!\rfloor \\
|\\
HO\!-\!C\!-\!H \\
|\\
CH_2OH
\end{array}
&
\begin{array}{l}
CO\!-\!\!\!\rceil \\
|\\
H_2N\cdot C\quad| \\
\|\qquad\quad O \\
H_2N\cdot C\qquad| \\
|\\
H\!-\!C\!-\!\!\rfloor \\
|\\
HO\!-\!C\!-\!H \\
|\\
CH_2OH
\end{array}
\\[2pt]
(XXIV) & (XXV).\ \text{l-Scorbamic acid.} & (XXVI) & (XXVII)
\end{array}
$$

Methyl Ethers of Ascorbic Acid.

Many problems of exceptional interest have arisen as the result of studies of the interaction between ascorbic acid and *diazomethane*. The enolic hydroxyl attached to $C_{(3)}$ is so reactive that it can be titrated with diazomethane, the main product being the 3-methyl ether of l-ascorbic acid (XXVIII) (p. 146) which is slowly oxidised by iodine in acid solution, is strongly reducing in alkaline solution and gives a deep blue colour with ferric chloride [REICHSTEIN (30), HAWORTH and HIRST (31)]. On further methylation with diazomethane it yields 2 : 3-dimethyl l-ascorbic acid (XXIX). This evidence indicates that the enolic group at $C_{(3)}$ is more strongly acidic than its neighbour at $C_{(2)}$ and for this reason the salts of ascorbic acid are provisionally represented as (XXXV) (p. 146). The position is complicated, however, by the observation that during the reaction with diazomethane, ascorbic acid reacts partly in a tautomeric form, giving an isomeric monomethyl ether, which will be described later, and that the optical rotatory dispersion of sodium ascorbate differs very markedly from that of free ascorbic acid. On the other hand, it seems very unlikely that the salts possess the same structure as the isomeric monomethyl derivative mentioned above. It is possible, therefore, that in the salts, including iminoascorbic acid in neutral solution, re-arrangement of the electronic system of the valency bonds has taken place and that the actual structure may differ from that shown in (XXXV) (p. 146). In the ionised condition it is possible, as mentioned above, that a mesomeric valency condition is assumed. The isomeric monomethyl derivative, designated 1-methyl ψ-l-ascorbic acid (XXXII), accompanies in small proportion the normal 3-methyl ascorbic acid obtained when methylation by diazomethane is carried out. It gives a red colour with ferric chloride has a high positive rotation and an absorption band at a longer wavelength (2800 Å) than that of 3-methyl l-ascorbic acid. On further treatment with diazomethane it gives, without structural change, the dimethyl derivative (XXXIII) which loses a methyl group in aqueous solution and the resulting hydroxy compound rearranges to normal 2-methyl-l-ascorbic acid (XXXIV) (see p. 146). The latter on methylation gives the ordinary 2 : 3-dimethyl l-ascorbic acid, which is obtainable also by methylation of 3-methyl l-ascorbic acid.

Evidence concerning the structure of 1-methyl ψ-ascorbic acid was obtained in a totally unexpected way from a study of the action of alkali on 2 : 3-dimethyl l-ascorbic acid [HAWORTH, HIRST, SMITH and WILSON (27)]. In contrast with the behaviour of ascorbic acid the lactone ring of the 2 : 3-dimethyl derivative opens normally in alkaline solution giving a salt, but the reaction is complicated in the sense that it is accompanied by isomerisation, the hydroxyl group at $C_{(6)}$ becoming attached to the double bond with formation of a cyclic substance (XXX), which no longer displays the characteristic absorption spectrum of the enolic system of conjugated double bonds [(27), see also MICHEEL (32)]. After acidification and lactonisation the newly formed ring remains intact and the product is isodimethyl l-ascorbic acid (XXXI), $[\alpha]_D - 18°$ in methyl alcohol. The methoxyl at $C_{(3)}$ is now glycosidic in type and removable by hydrolysis. The product undergoes re-arrangement involving the breaking open of the second ring and is isolated as normal 2-methyl ascorbic acid, which on methylation with diazomethane gives 2 : 3-dimethyl-l-ascorbic acid. In this way both 2- and 3-methyl-l-ascorbic acid of normal structure became known (27) and the ψ-methyl derivative mentioned above must therefore be derived from a structurally isomeric modification of ascorbic acid. The type of isomerisation involving ring formation by addition of a hydroxyl group at a double bond appears to be general in the ascorbic acid series. It has been encountered similarly in the case of 2 : 3 : 5-trimethyl-l-ascorbic acid (27), whereby it is demonstrated that it is the hydroxyl group at $C_{(6)}$ and not that at $C_{(5)}$ which is involved in the re-arrangement; and it has been found also with the 2 : 3-dimethyl derivatives of arabo-ascorbic acid (HAWKINS, HIRST and JONES, unpublished results) and of gluco-ascorbic acid [HAWORTH, HIRST and Jones (33)]. Furthermore, precisely the same type of change appears to be involved in the transformation of hydrated carlic acid (LXV) into the anhydrous acid (LXVI) (p. 153).

Both 2 : 3-dimethyl ascorbic acid and iso-dimethyl ascorbic acid give with methyl alcoholic ammonia a crystalline amide of formula $C_8H_{15}O_6N \cdot (CH_3OH)$, the ease of formation and yield being much superior

with the iso-dimethyl derivative. The behaviour of this amide is decid-
edly abnormal. It shows no selective absorption in the ultraviolet, does
not react with ozone and readily loses ammonia. These properties suggest

(I). l-Ascorbic acid.

(XXVIII). 3-Methyl-l-ascorbic acid.

(XXIX). 2 : 3-Dimethyl-l-ascorbic acid.

(XXX)

(XXXII). 1-Methyl-γ-l-ascorbic acid.

(XXXIII)

(XXXIV). 2-Methyl-l-ascorbic acid.

(XXXI). Iso-2 : 3-dimethyl-l-ascorbic acid.

(XXXV). (M = metal, Me = CH_3).

(XXXVI)

that it possesses the ring structure present in the iso-derivatives and it is
provisionally represented as (XXXVI). It is possible that the —$CONH_2$
is connected in some way to the hydroxyl at $C_{(4)}$ [see HAWORTH, HIRST,
SMITH and WILSON (27)].

Synthesis of Ascorbic Acid and its Analogues.

1. By Addition of Hydrogen Cyanide to Osones.

Several methods have been elaborated for the synthesis of ascorbic acid and of analogous substances containing the same type of ring system. Of these the one which has found most general application, although it is not the most convenient in certain special instances, consists in the *addition of hydrogen cyanide to osones* of the sugar series. The disadvantages of the process lie in the inaccessibility of many of the osones (for example, l-xylosone) and in the separation and purification of the easily oxidised product. It was by this method that REICHSTEIN (*34*) and HAWORTH and HIRST (*35*) simultaneously arrived at the first synthesis of the d- and l-enantiomorphs of ascorbic acid. The mechanism of the reaction is more complex than was realised initially and was elucidated as the result of subsequent work on the synthesis of d-gluco-ascorbic acid from d-glucosone [HAWORTH, HIRST, JONES and SMITH (*36*)]. It appears that when hydrogen cyanide reacts with d-glucosone (XXXVII) the addition product (XXXVIII) immediately rearranges with formation of the crystalline substance (XXXIX) (imino-d-gluco-ascorbic acid) which possesses the typical ring system of ascorbic acid and in ease of oxidation, in its absorption spectrum, and in other properties, closely resembles ascorbic acid. Evidence drawn from a study of the optical rotatory dispersion of imino-gluco-ascorbic acid indicates that it exists in aqueous solution as the internal salt (XLI), this conclusion being deduced from the observations that its rotatory dispersion is exactly similar to that of sodium ascorbate and that in acid solution, when the ionisation of the acidic enol group is suppressed, the rotatory dispersion becomes similar to that of unionised ascorbic acid. Hydrolysis of the intermediate substance (XXXIX) by aqueous acid replaces the imino group by an oxygen atom with formation of d-gluco-ascorbic acid (XL). Similar cyclic bodies have been obtained by the addition of hydrogen cyanide to other sugar osones and this mechanism appears to be general.

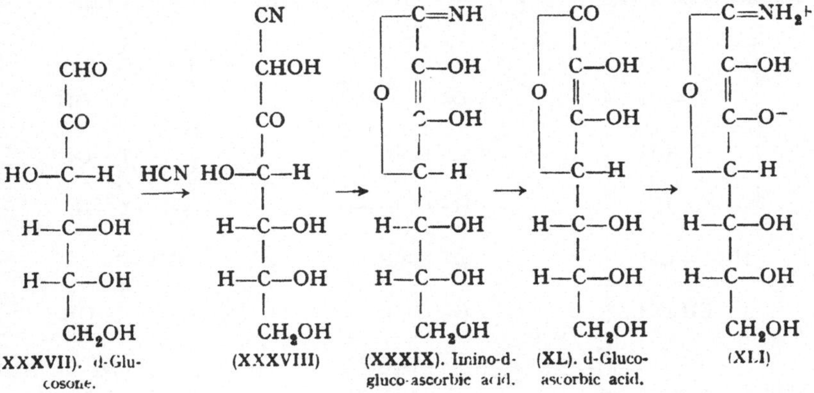

```
                    CN            ┌─C=NH          ┌─CO           ┌─C=NH₂⁺
                    |             |   |           |   |          |   |
   CHO              CHOH          |   C—OH        |   C—OH       |   C—OH
   |                |           O ║   |         O ║   |        O ║   |
   CO               CO            |   C—OH        |   C—OH       |   C—O⁻
   |                |             |   |           |   |          |   |
HO—C—H    HCN   HO—C—H           └───C—H         └───C—H        └───C—H
   |       ⟶       |         ⟶     |        ⟶      |        ⟶      |
 H—C—OH          H—C—OH          H—C—OH          H—C—OH         H—C—OH
   |                |               |               |              |
 H—C—OH          H—C—OH          H—C—OH          H—C—OH         H—C—OH
   |                |               |               |              |
  CH₂OH            CH₂OH           CH₂OH           CH₂OH          CH₂OH
(XXXVII). d-Glu-  (XXXVIII)    (XXXIX). Imino-d-  (XL). d-Gluco-  (XLI)
  cosone.                      gluco-ascorbic acid.  ascorbic acid.
```

For the synthesis of natural l-ascorbic acid by this method l-xylosone is required and this can be obtained from d-galactose by way of galactose diacetone, d-galacturonic acid, l-galactonic acid, l-galactonamide, l-lyxose, l-xylosazone, l-xylosone; or alternatively, from d-glucose via saccharic acid and l-gulose, degradation of which gives l-xylose. The synthetic product obtained in this way is identical in all respects, including antiscorbutic power, with the natural substance.

The wide range of applicability of the osone method of synthesis is shown by the following list of analogues of ascorbic acid, all of which have been prepared in a similar way from the appropriate osone. For convenience of reference, a nomenclature has been adopted by which the analogue is named after the osone used in its synthesis. The structural formulae of l-xylo-ascorbic acid (Vitamin C) (I) and of d-gluco-ascorbic acid (XL) have been given above. Other typical members of this group are formulated below.

Table 1. Synthesis of Ascorbic Acid and its analogues by the osone-hydrogen cyanide method.

Substance	m. p. (degrees)	$[\alpha]_D$ in water (degrees)	Antiscorbutic activity	Formula	Reference
l-Xylo-ascorbic acid (natural Vitamin C)	192	$+23$	$+ (1)$	(I)	(34, 35)
d-Xylo-ascorbic acid	192	-23	—	(XLII)	(34, 35)
d-Gluco-ascorbic acid	140 (hydrate)	-22	—	(XL)	(36)
l-Gluco-ascorbic acid	140 (hydrate)	$+24$	$+ (1/40)$	(XLIII)	(33)
d-Galacto-ascorbic acid	134	-6	—	(XLIV)	(34, 35, 36)
l-Arabo-ascorbic acid	174	$+17$	—	(XLV)	(34, 35, 36)
l-Gulo-ascorbic acid	184	-22	—	(XLVI)	(34)
l-Allo-ascorbic acid	177	$+29$	—	(XLVII)	(37)
l-Rhamno-ascorbic acid	199	$+28$	$+ (1/5)$	(XLVIII)	(38)
d-Gluco-hepto-ascorbic acid	—	—	$+ (1/100)$	—	(39)
l-Fuco-ascorbic acid	—	—	$+ (1/50)$	—	(39)

$$
\begin{array}{ccc}
\overbrace{}\!-\!CO & CO\!-\!\overbrace{} & \overbrace{}\!-\!CO \\
| & | & | \\
C\!-\!OH & HO\!-\!C & C\!-\!OH \\
\| & \| & \| \\
O\quad C\!-\!OH & HO\!-\!C \quad O & O\quad C\!-\!OH \\
| & | & | \\
\underbrace{}\!-\!C\!-\!H & H\!-\!C\!-\!\underbrace{} & \underbrace{}\!-\!C\!-\!H \\
| & | & | \\
H\!-\!C\!-\!OH & HO\!-\!C\!-\!H & HO\!-\!C\!-\!H \\
| & | & | \\
CH_2OH & HO\!-\!C\!-\!H & H\!-\!C\!-\!OH \\
 & | & | \\
 & CH_2OH & CH_2OH
\end{array}
$$

(XLII). d-Xylo-ascorbic acid.   (XLIII). l-Gluco-ascorbic acid.   (XLIV). d-Galacto-ascorbic acid.

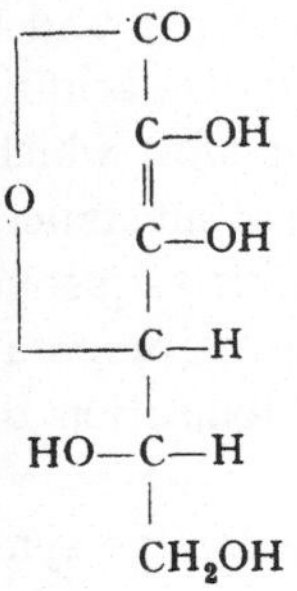

$$
\begin{array}{cccc}
\text{(XLV)} & \text{(XLVI)} & \text{(XLVII)} & \text{(XLVIII)}
\end{array}
$$

──CO	──CO	──CO	CO──
C─OH	C─OH	C─OH	HO─C
C─OH	C─OH	C─OH	HO─C
──C─H	──C─H	──C─H	H─C──
HO─C─H	H─C─OH	HO─C─H	HO─C─H
CH₂OH	HO─C─H	HO─C─H	HO─C─H
	CH₂OH	CH₂OH	CH₃

(XLV). l-Arabo-ascorbic acid. 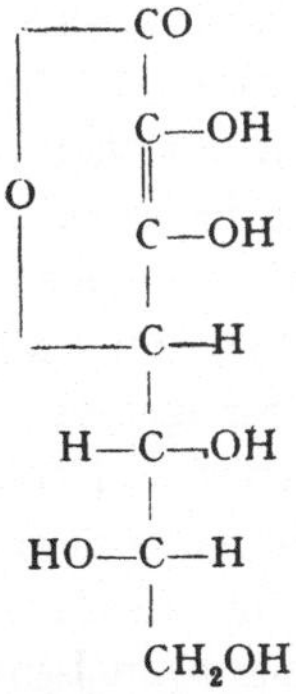   (XLVI). l-Gulo-ascorbic acid. 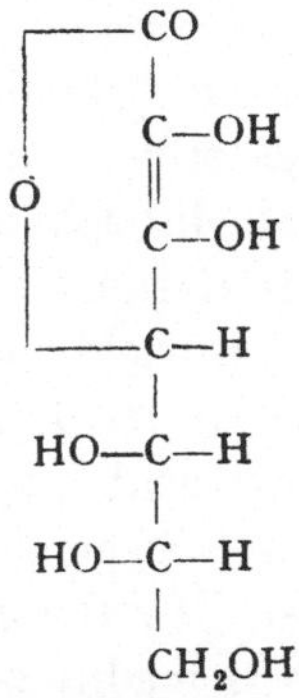   (XLVII). l-Allo-ascorbic acid. 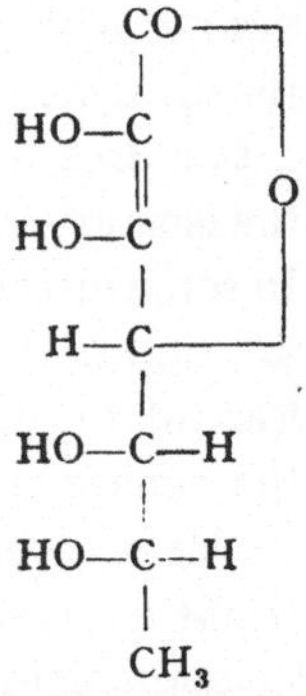   (XLVIII). l-Rhamno-ascorbic acid.

2. By Isomerisation and Lactonisation of 2-keto-Acids.

A second method for the synthesis of analogues of ascorbic acid involves the *isomerisation and lactonisation of 2-keto acids* of the sugar series. The reaction was first used by OHLE (*40*) and by MAURER and SCHIEDT (*41*) for the preparation of d-arabo-ascorbic acid (L) from 2-keto-d-gluconic acid, the constitution of the product, which was at first named saccharosonic acid or iso-Vitamin C, being at that time unknown. As the result of the synthetic work mentioned above, it was soon recognised that saccharosonic acid was in fact the enantiomorph of l-arabo-ascorbic acid and the mechanism of the reaction became apparent. Subsequently the method has proved to be of the utmost value owing to the good yields and ease of manipulation and it now provides the readiest method for the synthesis of Vitamin C. Its useful range is, however, limited to special cases by reason of the inaccessibility of the requisite 2-keto-acids and it is of interest that here again a connection with sugar osones is possible in that one method whereby 2-keto sugar acids can be obtained is the oxidation of osones by bromine water and a synthesis of l-ascorbic acid has been accomplished in this way by MICHEEL.

The course of the isomerisation reaction is well seen by reference to 2-keto-gluconic acid, the methyl ester (XLIX) of which is transformed

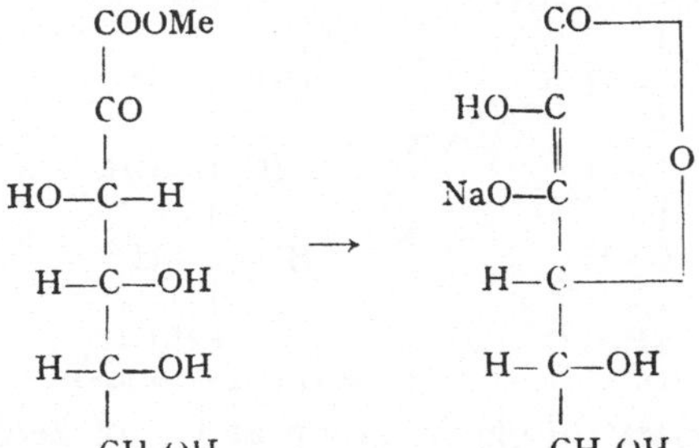

$$
\begin{array}{ccc}
\text{COOMe} & & \text{CO──} \\
\text{CO} & & \text{HO─C} \\
\text{HO─C─H} & \longrightarrow & \text{NaO─C} \\
\text{H─C─OH} & & \text{H─C──} \\
\text{H─C─OH} & & \text{H─C─OH} \\
\text{CH₂OH} & & \text{CH₂OH}
\end{array}
$$

(XLIX). Methyl-2-keto-d-gluconate.   (L). Sodium d-arabo-ascorbate.

quantitatively into the sodium salt of d-arabo-ascorbic acid (L) under the influence of sodium methoxide in methyl alcoholic solution. On acidification free d-arabo-ascorbic acid is then obtained. The ease with which the isomerisation can be brought about varies from substance to substance. In some instances partial transformation takes place in an acidified aqueous solution of the free 2-keto-acid and in others, for example, in the preparation of l-erythro-ascorbic acid, the rearrangement and lactonisation of the corresponding keto acid is spontaneous and complete.

Reference to the stereochemical formulae will show that for the synthesis of l-ascorbic acid by this route, the substance required is 2-keto-l-gulonic acid, which is readily obtainable from l-sorbose by the method of REICHSTEIN and his collaborators (42). Until recently l-sorbose (LII) was a rare and inaccessible sugar but it is now available in quantity, being easily obtained from d-sorbitol (LI) (which is produced by the catalytic hydrogenation of d-glucose) as the result of bacterial oxidation of the alcohol by BERTRAND's method [SCHLUBACH (43)]. REICHSTEIN's procedure consists in making the 2 : 3, 4 : 6-diacetone derivative (LIII) of l-sorbose, which is oxidised by permanganate giving the corresponding carboxylic acid (LIV). After removal of the acetone groups and esterification, methyl-2-keto-l-gulonate (LV) is formed from which l-ascorbic acid is obtainable in almost quantitative yield.

$$
\begin{array}{ccc}
\mathrm{CH_2OH} & \mathrm{CH_2OH} & \mathrm{CH_2OH} \\
| & | & \\
\mathrm{HO-C-H} & \mathrm{CO} & \mathrm{O-C} \\
| & | & \\
\mathrm{HO-C-H} & \mathrm{HO-C-H} & \mathrm{O-C-H} \\
| & | & \\
\mathrm{H-C-OH} & \mathrm{H-C-OH} & \mathrm{H-C-O} \\
| & | & \\
\mathrm{HO-C-H} & \mathrm{HO-C-H} & \mathrm{C-H} \\
| & | & \\
\mathrm{CH_2OH} & \mathrm{CH_2OH} & \mathrm{CH_2-O} \\
\text{(LI). d-Sorbitol.} & \text{(LII). l-Sorbose.} & \text{(LIII)}
\end{array}
$$

(In LIII, $\mathrm{Me_2C}$ bridges the 2,3 oxygens and $\mathrm{CMe_2}$ bridges the 4,6 positions.)

$$
\begin{array}{ccc}
\mathrm{COOH} & \mathrm{COOMe} & \mathrm{CO} \\
| & | & | \\
\mathrm{O-C} & \mathrm{CO} & \mathrm{HO-C} \\
| & | & \| \\
\mathrm{O-C-H} & \mathrm{HO-C-H} & \mathrm{HO-C} \\
| & | & | \\
\mathrm{H-C-O} & \mathrm{H-C-OH} & \mathrm{H-C} \\
| & | & | \\
\mathrm{C-H} & \mathrm{HO-C-H} & \mathrm{HO-C-H} \\
| & | & | \\
\mathrm{CH_2-O} & \mathrm{CH_2OH} & \mathrm{CH_2OH} \\
\text{(LIV).} & \text{Methyl-2-keto-l-gulonate.} & \text{(LV). l-Ascorbic acid.}
\end{array}
$$

Since the primary alcoholic group at $C_{(1)}$ of ketose sugars is very susceptible to oxidation, it is possible to convert l-sorbose into 2-keto-l-gulonic acid and d-fructose into 2-keto-d-gluconic acid by direct oxidation with nitric acid, and in this way strikingly simple syntheses of d-arabo-ascorbic acid and l-ascorbic acid have been carried out [HAWORTH (44), HAWORTH, HIRST, SMITH and JONES (unpublished)]. Yet other analogues of ascorbic acid which have been prepared by isomerisation of keto acids include l-erythro-ascorbic acid (LIX) and 6-desoxy-l-ascorbic acid (LX), the latter of which possesses marked antiscorbutic activity.

$$
\begin{array}{l}
\text{CH}_2\text{OH} \\
|\\
\text{CO} \\
|\\
\text{HO—C—H} \\
|\\
\text{HO—C—H} \\
|\\
\text{CH}_2\text{OH}
\end{array}
\xrightarrow{}\quad
\text{Me}_2\text{C}
\begin{array}{l}
\text{CH}_2\text{OH} \\
|\\
\text{C—OMe} \\
|\\
\text{O—C—H} \\
|\\
\text{O—C—H} \\
|\\
\text{CH}_2—
\end{array}
\xrightarrow{}\quad
\begin{array}{l}
\text{COOH} \\
|\\
\text{CO} \\
|\\
\text{HO—C—H} \\
|\\
\text{HO—C—H} \\
|\\
\text{CH}_2\text{OH}
\end{array}
\xrightarrow{}\quad
\begin{array}{l}
\text{—CO} \\
|\\
\text{C—OH} \\
\|\\
\text{C—OH} \\
|\\
\text{—CH} \\
|\\
\text{CH}_2\text{OH}
\end{array}
\quad
\begin{array}{l}
\text{CO—} \\
|\\
\text{C—OH} \\
\|\\
\text{C—OH} \\
|\\
\text{H—C} \\
|\\
\text{HO—C—H} \\
|\\
\text{CH}_3
\end{array}
$$

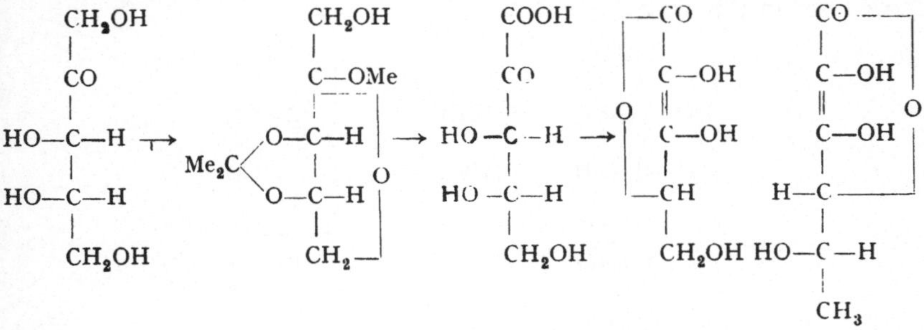

(LVI). l-Adonose.   (LVII)   (LVIII)   (LIX). l-Erythro-ascorbic acid.   (LX)

In the case of l-erythro-ascorbic acid the initial substance is l-adonose (LVI), produced from adonitol by bacterial oxidation. The methyl glucoside of the sugar gives a 3 : 4 monoacetone derivative (LVII) which is oxidised by permanganate and the resulting acid (LVIII) after hydrolysis to remove the glucosidic group and the acetone residue, spontaneously rearranges and lactonises giving (LIX) [REICHSTEIN (45)]. By a similar rearrangement 6-desoxy-l-ascorbic·acid (LX) is obtained from 2-keto-6-desoxy-l-gulonic acid [REICHSTEIN (46)]. The properties of these substances are summarised in the accompanying table 2.

Table 2. Synthesis of Ascorbic Acid and its analogues by isomerisation and lactonisation of 2-keto-acids.[1]

Substance	m. p. (degrees)	$[\alpha]_D$ in water (degrees)	Antiscorbutic activity	Formula	Reference
l-Ascorbic acid	192	$+\,23$	$+\,(1)$	(I)	(42, 44)
d-Arabo-ascorbic acid	174	$-\,17$	$+\,(^1/_{40})$	(L)	(40, 41)
6-Desoxy-l-ascorbic acid	168	$+\,37$	$+\,(^1/_{3})$	(LX)	(45)
l-Erythro-ascorbic acid ,.........	161	$+\,9$	—	(LIX)	(45)

3. By condensation of Sugars with Ethyl Glyoxylate.

Yet another method of wide applicability, but limited in practice by the inaccessibility of starting materials, involves the condensation

---

[1] It will be obvious that many of these substances and of those in Table 1 (p. 148) can be synthesised by a variety of methods and the lists are arranged in this way merely for convenience of description.

of a sugar with ethyl glyoxylate in the presence of sodium methylate. For example, d-glucose and ethyl glyoxylate under these conditions undergo a reaction similar to that of a benzoin condensation of the two aldehyde groups and, after enolisation and lactonisation of the primary product, d-glucohepto-ascorbic acid is obtained [HELFERICH and PETERS (47)]. The synthesis of d-ascorbic acid by condensing acetylated d-threose cyanhydrin (equivalent to d-threose) with ethyl glyoxylate has been carried out in this way.

$$
\begin{array}{ccccc}
\text{CHO} & & \text{COOEt} & & \text{CO} \\
| & & | & & | \\
\text{HO—C—H} & + & | & \longrightarrow & \text{C—OH} \\
| & & \text{CHO} & & \| \\
\text{H—C—OH} & & & & \text{C—OH} \\
| & & & & | \\
\text{CH}_2\text{OH} & & & & \text{C—H} \\
\text{d-Threose.} & & & & | \\
& & & & \text{H—C—OH} \\
& & & & | \\
& & & & \text{CH}_2\text{OH} \\
& & & & \text{d-Ascorbic acid.}
\end{array}
$$

Other Analogues of Ascorbic Acid.

1. Derivatives of Oxytetronic Acid.

In addition to the above-mentioned strict analogues of ascorbic acid, many other substances are known which resemble ascorbic acid closely in their chemical properties. The simplest analogue containing the characteristic five-membered ring system of ascorbic acid is the optically inactive oxytetronic acid (LXI) which was obtained by MICHEEL (48) by the condensation of two molecules of ethyl benzoyl oxyacetate under the influence of metallic potassium. In absorption spectrum and in its chemical properties the substance closely resembles ascorbic acid but it is devoid of antiscorbutic power.

$$
\begin{array}{ccccc}
\text{COOEt} & & \text{CH}_2\text{OBz} & & \text{HO} \diagdown \text{C}=\text{C} \diagup \text{OH} \\
| & + & | & \dashrightarrow & | \quad\quad\quad \diagdown\text{CO} \\
\text{CH}_2\text{OBz} & & \text{COOEt} & & \text{CH}_2\text{—O} \diagup
\end{array}
$$

(Bz = CO·C$_6$H$_5$; Et = C$_2$H$_5$.)   (LXI)

The same type of ring occurs also in the substance (LXIII) obtained some years ago by PRYDE and WILLIAMS (49) who encountered it amongst the products formed when glucurone (LXII) is methylated with silver oxide and methyl iodide. The formation of this compound must involve opening of the pyranose ring followed by oxidation and methylation. This reaction further illustrates the tendency towards the formation of the typical ring system of ascorbic acid. The substance (LXIII) is obtained also by the methylation of saccharic acid and saccharolactone [SCHMIDT, ZEISER and DIPPOLD (50), SMITH (51), PRYDE (49)].

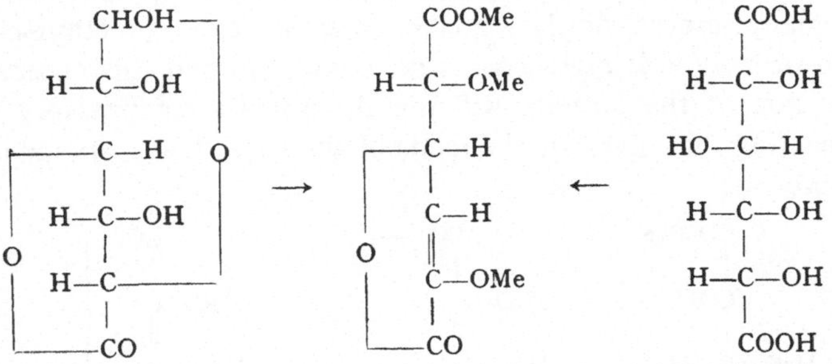

$$
\begin{array}{ccc}
\text{CHOH} & \text{COOMe} & \text{COOH} \\
\text{H—C—OH} & \text{H—C—OMe} & \text{H—C—OH} \\
\text{C—H} & \text{C—H} & \text{HO—C—H} \\
\text{H—C—OH} & \text{C—H} & \text{H—C—OH} \\
\text{H—C} & \text{C—OMe} & \text{H—C—OH} \\
\text{CO} & \text{CO} & \text{COOH} \\
\end{array}
$$

(LXII). d-Glucurone.　　(LXIII)　　(LXIV). d-Saccharic acid.

Another instance of the occurrence of this ring structure, for which PRYDE has suggested the name α-furone, is found in the series of acids formed as metabolic products when the mould *Penicillium Charlesii* is grown on glucose. These have been investigated by CLUTTERBUCK, RAISTRICK and REUTER (52) and a typical member of the series (carlic acid), which bears interesting analogies with ascorbic acid in other respects also (see section on iso-dimethyl ascorbic acid, p. 145) is shown in formulae (LXV) and (LXVI).

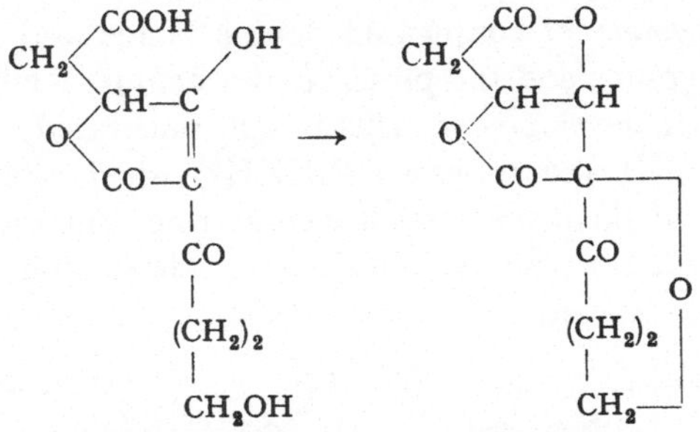

(LXV). Hydrated carlic acid.　　　(LXVI). Carlic acid.

2. Analogues of Ascorbic Acid containing six-membered Rings.

All the analogues of ascorbic acid mentioned above have possessed the *five-membered* lactone ring structure. Recently it has been shown that analogues of ascorbic acid containing *six-membered rings* can be obtained [HAWORTH, HIRST and JONES (53)]. These are derivatives of α-pyrone and can be formed by the second of the main synthetic processes outlined previously, by the action of sodium methoxide on the appropriate 2-keto acid in which the hydroxyl at $C_{(4)}$ has been prevented from reacting in the ordinary way. This is conveniently accomplished by methylation and when, for instance, methyl 3:4:6-trimethyl-2-keto-d-gluconate

(LXVII) is treated with sodium methoxide, isomerisation and lactonisation ensue, with formation of a six-membered ring. At the same time methyl alcohol is eliminated and the derivative (LXVIII) of α-pyrone is formed. This in many respects displays a close resemblance to 3-methyl-ascorbic acid. On ozonolysis it gives rise to glyoxylic acid and this observation, as inspection of the formula will reveal, provides confirmatory proof, supplementing that given by the mode of synthesis, that a six-membered ring is present.

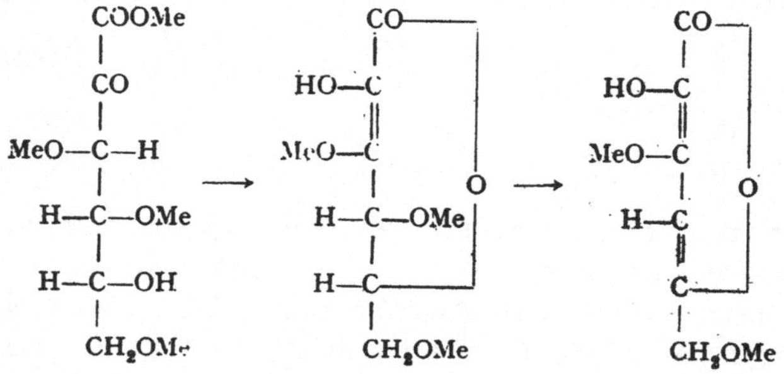

$$
\begin{array}{ccc}
\text{COOMe} & \text{CO}\!-\!\!-\!\!-\!\! & \text{CO}\!-\!\!-\!\! \\
| & | & | \\
\text{CO} & \text{HO}\!-\!\text{C} & \text{HO}\!-\!\text{C} \\
| & \| & \| \\
\text{MeO}\!-\!\text{C}\!-\!\text{H} & \text{MeO}\!-\!\text{C} & \text{MeO}\!-\!\text{C} \\
| & | \quad \text{O} & | \quad \text{O} \\
\text{H}\!-\!\text{C}\!-\!\text{OMe} & \text{H}\!-\!\text{C}\!-\!\text{OMe} & \text{H}\!-\!\text{C} \\
| & | & \| \\
\text{H}\!-\!\text{C}\!-\!\text{OH} & \text{H}\!-\!\text{C} & \text{C} \\
| & | & | \\
\text{CH}_2\text{OMe} & \text{CH}_2\text{OMe} & \text{CH}_2\text{OMe} \\
\text{(LXVII)} & & \text{(LXVIII)}
\end{array}
$$

3. Reductic Acid and Reductone.

The special chemical characteristics, the type of absorption spectrum and other typical properties found in ascorbic acid appear to depend mainly on the system of conjugated double bonds and the associated enolic hydroxyl groups and the presence of a definite lactone ring is not necessary for their development. This is well illustrated by reference to *reductic acid* (LXIX) and *reductone* (LXXIII) which simulate ascorbic acid, yet neither of them possesses a lactone ring. The former, first isolated by Thierfelder can be obtained by the action of hot dilute

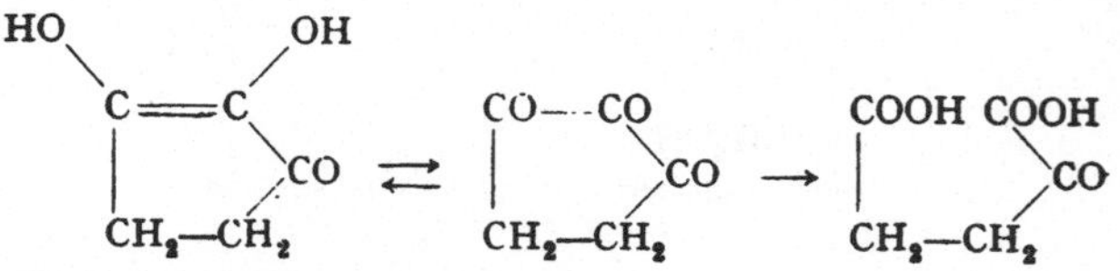

$$
\begin{array}{ccccc}
\text{HO}\quad\quad\text{OH} & & \text{CO}\!-\!\!-\!\text{CO} & & \text{COOH}\quad\text{COOH} \\
\text{C}\!=\!\text{C} & & | \quad\quad | & & | \quad\quad\quad | \\
| \quad\quad \text{CO} & \rightleftarrows & \quad\quad \text{CO} & \rightarrow & \quad\quad\quad \text{CO} \\
\text{CH}_2\!-\!\text{CH}_2 & & \text{CH}_2\!-\!\text{CH}_2 & & \text{CH}_2\!-\!\text{CH}_2 \\
\text{(LXIX). Reductic acid.} & & \text{(LXX)} & & \text{(LXXI)}
\end{array}
$$

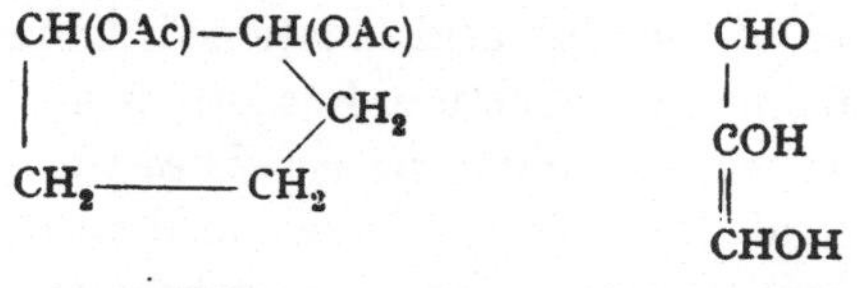

$$
\begin{array}{cc}
\text{CH(OAc)}\!-\!\text{CH(OAc)} & \text{CHO} \\
| \quad\quad\quad\quad \text{CH}_2 & | \\
\text{CH}_2\!-\!\!-\!\!-\!\text{CH}_2 & \text{COH} \\
& \| \\
& \text{CHOH} \\
\text{(LXXII)} & \text{(LXXIII). Reducton.}
\end{array}
$$

mineral acid on various carbohydrates, such as pectin, glycuronic and xylose. It has been studied by Reichstein (54) who showed that, like ascorbic acid, it undergoes reversible oxidation with iodine in aqueous solution, giving $1:2:3$-triketo *cyclo*-pentane (LXX). The structure of reductic acid is demonstrated by the course of its oxidation by silver carbonate, when the keto-acid (LXXI) is obtained and by the observation that when its diacetyl derivative is reduced, cyclo-pentyl acetate and the diacetyl (LXXII) derivative of *cis-cyclo*-pentane $1:2$ diol are produced.

Reductone (hydroxy methyl glyoxal, LXXIII) is formed by the action of aqueous alkali on carbohydrates. It resembles ascorbic acid in reducing power, in its acid function and in the character of its absorption spectrum, but neither it, nor reductic acid, displays antiscorbutic power. The resemblance between reductone and ascorbic acid is so strong that as a result of their work on this substance, VON EULER and MARTIUS (55) were led to suggest, but without experimental evidence, formula (I) (p. 136) for ascorbic acid, their paper appearing very shortly after the publication of HIRST (*18*).

Antiscorbutic Activity of Analogues of Ascorbic Acid.

It will be seen that already many analogues of ascorbic acid are available for physiological study and a large number of investigations has been undertaken with the view of correlating chemical constitution with biological activity. The fact that many of these analogues differ only in the stereochemical configuration of the groups attached to the α-furone ring, renders this field particularly suitable for such studies but no attempt can be made in this article to summarise the results achieved except in so far as they are related to the antiscorbutic activity of the analogues. Brief reference may be made, however, to an interesting generalisation which has come out of work by many investigators on the antiscorbutic activity of the various analogues of ascorbic acid, a summary of which, with full references, is given in a recent article by REICHSTEIN and DE-MOLE (56).

The simpler analogues such as reductone, reductic acid and the oxy tetronic acid (LXI) are devoid of antiscorbutic power. Of related substances which do not contain a ring system, only methyl 2-keto-l-gulonate (p. 150) is active, apparently because in the living organism it undergoes transformation into l-ascorbic acid and even in this case the free acid has no activity. Reference to Tables 1 and 2 (p. 148, 151) shows that of the true analogues of ascorbic acid which have been synthesised, d-arabo-ascorbic acid, l-rhamno-ascorbic acid, 6-desoxy-l-ascorbic acid, l-gluco-ascorbic acid, l-fuco-ascorbic acid and d-glucohepto-ascorbic acid, together with dehydro-l-ascorbic acid possess antiscorbutic power in varying but usually small degrees. The remaining synthetic analogues display no such activity. If now the constitutional formulae of the active substances be written down in accordance with the FISCHER-convention, it will be seen that in every case the lactone ring engages a hydroxyl group on $C_{(4)}$ which is directed towards the right. On the other hand, all analogues for which the lactone ring falls on the left are. inactive. Up to the present no exceptions to this empirical rule have been discovered and suggestions have been made [HAWORTH (*44*), REICHSTEIN (*57*)] that the configuration of the hydroxyl group attached to $C_{(4)}$ is of paramount importance, and that an essential condition for antiscorbutic activity may be that this hydroxyl should be on the right in the conventional formula.

But even when this condition is satisfied, a slight change in another part of the molecule is sufficient to destroy or gravely impair the activity. For instance, d-arabo-ascorbic acid differs from Vitamin C only in the configuration of the groups attached to $C_{(5)}$, yet its antiscorbutic power is only about 2 per cent of that of l-ascorbic acid and imino-l-ascorbic acid is quite inactive (for structure, compare formula XXXIX, p. 147). In the latter substance, the stereochemistry and essential ring structure are the same as those of Vitamin C, and the sole difference between these two substances lies in the substitution of the imino group $>$ NH for the ketonic oxygen attached to the α-furone ring in l-ascorbic acid. In this connection it is of interest that analogues of ascorbic acid in which the lactone ring is on the right of the carbon chain may be distinguished from those in which the ring falls to the left in the conventional formula by the higher rate of oxidation of the former by the oxidising enzyme system present in the cucumber [JOHNSON and ZILVA (*58*)].

References.

1. HOLST, A.: Journ. Hyg. (Brit.) **7**, 619 (1907). — HOLST, A. and T. FRÖHLICH: Journ. Hyg. (Brit.) **7**, 634 (1907). — HOLST, A. and T. FRÖKLICH: Ztschr. Hyg., Infekt.-Krankh. **72**, 1 (1912).

2. CHICK, H. and E. M. HUME: Trans. Roy. Soc. Trop. Med. a. Hyg. (London) **10**, 141 (1916/17); Proceed: Roy. Soc., London, B **90**, 44 (1917—19).

3. ZILVA, S. S.: Vitamins: A Survey of Present Knowledge. Medical Research Council Special Report No. 167, London, 1932, p. 198.

3a. — Antiscorbutic fraction of Lemon Juice. V. Biochemical Journ. **21**, 689 (1927).

4. TILLMANS, J.: Das antiskorbutische Vitamin. Ztschr. Unters. Lebensmittel **60**, 34 (1930). — TILLMANS, J. *et alii*: Das Reduktionsvermögen pflanzlicher Lebensmittel und seine Beziehung zum Vitamin C. Ztschr. Unters. Lebensmittel **63**, 1, 21, 241, 276, 287 (1932); **65**, 145 (1933).

5. SVIRBELY, J. L. and A. SZENT-GYÖRGYI: Hexuronic acid as the antiscorbutic Factor. Nature (London) **129**, 576, 690 (1932); Biochemical Journ. **26**, 865 (1932). — See also BIRCH, T. W., L. J. HARRIS, and S. N. RAY: Hexuronic acid as the antiscorbutic Factor and its Chemical determination. Nature (London) **131**, 273 (1933). — TILLMANS, J., P. HIRSCH u. R. VAUBEL: Das Reduktionsvermögen pflanzlicher Lebensmittel und seine Beziehung zum Vitamin C. VI. Die Reindarstellung des reduzierenden Stoffes aus Hagebutten und seine Identität mit Vitamin C. Ztschr. Unters. Lebensmittel **65**, 145 (1933).

6. SZENT-GYÖRGYI, A.: Observations on the function of Peroxidase systems and the chemistry of the Adrenal cortex. Biochemical Journ. **22**, 1387 (1928).

7. SVIRBELY, J. L. and A. SZENT-GYÖRGYI: Chemical nature of Vitamin-C. Biochemical Journ. **27**, 279 (1933).

8. HIRST, E. L. and S. S. ZILVA: Ascorbic Acid as the Antiscorbutic Factor. Biochemical Journ. **27**, 1271 (1933).

9. HARRIS, L. J. and S. N. RAY: Hexuronic (Ascorbic) acid as the antiscorbutic Factor. Biochemical Journ. **27**, 580 (1933).

10. REICHSTEIN, T., A. GRÜSSNER u. R. OPPENAUER: Synthese der d- und l-Ascorbinsäure (C-Vitamin). Helv. chim. Acta **16**, 1019 (1933).

11. HAWORTH, W. N., E. L. HIRST, and S. S. ZILVA: Physiological Activity of Synthetic Ascorbic Acid. Journ. chem. Soc. London **1934**, 1155.

12. WAUGH, W. A. and C. G. KING: Isolation and Identification of Vitamin C. Journ. biol. Chemistry **97**, 325 (1932).

13. SVIRBELY, J. L. and A. SZENT-GYÖRGYI: Chemical Nature of Vitamin C. Biochemical Journ. **27**, 279 (1933).

14. COX, E. G.: Crystalline structure of Hexuronic Acid. Nature (London) **130**, 205 (1932). — COX, E. G. and T. H. GOODWIN: The Crystalline Structure of the Sugars. III. Ascorbic Acid and Related Compounds. Journ. chem. Soc. London **1936**, 769. — COX, E. G. and E. L. HIRST: Constitution of Vitamin-C. Nature (London) **131**, 402 (1933).

15. KARRER, P., H. SALOMON, K. SCHÖPP u. R. MORF: Zur Kenntnis des antiskorbutischen Vitamins (Vitamin C). Helv. chim. Acta **16**, 181 (1933). — KARRER, P., H. SALOMON, R. MORF u. K. SCHÖPP: Antiscorbutic Vitamin (Vitamin C, ascorbic acid). Biochem. Ztschr. **258**, 4 (1933). — KARRER, P., G. SCHWARZENBACH u. K. SCHÖPP: Über Vitamin C. Helv. chim. Acta **16**, 302 (1933).

16. MICHEEL, F. u. K. KRAFT: Die Konstitution des Vitamins C. Ztschr. physiol. Chem. **215**, 215 (1933).

17. HERBERT, R. W., E. L. HIRST, E. G. V. PERCIVAL, R. J. W. REYNOLDS, and F. SMITH: The Constitution of Ascorbic Acid. Journ. chem. Soc. London **1933**, 1270.

17a. COX, E. G., E. L. HIRST, and R. J. W. REYNOLDS: Hexuronic Acid as the antiscorbutic Factor. Nature (London) **130**, 888 (1932).

18. HIRST, E. L.: Structure of ascorbic Acid. Journ. Soc. chem. Ind. **52**, 221 (1933).

19. AULT, R. G., W. N. HAWORTH, and E. L. HIRST: The Constitution of Ascorbic Acid. Action of Sodium Hypochlorite on α-Methoxy-acid Amides. Journ. chem. Soc. London **1934**, 1722.

20. MICHEEL, F. u. K. KRAFT: Die Konstitution des Vitamins C. Ztschr. physiol. Chem. **218**, 280 (1933).

21. BORSOOK, H., H. W. D. DAVENPORT, C. E. P. JEFFREYS, and R. C. WARNER: The oxidation of ascorbic acid and its reduction in vitro and in vivo. Journ. biol. Chemistry **117**, 237 (1937). — This paper contains a list of publications dealing with the *ionisation constants* and *oxidation-reduction potentials* of ascorbic acid and its oxidation products.

21a. BALL, E. G.: Studies on Oxidation-Reduction. XXIII. Ascorbic acid. Journ. biol. Chemistry **118**, 219 (1937).

21b. KARRER, P.: Vierteljahrschrift der naturforschenden Ges. in Zürich, **78**, 9 (1933).

22. OHLE, H. u. G. BÖCKMANN: d-Gluco-saccharosonsäure. III. Mitteilung: Die Phenylhydrazinverbindungen. Ber. Dtsch. chem. Ges. **67**, 1750 (1934). — OHLE, H. u. H. ERLBACH: d-Gluco-saccharosonsäure. II. Mitteilung: Die Konstitution der Gluco-saccharosonsäure und ihrer o-Phenylendiamin-Verbindung. Ber. Dtsch. chem. Ges. **67**, 555 (1934).

23. Vargha, L. von: Isopropylidene Hexuronic acid. Triphenylmethyl derivative of Vitamin C. Nature (London) **130**, 846 (1932); **131**, 363 (1933).

24. Reichstein, T., A. Grüssner u. W. Bosshard: Ein Abbau der Aceton-l-ascorbinsäure. Helv. chim. Acta **18**, 602 (1935).

25. Micheel, F. u. K. Hasse: Über die 2-Desoxy-l-ascorbinsäure. Ber. Dtsch. chem. Ges. **69**, 879 (1936).

26. Vargha, L. von: See reference No. *16*.

27. Haworth, W. N., E. L. Hirst, F. Smith and W. J. Wilson: Isomerisation of 2:3-Dimethyl-Ascorbic Acid. Journ. chem. Soc. London **1937**, 829.

28. Micheel, F. and K. Kraft: See reference No. *16*.

29. — u. R. Mittag: Zur Kenntnis des Vitamins C. Ztschr. physiol. Chem. **247**, 34 (1937).

30. Reichstein, T., A. Grüssner u. R. Oppenauer: Synthese der Ascorbinsäure und verwandter Verbindungen nach der Oson-Blausäure-Methode. Helv. chim. Acta **17**, 510 (1934).

31. Haworth, W. N. and E. L. Hirst: The Primary Product of the Synthesis of Ascorbic Acid and its Analogues. Helv. chim. Acta **17**, 520 (1934).

32. Micheel, F.: Zur Kenntnis der Ascorbinsäure (Vitamin C) und der Oxytetronsäure. Liebigs Ann. **519**, 70 (1935). — Zur Kenntnis der 2,3-Dimethyl-ascorbinsäure und der 2,3-Dimethyl-pseudo-ascorbinsäure. Liebigs Ann. **525**, 66 (1936).

33. Haworth, W. N., E. L. Hirst, and J. K. N. Jones: Gluco-ascorbic Acid. Journ. chem. Soc. London **1937**, 549.

34. Reichstein, T., A. Grüssner u. R. Oppenauer: Die Synthese der d-Ascorbinsäure (d-Form des C-Vitamins). Helv. chim. Acta **16**, 561, 1019 (1933). — Synthese der Ascorbinsäure und verwandter Verbindungen nach der Oson-Blausäure-Methode. Helv. chim. Acta **17**, 510 (1934).

35. Ault, R. G., D. K. Baird, H. C. Carrington, W. N. Haworth, R. W. Herbert, E. L. Hirst, E. G. V. Percival, F. Smith and M. Stacey: Synthesis of d- and of l-Ascorbic Acid and of Analogous Substances. Journ. chem. Soc. London **1933**, 1419. — Baird, D. K., W. N. Haworth, R. W. Herbert, E. L. Hirst, F. Smith, and M. Stacey: Ascorbic Acid and Synthetic Analogues. Journ. chem. Soc. London **1934**, 62.

36. Haworth, W. N., E. L. Hirst, J. K. N. Jones and F. Smith: Synthesis of Ascorbic Acid and its Analogues: The Addition of Hydrogen Cyanide to Osones. Journ. chem. Soc. London **1934**, 1192.

37. Steiger, M.: Synthese des l-Ribo-3-keto-heptonsäure-lactons (l-Allo-ascorbinsäure). Helv. chim. Acta **18**, 1252 (1935).

38. Reichstein, T., L. Schwarz u. A. Grüssner: Zur Kenntnis des Vitamins C. Synthese des 6-Methyl-l-arabo-3-keto-hexonsäure-lactons (l-Rhamno-ascorbinsäure). Helv. chim. Acta **18**, 353 (1935).

39. Details unpublished: see Reichstein, T. u. V. Demole: Festschrift für E. C. Barell, S. 136. Basel 1936.

40. Ohle, H., H. Erlbach u. H. Carls: d-Gluco-saccharosonsäure, ein Isomeres der Ascorbinsäure. I. Mitteilung: Darstellung und Eigenschaften. Ber. Dtsch. chem. Ges. **67**, 324 (1934). — d-Gluco-saccharosonsäure. II. Mitteilung: Die Konstitution der Gluco-saccharosonsäure und ihrer o-Phenylendiamin-Verbindung. Ber. Dtsch. chem. Ges. **67**, 555 (1934).

41. Maurer, K. u. B. Schiedt: Die Darstellung einer Säure $C_6H_8O_6$ aus Glucose, die in ihrer Reduktionskraft der Ascorbinsäure gleicht (vorläufige Mitteilung). Ber. Dtsch. chem. Ges. **66**, 1054 (1933). — Zur Darstellung des Iso-Vitamins C (d-Arabo-ascorbinsäure) (II. Mitteilung). Ber. Dtsch. chem. Ges. **67**, 1239 (1934).

42. REICHSTEIN, T. u. A. GRÜSSNER: Eine ergiebige Synthese der l-Ascorbinsäure (C-Vitamin). Helv. chim. Acta 17, 311 (1934).

43. SCHLUBACH, H. u. J. VORWERK: Untersuchungen über l-Sorbose (I. Mitteilung). Ber. Dtsch. chem. Ges. 66, 1251 (1933).

44. HAWORTH, W. N.: Nature (London) 134, 724 (1934).

45. REICHSTEIN, T.: l-Adonose (l-Erythro-2-keto-pentose). Helv. chim. Acta 17, 996 (1934). — Derivate der 2-keto-l-ribonsäure und ihre Umlagerung in 3-Keto-l-pentonsäure-lacton, einen ascorbinsäureähnlichen Stoff der C_5-Reihe. Helv. chim. Acta 17, 1003 (1934).

46. MÜLLER, H. u. T. REICHSTEIN: Synthese der 6-Desoxy-l-ascorbinsäure. Helv. chim. Acta 21, 273 (1938). — DEMOLE, V.: Antiscorbutische Wirksamkeit der 6-Desoxy-l-ascorbinsäure. Helv. chim. Acta 21, 277 (1938).

47. HELFERICH, B. u. O. PETERS: Eine neue Ascorbinsäuresynthese. Ber. Dtsch. chem. Ges. 70, 465 (1937).

48. MICHEEL, F. u. F. JUNG: Über die Oxy-tetronsäure, den einfachsten Stoff vom Typ der Ascorbinsäure (vorläufige Mitteilung). Ber. Dtsch. chem. Ges. 66, 1291 (1933).

49. PRYDE, J. and R. WILLIAMS: Biochemistry and Physiology of Glycuronic acid. II. Methylation of Glycurone of animal origin. Biochemical Journ. 27, 1205 (1933); PRYDE, J.: Journ. Soc. chem. Ind. 57, 449 (1938).

50. SCHMIDT, O. T., H. ZEISER u. H. DIPPOLD: Über die Einwirkung von Diazomethan auf Zuckersäure. Ber. Dtsch. chem. Ges. 70, 2402 (1937).

51. SMITH, F.: Journ. Soc. chem. Ind. 57, 449 (1938).

52. CLUTTERBUCK, P. W., H. RAISTRICK, and F. REUTER: Studies in the Biochemistry of micro-organisms. XLI. The molecular constitution of Carolic and Carolinic Acids. XLIII. The molecular constitution of Carlic and Carlosic acids. XLV. l-γ-Methyl tetronic acid, with observations on the formation and structure of Ramigenic and Verticillic Acids. Biochemical Journ. 29, 300, 871, 1300 (1935).

53. HAWORTH, W. N., E. L. HIRST, and J. K. N. JONES: Analogues of Ascorbic Acid containing Six-membered Rings. Journ. chem. Soc. London 1938, 710.

54. REICHSTEIN, T. u. R. OPPENAUER: Reduktinsäure, ein stark reduzierendes Abbauprodukt aus Kohlehydraten. Helv. chim. Acta 16, 988 (1933).

55. EULER, H. VON u. C. MARTIUS: Über ein hochreduzierendes Zuckerderivat (Redukton). Svensk Kem. Tidskr. 45, 73 (1933).

56. REICHSTEIN, T. u. V. DEMOLE: Festschrift für E. C. BARELL, S. 107. Basel 1936. — See also references cited under the individual substances, and also the following: DEMOLE, V.: Physiological action of ascorbic acid and related compounds. Biochemical Journ. 28, 770 (1934). — ZILVA, S. S.: Behaviour of l-Ascorbic Acid and chemically related compounds in the animal body. Antiscorbutic activity in relation to retention by the organism. Biochemical Journ. 29, 1612 (1935) — HAWORTH, W. N., E. L. HIRST and S. S. ZILVA: Physiological Activity of Synthetic Ascorbic Acid. Journ. chem. Soc. London 1934, 1155. — DALMER, O. u. T. MOLL: Zur Frage der antiskorbutischen Wirksamkeit ascorbinsäureähnlicher Verbindungen. Ztschr. physiol. Chem. 222, 116 (1933).

57. REICHSTEIN, T.: Nature (London) 134, 724 (1934). See also reference No. 56.

58. JOHNSON, S. W. and S. S. ZILVA: The relation between the rate of enzymic oxydation and the stereochemical structure of ascorbic acid and its analogues. Biochemical Journ. 31, 1366 (1937).

(Received, December 8, 1938.)

Neuere Richtungen der Oligosaccharid-Synthese.

Von **G. ZEMPLÉN**, Budapest.

(Mit 2 Abbildungen.)

I. Synthesen aus Acetohalogen-Verbindungen mit Hilfe von Silberoxyd oder Silbercarbonat.

Oligosaccharide vom Typus der Trehalose.

Die erste Synthese dieser Art führte zu der *Octaacetylverbindung* der *β-β-Trehalose* (I).

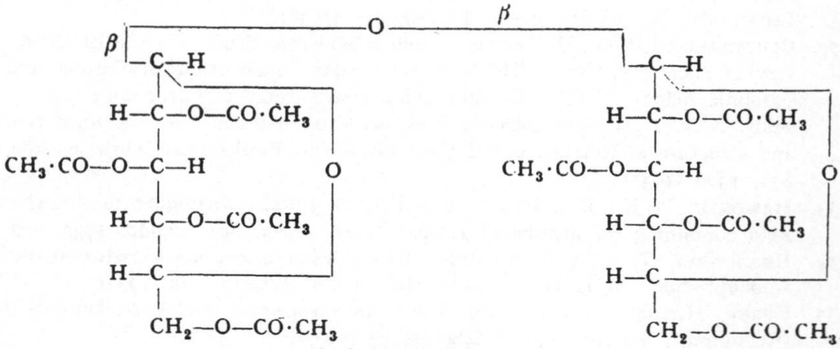

$$
\begin{array}{c}
\beta \qquad\qquad\qquad O \qquad\qquad \beta \\
\text{—C—H} \qquad\qquad\qquad\qquad \text{—C—H} \\
\text{H—C—O—CO·CH}_3 \qquad\qquad \text{H—C—O—CO·CH}_3 \\
\text{CH}_3\text{·CO—O—C—H} \quad O \qquad \text{CH}_3\text{·CO—O—C—H} \quad O \\
\text{H—C—O—CO·CH}_3 \qquad\qquad \text{H—C—O—CO·CH}_3 \\
\text{H—C} \qquad\qquad\qquad \text{H—C} \\
\text{CH}_2\text{—O—CO·CH}_3 \qquad\qquad \text{CH}_2\text{—O—CO·CH}_3
\end{array}
$$

(I). Octaacetyl-β-β-trehalose.

Sie entstand zuerst als Nebenprodukt bei der Darstellung von *2,3,4,6-Tetraacetyl-d-glykose* (II),

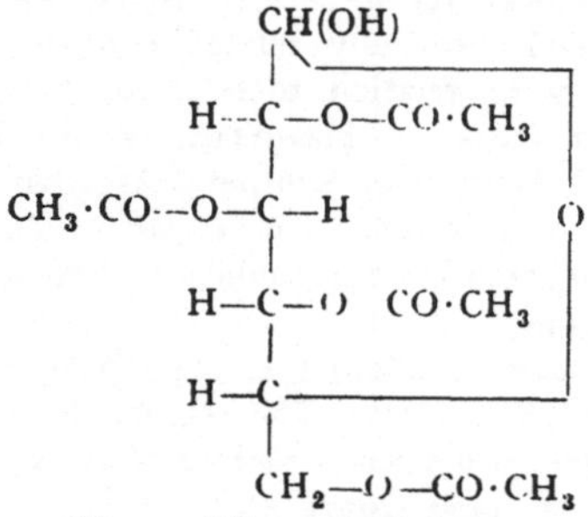

$$
\begin{array}{c}
\text{CH(OH)} \\
\text{H—C—O—CO·CH}_3 \\
\text{CH}_3\text{·CO—O—C—H} \quad O \\
\text{H—C—O CO·CH}_3 \\
\text{H—C} \\
\text{CH}_2\text{—O—CO·CH}_3
\end{array}
$$

(II). 2,3,4,6-Tetraacetyl-d-glykose.

also durch Einwirkung von *Silbercarbonat* auf *Acetobrom-glykose* (III) in feuchtem Äther [FISCHER und DELBRÜCK (*1*)].

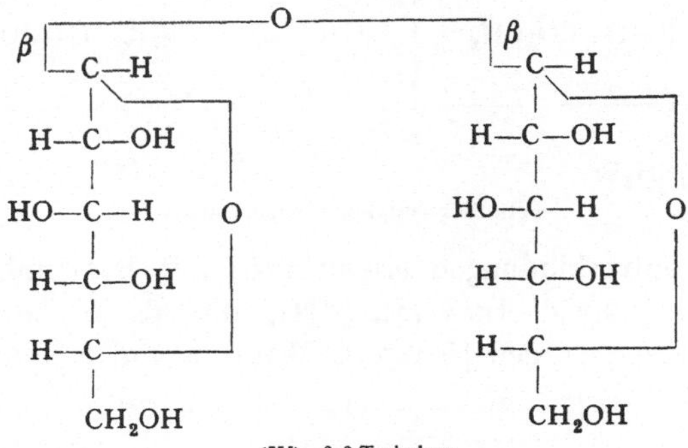

(III). Acetobrom-glykose.

Die Verseifung führte damals zu einem amorphen Produkt. Durch peinlichen Ausschluß jeder Feuchtigkeitsspuren konnte man später aus obiger *Tetraacetyl-d-glykose* (II) und *Acetobromglykose* (III) in Chloroformlösung mit Silbercarbonat in Gegenwart von Chlorcalcium in einer Ausbeute von 50% die *Octaacetylverbindung* (I) gewinnen. Daraus wurde dann bei der Verseifung nach ZEMPLÉN (*55*) die freie *β-β-Trehalose* (IV) ebenfalls kristallisiert erhalten (*2*).

(IV). *β-β-Trehalose.*

Die Übertragung der obigen Reaktion auf *Acetobromlaktose* (*3*) sowie *Acetobromcellobiose* (*4*) in Chloroformlösung mit Silbercarbonat führte zu amorphen Produkten, die aber sicher *Tetrasaccharide vom Typus der Trehalose* enthielten.

Später untersuchte ich nochmals eingehend die in größerem Maßstab (mit 120 g Acetobromcellobiose) ausgeführte Reaktion und fand, daß die dabei entstehende, hochmolekulare Substanz ein Reduktionsvermögen besitzt, das nicht mit einer Beimengung von Heptaacetylcellobiose zu erklären ist. Die Substanz reduziert nach der Verseifung mit Natriummethylat 14% und nach der Hydrolyse mit 5proz. Salzsäure: 65% (Glykose = 100%). Sie erinnert in ihren Eigenschaften an die höheren

Reversionsprodukte der Glykose, die bei der Hydrolyse mit Säuren nicht
mehr vollständig in Glykose überführbar sind (5).

Die Verfolgung derselben Reaktion mit *Acetodibromglykose(1,6)* (V)

<pre>
        H—C—Br
            |
        H—C—O—CO·CH₃
            |
CH₃·CO—O—C—H   O
            |
        H—C—O—CO·CH₃
            |
        H— C—————————
            |
        CH₂Br
</pre>

(V). Acetodibrom-glykose(1,6).

führte zu zwei kristallisierten *Hexaacetyl-6,6′-dibrom-biosen* vom *Tre-halosetyp* (VI).

<pre>
CH————————O————————CH
  | |
H—C—O—CO·CH₃   H—C—O—CO·CH₃
  | |
CH₃·CO—O—C—H   O   CH₃·CO—O—C—H   O
  | |
H—C—O—CO·CH₃   H—C—O—CO·CH₃
  | |
H—C————   H—C————
  | |
CH₂Br   CH₂Br
</pre>

(VI). Hexaacetyl-6,6′-dibrom-biosen.

Aus diesen Bromverbindungen erhielt man mit Baryumhydroxyd die
entsprechenden *3,6,3′,6′-Anhydride* (VII), die als *Diglucan* und *Iso-diglucan* bezeichnet wurden [KARRER, WIDMER und SMIRNOFF (6)].

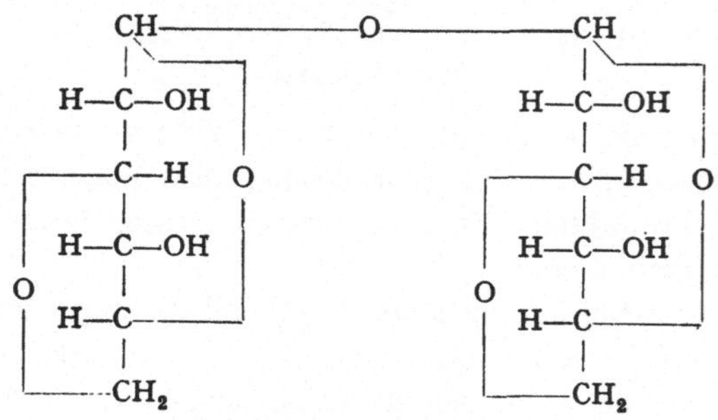

(VII). Diglucan bzw. Iso-diglucan.

Diaceton-mannose (VIII) läßt sich mit dem durch Einwirkung von Phos-phorpentachlorid oder Thionylchlorid entstehenden *Diaceton-mannose-1-chlorhydrin* (IX) in Gegenwart von Silbercarbonat zu einer kristallisierten

(VIII). Diaceton-mannose.

(IX). Diaceton-mannose-1-chlorhydrin.

Diaceton-mannosido-diaceton-mannose (X) vom *Trehalosetyp* vereinigen [FREUDENBERG und Mitarbeiter (7, 8)]. Die Acetongruppen lassen sich mit 0,01proz. Schwefelsäure abspalten, wobei die sirupöse *Mannosido-1-mannose* entsteht. Die Konfiguration der Kohlenstoffatome 1,1′ ist noch unbekannt.

(X). Diaceton-mannosido-diaceton-mannose.

Synthesen mit Hilfe von Tritylverbindungen.

Einen großen Fortschritt bei den Silberoxyd-synthesen bedeutete die *Kupplung der Acetobromzucker mit in 6-Stellung freien, aber sonst völlig acetylierten Zuckern oder Glykosiden.* Als erstes Beispiel der Synthesen ähnlicher Art wurde die *Gentiobiose* aufgebaut [HELFERICH und KLEIN (9)]. Zunächst wurde Glykose in Gegenwart von Pyridin mit *Triphenyl-chlormethan* in die *6-Triphenylmethyl-β-glykose* (XI) übergeführt (10).

(XI). 6-Triphenylmethyl-β-glykose.

Ohne diese Verbindung in reinem Zustand zu isolieren, wird das Reaktionsgemisch direkt mit Essigsäureanhydrid acetyliert, wobei die *1,2,3,4-Tetraacetyl-6-triphenylmethyl-β-d-glykose* (XII) gewonnen wurde (9).

$$CH_3 \cdot CO—O—C—H$$
$$H—C—O—CO \cdot CH_3$$
$$CH_3 \cdot CO—O—C—H \qquad O$$
$$H—C—O—CO \cdot CH_3$$
$$H—C$$
$$\qquad\qquad C_6H_5$$
$$CH_2—O—C—C_6H_5$$
$$\qquad\qquad C_6H_5$$

(XII). 1,2,3,4-Tetraacetyl-6-triphenylmethyl-β-d-glykose.

Der Triphenylmethylrest wird jetzt bei 0° mit Bromwasserstoff in Eisessig, noch besser durch Erwärmen mit 80proz. Essigsäure [KUHN, RUDY und WEYGAND (*10a*)] abgespalten, wobei die *β-1,2,3,4-Tetraacetyl-d-glykose* (XIII) entsteht [HELFERICH und KLEIN (9)].

$$CH_3 \cdot CO—O—C—H$$
$$H—C—O—CO \cdot CH_3$$
$$CH_3 \cdot CO—O—C—H \qquad O$$
$$H—C—O—CO \cdot CH_3$$
$$H—C$$
$$CH_2OH$$

(XIII). β-1,2,3,4-Tetraacetyl-d-glykose.

2 Mole der letzteren Substanz werden mit 1 Mol *Acetobromglykose* (III, S. 161) in trockenem Chloroform gelöst und mit einem Überschuß von Silberoxyd bei Zimmertemperatur geschüttelt, bis in der Lösung kein Brom mehr nachgewiesen werden kann. Die Dauer des Schüttelns wechselt zwischen 3—7 Stunden und mehr, sie ist wesentlich auch von der Art des Silberoxyds abhängig. Da in der Regel die Ausbeute an Kupplungsprodukt bei diesen und vielen analogen Reaktionen mit Acetohalogenzuckern um so besser ist, je schneller die Reaktion beendet wird, ist in (9) die Darstellungsweise des Silberoxyds angegeben worden, mit der stets gute Resultate erzielt werden können.

Die Ausbeuten bei den damals ausgeführten Synthesen waren bescheiden weil aus dem Sauerstoff des Silberoxyds und aus dem Wasserstoff von je zwei freien Hydroxylen bei der Reaktion sich Wasser bildet. Durch Bindung des entstehenden Wassers mit Chlorcalcium und durch

Zusatz von Jod zur Beschleunigung der Reaktion konnten die Ausbeuten wesentlich erhöht werden [HELFERICH, BOHM und WINKLER *(11)*]. Noch besser gelingt die Entwässerung des Reaktionsgemisches mit völlig bei 240° getrocknetem Calciumsulfat, wobei die *β-Oktaacetyl-gentiobiose* (XIV) in Ausbeuten von 80% erhalten werden konnte [REYNOLDS und EVANS *(12)*].

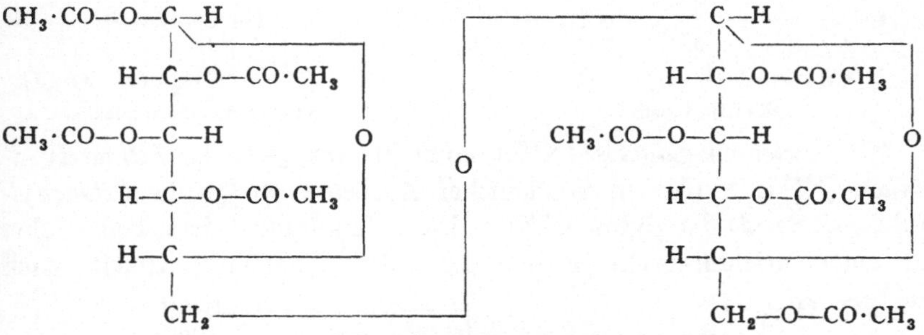

$$CH_3 \cdot CO—O—C—H \qquad\qquad\qquad\qquad\qquad C—H$$
$$H—C—O—CO \cdot CH_3 \qquad\qquad\qquad\qquad H—C—O—CO \cdot CH_3$$
$$CH_3 \cdot CO—O—C—H \qquad O \qquad\qquad CH_3 \cdot CO—O—C—H \qquad O$$
$$O$$
$$H—C—O—CO \cdot CH_3 \qquad\qquad\qquad H—C—O—CO \cdot CH_3$$
$$H—C \qquad\qquad\qquad\qquad\qquad\qquad H—C$$
$$CH_2 \qquad\qquad\qquad\qquad\qquad\qquad CH_2—O—CO \cdot CH_3$$

(XIV). β-Octaacetyl-gentiobiose.

Auf Grund derselben Reaktion konnte aus *β-1,2,3,4-Tetraacetyl-d-glykose* (XIII) und *α-Acetobromxylose* (XV) *(13)* die *Heptaacetyl-primverose* (XVI) und daraus durch Entfernen der Acetyle die freie Primverose synthetisiert werden [HELFERICH und RAUCH *(14)*].

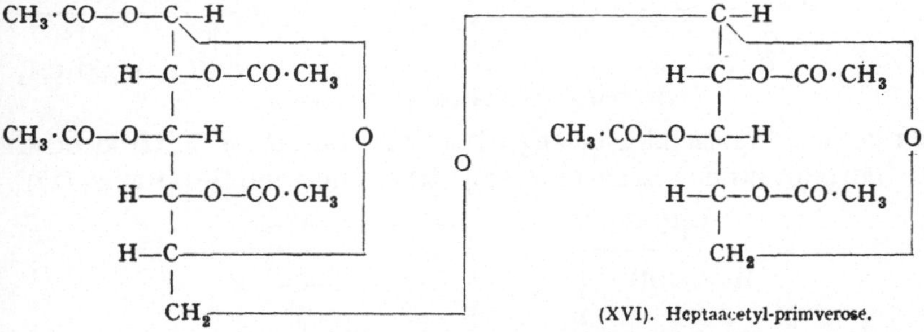

$$CH_3 \cdot CO—O—C—H \qquad\qquad\qquad\qquad\qquad C—H$$
$$H—C—O—CO \cdot CH_3 \qquad\qquad\qquad\qquad H—C—O—CO \cdot CH_3$$
$$CH_3 \cdot CO—O—C—H \qquad O \qquad\qquad CH_3 \cdot CO—O—C—H \qquad O$$
$$O$$
$$H—C—O—CO \cdot CH_3 \qquad\qquad\qquad H—C—O—CO \cdot CH_3$$
$$H—C \qquad\qquad\qquad\qquad\qquad\qquad CH_2$$
$$CH_2$$

(XVI). Heptaacetyl-primverose.

Durch Kupplung der erwähnten *β-Tetraacetyl-d-glykose* mit *α-Acetobrom-arabinose* (XVII) entstand in bescheidener Ausbeute *Heptaacetyl-6-β-1-arabinosido-d-glykose*, welche bei der Verseifung die *Vicianose* (XVIII) ergab *(15)*.

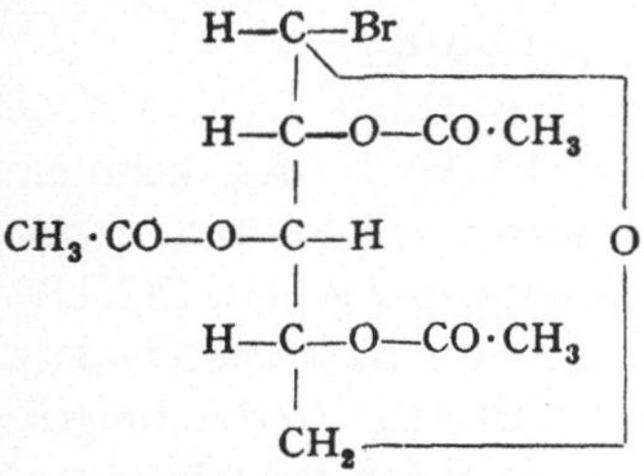

$$H—C—Br \qquad\qquad\qquad\qquad\qquad\qquad H—C—Br$$
$$H—C—O—CO \cdot CH_3 \qquad\qquad\qquad\qquad H—C—O—CO \cdot CH_3$$
$$CH_3 \cdot CO—O—C—H \qquad O \qquad\qquad CH_3 \cdot CO—O—C—H \qquad O$$
$$H—C—O—CO \cdot CH_3 \qquad\qquad\qquad CH_3 \cdot CO—O—C—H$$
$$CH_2 \qquad\qquad\qquad\qquad\qquad\qquad CH_2$$

(XV). α-Acetobrom-xylose. 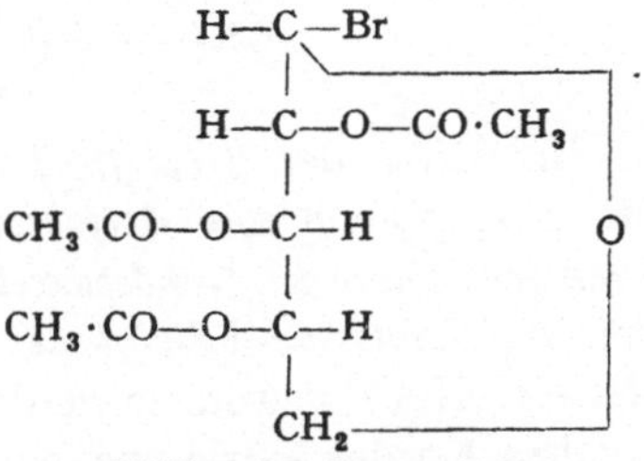   (XVII). α-Acetobrom-arabinose.

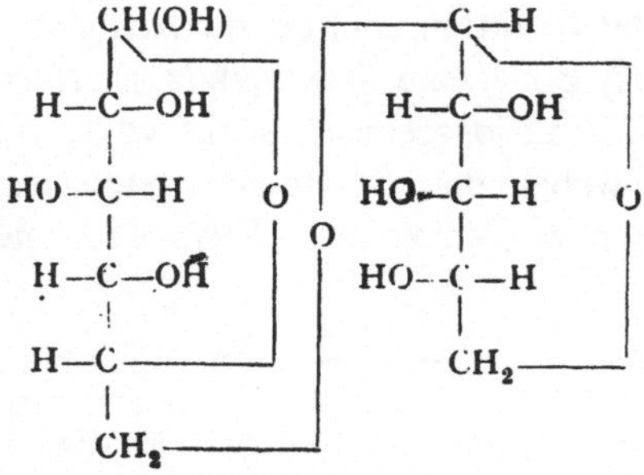

CH(OH)
H—C—OH
HO—C—H   O
H—C—OH
H—C
CH₂

(XVIII). Vicianose.

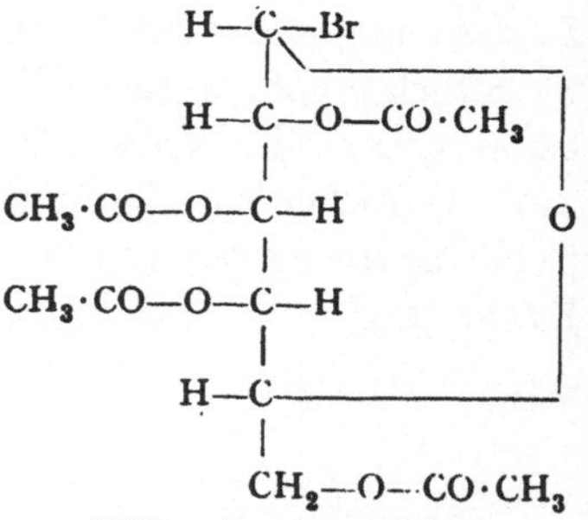

C—H
H—C—OH
HO—C—H   O
HO—C—H
CH₂

H—C—Br
H—C—O—CO·CH₃
CH₃·CO—O—C—H   O
CH₃·CO—O—C—H
H—C
CH₂—O—CO·CH₃

(XIX). α-Acetobrom-galaktose.

Mit *Acetobrom-galaktose* (XIX) entsteht aus *β-1,2,3,4-Tetraacetyl-d-glykose* (XIII, S. 164) in vorzüglicher Ausbeute (70%) die *Octaacetyl-6-β-d-galaktosido-β-d-glykose* (XX). Die Verseifung derselben führt zu einer kristallisierten Biose, die aller Wahrscheinlichkeit nach

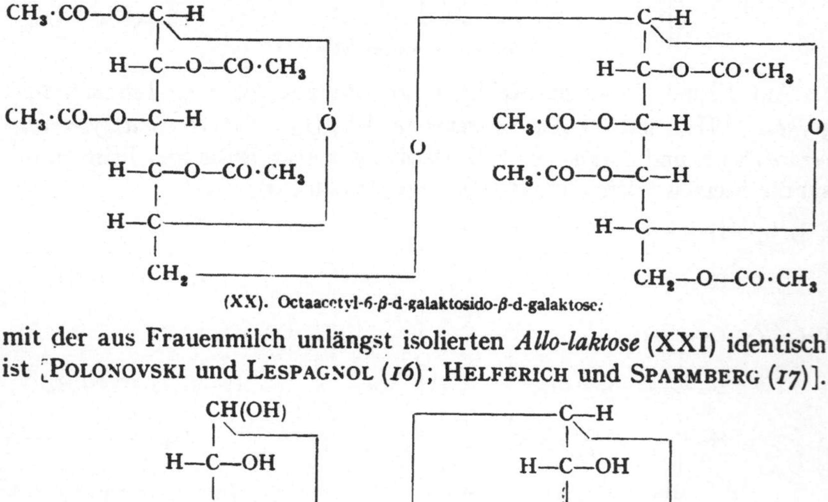

CH₃·CO—O—C—H
H—C—O—CO·CH₃
CH₃·CO—O—C—H   O
H—C—O—CO·CH₃
H—C
CH₂

C—H
H—C—O—CO·CH₃
CH₃·CO—O—C—H   O
CH₃·CO—O—C—H
H—C
CH₂—O—CO·CH₃

(XX). Octaacetyl-6-β-d-galaktosido-β-d-galaktose.

mit der aus Frauenmilch unlängst isolierten *Allo-laktose* (XXI) identisch ist [POLONOVSKI und LESPAGNOL (*16*); HELFERICH und SPARMBERG (*17*)].

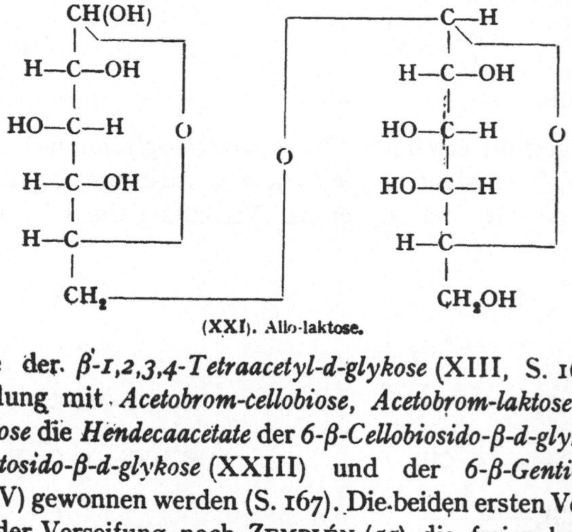

CH(OH)
H—C—OH
HO—C—H   O
H—C—OH
H—C
CH₂

C—H
H—C—OH
HO—C—H   O
HO—C—H
H—C
CH₂OH

(XXI). Allo-laktose.

Mit Hilfe der *β-1,2,3,4-Tetraacetyl-d-glykose* (XIII, S. 164) konnten durch Kupplung mit *Acetobrom-cellobiose*, *Acetobrom-laktose* und *Acetobrom-gentiobiose* die *Hendecaacetate* der *6-β-Cellobiosido-β-d-glykose* (XXII), der *6-β-Laktosido-β-d-glykose* (XXIII) und der *6-β-Gentiobiosido-β-d-glykose* (XXIV) gewonnen werden (S. 167). Die beiden ersten Verbindungen ergaben bei der Verseifung nach ZEMPLÉN (*55*) die freien kristallisierten

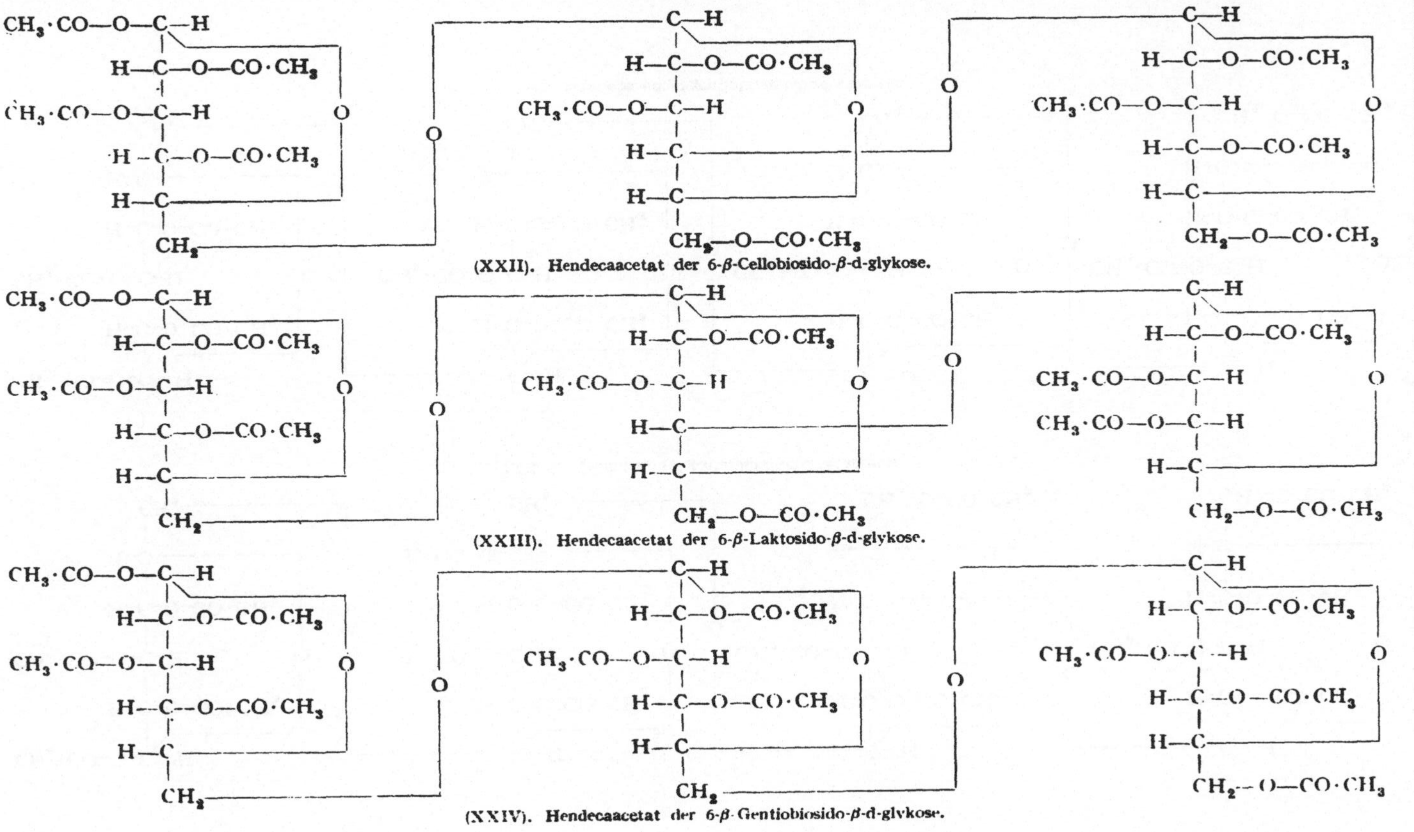
(XXII). Hendecaacetat der 6-β-Cellobiosido-β-d-glykose.
(XXIII). Hendecaacetat der 6-β-Laktosido-β-d-glykose.
(XXIV). Hendecaacetat der 6-β-Gentiobiosido-β-d-glykose.

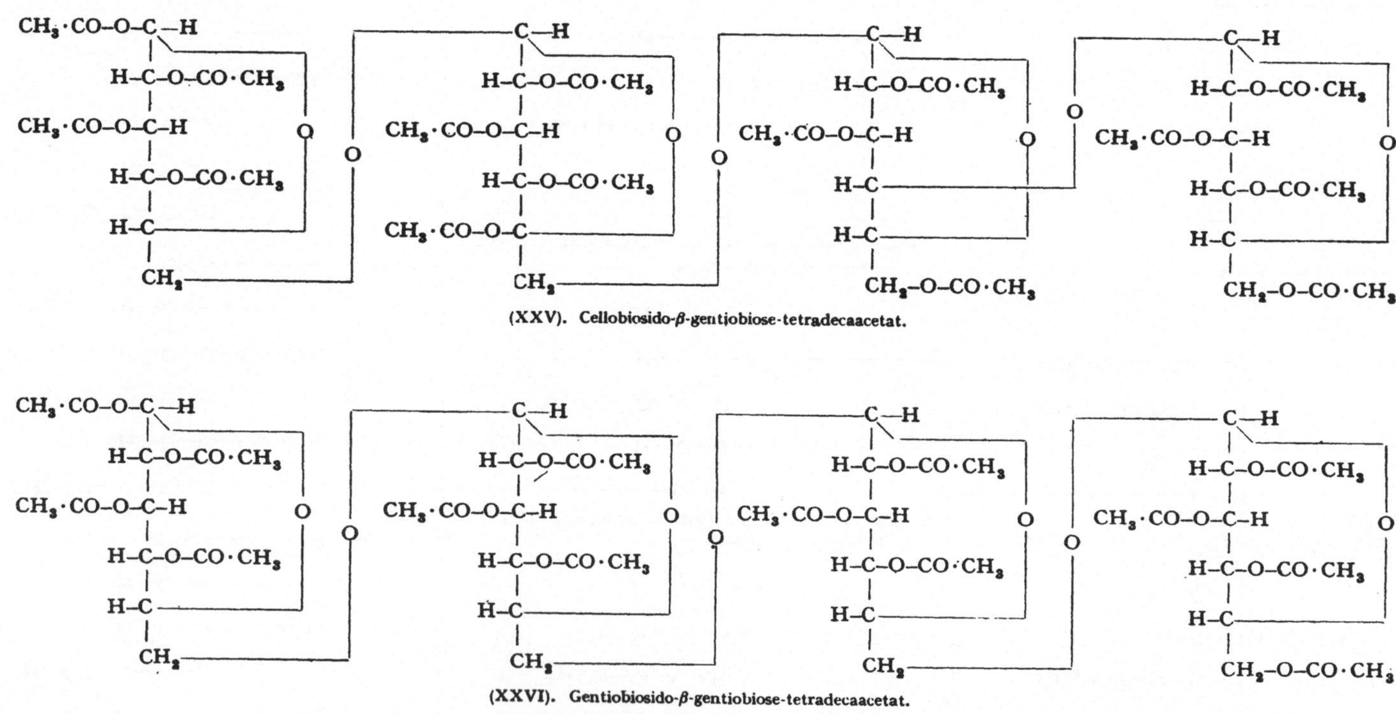
(XXV). Cellobiosido-β-gentiobiose-tetradecaacetat.
(XXVI). Gentiobiosido-β-gentiobiose-tetradecaacetat.

Trisaccharide (18). Später konnte durch Anwendung von Chlorcalcium und Jod das *6-β-Gentiobiosido-β-d-glykose-hendecaacetat* in rund 60proz. Ausbeute gewonnen werden (*19*). Durch Einwirkung der Acetobromverbindungen der synthetischen Trisaccharide auf *β-1,2,3,4-Tetraacetyl-d-glykose* wurden dann die Peracetate der Tetrasaccharide *Cellobiosido-β-gentiobiose* (XXV) und *Gentiobiosido-β-gentiobiose* (XXVI) dargestellt [HELFERICH und BREDERECK (*20*); HELFERICH und GOETZ (*21*)].

Synthesen mit Acetonverbindungen.

Acetonierte Zucker wurden ebenfalls erfolgreich zur Synthese von Di- und Trisacchariden herangezogen. Als Beispiele seien die folgenden Fälle erwähnt. Das 6-Hydroxyl der *Diaceton-d-galaktose* (XXVII)

(XXVII). Diaceton-d-galaktose.

ist zur Umsetzung mit *Acetobrom-glykose* (III) in Tetrachlormethanlösung in Gegenwart von Silberoxyd befähigt, wobei *Tetraacetyl-6-β-d-glykosido-diaceton-d-galaktose* (XXVIII) entsteht [FREUDENBERG, NOE und KNOPF (*22*)]. Diese wird durch Baryt zur *Diacetonverbindung der Biose* (XXIX) *verseift:*

(XXVIII). Tetracetyl-6-β-d-glykosido-diaceton-d-galaktose.

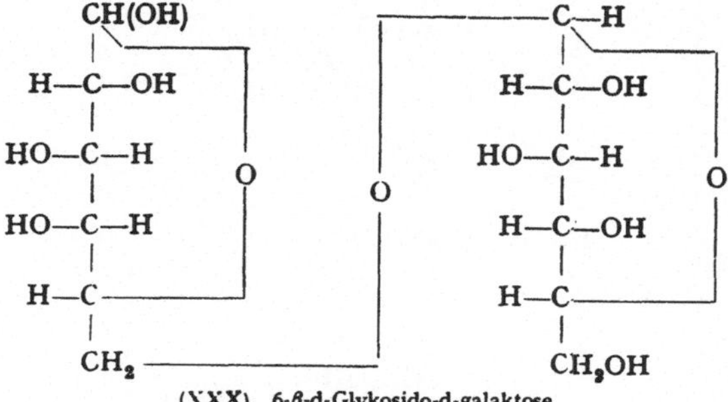

(XXIX). 6-β-d-Glykosido-diaceton-d-galaktose.

Durch Abspaltung der Acetonreste mit sehr verdünnter Schwefelsäure konnte die *6-β-d-Glykosido-d-galaktose* (XXX) kristallisiert gewonnen werden.

(XXX). 6-β-d-Glykosido-d-galaktose.

Die analoge Umsetzung der *Diaceton-d-galaktose* gelingt in Chloroformlösung mit *Acetobrom-cellobiose* (XXXI). Zunächst entsteht *Hepta-acetyl-cellobiosido-β-6-diaceton-d-galaktose* (XXXII) (*23*), die bei der Verseifung eine sirupöse *Cellobiosido-diaceton-β-6-galaktose* gibt. Nach Abspaltung der Acetongruppe konnte die freie *Triose*, nämlich *Cellobiosido-β-6-galaktose* (XXXIII) in Kristallen isoliert werden.

(XXXI). Acetobrom-cellobiose.

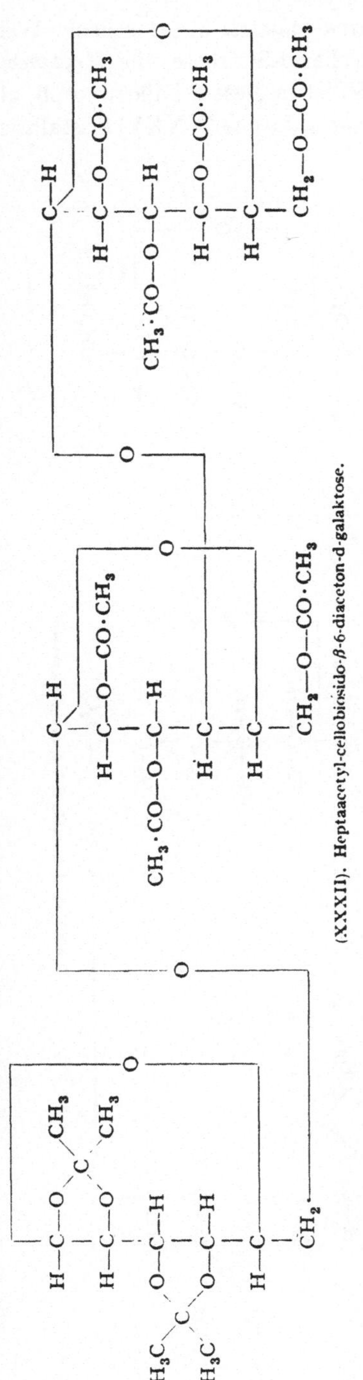

(XXXII). Heptaacetyl-cellobiosido-β-6-diaceton-d-galaktose.

(XXXIII). Cellobiosido-β-6-galaktose.

Acetobrom-laktose reagiert mit *Diaceton-galaktose* in der gleichen Weise. Das erste Zwischenprodukt der Trisaccharid-Synthese, die *Heptaacetyl-laktosido-β-6-diaceton-galaktose* (XXXIV) ist in diesem Falle amorph, aber die daraus bereitete *Laktosido-diaceton-β-6-galaktose* (XXXV) kristallisiert.

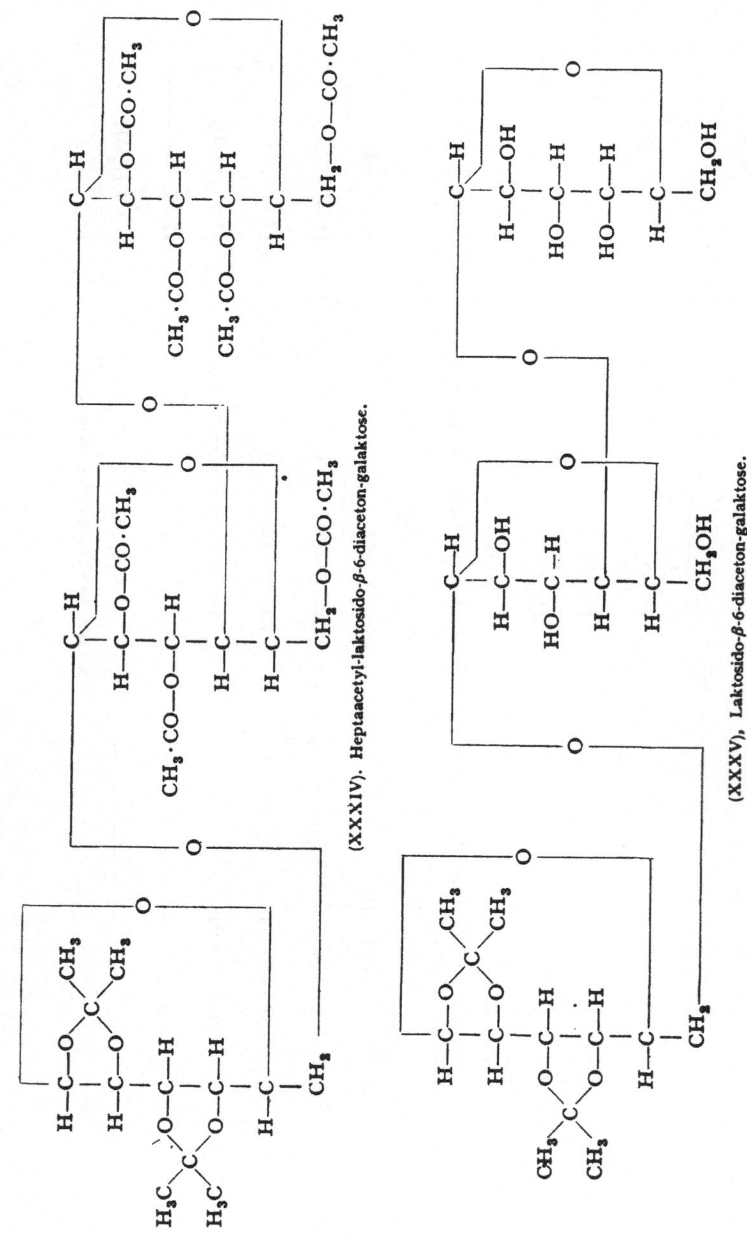

Durch Abspaltung der beiden Acetongruppen entsteht die *Laktosido-β-6-galaktose* (XXXVI) als Sirup.

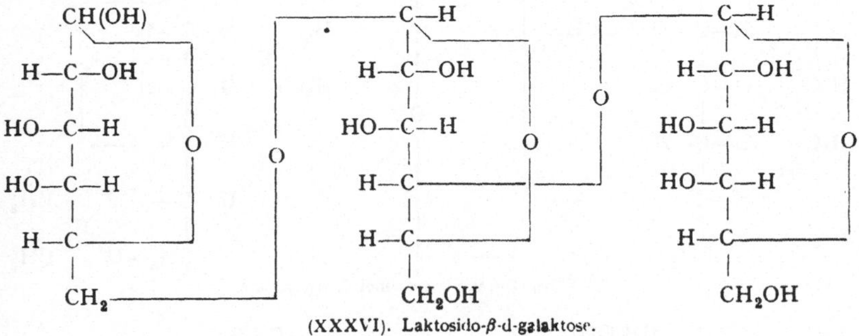

(XXXVI). Laktosido-β-d-galaktose.

Die Wechselwirkung zwischen *Diaceton-galaktose* und *Acetobrom-galaktose* (XIX, S. 166) verläuft gleichfalls normal. Aus der kristallisierten *Tetraacetyl-galaktosido-β-6-diaceton-galaktose* (XXXVII) wurde die ebenfalls kristallisierte *Galaktosido-β-6-galaktose* (XXXVIII) bereitet.

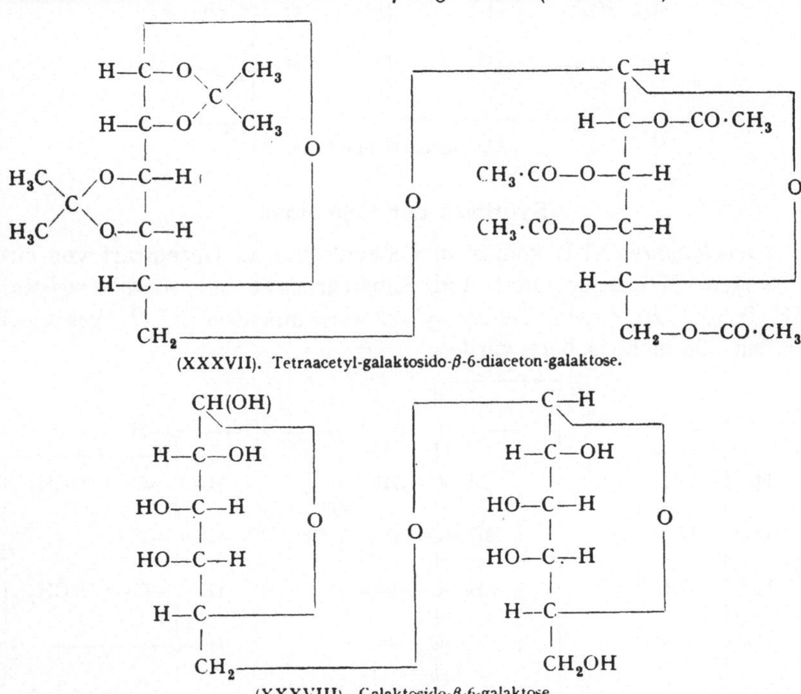

(XXXVII). Tetraacetyl-galaktosido-β-6-diaceton-galaktose.

(XXXVIII). Galaktosido-β-6-galaktose.

Diaceton-mannose-1-chlorhydrin (IX, S. 163) wurde mit *Diaceton-d-galaktose* zum destillierbaren *Tetraaceton-Derivat* einer *Mannosido-6-galaktose* (XXXIX) umgesetzt, die nach Abspaltung der Acetongruppen kristallisiert gewonnen wurde (XL, S. 174).

(XXXIX). Tetraaceton-mannosido-6-galaktose.

(XL). Mannosido-6-galaktose.

Synthese der Cellobiose.

Lävoglykosan (XLI) konnte in Dioxanlösung in Gegenwart von entwässertem Magnesiumsulfat und Silbercarbonat mit *Acetobromglykose* (III, S. 161) zu einem *Tetraacetyl-cellobiose-anhydrid* (XLII) gekuppelt werden, die nicht isoliert wurde.

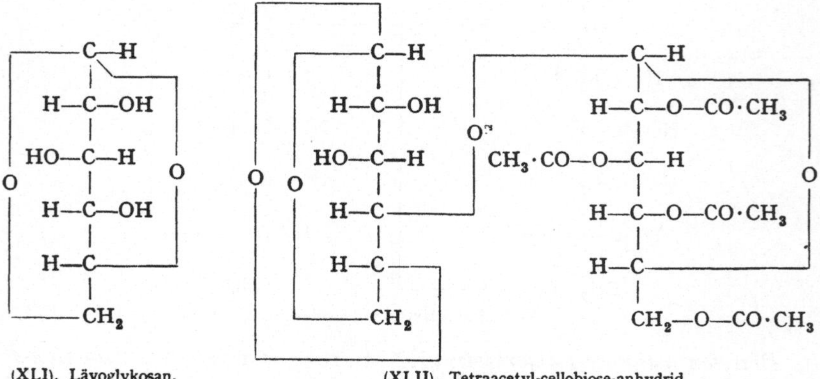

(XLI). Lävoglykosan. (XLII). Tetraacetyl-cellobiose-anhydrid.

Der Anhydrid-ring kann mit 50proz. Schwefelsäure bei Zimmertemperatur in 20 Stunden aufgespalten werden, und aus dem Reaktions-

gemisch läßt sich dann mit Essigsäureanhydrid und Schwefelsäure die
α-Octaacetyl-cellobiose (XLIII) in geringen Mengen, aber in einem sicher
ausführbaren Arbeitsgang gewinnen [FREUDENBERG und NAGAI (*24*)].

$$H-C\quad O-CO\cdot CH_3$$
$$H-C-O-CO\cdot CH_3$$
$$CH_3\cdot CO-O-C-H \qquad O$$
$$H-C$$
$$H-C$$
$$CH_2-O-CO\cdot CH_3$$

$$C-H$$
$$H-C-O-CO\cdot CH_3$$
$$CH_3\cdot CO-O-C-H \qquad O$$
$$H-C-O-CO\cdot CH_3$$
$$H-C$$
$$CH_2-O-CO\cdot CH_3$$

(XLIII). α-Octaacetyl-cellobiose.

Synthese der Melibiose.

Aus der gewöhnlichen *α-Acetobrom-d-galaktose* (XIX) entsteht beim
Zusammenschmelzen mit Chinolin und Phenol in erheblicher Menge ein
Tetraacetyl-phenol-d-galaktosid, das verschieden von der mit Natrium-
phenolat hergestellten *β*-Verbindung (*25*) ist, wahrscheinlich gleichzeitig
mit dieser; man kann es in Analogie zur entsprechenden Synthese des
α-Phenol-glykosids (*26*) als *α-Phenol-galaktosid* ansprechen.

Analog zu dieser Darstellung läßt sich beim Zusammenschmelzen
von *Acetobrom-galaktose*, Chinolin und *β-1,2,3,4-Tetraacetyl-d-glykose*
(XIII) das *Octaacetat einer 6-α-d-Galaktosido-6-glykose* erhalten, welches
als eine etwas mit *β*-Kupplungsprodukt verunreinigte *β-Octaacetyl-melibiose* (XLIV) angesprochen werden muß [HELFERICH und BREDERECK (*27*)].

$$H-C$$
$$H-C-O-CO\cdot CH_3$$
$$CH_3\cdot CO-O-C-H \qquad O$$
$$CH_3\cdot CO-O-C-H$$
$$H-C$$
$$CH_2-O-CO\cdot CH_3$$

$$CH_3\cdot CO-O-C-H$$
$$H-C-O-CO\cdot CH_3$$
$$CH_3\cdot CO-O-C-H \qquad O$$
$$H-C-O-CO\cdot CH_3$$
$$H-C$$
$$CH_2$$

(XLIV). β-Octaacetyl-melibiose.

Synthese von methylierten Oligosacchariden.

Die Synthese der *Octamethyl-cellobiose* wurde von FREUDENBERG,
ANDERSEN, GO, FRIEDRICH und RICHTMYER durchgeführt (*28*). Bereits
von SCHLUBACH und MOOG (*29*) ist das kristallisierte *2,3,6-Trimethyl-β-
methylglykosid* (XLV, S. 176) beschrieben worden.

$$CH_3-O-C-H$$
$$H-C-O-CH_3$$
$$CH_3-O-C-H$$
$$H-C-OH$$
$$H-C$$
$$CH_2-O-CH_3$$

(XLV). 2,3,6-Trimethyl-β-methyl-glykosid.

$$CH(OH)$$
$$H-C-O-CH_3$$
$$CH_3-O-C-H$$
$$H-C-OH$$
$$H-C$$
$$CH_2-O-CH_3$$

(XLVI). 2,3,6-Trimethyl-glykose.

Sie gewannen es beim Abbau des methylierten Milchzuckers mit methyl-alkoholischer Salzsäure. Später haben SCHLUBACH und FIRGAU (30) dasselbe Glykosid aus der 2,3,6-Trimethylglykose gewonnen, indem sie zuerst in Chloroformlösung mit Chlorwasserstoff das 1-Hydroxyl durch Chlor ersetzten und das rohe Chlorid in Gegenwart von Silbercarbonat mit Methylalkohol reagieren ließen. Das gleiche Chlorid erhielten später FREUDENBERG und BRAUN (31) beim Abbau von Trimethylcellulose mit ätherischem Chlorwasserstoff. Auch bei der Umwandlung der *2,3,6-Tri-methyl-glykose* in dasselbe Chlorid hat sich ätherischer Chlorwasserstoff bewährt. Geht man von reiner, kristallisierter Trimethylglykose aus, so erhält man über das Chlorid in guter Ausbeute das kristallisierte *2,3,6-Trimethyl-β-methyl-glykosid* (XLV). (Die 2,3,6-Trimethyl-glykose wurde meist aus methylierter Ramie hergestellt.)

Der andere Teilnehmer der Reaktion, das *2,3,4,6-Tetramethyl-glykose-1-chlorhydrin* (XLVII), wurde mit Äther + Chlorwasserstoff aus kristalli-sierter *2,3,4,6-Tetramethylglykose* [in (XLVII) statt Cl Hydroxyl] dar-

$$H-C-Cl$$
$$H-C-O-CH_3$$
$$CH_3-O-C-H$$
$$H-C-O-CH_3$$
$$H-C$$
$$CH_2-O-CH_3$$

(XLVII). 2,3,4,6-Tetramethyl-glykose-1-chlorhydrin.

gestellt und ließ sich durch Destillation im Hochvakuum reinigen. Silber-carbonat bewirkt die gewünschte Vereinigung des Chlorids mit dem Gly-kosid (XLV). Aus der Reaktionsmasse lassen sich die Derivate der Mono-saccharide leicht durch Destillation abtrennen; bei höherer Temperatur folgt dann die Fraktion der methylierten Disaccharide, aus welcher das *Heptamethyl-β-methyl-cellobiosid* (XLVIII) in einer Ausbeute von bestenfalls 7% der Theorie auskristallisiert. Es ließ sich einwandfrei mit der permethylierten Cellobiose identifizieren (*28*).

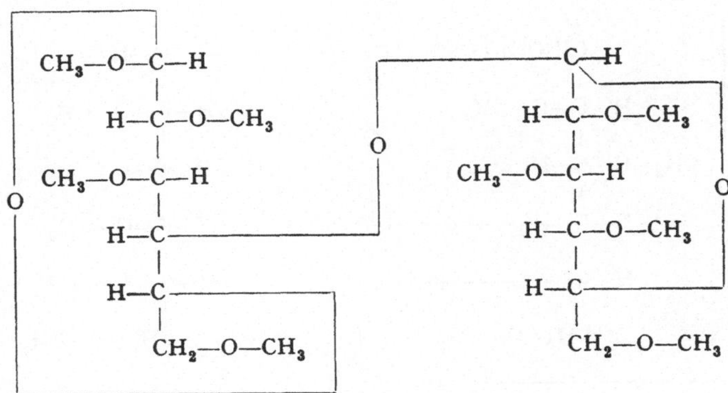

(XLVIII). Heptamethyl-β-methyl-cellobiosid.

Decamethyl-β-methyl-cellotriosid. Bei der Hydrolyse von Cellulose mit überkonzentrierter Salzsäure konnte durch systematische Trennung der entstehenden Produkte eine *Triose* in kristallisierter Form und als kristallisiertes Acetat isoliert werden, die den Namen *Cellotriose* erhielt und eine wohldefinierte Substanz darstellt [WILLSTÄTTER und ZECHMEISTER (*32*); ZECHMEISTER und TÓTH (*33*)]. Durch Methylierung der Mutterlaugen, die bei der Acetolyse der Cellulose nach dem Auskristallisieren der *α-Octaacetyl-cellobiose* gewonnen waren, konnte die *Permethylverbindung* der *Cellotriose* in schön kristallisiertem Zustand erhalten werden [FREUDENBERG, FRIEDRICH und BAUMANN (*34*); HAWORTH, HIRST und THOMAS (*34*)].

Dieselbe Verbindung wurde von FREUDENBERG und NAGAI (*35*) wie folgt aufgebaut:

Heptamethyl-β-benzyl-cellobiosid (XLIX) läßt sich durch katalytische

(XLIX). Heptamethyl-β-benzyl-cellobiosid.

Hydrierung in *Heptamethyl-cellobiose* (L) und Toluol aufspalten. Wenn dieses Biose-derivat in Ligroin mit Phosphorpentachlorid in Gegenwart

(L). Heptamethyl-cellobiose.

von Natriumcarbonat behandelt wird, so geht es in ein sirupöses, nicht destillierbares Produkt über, das zum Teil aus *Heptamethyl-cellobiose-1-chlorhydrin* besteht [bei Formel (L) Chlor statt OH]. Setzt man dieses in Gegenwart von Silbercarbonat mit *2,3,6-Trimethyl-β-methylglykosid* (XLV, S. 176) um, so erhält man ein Gemisch, aus dem sich in bescheidener Ausbeute das schön kristallisierte *Decamethyl-β-1-methyl-cellotriosid* (LI) isolieren läßt.

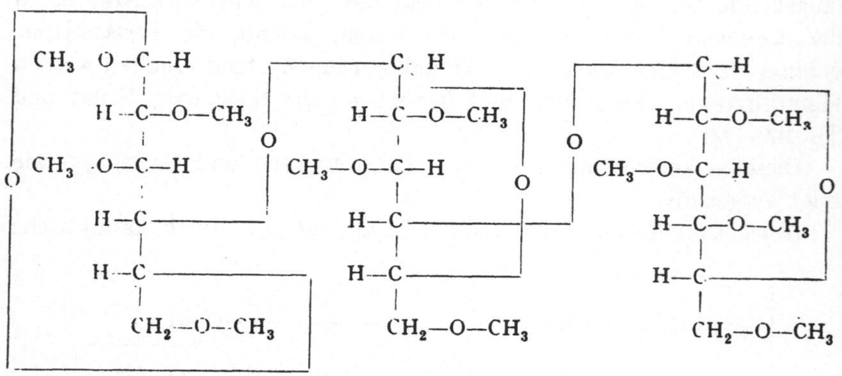

(LI). Decamethyl-β-1-methyl-cellotriosid.

II. Quecksilberacetat-Methode.

Schon vor mehreren Jahren versuchte ich wiederholt, *2,3,6-Trimethyl-methylglykosid* mit *Aceto-bromglykose* in Gegenwart von Silberoxyd oder Silbercarbonat zu einem *Cellobiose-Derivat* zu vereinigen, jedoch blieben damals sämtliche Bestrebungen in dieser Richtung erfolglos. Im Besitz der neuen Methode, Glykosid-Synthesen mit Quecksilberacetat ausführen zu können (*39*), versuchte ich wieder die oben genannte Darstellung eines Cellobiose-Derivats. Diesmal konnte ich ohne Schwierigkeiten das Ziel erreichen (*36*).

Das nötige Ausgangsmaterial wurde aus *β-Methyl-heptamethyl-cellobiosid* gewonnen, durch Hydrolyse mit Salzsäure, Trennung der gebildeten methylierten Glykosen, Isolierung der *2,3,6-Trimethyl-glykose* und Umwandlung der letzteren in ein Gemisch von *x-* und *β-2,3,6-Trimethyl-methylglykosid*, wobei die schon bekannten Wege bestritten worden sind [vgl. IRVINE und HIRST (*37*)].

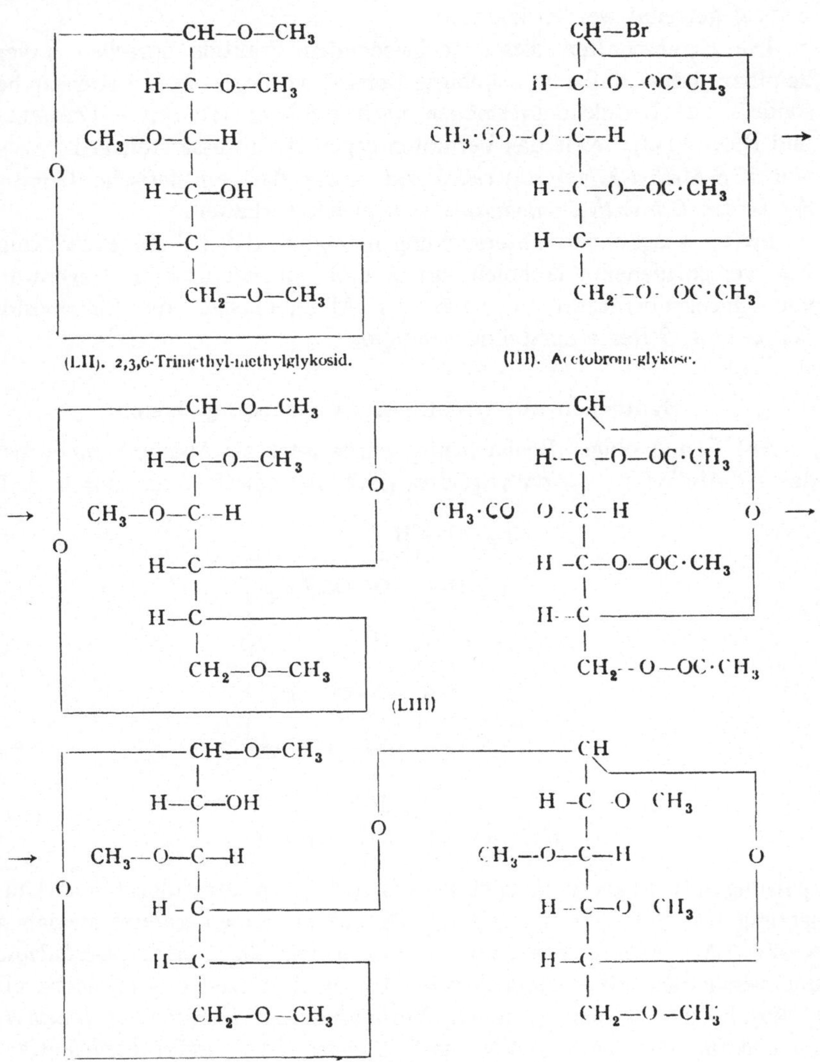

(LII). 2,3,6-Trimethyl-methylglykosid.

(III). Acetobrom-glykose.

(LIII)

(LIV). Heptamethyl-methylcellobiosid (x und β).

Das so erhaltene Ausgangsmaterial (LII) wurde in Benzollösung in Gegenwart von Quecksilberacetat mit *Aceto-bromglykose* (III, S. 161) kondensiert, das Reaktionsgemisch in Gegenwart von natriumacetathaltigem Alkohol mit Schwefelwasserstoff vom Quecksilber befreit, das Filtrat unter vermindertem Druck verdampft und der, das Zwischenprodukt (LIII) enthaltende Rückstand vollständig *methyliert*, schließlich das Gemisch der Methylverbindungen im Hochvakuum fraktioniert, wobei die niedrigsiedenden *methylierten Glykosen* leicht von dem gebildeten *Gemisch des α- und β-Heptamethyl-methyl-cellobiosids* (LIV, S. 179) getrennt werden konnten.

Die Eigenschaften dieser hochsiedenden Fraktion sprechen unverkennbar dafür, daß ein Cellobiose-Derivat vorliegt. Dies beweisen besonders das Reduktionsvermögen nach erfolgter Hydrolyse [Zemplén und Braun (38)] sowie das Verhalten gegen Bromwasserstoff in Eisessig, wobei *β-Methyl-heptamethylcellobiosid* sowie das synthetische *Gemisch der beiden Octamethyl-cellobioside* sich gleich verhalten.

Später ausgeführte Untersuchungen zeigten, daß bei der Einwirkung von verschiedenen Alkoholen auf Acetobrom-cellobiose in Gegenwart von Quecksilberacetat, je nach der Alkoholmenge, die Cellobioside der α- bzw. β-Reihe darstellbar sind (39).

Synthesen mit 1-Methyl-2,3,4-triacetyl-glykose.

Auf Grund obiger Beobachtung wurde jetzt als Alkoholkomponente die *1-β-Methyl-2,3,4-triacetyl-glykose* (LV) (40) gewählt, die durch Auf-

$$
\begin{array}{l}
CH_3-O-CH \\
\quad\quad\quad | \\
\quad H-C-O-OC\cdot CH_3 \\
\quad\quad\quad | \\
CH_3\cdot CO-O-C-H \quad\quad O \\
\quad\quad\quad | \\
\quad H-C-O-OC\cdot CH_3 \\
\quad\quad\quad | \\
\quad H-C \\
\quad\quad\quad | \\
\quad\quad CH_2OH
\end{array}
$$

(LV). 1-β-Methyl-2,3,4-triacetyl-glykose.

spaltung des Triacetyl-laevoglykosans mit Titan-tetrachlorid und Umsetzung des Chlorkörpers mit Methylalkohol und Silbercarbonat gewonnen wurde. Als Acetohalogenzucker nahmen wir die *Acetobrom-cellobiose* und versuchten, ob es möglich wäre, bei der Synthese des Trisaccharidglykosids die beiden isomeren Verbindungen: *Decaacetyl-1-β-methyl-α-cellobiosido-6-glykose* (LVI) und *Decaacetyl-1-β-methyl-β-cellobiosido-6-glykose* (LVII) zu fassen.

$$CH_3-O-\overset{.}{C}-H$$
$$H-C-O-OC\cdot CH_3$$
$$CH_3\cdot CO-O-C-H \qquad O$$
$$H-C-O-OC\cdot CH_3$$
$$H-C$$
$$\overset{\alpha}{H}-C-O-CH_2 \qquad\qquad\qquad\qquad CH$$
$$H-C-O-OC\cdot CH_3 \qquad\qquad\qquad H-C-O-OC\cdot CH_3$$
$$O \quad CH_3\cdot CO-O-C-H \qquad O \qquad CH_3\cdot CO-O-C-H \qquad O$$
$$H-C \qquad\qquad\qquad\qquad H-C-O-OC\cdot CH_3$$
$$H-C \qquad\qquad\qquad\qquad H-C$$
$$CH_2-O-OC\cdot CH_3 \qquad\qquad CH_2-O-OC\cdot CH_3$$

(LVI). Decaacetyl-1-β-methyl-α-cellobiosido-6-glykose.

$$CH_3-O-C-H$$
$$H-C-O-OC\cdot CH_3$$
$$CH_3\cdot CO-O-C-H \qquad O$$
$$H-C-O-OC\cdot CH_3$$
$$H-C$$
$$CH_2-O-\overset{\beta}{}-C-H \qquad\qquad\qquad\qquad C-H$$
$$H-C-O-OC\cdot CH_3 \qquad\qquad\qquad H-C-O-OC\cdot CH_3$$
$$CH_3\cdot CO-O-C-H \qquad O \qquad CH_3\cdot CO-O-C-H \qquad O$$
$$O \quad H-C \qquad\qquad\qquad\qquad H-C-O-OC\cdot CH_3$$
$$H-C \qquad\qquad\qquad\qquad H-C$$
$$CH_2-O-OC\cdot CH_3 \qquad\qquad CH_2-O-OC\cdot CH_3$$

(LVII). Decamethyl-1-β-methyl-β-cellobiosido-6-glykose.

Auch in diesem Falle zeigte sich, daß die Bildung der beiden Isomeren durch zweckmäßige Dosierung der *1-β-Methyl-2,3,4-triacetyl-glykose* dirigiert werden kann und daß hier der Übergang zwischen der *α-Cellobiosido-verbindung* und ihrem *β-Cellobiosido*-Isomeren noch schroffer als bei den Äthyl-cellobiosiden stattfindet, wie dies folgende Tabelle 1 deutlich erkennen läßt (ZEMPLÉN, BRUCKNER und GERECS (*41*)].

Tabelle 1.

Menge der angewandten 1-β-Methyl-triacetyl-glykose		Menge der isolierten Substanz	Reduktions-vermögen %	$[\alpha]_D$ in Chloroform (Grade)
g	Überschuß %	g	(Glykose = 100)	
4,9	7	5,3	3,1	+ 7,9
4,95	8	4,6	4,2	+ 20,3
5,6	10	4,0		+ 23,06
5,26	15	5,2	– –	– 7,3
5,5	20	5,5	1,0	– 11,0

Bei diesen Versuchen wurden jeweils 10 g Aceto-bromcellobiose, 2 g Quecksilberacetat und 80 ccm Benzol angewandt, die Reaktionsdauer war ausnahmslos 2 Stunden, und die Aufarbeitung des Reaktionsgemisches erfolgte ebenfalls möglichst in gleicher Art. Die isolierten Präparate waren stets kristallisiert (siehe Abb. 1).

Aus den stark linksdrehenden Fraktionen ließ sich mit Leichtigkeit die β-*Cellobiosidoverbindung* durch Umkristallisieren aus einem Gemisch von heißem Aceton + Alkohol gewinnen, da die β-Verbindung schwerer als die α-Cellobiosidoverbindung löslich ist. Die reinste von uns isolierte Substanz schmolz bei 248—249° (korr.) und zeigte ein Drehungsvermögen von [α]_D = — 23,53° in Chloroform.

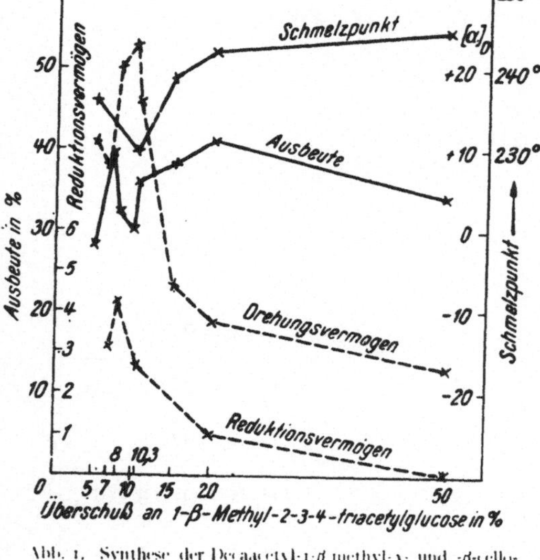

Abb. 1. Synthese der Decaacetyl-1-β-methyl-α- und -β-cellobiosido-6-glykose. (Quecksilberacetat = ¹/₂ Mol — 12%.)

Die stark rechtsdrehenden Fraktionen enthalten in großen Mengen die gesuchte α-Cellobiosidoverbindung. Wegen der leichteren Löslichkeit sowie wegen des Vorhandenseins von reduzierenden Nebenprodukten ist aber ihre völlige Reinigung bedeutend umständlicher und nur durch Anwendung einer systematischen Zerlegung der verschiedenen Fraktionen möglich, wie bei der Beschreibung der Versuche angegeben [(*41*), dort S. 746]. Die reinste von uns isolierte α-Verbindung zeigte [α]_D = + 26,23° in Chloroform.

Dieselbe Reaktion wurde nun auf *Aceto-bromglykose* (III) und *1-β-Methyl-2,3,4-triacetyl-glykose* (LV, S. 180) übertragen [Zemplén und Bruckner (42)] und versucht, ob es möglich ist, auch hier die *1-β-Methyl-heptaacetyl-gentiobiose* (LVIII) und die isomere, bisher unbekannte, *1-β-Methyl-heptaacetyl-6-α-glykosido-glykose* (LIX) zu fassen.

(LVIII). 1-β-Methyl-heptaacetyl-gentiobiosid.

(LIX). 1-β-Methyl-heptaacetyl-6-α-glykosido-glykose.

Es zeigte sich, daß hier schon bei einem Überschuß von 10% an der Methyl-triacetyl-verbindung, hauptsächlich das Gentiobiose-Derivat entsteht. Geht man aber mit der Menge des Quecksilberacetats herunter, so gewinnt man Fraktionen mit starker Rechtsdrehung, welche der Hauptmenge nach die gesuchte 1-β-Methyl-heptaacetyl-6-α-glykosido-glykose enthalten, wie diese die folgenden Zahlen beweisen, die bei ganz ähnlicher Verarbeitung der Reaktionsgemische gewonnen wurden.

Versuch	Acetobrom-glykose	Methyl-triacetyl-glykose	Quecksilberacetat	$[\alpha]_D$
Nr. 1	4,1 g	3,52 g	1,53 g	$-$ 16,1°
Nr. 2	4,1 ,,	3,52 ,,	1,40 ,,	$+$ 52,2°
Nr. 3	4,1 ,,	3,52 ,,	1,2 ,,	$+$ 72,6°

Obige Resultate werden an dem nachfolgenden Diagramm ersichtlich (Abb. 2).

Aus dem nach Versuch Nr. 1 gewonnenen Reaktionsgemisch ließ sich ohne Schwierigkeit das *Heptaacetyl-1-β-methyl-gentiobiosid* isolieren mit einem Schmelzpunkt von 82° und $[\alpha]_D = -$ 16,99° (Chloroform). Die Literaturangaben sind $[\alpha]_D = -$ 18,8° bis 18,9° für ein aus Acetobrom-gentiobiose dargestelltes Präparat (*43*), und $[\alpha]_D = -$ 17° für das berechnete Drehungsvermögen in Chloroform (*44*).

Dagegen konnte aus den Reaktionsgemischen, die nach Versuch Nr. 3 gewonnen waren, kein kristallisiertes Produkt isoliert werden. Dies ist gar nicht auffallend, da ja die Derivate der Oligosaccharide mit α-Bindung durchwegs schlechter als die β-Verbindungen kristallisieren (z. B. Maltose-Derivate schlechter als Cellobiose-Derivate). Deshalb wurde versucht, durch *Benzoylierung der verseiften Acetylverbindung* ein kristallisiertes *Heptabenzoylderivat* zu gewinnen. Dieses wurde in Form eines aus heißem Alkohol umlösbaren, jedoch nicht kristallisierten Pulvers erhalten; es konnte durch Vergleich

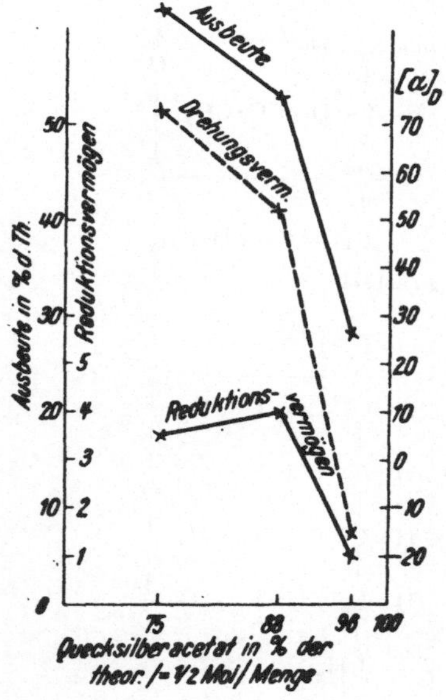

Abb. 2. Synthese der 1-β-Methyl-gentiobiose und der 1-β-Methyl-6-α-glykosido-glykose. (Methyl-triacetyl-glykose = 1 Mol + 10%.)

seiner Drehung mit dem für diesen Zweck dargestellten kristallisierten Heptabenzoyl-1-methyl-β-gentiobiosid festgestellt werden, daß es sich tatsächlich um ein Derivat der 6-α-Glykosido-glykose handelt. Verstärkt wurde dieser Beweis durch die Überführung der amorphen Heptaacetyl-verbindung in die 1-β-Methyl-heptamethyl-6-α-glykosido-glykose, die durch Destillation im Hochvakuum leicht gereinigt werden konnte und dann ebenfalls die erwarteten Eigenschaften zeigte, wie dies aus folgenden Zahlen ersichtlich ist:

Name der Verbindung	$[\alpha]_D$	
1-β-Methyl-heptaacetyl-gentiobiosid	— 16,99°	(in Chloroform),
1-β-Methyl-heptaacetyl-6-α-glykosido-glykose (Rohprodukt)	+ 72°	(in Chloroform),
1-β-Methyl-heptabenzoyl-gentiobiosid	+ 2,0°	(in Chloroform),
1-β-Methyl-heptabenzoyl-6-α-glykosido-glykose	+ 53,7°	(in Chloroform),
1-β-Methyl-heptamethyl-gentiobiosid	— 33,9°	(in Wasser),
1-β-Methyl-heptamethyl-gentiobiosid	— 29,9°	(in Alkohol),
1-β-Methyl-heptamethyl-6-α-glykosido-glykose	÷ 93,1°	(in Wasser),
1-β-Methyl-heptamethyl-6-α-glykosido-glykose	+ 95,1°	(in Alkohol).

Es erschien uns wichtig festzustellen, ob die FISCHERsche *Iso-maltose* (*45*), die von GEORG und PICTET (*46*) neuerdings untersucht wurde, nicht etwa mit der 6-β-Glykoside-glykose identisch sei. Dies war gewissermaßen zu erwarten auf Grund der Beobachtung, daß die Gentiobiose sich neben der Iso-maltose in dem Einwirkungsprodukt von konzentrierter Salzsäure auf Glykose ebenfalls vorfindet. Wir stellten deshalb im wesentlichen nach der Vorschrift von GEORG und PICTET (*46*) die acetylierte Iso-maltose-Fraktion dar und bereiteten nach der Verseifung derselben durch Methylierung die entsprechende, vollständig methylierte Substanz. Diese erwies sich bei der Destillation im Hochvakuum als ein Gemisch von mehreren Fraktionen, von welchen die niedriger siedenden eine gewisse Ähnlichkeit mit der von uns dargestellten 1-β-Methyl-6-α-glykosido-glykose zeigten; rund die Hälfte hinterblieb aber als nicht destillierbarer, bei gewöhnlicher Temperatur steinhart erstarrender Rückstand. Für die Uneinheitlichkeit der Iso-maltose-Fraktion spricht außerdem der Umstand, daß die als *Octaacetyl-iso-maltose* angesprochene Fraktion bei der Verseifung eine Lösung gibt, die nur rund 40% vom Reduktionsvermögen der Glykose aufweist; diese Zahl erhöht sich nach der Hydrolyse nur auf 80%, woraus ebenfalls hervorgeht, daß neben einem Disaccharid (oder Disaccharidgemisch) größere Mengen höhermolekularer, durch Reversion gebildeter Fremdkörper vorliegen. Denn bei den bekannten, aus zwei Glykoseresten aufgebauten Disacchariden führt die Hydrolyse zu rund 100% Glykose (berechnet 105%).

Es wurde früher gezeigt (*41*), daß die Acetobrom-cellobiose in Gegenwart von Quecksilberacetat befähigt ist, mit *1-β-Methyl-2,3,4-triacetyl-glykose* — je nach den Versuchsbedingungen — die *Decaacetylverbindung der 1-β-Methyl-β-cellobiosido-6-glykose* oder der *1-β-Methyl-α-cellobiosido-6-glykose* zu geben. Dieselbe Reaktion wurde später auf die *Decaacetyl-1-α-brom-β-cellobiosido-6-glykose* (LX) übertragen (*47*). Sie kann in Gegenwart von Quecksilberacetat mit *1-β-Methyl-2,3,4-triacetyl-glykose* (LV)

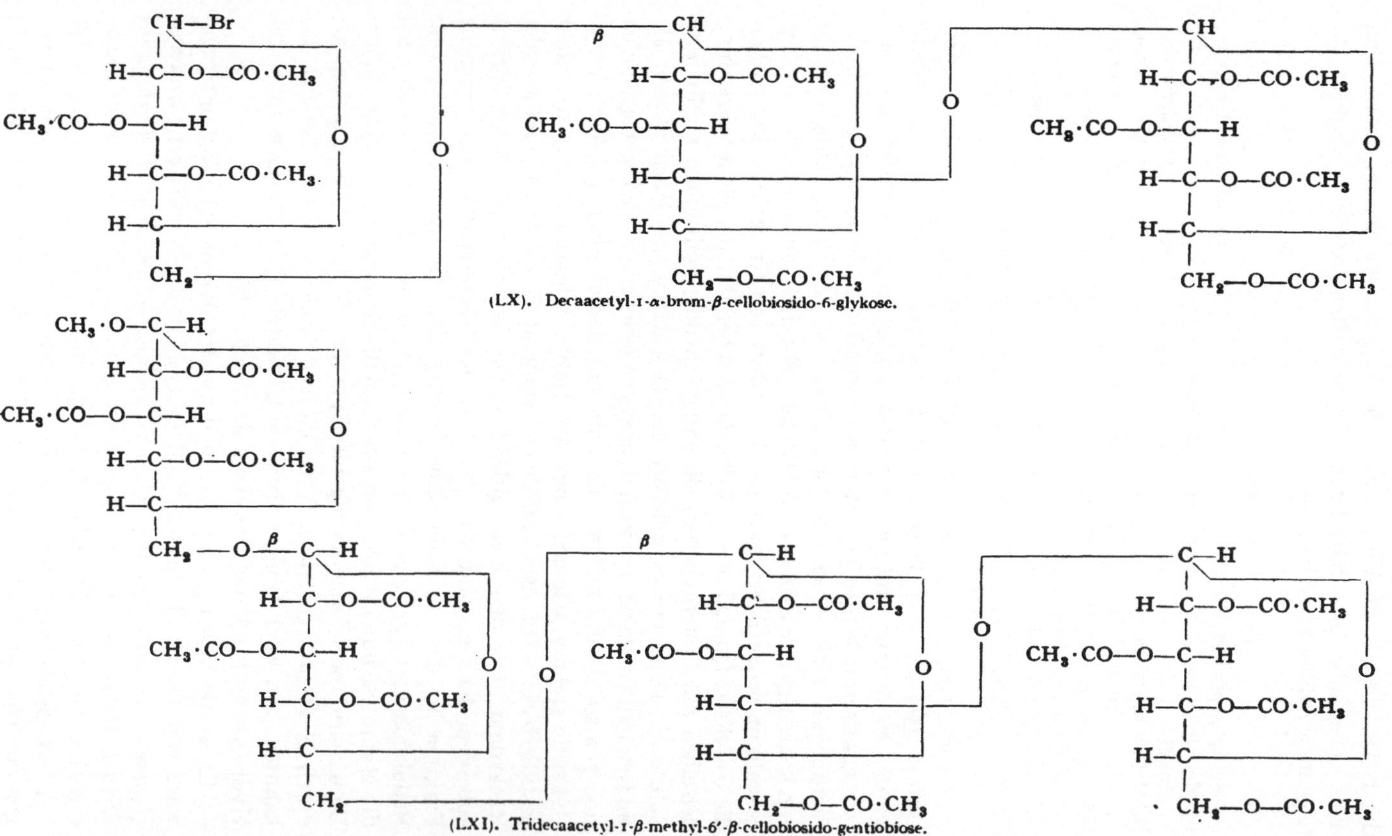

CH—Br
H—C—O—CO·CH₃
CH₃·CO—O—C—H
H—C—O—CO·CH₃
H—C
CH₂
β
CH
H—C—O—CO·CH₃
CH₃·CO—O—C—H
H—C
H—C
CH₂—O—CO·CH₃
CH
H—C—O—CO·CH₃
CH₃·CO—O—C—H
H—C—O—CO·CH₃
H—C
CH₂—O—CO·CH₃
(LX). Decaacetyl-1-α-brom-β-cellobiosido-6-glykose.

CH₃·O—C—H
H—C—O—CO·CH₃
CH₃·CO—O—C—H
H—C—O—CO·CH₃
H—C
CH₂—O—β—C—H
H—C—O—CO·CH₃
CH₃·CO—O—C—H
H—C—O—CO·CH₃
H—C
CH₂
β
C—H
H—C—O—CO·CH₃
CH₃·CO—O—C—H
H—C
H—C
CH₂—O—CO·CH₃
C—H
H—C—O—CO·CH₃
CH₃·CO—O—C—H
H—C—O—CO·CH₃
H—C
CH₂—O—CO·CH₃
(LXI). Tridecaacetyl-1-β-methyl-6'-β-cellobiosido-gentiobiose.

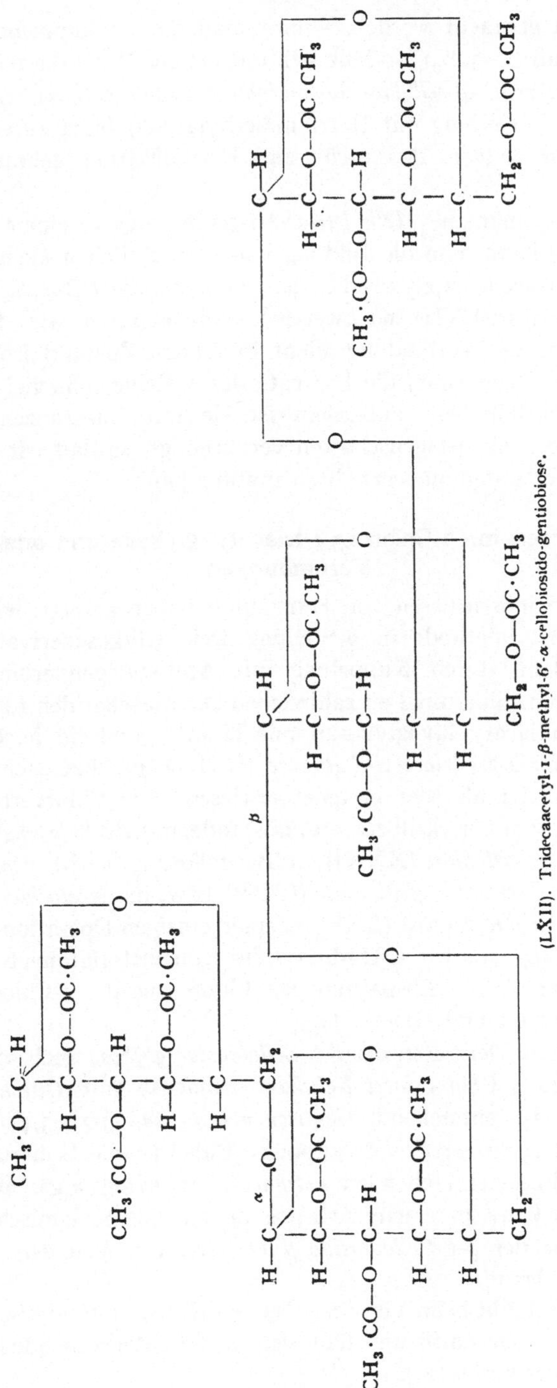

(LXII). Tridecaacetyl-1-β-methyl-6′-α-cellobiosido-gentiobiose.

in Reaktion gebracht werden. Nimmt man das zu kuppelnde Glykosid im Überschuß (~ 50%), so läßt sich mit einiger Mühe die reine *Trideca-acetyl-1-β-methyl-6'-β-cellobiosido-gentiobiose* isolieren (LXI, S. 186). Die katalytische Verseifung mit Natriummethylat (*48*) führt zu einem amorphen weißen Pulver, das nicht zur Kristallisation gebracht werden konnte (*49*).

Verwendet man die *Methyl-triacetyl-glykose* nur in einem Überschuß von 10%, so kann man die Bildung von beträchtlichen Mengen des isomeren Tetrasaccharid-glykosids, der *Tridecaacetyl-1-β-methyl-6'-α-cello-biosido-gentiobiose* (LXII) nachweisen; doch konnten wir, trotz vieler Bemühungen, die Verbindung nicht in reinem Zustand isolieren. Sie zeigt, wie im allgemeinen die Derivate der α-Reihe, eine viel schlechtere Kristallisationsfähigkeit, außerdem ist sie mit Substanzen von sehr ähnlichen Löslichkeitseigenschaften verunreinigt, so daß wir einstweilen auf ihre Reindarstellung verzichten mußten (*49*).

Synthesen mit 1-Chlor-2,3,4-triacetyl-glykose und analogen Verbindungen.

Die schönen Synthesen von HELFERICH haben gezeigt, wie man mit Hilfe der Tritylmethode in 6-Stellung freie Glykosederivate erhalten kann, die dann durch Kuppelung mit Acetohalogenverbindungen in Gegenwart von Silberoxyd zu zahlreichen Oligosacchariden führten.

Die aus Triacetyl-lävoglykosan mit Titantetrachlorid leicht gewinnbare *1-α-Chlor-2,3,4-triacetyl-d-glykose* (LXIII) (*40*) hat sich für Synthesen dieser Art als sehr geeignet erwiesen. Die Chlorverbindung ist in Gegenwart von Quecksilberacetat imstande, mit *Aceto-bromglykose* (III) oder *Acetobrom-cellobiose* (XXXI) in Benzollösung leicht und in guter Ausbeute die *Acetochlor-gentiobiose* (LXIV) bzw. die *Acetochlorverbindung der β-6-Cellobiosido-glykose* (LXV) in einer einzigen Operation zu geben, da die Kupplung am freien Hydroxyl des Kohlenstoffatoms 6 bedeutend rascher erfolgt als die Abspaltung des Chlors aus der 1-Chlor-triacetyl-glykose [ZEMPLÉN und GERECS (*47*)].

Man kann zu Derivaten der *β-6-Cellobiosido-glykose* auch so gelangen, daß man die *1-Chlor-triacetyl-glykose* zunächst mit *Quecksilberacetat* umsetzt und das entstehende *Gemisch der α- und β-1,2,3,4-Tetraacetyl-glykose* mit *Acetobrom-cellobiose* kuppelt. Dabei ist die Isolierung der als Zwischenprodukte entstehenden *Tetraacetylverbindungen* gar nicht nötig, sondern man kann in einem Arbeitsgang zu einem Gemisch der α-β-*Hendekaacetate* der *β-6-Cellobiosido-glykose* (XXII) gelangen, und zwar mit guter Ausbeute.

Das Produkt gibt beim Verseifen das von HELFERICH und SCHÄFER (*18*) beschriebene Trisaccharid und läßt sich in die entsprechende *Acetobromverbindung* überführen (*20*).

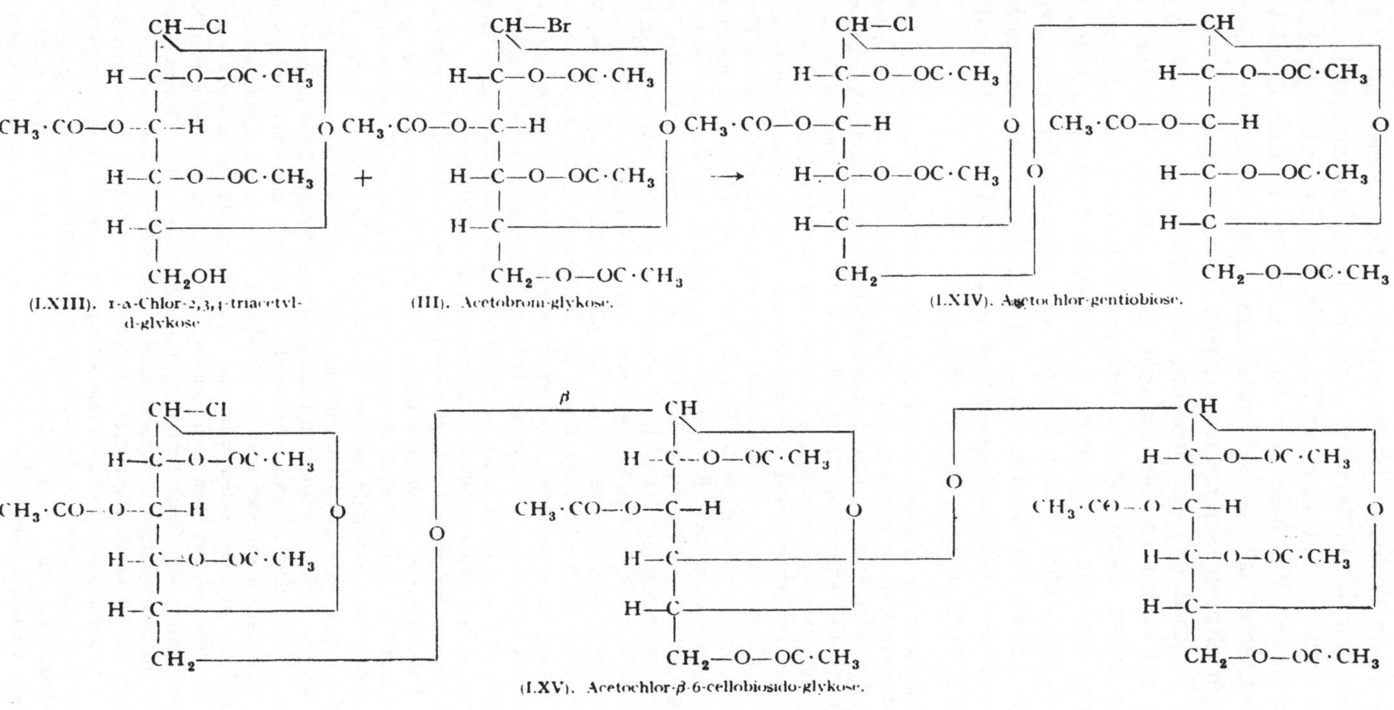
(LXIII). 1-α-Chlor-2,3,4-triacetyl-d-glykose
(III). Acetobrom-glykose.
(LXIV). Acetochlor-gentiobiose.
(LXV). Acetochlor-β-6-cellobiosido-glykose.

Zu diesen Versuchen benötigten wir größere Mengen *Lävoglycosan*, die wir nach der Pictetschen Methode durch Vakuumdestillation der Stärke erhielten und sofort als Rohprodukt in die Triacetylverbindung umwandelten. Wir haben die Darstellung des *Triacetyl-lävoglykosans* so beschrieben, daß man sich dieses Ausgangsmaterials ohne besondere Mühe · in Mengen von mehreren Kilogrammen beschaffen kann. Die ältere Vorschrift (*40*) zur Bereitung der *α-1-Chlor-2,3,4-triacetyl-glykose* wurde auf Grund von verschiedenen Beobachtungen wesentlich abgeändert, da die überaus großen Mengen Titantetrachlorid, die bei Verwendung von mit Chlorcalcium getrocknetem Chloroform nötig sind, dadurch vermindert werden konnten, daß jetzt gewöhnliches, alkoholhaltiges Chloroform benutzt wird. Gleichzeitig stellten wir auch die entsprechende *α-1-Brom-2,3,4-triacetyl-glykose* aus Triacetyl-lävoglykosan mit Hilfe von Titantetrabromid dar (*47*).

Darstellung des Triacetyl-lävoglykosans. Man stellt einen Vakuumdestillationsapparat zusammen aus zwei möglichst dickwandigen Fraktionierkolben („Duran"-glas, je $^1/_2$ l), versieht sie mit Korkstopfen und schützt die Korke durch dicke Asbestpappen vor dem Anbrennen. Dann füllt man den zu erwärmenden Fraktionierkolben mit 300 g Weizenstärke (in Stücken, sog. Strahlenstärke), verbindet die Vorlage mit der Wasserstrahlpumpe und beginnt nach erfolgter Evakuierung des Apparats, mit einer großen Gasflamme zu erwärmen; darauf stellt man die Flamme so, daß sie die ganze Oberfläche des Kolbens gleichmäßig bedeckt, und erwärmt mit einer zweiten Flamme besonders den Hals des Kolbens, um dort eine rasche Verkohlung zu erreichen und dadurch ein Überschäumen zu verhindern. Die Destillation dauert $^3/_4$—1 Stunde; der Inhalt des Kolbens muß völlig verkohlt sein, sonst entstehen erhebliche Verluste an Lävoglykosan. Man vereinigt die Destillate aus vier Chargen von je 300 g Weizenstärke und dampft sie unter vermindertem Druck aus einem Bad von 50° möglichst stark ein. Der Rückstand wird in 300 ccm warmem Aceton gelöst und in einem mit Kork geschlossenen Erlenmeyerkolben über Nacht stehen gelassen. Das ausgeschiedene, gelbbraune Kristallisat von rohem Lävoglykosan wird stark abgesaugt und mit 40—50 ccm Aceton gewaschen, dann über Nacht in einem mit Schwefelsäure gefüllten Vakuumexsiccator aufbewahrt.

Das trockene Rohprodukt beträgt 300—350 g, es ist direkt zur Darstellung von reinem Triacetyl-lävoglykosan anwendbar. Zur Acetylierung werden 120 g Rohsubstanz mit 120 g wasserfreiem Natriumacetat und 480 ccm Essigsäureanhydrid unter wiederholtem Schütteln auf dem Wasserbade gelöst und $^1/_2$ Stunde weiter erwärmt. Das Reaktionsgemisch wird in 2,5 l Wasser von 30—40° eingerührt, wobei das Triacetyl-lävoglykosan in Lösung geht und harzige Substanzen sich ausscheiden. Um letztere zu entfernen, wird ein Trichter mit einem entsprechend großen Wattebausch versehen und die Flüssigkeit filtriert, wobei sämtliches Harz von der Watte zurückgehalten wird und vollkommen klare, hell-gelbbraun gefärbte Lösungen zu gewinnen sind, aus welchen nach dem Stehen über Nacht eine Kristallisation von Triacetyl-lävoglykosan gewonnen wird. Dieses Produkt läßt sich durch einmaliges Umkristallisieren aus rund 8 Teilen heißem Wasser (berechnet auf die nasse, abgesaugte Substanz), unter Zusatz der nötigen Menge Kohle, in ein farbloses, vollkommen reines Präparat umwandeln, das ohne weiteres zur Darstellung der unten zu beschreibenden Halogenverbindungen geeignet ist. Die Mutterlaugen der ersten Triacetyl-lävoglykosan-kristallisation werden mit Chloroform viermal ausgeschüttelt (250 ccm Chloroform auf 3 l Mutterlauge), die

Chloroformlösung wird eingedampft und der Rückstand zweimal aus heißem Wasser unter Zusatz von Kohle umkristallisiert, wodurch ebenfalls ein vollkommen reines Produkt zu erhalten ist. Die Mutterlaugen der Reinprodukte enthalten noch 20% des Triacetyl-lävoglykosans, das mit Chloroform ausgeschüttelt und nach dem Verdampfen des Lösungsmittels durch einmaliges Umkristallisieren rein zu gewinnen ist. Zahlreiche Versuche ergaben im Mittel 2,5 kg reines Triacetyl-lävoglykosan aus 10 kg Weizenstärke.

Darstellung von 1-α-Chlor-2,3,4-triacetyl-d-glykose. 100 g Triacetyl-lävoglykosan vom Schmelzp. 110° werden in 1 l käuflichem, rund 1% Alkohol enthaltendem Chloroform gelöst und 140 g (2 Mole = 132 g) Titantetrachlorid auf einmal zugegossen. Es erscheint ein gelbes Additionsprodukt. Das Reaktionsgemisch wird nach dem Umschwenken sofort unter einem mit Chlorcalciumverschluß versehenen Rückflußkühler auf dem Wasserbad erwärmt, wobei nach 10—15 Minuten unter starker Chlorwasserstoffentwicklung Lösung des Niederschlages erfolgt und die zunächst hellgelbe Lösung allmählich etwas dunkler wird. Nach insgesamt $^3/_4$stündigem Kochen wird auf Eis gegossen, die Chloroformlösung mit Eiswasser vier- bis fünfmal säurefrei gewaschen, mit Chlorcalcium getrocknet, dann mit Kohle geklärt und das Filtrat unter vermindertem Druck bei 40° auf 160 ccm eingeengt. Diese Lösung wird mit 200 ccm warmem, zwischen 80° und 100° siedendem Benzin versetzt, woraus sich beim Erkalten die Substanz in wohlausgebildeten, farblosen Kristallen ausscheidet. Am folgenden Tage wird das Kristallisat abgesaugt, mit Chloroform+Benzin (1 : 10) gewaschen und bei 35—40° getrocknet. Erhalten: 56 g (50% d. Th.) einer Substanz vom Schmelzp. 124—125°.

Als Beispiel für die Kuppelung der α-1-Chlor-2,3,4-triacetyl-d-glykose sei die Darstellung der Acetochlor-gentiobiose beschrieben:

Darstellung der Acetochlor-gentiobiose. 16,4 g *Acetobrom-glykose* ($^1/_{25}$ Mol.), 14,4 g *1-Chlor-2,3,4-triacetylglykose* ($^1/_{25}$ Mol. + 10%) und 6,1 g *Mercuriacetat* ($^1/_{50}$ Mol-3%) werden mit 200 ccm absolutem Benzol unter fortwährendem Schütteln auf 50° erwärmt und 20 Minuten zwischen 50 und 53° gehalten, wobei vollständige Lösung erfolgt. Jetzt läßt man unter Chlorcalciumverschluß 4 Tage bei Zimmertemperatur stehen. Man wäscht zweimal mit Wasser, trocknet die Benzollösung mit Chlorcalcium und dampft das Filtrat bei 40° unter vermindertem Druck zu einem dicken Öl ein. Man schüttelt den Rückstand mit 100 ccm Äther durch. Dabei tritt zunächst Lösung ein, dann beginnt nach einigen Minuten eine kräftige Kristallisation der Acetochlor-gentiobiose. Nach einigen Stunden wird abgesaugt, mit Äther gewaschen und getrocknet. Ausbeute: 11,9 g = 45,6% d. Th. Die Substanz bildet farblose Kristalle (Schmelzp. 136,5—137°) und besitzt sämtliche Eigenschaften der Acetochlor-gentiobiose.

Die *α-1-Chlor-2,3,4-triacetyl-d-glykose* (LXIII) läßt sich auf ähnlichem Wege mit *α-Acetobrom-rhamnose* zu *α-Acetochlor-β-1-l-rhamnosido-6-d-glykose* (LXVI) kuppeln [ZEMPLÉN und GERECS (50)].

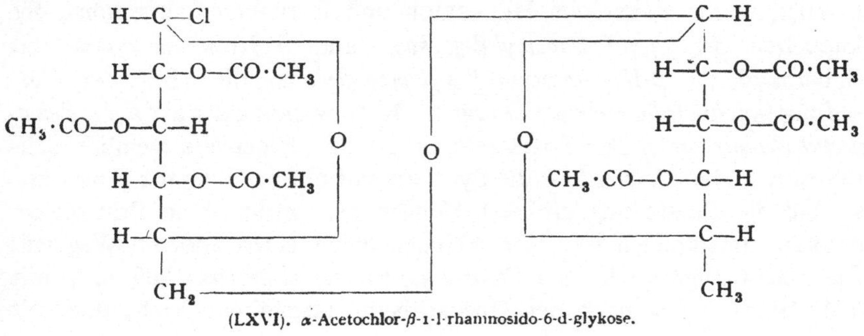

$$
\begin{array}{ll}
\text{H—C—Cl} & \text{C—H} \\
\text{H—C—O—CO·CH}_3 & \text{H—C—O—CO·CH}_3 \\
\text{CH}_3\text{·CO—O—C—H} & \text{H—C—O—CO·CH}_3 \\
\text{H—C—O—CO·CH}_3 & \text{CH}_3\text{·CO—O—C—H} \\
\text{H—C} & \text{C—H} \\
\text{CH}_2 & \text{CH}_3 \\
\end{array}
$$

(LXVI). α-Acetochlor-β-1-l-rhamnosido-6-d-glykose.

Diese tauscht in Gegenwart von Essigsäureanhydrid mit Hilfe von Silberacetat Chlor gegen Acetatrest aus, wobei die *β-Heptaacetyl-β-1-l-rhamnosido-6-d-glykose* in reinem Zustand isoliert werden konnte.

Die nach der Spaltung des *Rutins* mit dem Enzym aus den Samen von *Rhamnus. utilis* gewonnene amorphe Bióse [CHARAUX (51)], die *Rutinose*, gab bei der Acetylierung die obige *β-Heptaacetyl-β-1-l-rhamnosido-6-d-glykose*.

Die Identität der *Rutinose* und der synthetischen *β-1-l-Rhamnosido-6-d-glykose* wurde noch bewiesen durch Überführung der natürlichen sowie der synthetischen *Heptaacetylverbindung* in die *α-Acetochlor-β-1-l-rhamnosido-6-d-glykose* (LXVI) mit Hilfe von *Titanchlorid*, und ferner durch die Umwandlung der Chlorkörper in die *β-1-Methyl-hexaacetyl-β-1-l-rhamnosido-6-d-glykose* (LXVII) (52).

$$
\begin{array}{ll}
CH_3\text{—}O\text{—}C\text{—}H & C\text{—}H \\
H\text{—}C\text{—}O\text{—}CO\cdot CH_3 & H\text{—}C\text{—}O\text{—}CO\cdot CH_3 \\
CH_3\cdot CO\text{—}O\text{—}C\text{—}H \quad O \quad O \quad O \quad O & H\text{—}C\text{—}O\text{—}CO\cdot CH_3 \\
H\text{—}C\text{—}O\text{—}CO\cdot CH_3 & CH_3\cdot CO\text{—}O\text{—}C\text{—}H \\
H\text{—}C & C\text{—}H \\
CH_3 & CH_3
\end{array}
$$

(LXVII). β-1-Methyl-hexaacetyl-β-1-l-rhamnosido-6-d-glykose.

Eine Synthese unter Benutzung der *α-1-Chlor-2,3,4-triacetyl-glykose* konnte einen Weg zur bequemen Darstellung von *Primverose-derivaten* und der Primverose eröffnen [ZEMPLÉN und BOGNÁR (53)]. Die Primverose erlangte in neuester Zeit eine besondere Wichtigkeit dadurch, daß sie als Biosekomponente zahlreicher Glykoside aufgefunden wurde und daß sie in der *Rubierythrinsäure* als *Alizarin-primverosid* vorkommt [RICHTER (54)].

Eine Synthese der Primverose, welche gleichzeitig ihre Konstitution beweist, wurde zuerst von HELFERICH und RAUCH (17) ausgeführt. Sie kuppelten *β-1,2,3,4-Tetraacetyl-d-glykose* und *α-Acetobrom-xylose* mit Silberoxyd zu *β-Heptaacetyl-6-β-xylosido-glykose*, die bei der Verseifung (55) die freie *Primverose* ergab. Die Gewinnung der *β-1,2,3,4-Tetraacetyl-glykose* nach der Tritylmethode ist aber einerseits ziemlich zeitraubend, anderseits verläuft die Synthese mit nur rund 20proz. Ausbeute, so daß die Darstellung größerer Mengen der gewünschten Primverosederivate umständlich ist. Wir schlugen daher einen anderen Weg ein: Die leicht zugängliche *α-1-Chlor-2,3,4-triacetyl-d-glykose* ließ sich mit *α-Acetobrom-xylose* nach der Quecksilberacetatmethode leicht und mit mindestens 50proz. Ausbeute direkt zu α-*Acetochlor-primverose* (LXVIII) kuppeln.

$$H-C-Cl$$
$$H-C-O-CO \cdot CH_3$$
$$CH_3 \cdot CO-O-C-H$$
$$H-C-O-CO \cdot CH_3$$
$$H-C$$
$$CH_2$$

$$C-H$$
$$H-C-O-CO \cdot CH_3$$
$$CH_3 \cdot CO-O-C-H$$
$$H-C-O-CO \cdot CH_3$$
$$CH_2$$

(LXVIII). α-Acetochlor-primverose.

Diese Verbindung hat ein ganz besonderes Kristallisationsvermögen, so daß sie aus der Benzollösung direkt auskristallisiert und von den Nebenprodukten leicht zu trennen ist. Sie läßt sich mit Silberacetat in Essigsäureanhydrid glatt in ein Gemisch von α- und *β-Heptaacetyl-primverose* überführen, wobei die β-Verbindung überwiegt. Aus dem Gemisch kann die freie *Primverose* durch Verseifung gewonnen werden. Anderseits kann sie mit Hilfe von *Titantetrabromid* in die ebenfalls schön kristallisierende α-*Acetobrom-primverose* (in Formel LXVIII statt Chlor:Br) übergeführt werden, die bisher nur in amorphem Zustand dargestellt werden konnte [JONES und ROBERTSON (56)]

$$H-C-Cl$$
$$H-C-O-CO \cdot CH_3$$
$$CH_3 \cdot CO-O-C-H$$
$$CH_3 \cdot CO-O-C-H$$
$$H-C$$
$$CH_2OH$$

(LXIX). 1-Chlor-2,3,4-triacetyl-d-galaktose.

Die *Robinobiose* entsteht bei der Spaltung des Glykosids *Robinin* mit dem Enzym aus den Samen von *Rhamnus utilis*, neben *Kämpferol-rhamnosid*.

Mit der Quecksilberacetatmethode wurde versucht, *Acetobrom-l-rhamnose* mit *1-Chlor-2,3,4-triacetyl-d-galaktose* (LXIX) zu kuppeln. Letztere Verbindung wurde aus 2,3,4-Triacetyl-galaktosan (57) mit Hilfe von Titantetrachlorid (40) gewonnen. Die Kupplung gelang und führte zu dem erwarteten α-*1-Chlor-β-6-l-rhamnosido-d-galaktose-[1,5]-hexa-acetat* (LXX, S. 194) (58).

(LXX). α-1-Chlor-β-6-1-rhamnosido-d-galaktose-[1,5]-hexaacetat.

Der letztere Chlorkörper tauscht in Gegenwart von Silbercarbonat in Methanollösung das Chlor gegen Methoxyl aus, wobei *β-1-Methyl-β-6-1-rhamnosido-d-galaktose-_1,5_-hexaacetat* entsteht (Formel LXX, statt Cl: Methoxyl). Durch Vergleich der letzteren Substanz mit *β-1-Methyl-robinobiose-hexaacetat* (59) konnte der Beweis erbracht werden, daß aus dem letzteren eine Kristallfraktion isoliert werden kann, die mit dem synthetischen Präparat identisch ist.

(LXXI). 1-β-Methyl-6-brom-d-glykose.

(LXXII). 1,6-Dibrom-2,3,4-triacetyl-d-glykose.

Synthese mit 1-β-Methyl-6-brom-d-glykose.

1-β-Methyl-6-brom-d-glykose (LXXI) (60) und *1,6-Dibrom-2,3,4-triacetyl-d-glykose* (LXXII) (61) geben in Benzollösung bei der Einwirkung von *Quecksilberacetat* und nachheriger *Acetylierung* in sehr bescheidener Ausbeute (1.6%, ber. auf die 1,6-Dibromverbindung), aber in sicher ausführbarer Reaktion ein *6,6'-Dibromderivat* einer in *1-Stellung methylierten und 5fach acetylierten Biose*, die wir zunächst als ein *Derivat der Cellobiose* betrachteten (62). Um die Substanz identifizieren zu können, führten wir sie in Acetonlösung mit *Jodnatrium* in die entsprechende Jodverbindung über. Durch die schönen Arbeiten von HELFERICH (11) ist durch die Trityl-synthese ein ähnliches Derivat aus Cellobiose bereitet worden. Wir stellten sein Präparat nach der HELFERICHschen Vorschrift dar und verglichen es mit unserem. Schmelzpunkt und Drehung der beiden Präparate waren sehr wenig voneinander verschieden, dagegen zeigte der Misch-schmelzpunkt eine Depression von rund 15° und eine vorangehende Sinterung, die bei den Vergleichssubstanzen allein nicht auftritt. Deshalb können wir mit Sicherheit behaupten, daß es sich hier *nicht* um ein Derivat der Cellobiose (1-Glykosido-4-glykose) handelt.

Da einstweilen wegen der schlechten Ausbeuten ein Konstitutionsbeweis des erhaltenen Biosederivats nicht aussichtsreich ist, können wir nur vermuten, daß in unserem Präparat ein Derivat der *β-1-d-Glykosido-2-*(oder 3-)*d-glykose* vorliegt.

III. Darstellung neuer Oligosaccharide durch Abbau der acetylierten Nitrile.

Während für den Abbau der Monosen, z. B. der Glykose, mehrere Methoden zur Verfügung standen (*63*), konnte man vor Beginn meiner Arbeiten, um Biosen abzubauen, nur einen einzigen Weg, nämlich die Oxydation mit Wasserstoffsuperoxyd in Gegenwart von Eisensalzen (*64*), einschlagen.

Die bei Monosen sehr oft benutzte Methode von WOHL (*63*) kann beim Abbau der Oligosaccharide nicht in Frage kommen, da der Abbau der acetylierten Zuckernitrile mit ammoniakalischem Silberoxyd immer zu Acetamidverbindungen der betreffenden abgebauten Zucker führt, die erst bei einer Säurehydrolyse gespalten werden, wobei die Oligosaccharide in einfache Zucker zerfallen. Der oxydative Abbau nach RUFF (*64*) hat wiederum den Fehler, daß hierbei zahlreiche Nebenprodukte auftreten, während das gewünschte Abbauprodukt nur in verhältnismäßig kleinen Mengen entsteht, weshalb das Verfahren in der Oligosaccharidreihe bisher wenig Anwendung finden konnte.

Ich versuchte, die noch unbekannten *Oxime* bzw. *Nitrile der Biosen* zu bereiten, um den Abbau derselben durchprüfen zu können (*65*). Die Versuche zeigten, daß die Oximbildung bei den Biosen zwar ganz normal verläuft, aber die untersuchten Oxime selten kristallisiert zu erhalten sind. Weitere Versuche bestätigten dann die Nitrilbildung bei der Acetylierung der Oxime mit Essigsäureanhydrid in Gegenwart von Natriumacetat. Die Menge der erhältlichen Nitrile ist aber selten wesentlich höher als 50% d. Th., vermutlich weil nur die Oxime der syn-Reihe zur Nitrilbildung befähigt sind. Der erste Abbau geschah mit dem schön kristallisierten, *acetylierten Nitril der Cellobionsäure* (LXXIII, S. 196).

Zunächst versuchte ich, durch zweckmäßige Umänderung des Abbaues nach WOHL zum Ziele zu gelangen, jedoch entstanden stets höchst unerfreuliche, amorphe Substanzen, die immer stickstoffhaltig waren. Ich bemühte mich deshalb, den Abbau irgendwie mit Silberverbindungen,

aber ohne den Gebrauch von Ammoniak oder anderen stickstoffhaltigen
Basen vorzunehmen. Nach vielen erfolglosen Bemühungen versuchte ich

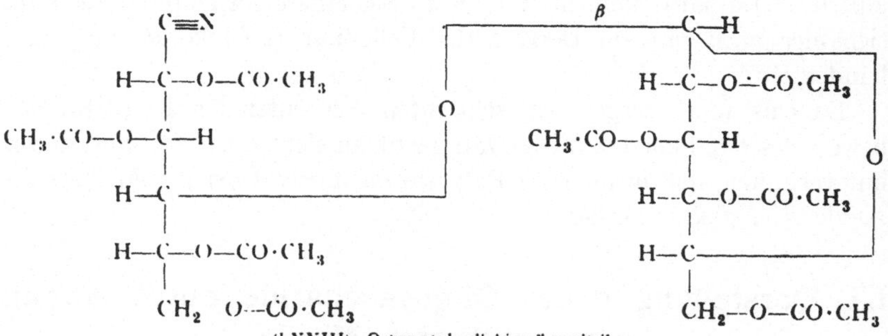

$$
\begin{array}{ll}
C\equiv N & \\
| & \\
H-C-O-CO\cdot CH_3 & \\
| & \\
CH_3\cdot CO-O-C-H & \\
| & \\
H-C & \\
| & \\
H-C-O-CO\cdot CH_3 & \\
| & \\
CH_2\ O-CO\cdot CH_3 &
\end{array}
\qquad
\begin{array}{ll}
\beta & \\
C-H & \\
| & \\
H-C-O-CO\cdot CH_3 & \\
| & \\
CH_3\cdot CO-O-C-H & \\
| & \\
H-C-O-CO\cdot CH_3 & \\
| & \\
H-C & \\
| & \\
CH_2-O-CO\cdot CH_3 &
\end{array}
$$

(LXXIII). Octaacetyl-cellobionsäurenitril.

das Nitril zu verseifen, nach einer Methode, die auf einer Untersuchung
über die Natriumverbindungen der freien bzw. acetylierten Zucker
beruhte (66). Im Laufe dieser Untersuchung stellte es sich heraus, daß
Natriumalkylate sich an die Acetylgruppen der Zucker anlagern und
Verbindungen bilden, die in Berührung mit Wasser sämtliche Acetyle als
Essigsäureester abspalten. Nach einigen Abänderungen (Lösen der
acetylierten Substanz in Chloroform, Zusatz geringer Mengen Natrium
in Methanol) hat sich die Methode als sehr empfehlenswert für die Verseifung der acetylierten Zucker erwiesen, weil dabei der Zucker sehr
geschont wird, so daß vollkommen farblose Sirupe entstehen.

Als ich diese Arbeitsweise auf das Octaacetyl-cellobionsäurenitril
anwandte, konnte ich feststellen, daß beim Verseifen der Acetylverbindung die Cyangruppe als Cyannatrium quantitativ abgespalten wird,
also der Abbau schon beim Verseifen vonstatten geht. Es blieb hiernach
nur noch übrig, das Cyannatrium unschädlich zu machen. Dies gelingt
durch quantitatives Ausfällen in essigsaurer Lösung mit Silberacetat
in der Kälte. Die Mutterlauge enthält dann in einer Ausbeute von über
80% die gewünschte *1-β-d-Glyko-d-3-arabinose* (LXXIV), die in Form
ihrer schön kristallisierenden Acetylverbindungen isoliert werden kann.

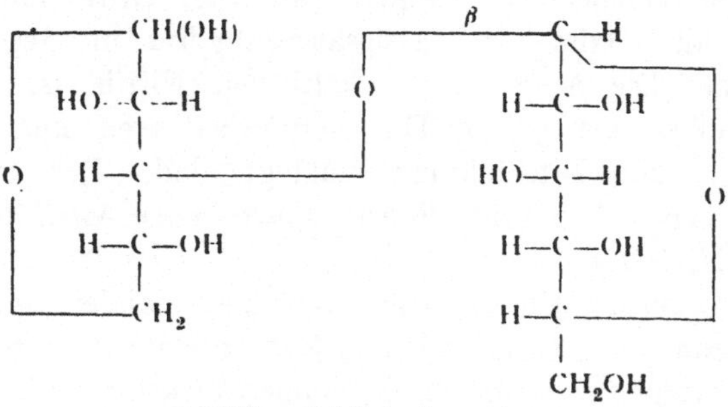

$$
\begin{array}{ll}
CH(OH) & \\
| & \\
HO-C-H & \\
| & \\
H-C & \\
| & \\
H-C-OH & \\
| & \\
CH_2 &
\end{array}
\qquad
\begin{array}{ll}
\beta & \\
C-H & \\
| & \\
H-C-OH & \\
| & \\
HO-C-H & \\
| & \\
H-C-OH & \\
| & \\
H-C & \\
| & \\
CH_2OH &
\end{array}
$$

(LXXIV). 1-β-d-Glyko-d-3-arabinose.

Um die Methode kennenzulernen, sei hier die Darstellung des Oktaacetyl-cellobionsäurenitrils und sein Abbau zu den acetylierten Glykoarabinosen beschrieben.

Darstellung von Octaacetyl-cellobionsäurenitril. 100 g salzsaures *Hydroxylamin* (77proz., bei hochprozentigen Präparaten entsprechend weniger)· werden mit 25 ccm Wasser auf dem Wasserbade geschmolzen und mit einer kalten Natriumäthylatlösung, die durch Lösen von 23 g Natrium in 500 ccm absolutem Alkohol bereitet worden war, unter Schütteln versetzt. Nach $^1/_2$stündigem Stehen in einer Kältemischung wird abgesaugt und mit absolutem Alkohol gründlich ausgewaschen. Die so bereitete *alkoholische Hydroxylaminlösung* (etwa 1 l) wird in kleinen Portionen zu einer Lösung von 150 g *Cellobiose* in 600 ccm warmem Wasser auf dem Wasserbade zugesetzt. Die Operation muß so geleitet werden, daß sich beim Zufügen der Hydroxylaminlösung keine Cellobiose ausscheide. Jetzt wird der Kolben in Wasser von 55° eingestellt und $1^1/_2$ Stunden bei dieser Temperatur gehalten; hiernach wird unter vermindertem Druck zum dicken Sirup eingedampft, mit absolutem Alkohol durchgeschüttelt, zur Trockne verdampft und die Behandlung mit absolutem Alkohol sowie das Verdampfen nochmals wiederholt. Der· Kolbenrückstand wird mit 1 l *Essigsäureanhydrid* und 150 g geschmolzenem Natriumacetat auf dem Wasserbade erwärmt. Dabei ist größte Vorsicht geboten, denn die Reaktion tritt manchmal sehr stürmisch ein und führt dann zu größerer Harzbildung. Bei richtig verlaufender Umsetzung, die man durch Eintauchen des Kolbens in dem richtigen Moment in kaltes Wasser erzielt, darf die Temperatur niemals 100° erreichen, bevor völlige Lösung des Reaktionsgemisches eintritt. Jetzt wird noch 2 Stunden im Wasserbad erhitzt; dann gießt man, nach dem Abkühlen auf etwa 80°, das Ganze in 3,5 l Wasser. Dabei scheidet sich ein dunkelbraun gefärbtes Öl aus. Man gießt die wäßrige Lösung ab und arbeitet das Öl mit frischem Wasser durch, wobei es ziemlich rasch kristallinisch erstarrt und sich schließlich zu einem Pulver zerstampfen läßt. Die erste Mutterlauge scheidet beim Stehen über Nacht schöne, lange, farblose Nadeln des *acetylierten Nitrils* ab. Die beiden festen Produkte werden am nächsten Tage scharf abgesaugt, mit Wasser gewaschen und dann in 1 l Chloroform gelöst; das Wasser wird im Scheidetrichter abgetrennt, die Chloroformlösung mit Tierkohle geschüttelt, durch ein doppeltes Faltenfilter filtriert und 2mal im Scheidetrichter mit 400 ccm Wasser gewaschen; dann wird die Chloroformschicht abgetrennt, filtriert und unter vermindertem Druck zu einem dicken Öl eingeengt. Dasselbe wird in 1 l heißem Alkohol gelöst und das Filtrat über Nacht stehengelassen. Hierbei scheidet sich die Substanz in farblosen, zu Büscheln vereinigten Nadeln ab. Die Ausbeute beträgt rund 150 g aus 150 g Cellobiose, also 50% d. Th.

Abbau des Octaacetyl-cellobionsäurenitrils. 200 g Nitril werden in 500 ccm Chloroform gelöst, in einer Kochsalz-Eis-Kältemischung abgekühlt und mit einer ebenfalls abgekühlten Lösung von 10 g metallischem Natrium in 500 ccm absolutem Methylalkohol unter Schütteln versetzt. Bald erscheint auch hier die Additionsverbindung, sie scheidet sich aber nicht in so großen Mengen aus, wie z. B. bei der Octaacetylcellobiose. Man versetzt das Reaktionsgemisch unter Schütteln allmählich mit kleinen Mengen Wasser, bis 500 ccm verbraucht sind, und gießt·es dann in einen Schütteltrichter. Die Chloroformschicht wird abgetrennt und die wäßrig·alkoholische Lösung nochmals mit 500 ccm Wasser verdünnt; dann wird nach Zugabe von 50 g Essigsäure eine Aufschlämmung von essigsaurem Silber zugegeben, die aus dem Silberoxyd (aus 100 g Silbernitrat) durch Schütteln mit 250 ccm Essigsäure bereitet wird. Nach wenigen Minuten ist sämtlicher Cyanwasserstoff als Cyansilber gebunden. Das Filtrat darf mit einer Lösung von essigsaurem Silber keinen Niederschlag mehr geben. Man erwärmt das Reaktionsgemisch kurze Zeit auf dem Wasserbade und fällt aus dem Filtrat das Silber quantitativ, durch tropfenweisen Zusatz von verdünnter Salzsäure. Das meist etwas gelblich gefärbte Filtrat kann mit Kohle leicht farblos erhalten werden. Die Isolierung der entstandenen *Glyko-arabinose* wird zweckmäßig in Form ihrer Acetate vorgenommen.

Heptaacetylverbindungen der Glyko-d-arabinose. Die Lösung der Glyko-d-arabinose wird unter vermindertem Druck bei 40° Badtemperatur stark eingeengt, mit Alkohol versetzt, nochmals eingedampft und die Operation oftmals wiederholt, um den Rückstand möglichst essigsäure- und wasserfrei zu erhalten. Er wird dann mit 700 ccm Essigsäure-anhydrid und 150 g wasserfreiem Natriumacetat versetzt und unter zeitweisem Schütteln auf dem Wasserbad erwärmt. Nach erfolgter Lösung wird noch 1 Stunde weiter erwärmt und dann in 3,5 l Wasser gegossen. Nach einigen Minuten beginnt das ausfallende Öl kristallinisch zu erstarren. Der Kristallkuchen wird zerstampft, über Nacht stehengelassen, dann scharf abgesaugt und in 700 ccm Chloroform gelöst. Die Chloroformlösung wird vom Wasser getrennt, filtriert, einmal mit 400 ccm, dann mit 300 ccm Wasser gewaschen, mit Kohle geklärt, wieder filtriert und schließlich unter vermindertem Druck stark eingeengt, wobei eine kräftige Kristallisation eintritt. Der Rückstand wird in 600 ccm heißem Alkohol gelöst, filtriert und über Nacht stehengelassen. Dabei scheidet sich die hochschmelzende *Heptaacetyl-glyko-arabinose A* in farblosen, langen Nadeln ab. Ausbeute bei mehreren Versuchen 57—60 g oder 31—33% d. Th.

Verarbeitung der Mutterlaugen der Heptaacetyl glyko-arabinose vom Schmelzp. 196°. Die wäßrig-essigsaure Mutterlauge wird 3mal mit 500 ccm Chloroform extrahiert, die vereinigten Chloroformauszüge werden mit Wasser gewaschen und dann unter vermindertem Druck zum dicken Öl eingedampft. Das Öl wird zusammen mit dem alkoholischen Filtrat des hochschmelzenden Acetylkörpers verarbeitet.

Die vereinigten Mutterlaugen sowie die gereinigten Chloroformauszüge der ersten wäßrig-essigsauren Mutterlauge, die aus 500 g Octaacetyl-cellobionsäurenitril entstammten, wurden unter vermindertem Druck zu einem dicken Öl verdampft, der Rückstand in 300 ccm heißem Alkohol gelöst, mit 300 ccm Äther verdünnt und mit Petroläther bis zur Trübung versetzt. Nach 24 Stunden begann die Ausscheidung eines kristallinischen Niederschlages, der sich beim sukzessiven Zusatz von Petroläther langsam vermehrte. Nach etwa 10tägigem Stehen wurde die Ausscheidung abgesaugt, in 500 ccm heißem Methylalkohol gelöst und über Nacht stehengelassen. Dabei wurden 70 g einer Substanz erhalten, die schon bei 110° zu sintern begann und unscharf bei 160° schmolz. Aus dieser Kristallfraktion konnten in reinem Zustande zwei weitere Heptaacetyl-glyko-arabinosen isoliert werden.

32 g der obigen Substanz wurden im Soxhletapparat 1 Stunde mit Äther extrahiert. Als Rückstand hinterblieben hierbei 27 g einer Substanz vom Schmelzp. 154 bis 155°. Der Ätherextrakt wurde unter vermindertem Druck verdampft, in wenig Alkohol gelöst, mit 60 ccm Äther vermischt und nach Zusatz von einigen Tropfen Petroläther über Nacht stehengelassen. Dabei scheiden sich 4,5 g wohlausgebildeter, farbloser Prismen vom Schmelzp. 105,5—106° ab.

Die Substanz vom Schmelzp. 154—155° wurde einer erneuten Extraktion mit Äther unterworfen, wobei 18,7 g ungelöst zurückblieben (Schmelzp. 120—140°). Die Mutterlauge wurde unter vermindertem Druck zur Trockne verdampft, in wenig Alkohol aufgenommen und wie zuvor mit Äther und wenig Petroläther stehengelassen. Erhalten: 3,6 g Substanz, Schmelzp. 105—106°.

Der Rückstand (Schmelzp. 120—140°) wurde aus 120 ccm heißem Alkohol umkristallisiert. Erhalten: 16,5 g Substanz vom Schmelzp. 145—148°. Nach nochmaligem Auskochen mit Äther und Umkristallisieren aus 150 ccm heißem Alkohol stieg der Schmelzpunkt auf 156—157°, während die Substanzmenge auf 12 g sank. Beim Umlösen aus 160 ccm heißem Alkohol resultierten 10,5 g farbloser Nadeln, die zwischen 157—161° schmolzen und deren Schmelzpunkt auch nach wiederholtem Umkristallisieren nicht mehr höher stieg.

Der Abbau kann mit nicht kristallisierfähigen acetylierten Nitrilen ebenfalls mit Erfolg ausgeführt werden, wie ich dies an dem Beispiel des *Octaacetyl-laktobionsäurenitrils* (LXXV) gezeigt habe (67). Dieses führt über den schön kristallisierten Benzylphenylhydrazon der *1-β-d-Galakto-3-d-arabinose* nach der Spaltung mit Benzaldehyd zu dem ebenfalls schön kristallisierenden freien Zucker (LXXVI) (68).

$$
\begin{array}{ll}
C\equiv N & \overset{\beta}{\quad}\ C-H \\
H-C-O-CO\cdot CH_3 & H-C-O-CO\cdot CH_3 \\
CH_3\cdot CO-O-C-H & CH_3\cdot CO-O-C-H \\
H-C & CH_3\cdot CO-O-C-H\cdot \\
H-C-O-CO\cdot CH_3 & H-C \\
CH_2-O-CO\cdot CH_3 & CH_2-O-CO\cdot CH_3
\end{array}
$$

(LXXV). Octaacetyl-laktobionsäurenitril.

$$
\begin{array}{ll}
CH(OH) & \overset{\beta}{\quad}\ C-H \\
HO-C-H & H-C-OH \\
H-C & HO-C-H \\
H-C-OH & HO-C-H \\
CH_2 & H-C \\
 & CH_2OH
\end{array}
$$

(LXXVI). 1-β-d-Galaktosido-3-d-arabinose.

Bei den später ausgeführten Versuchen stellte es sich heraus, daß die Abscheidung des Cyanwasserstoffs als Cyansilber mit Silberacetat überflüssig ist, und daß man besser die nach der Behandlung mit Natriummethylat erhaltene Lösung nach dem Ansäuern mit Essigsäure unter vermindertem Druck eindampft und aus dem Rückstand die gewünschte Biose in Form eines kristallisierten Derivats isoliert (69).

IV. Darstellung neuer Oligosaccharide aus Verbindungen vom Typus des Cellobials.

Bei der Reduktion der *Acetobrom-cellobiose* (XXXI, S. 170) in essigsaurer Lösung mit Zinkstaub, in Gegenwart von Platinlösung-spuren, entsteht das ungesättigte *Cellobial* (LXXVII, S. 200).

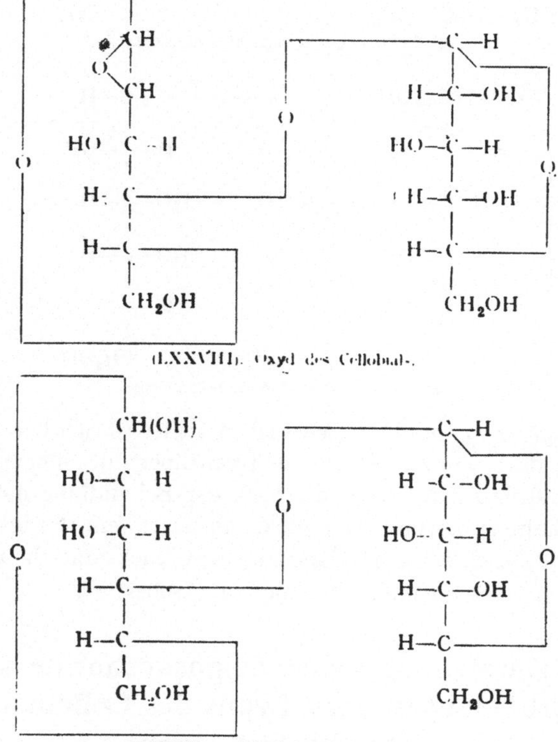

(LXXVII). Cellobial.

Dieses wird von Benzopersäure in ein *Oxyd* von anhydrischem Charakter (LXXVIII) übergeführt. Letzteres nimmt leicht mit seiner Äthylenoxydgruppe Wasser auf, wobei *4-β-d-Glykosido-d-mannose* (LXXIX) entsteht BERGMANN und SCHOTTE (70)].

(LXXVIII). Oxyd des Cellobial-.

(LXXIX). 4-β-d-Glykosido d-mannose.

Die Umwandlung des Cellobials in 4-Glykosido-mannose gestaltet sich recht einfach, wenn man auf die Isolierung des wasserempfindlichen Oxyds verzichtet. Das Cellobial wird in etwa der 10fachen Menge Wasser gelöst, etwas über 1 Mol Benzopersäure in Essigester hinzugefügt und die beiden Schichten durch 2--3stündiges Schütteln auf der Maschine innig miteinander in Berührung gebracht, bis die wäßrige Lösung kein Brom mehr addiert. Diese scheidet, nach dem Konzentrieren zum dünnen Sirup, mit Alkohol und Äther in einer Ausbeute von 90% d. Th. die 4-Glykosido-mannose in Kristallen ab.

Auf ähnlichem Wege konnte das aus *Acetobrom-milchzucker* entstehende *Laktal* (LXXX) in *4-d-Galaktosido-d-mannose* (LXXXII) übergeführt werden, wie dies aus den folgenden Formeln ersichtlich ist [BERGMANN (71)]

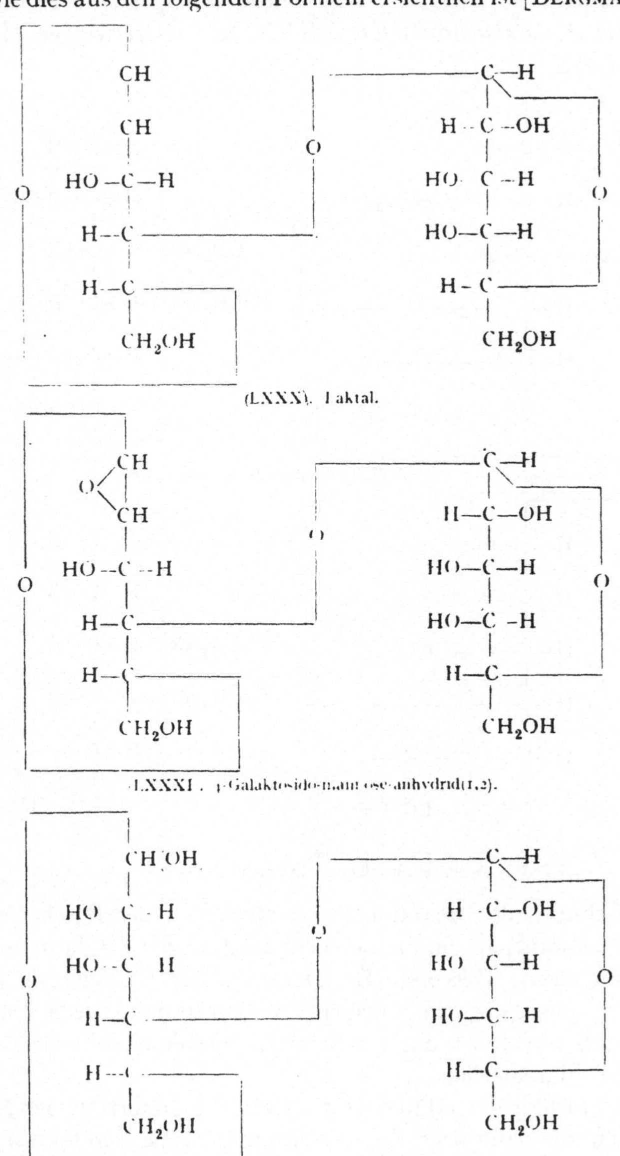

(LXXX). Laktal.

(LXXXI). 4-Galaktosido-mannose-anhydrid(1,2).

(LXXXII). 4-ß-d-Galaktosido-d-mannose.

V. Darstellung neuer Oligosaccharide durch Umlagerung der acetylierten Zucker mit sublimiertem Aluminiumchlorid.

Wenn man *Octaacetyl-laktose* (LXXXIII) in Chloroformlösung mit frisch sublimiertem Aluminiumchlorid 2 Stunden lang am Rückflußkühler erwärmt, so kann aus dem Reaktionsgemisch neben Acetochlorlaktose die *Acetochlor-neo-laktose* (LXXXIX) isoliert werden [KUNZ und HUDSON (72)].

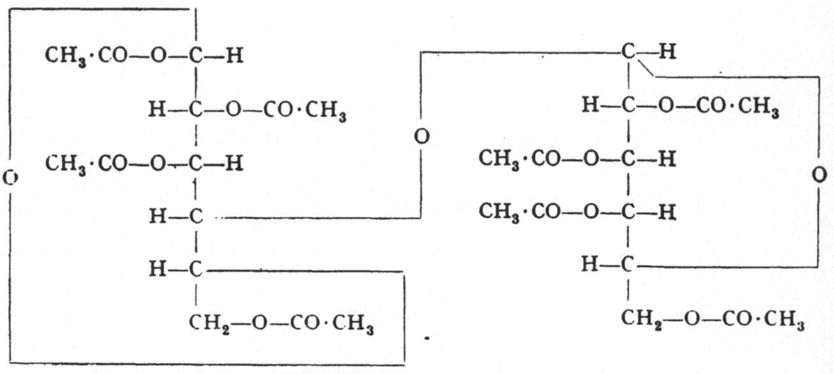

(LXXXIII). *β*-Octaacetyl-laktose.

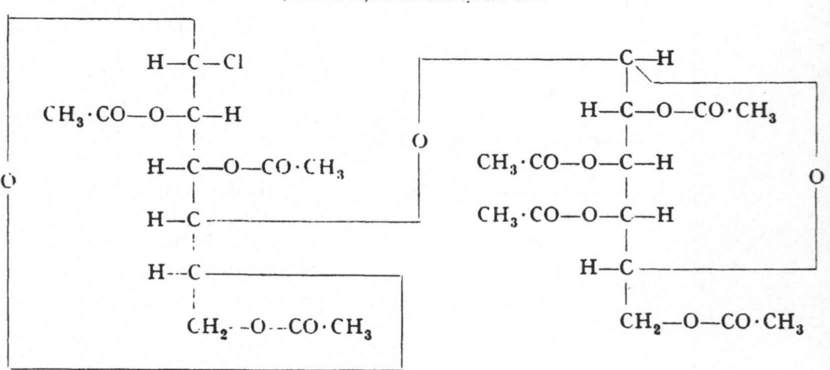

(LXXXIX). Acetochlor-neo-laktose (Acetochlor-4-d-galaktosido-d-altrose).

Das Gelingen der Reaktion hängt stark von der Beschaffenheit des Aluminiumchlorids ab und ist leider bedingt durch die darin enthaltenen Verunreinigungen. Der erste Beobachter dieser Umlagerung (A. KUNZ) war nicht imstande, in meinem Laboratorium weder mit käuflichem noch mit frisch dargestelltem Aluminiumchlorid die Acetochlorneo-laktose darzustellen.

Die Acetochlor-neo-laktose läßt sich in die *Octaacetate* der *Neo-laktose* umwandeln, die dann nach der Verseifung die freie Neo-laktose als Sirup ergeben. Neo-laktose liefert bei der Hydrolyse d-Galaktose und d-Altrose.

Dieselbe Reaktion ließ sich auch auf die *Octaacetyl-cellobiose* (XLIII, S. 175) übertragen, die dabei in einer Ausbeute von 13% die *Acetochlor-celtrobiose* liefert [HUDSON (73)].

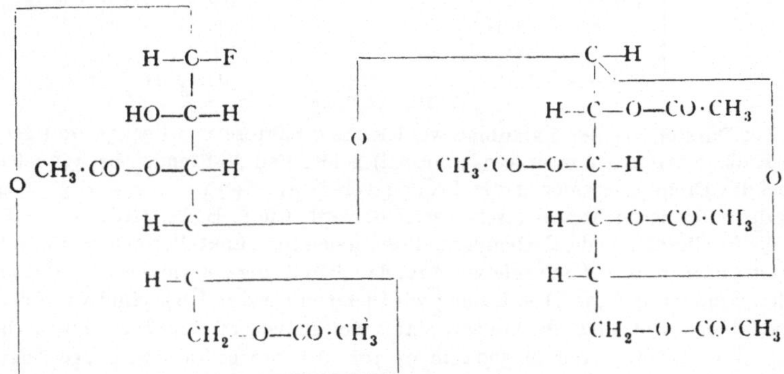

(XC). Acetochlor-celtrobiose (Acetochlor-4-β-d-glykosido-d-altrose).

VI. Umlagerung mit Fluorwasserstoff.

Diese Reaktion wurde bisher bei der *Octaacetyl-cellobiose* (XLIII, S. 175) untersucht. Die letztere wandelt sich unter Abspaltung eines Acetyls und Epimerisierung am zweiten Kohlenstoffatom in *1-Fluor-hexa-acetyl-4-β-d-glykosido-d-mannose* (XCI) um [BRAUNS (74)].

(XCI). 1-Fluor-hexaacetyl-4-β-d-glykosido-d-mannose.

VII. Darstellung neuer Oligosaccharide auf Grund der Umlagerungen nach LOBRY DE BRUYN.

Aus den Untersuchungen von LOBRY DE BRUYN und VAN EKEN-STEIN (75) ist bekannt, daß Aldosen in Gegenwart von sehr verdünnten Alkalien einerseits in die epimeren Zucker, anderseits in den entsprechenden Ketonzucker umgelagert werden. So entstehen aus Glykose: Mannose und Fruktose. Diese Reaktion läßt sich auf Oligosaccharide übertragen, wie dies von MONTGOMERY und HUDSON (76) am Beispiel der *Laktose*

(XCII) bewiesen wurde, die in Gegenwart von Kalkwasser ebenfalls einer Umlagerung anheimfällt; aus dem Reaktionsgemisch konnte eine neue Ketobiose, die den Namen *Laktulose* (XCIII) erhielt, isoliert werden.

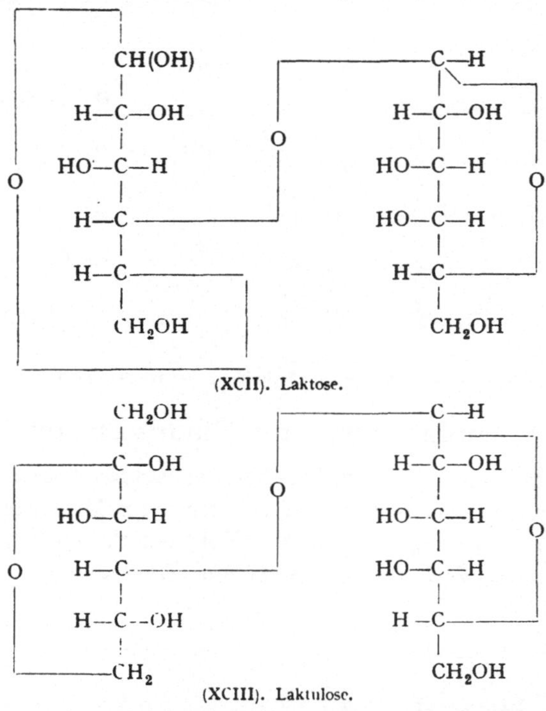

(XCII). Laktose.

(XCIII). Laktulose.

Zur **Darstellung der Laktulose** werden 180 g Laktose in 1 l bei 35° mit gelöschtem Kalk gesättigten Wasser (0,043-normal) gelöst und 36 Stunden bei 35° gehalten, wobei das Drehungsvermögen der Lösung von $[\alpha]_D = +52,5°$ bis $+31,5°$ absinkt, also das Gleichgewicht viel rascher erreicht wird, wie z. B. bei Glykose (10 Tage). Um die Enolformen in die Carbonyl-modifikationen bzw. Laktolformen zu überführen, setzt man bei 10° soviel Schwefelsäure zu, daß die Lösung 2-normal wird und erwärmt noch 2 Stunden auf 35°. Die Lösung wird jetzt mit einem Überschuß von Calciumcarbonat erwärmt und das Filtrat unter vermindertem Druck zu einem dicken Sirup eingedampft, dann in 500 ccm 95proz. Alkohol gelöst und einige Tage bei tiefer Temperatur aufbewahrt, wobei 110—125 g unveränderte Laktose auskristallisieren. Die Mutterlaugen werden wiederum stark eingeengt, der Rückstand mit der 6fachen Menge 95proz. Alkohols aufgenommen und von den Calciumsalzen abfiltriert. Die Mutterlauge wird verdampft und in 50 ccm absolutem Methylalkohol aufgenommen, woraus noch langsam eine neue Menge Laktose ausfällt. Durch Wiederholung der letzteren Operation kann man 120—135 g unveränderte Laktose isolieren. Die Mutterlaugen geben besonders beim Animpfen mit Laktulose nach längerem Stehen etwa 14 g Kristalle ($[\alpha]_D = -32°$), bestehend aus einem Gemisch von Laktulose mit Laktose. Zur weiteren Reinigung wird die noch vorhandene Laktose mit Bromwasser, in Gegenwart von Puffersalz zu Laktobionsäure oxydiert. Zunächst wird die vorhandene Aldose mit Hypojodit bestimmt und mit einem 10proz. Überschuß an Brom, in Gegenwart von 1,25 Mol. Bariumbenzoat, 2 Tage bei Raumtemperatur im Dunkeln oxydiert (**77**). Dann wird der Bromüberschuß mit einem Luftstrom entfernt, das Barium mit Schwefelsäure genau ausgefällt, der Bromwasserstoff mit Silbercarbonat, aus dem Filtrat das Silber mit Schwefelwasserstoff entfernt, die Lösung eingeengt, die Benzoesäure mit Chloroform entfernt und die Laktobionsäure in Calcium-, Baryum- oder Bleisalz übergeführt, dann aus der konzentrierten Lösung das Salz mit Alkohol entfernt. Die Endmutterlaugen werden in Methylalkohol aufgenommen, der langsam Kristalle der Laktulose absetzt, welche aus 50proz. Methylalkohol gereinigt werden. Die Ausbeute beträgt 6—7,5 g aus 180 g Laktose.

Die Laktulose kristallisiert in hexagonalen Platten vom Schmelzp. 58°. $[\alpha]_D^{22} = -5° \rightarrow -51,5°$ (in Wasser). Gibt die SELIWANOFF-Reaktion auf Ketosen, wird von Hypojodit nicht oxydiert, reduziert FEHLINGsche Lösung und ist süßer als Laktose, aber nicht so süß wie Rohrzucker.

Die obige Methode wird vermutlich noch zu zahlreichen neuen, Ketonzucker enthaltenden Oligosacchariden führen.

VIII. Synthesen mit dem BRIGLschen Anhydrid.

Bei der Einwirkung eines großen Überschusses an Phosphorpentachlorid auf *β-Pentaacetyl-glykose* (XCIV) entsteht in verwickelter Reaktion ein stark chlorhaltiges Produkt, die *α-1-Chlor-2-trichloracetyl-3,4,6-triacetyl-glykose* (XCV), gebildet durch den Ersatz des Acetatrestes am Kohlenstoff 1 durch Chlor sowie des Acetyls am $C_{(2)}$ durch Trichloracetyl.

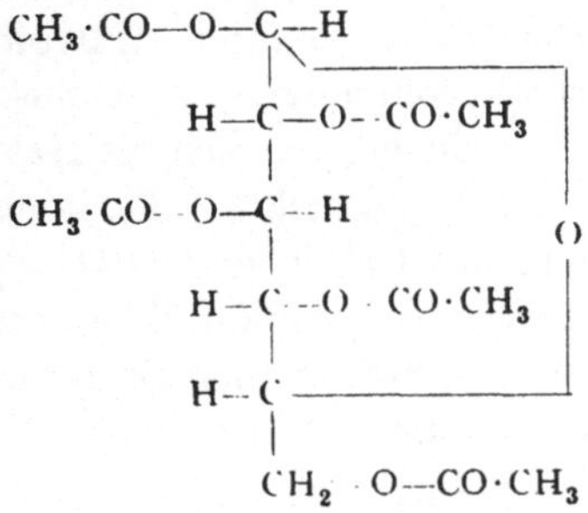

(XCIV). β-Pentaacetyl-glykose.

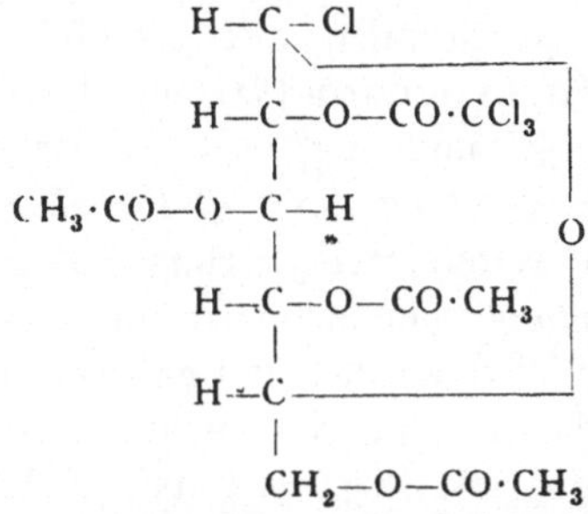

(XCV). α-1-Chlor-2-trichloracetyl-3,4,6-triacetyl-glykose.

Bei der Behandlung der Verbindung (XCV) mit trockenem Ammoniak in ätherischer Lösung, bei 0° wird nur die Trichloracetylgruppe am $C_{(2)}$ als

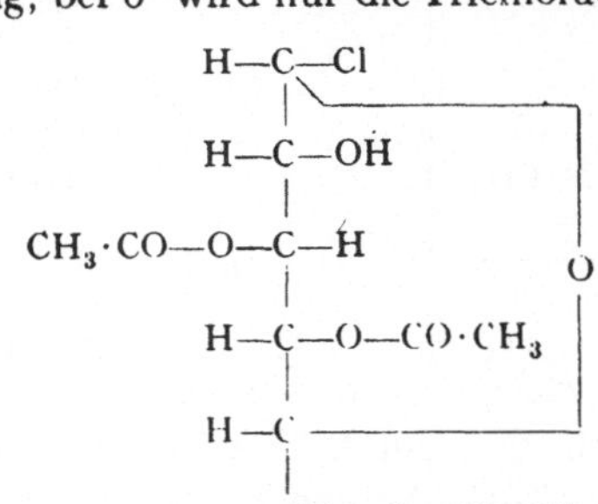

(XCVI). α-1-Chlor-3,4,6-triacetyl-glykose.

Trichloracetamid abgespalten unter Bildung einer freien Hydroxyl-Gruppe, wobei *α-1-Chlor-3,4,6-triacetyl-glykose* entsteht (XCVI, S. 205).

Wird diese in benzolischer Lösung weiter der Einwirkung von trocke-nem Ammoniak ausgesetzt, so entsteht das *3,4,6-Triacetyl-d-glykose-1,2-anhydrid*, kurz „BRIGL-*Anhydrid*" genannt (XCVII) = *d-Glykosan* [*1,2*]-[*1,5*])-*triacetat* (79).

$$H-C$$
$$H-C$$
$$CH_3 \cdot CO-O-C-H \qquad O$$
$$H-C-O-CO \cdot CH_3$$
$$H-C$$
$$CH_2-O-CO \cdot CH_3$$

(XCVII). 3,4,6-Triacetyl-d-glykose-1,2-anhydrid.

Die Substanz reduziert FEHLINGsche Lösung in der Wärme stark. Pri-märe und sekundäre Alkohole werden leicht unter Bildung von β-Glyko-siden addiert, bei der Einwirkung von Phenol entsteht aber das α-Phenol-glykosid [HICKINBOTTOM (80)].

Beim Erwärmen der Verbindung (XCVII) in Gegenwart von Benzol rund 40 Stunden mit *2,3,4,6*-Tetraacetylglykose konnten HAWORTH und HICKINBOTTOM (81) eine kristallisierte Verbindung vom Schmelzp. 155—156° und $[\alpha]_D^{20} = + 78°$ (in Aceton) gewinnen, die sich als *Hepta-acetylverbindung* der *ν-β-Trehalose* (XCVIII) herausstellte. Sie konnte durch weitere Acetylierung mit Essigsäureanhydrid in eine *Octaacetyl-verbindung* vom Schmelzp. 140—141° und $[\alpha]_D^{20} = + 82°$ (in Chloroform) übergeführt werden und gab bei der Verseifung mit Ammoniak in alko-holischer Lösung eine nicht reduzierende, kristallisierte Biose, die *Neo-trehalose*, mit $[\alpha]_D^{20} = + 95°$ (in Wasser).

$$H-C \qquad\qquad O \qquad \beta \qquad C-H$$
$$H-C-OH \qquad\qquad H-C-O-CO \cdot CH_3$$
$$CH_3 \cdot CO-O-C-H \qquad O \qquad CH_3 \cdot CO-O-C-H \qquad O$$
$$H-C-O-CO \cdot CH_3 \qquad H-C-O-CO \cdot CH_3$$
$$H-C \qquad\qquad H-C$$
$$CH_2-O-CO \cdot CH_3 \qquad CH_2-O-CO \cdot CH_3$$

(XCVIII). Heptaacetyl-neo-trehalose.

Es ist wahrscheinlich, daß durch Einwirkung von verschiedenen an-deren, dafür geeigneten Zuckerkomponenten auf den BRIGL-Anhydrid, noch weitere neue Oligosaccharide synthetisiert werden können.

IX. Enzymatische Synthesen.

Die erste sicher ausführbare Synthese dieser Art wurde von BOUR-QUELOT, HÉRISSEY und COIRRE (*82*) ausgeführt, bei der Einwirkung von *Emulsin* auf eine konzentrierte wäßrige Lösung von *Glykose* in Gegenwart von Toluol. Sie dauert etwa 1 Monat und ergibt rund 10% *Gentiobiose*, berechnet auf den angewandten Traubenzucker. Bei der Einwirkung von Emulsin auf eine Lösung von Glykose in Wasser und Glykol konnte neben Gentiobiose auch *Cellobiose* aufgefunden werden [BOURQUELOT und BRIDEL (*83*)].

Unter ähnlichen Bedingungen konnten aus Galaktose zwei, in ihrer Konstitution noch unbekannte Biosen: *Galaktobiose A* und *Galaktobiose B* isoliert werden (*83a*).

Mit *Hefe-glykosidase* läßt sich aus Glykoselösungen *Maltose* syntheti-sieren [HILL (*84*)].

Eine enzymatische *Rohrzucker-synthese*, die aber noch einer Bestäti-gung harrt, wurde ebenfalls beschrieben (*85*).

Literaturverzeichnis.

1. FISCHER, E. u. K. DELBRÜCK: Synthese neuer Disaccharide vom Typus der Trehalose. Ber. dtsch. chem. Ges. **42**, 2776 (1908).

2. SCHLUBACH, H. H. u. W. SCHETELIG: Krystallisierte β-β-Trehalose (Isotre-halose). Z. physiol. Chem. **213**, 83 (1932).

3. FISCHER, E. u. H. FISCHER: Über einige Derivate des Milchzuckers und der Maltose und über zwei neue Glucoside. Ber. dtsch. chem. Ges. **43**, 2537 (1910).

4. — u. G. ZEMPLÉN: Einige Derivate der Cellobiose. Ber. dtsch. chem. Ges. **43**, 2537 (1910).

5. ZEMPLÉN, G.: Über das aus Cellobiose entstehende Kohlenhydrat. Math. és Term. Értesitő **45**, 80 (1927) (ungarisch).

6. KARRER, P., FR. WIDMER u. A. P. SMIRNOFF: Über Anhydrozucker vom Trehalosetypus: Diglucan und Isodiglucan. Helv. chim. Acta **4**, 796 (1921).

7. FREUDENBERG, K. u. A. WOLF: Zur Kenntnis der Aceton-Zucker. X. 3-Thio-glykose. Ber. dtsch. chem. Ges. **60**, 238 (1927).

8. — A. WOLF, E. KNOPF u. S. H. ZAHEER: Zur Kenntnis der Aceton-Zucker XIV. Synthesen weiterer Di- und Trisaccharide aus Galaktose, Glykose und Mannose. Ber. dtsch. chem. Ges. **61**, 1743 (1928).

9. HELFERICH, B. u. W. KLEIN: Zur Synthese von Disacchariden. IV. Liebigs Ann. Chem. **450**, 219 (1926); B. HELFERICH, K. BÄUERLEIN u. F. WIEGAND: Syn-these der Gentiobiose. Liebigs Ann. Chem. **447**, 27 (1925); B. HELFERICH, W. KLEIN u. W. SCHÄFER: Synthese eines Disaccharidglykosids. Liebigs Ann. Chem. **447**, 19 (1925).

10. HELFERICH, B., L. MOOG u. A. JÜNGER: Über den Ersatz reaktionsfähiger Wasserstoffatome in Zuckern, Oxy- und Aminosäuren durch den Triphenyl-methyl-rest. Ber. dtsch. chem. Ges. **58**, 887 (1925).

10a. KUHN, R., H. RUDY u. F. WEYGAND: Synthese der Lactoflavin-5-phosphor-säure. Ber. dtsch. chem. Ges. **69**, 1546 (1936).

11. HELFERICH, B., E. BOHM u. S. WINKLER: Ungesättigte Derivate von Gentio-biose und Cellobiose. Ber. dtsch. chem Ges. **63**, 992 (1930).

12. REYNOLDS, D. D. and W. L. EVANS: The Preparation of α- and β-Gentiobiose Octaacetates. J. Amer. chem. Soc. **60**, 2559 (1938).

13. LEVENE, F. A. and H. SOBOTKA: Synthetic nucleosides. Theophylline pentosides. J. biol. Chemistry **65**, 465 (1925).

14. HELFERICH, B. u. H. RAUCH: Zuckersynthesen. VII. Die Synthese der Primverose. Liebigs Ann. Chem. **455**, 168 (1927).

15. — u. H. BREDERECK: Zuckersynthesen. VIII. Liebigs Ann. Chem. **465**, 168 (1928).

16. POLONOVSKI, M. et A. LESPAGNOL: Sur deux nouveaux sucres du lait de femme, le gynolactose et l'allolactose. C. R. Acad. Sciences **192**, 1319 (1931); Sur la constitution de l'allolactose. C. R. Acad. Sciences **195**, 465 (1932).

17. HELFERICH, B. u. G. SPARMBERG: Kristallisierte 6-β-d-Galaktosido-d-glykose. Ber. dtsch. chem. Ges. **66**, 806 (1933); B. HELFERICH u. H. RAUCH: Zucker-Synthesen. VI.; 6-β-Galaktosido-d-glykose, ein Beitrag zur Konstitution der Melibiose. Ber. dtsch. chem. Ges. **59**, 2655 (1926).

18 — u. W. SCHÄFER: Zuckersynthesen. V. Die Synthese einiger Trisaccharide. Liebigs Ann. Chem. **450**, 229 (1926).

19 — u. R. GOETZ: Synthese eines Tetrasaccharid-acetats. Ber. dtsch. chem. Ges. **64**, 110 (1931).

20. — u. H. BREDERECK: Zuckersynthesen. VIII. Liebigs Ann. Chem. **466**, 174 (1928).

21. — u. R. GOETZ: Synthese eines Tetrasaccharid-acetats. Ber. dtsch. chem. Ges. **64**, 109 (1931).

22. FREUDENBERG, K., A. NOE u. E. KNOPF: Zur Kenntnis der Aceton-Zucker. XI. Synthese einer 6-Glykosido-galaktose. Ber. dtsch. chem. Ges. **60**, 238 (1927).

23. — A. WOLF, E. KNOPF u. S. H. ZAHEER: Zur Kenntnis der Aceton-Zucker. XIV. Synthese weiterer Di- und Trisaccharide aus Galaktose, Glykose und Mannose. Ber. dtsch. chem. Ges. **61**, 1743 (1928).

24. — u. W. NAGAI: Die Synthese der Cellobiose. Ber. dtsch. chem. Ges. **66**, 27 (1933).

25. FISCHER, E. u. E. F. ARMSTRONG: Über die isomeren Acetohalogen-Derivate der Zucker und die Synthese der Glucoside. Ber. dtsch. chem. Ges. **35**, 838 (1902).

26. — u. L. MECHEL: Zur Kenntnis der Phenol-Glucoside. Ber. dtsch. chem. Ges. **49**, 2814 (1916).

27. HELFERICH, B. u. H. BREDERECK: Zuckersynthesen. VIII. Liebigs Ann. Chem. **465**, 170 (1928).

28 FREUDENBERG, K., C. CHR. ANDERSEN, Y. GO, K. FRIEDRICH u. N. W. RICHTMYER: Synthese der methylierten Cellobiose. Krystallisierte Methyl-cellotriose aus Cellulose. Gentiobiose aus Amygdalin. (20. Mitteil. über Aceton-Zucker und andere Verbindungen der Kohlenhydrate.) Ber. dtsch. chem. Ges. **63**, 1961 (1930).

29. SCHLUBACH, H. H. u. K. MOOG: Über die Spaltung des methylierten Milchzuckers. Ber. dtsch. chem. Ges. **56**, 1957 (1923).

30 — u. H. FIRGAU: Über die Reaktionsfähigkeit der vierten Hydroxylgruppe der Glykose. Ber. dtsch. chem. Ges. **59**, 2100 (1926).

31 FREUDENBERG, K. u. E. BRAUN: Methylcellulose (V. Mitteil. über Lignin und Cellulose.) Liebigs Ann. Chem. **460**, 288 (1927).

32 WILLSTÄTTER, R. u. L. ZECHMEISTER: Zur Kenntnis der Hydrolyse von Cellulose. II. Mitteil. Ber. dtsch. chem. Ges. **62**, 722 (1929).

33 ZECHMEISTER, L. u. G. TÓTH: Zur Kenntnis der Hydrolyse von Cellulose und der dabei auftretenden Zwischenprodukte. (III. Mitteil. in der von R. Willstätter und L. Zechmeister begonnenen Reihe.) Ber. dtsch. chem. Ges. **64**, 854 (1931); vgl. auch Ber. dtsch. chem. Ges. **65**, 2134 (1935); L. ZECHMEISTER, H. MARK u. G. TÓTH: Cellotriose und ihre Bedeutung für das Strukturbild der Cellulose. Ber. dtsch. chem. Ges. **66**, 269 (1933).

34. FREUDENBERG, K., K. FRIEDRICH u. I. BAUMANN: Über Cellulose und Stärke. Liebigs Ann. Chem. **494**, 54 (1932); W. N. HAWORTH, E. L. HIRST and H. A. THOMAS: Polysaccharides, Part VII. Isolation of Octamethyl cellobiose, Hendecamethyl cellotriose and a Methylated Cellodextrin (Cellotetraose?) as crystalline Products of the Acetolysis of Cellulose Derivatives. J. chem. Soc. London **1931**, 824.

35. FREUDENBERG, K. u. W. NAGAI: Synthese der methylierten Cellotriose (Dekamethyl-β-methyl-cellotriosid. Liebigs Ann. Chem **494**, 63 (1932).

36. ZEMPLÉN, G.: Einwirkung von Quecksilbersalzen auf Aceto-halogenzucker, III. Mitteil.: Synthese der achtfach methylierten Cellobiose. Ber. dtsch. chem. Ges. **63**, 1820 (1930).

37. IRVINE, J. C. and J. M. A. BLACK: The Constitution of Maltose. J. chem. Soc. London **1926**, 862; J. C. IRVINE and E. L. HIRST: The Constitution of Polysaccharides. Part VI. The molecular Structure of Cotton Cellulose. J. chem. Soc. London **123**, 518 (1923).

38. ZEMPLÉN, G. u. G. BRAUN: Reduktionsvermögen der methylierten Zucker. Ber. dtsch. chem. Ges. **58**, 2566 (1925)

39. ZEMPLÉN, G.: Neuere Richtungen der Glykosidsynthese. (V. Quecksilbersalz-Methode. Fortschr. Chem. organ. Naturstoffe **1**, 6 (1938); G. ZEMPLÉN u. Á. GERECS: Einwirkung von Quecksilbersalzen auf Aceto-halogenzucker. IV. Mitteil.: Direkte Darstellung der Alkylbioside der λ-Reihe Ber. dtsch. chem. Ges. **63**, 2720 (1930).

40. — u. Z. CSÜRÖS: Aufspaltung des Laevoglykosans mit Titantetrachlorid. Ber. dtsch. chem. Ges. **62**, 993 (1928).

41. — Z. BRUCKNER u. Á. GERECS: Einwirkung von Quecksilbersalzen auf Aceto-halogenzucker. V. Mitteil.: Synthese der Dekaacetyl-1-β-methyl-λ-und-β-cellobiosido-6-glykose. Ber. dtsch. chem. Ges. **64**, 744 (1931).

42. — u. Z. BRUCKNER: Einwirkung von Quecksilbersalzen auf Aceto-halogenzucker. VII. Mitteil.: Synthese der 1-β-Methyl-gentiobiose und der 1-β-Methyl-6-λ-glykosidoglykose. Beitrag zur Isomaltose-Frage. Ber. dtsch. chem. Ges **64**, 1852 (1931).

43. HUDSON, C. S. and J. M. JOHNSON: The Rotatory Powers of some new Derivatives of Gentiobiose. J. Amer. chem. Soc. **39**, 1272 (1916).

44. — and F. B. PHELPS: Relations between rotatory power and structure in the sugar group. V. J. Amer. chem. Soc. **46**, 2591 (1924).

45. FISCHER, E.: Synthese einer neuen Glucobiose. Ber. dtsch. chem. Ges. **23**, 3687 (1890); Über die Isomaltose. Ber. dtsch. chem. Ges. **28**, 3024 (1895).

46. GEORG, A. et A. PICTET: Sur l'Isomaltose. Helv. chim. Acta **9**, 612 (1926). s. auch die Genfer Dissertation von A. GEORG über Isomaltose.

47. ZEMPLÉN, G. u. Á. GERECS: Einwirkung von Quecksilbersalzen auf Aceto-halogenzucker. VI. Mitteil.: Synthese von Gentiobiose- und Cellobiosido-6-glykose-Derivaten. Ber. dtsch. chem. Ges. **64**, 1545 (1931).

48. — u. E. PACSU: Über die Verseifung von acetylierten Zuckern und verwandter Substanzen. Ber. dtsch. chem. Ges. **62**, 1613 (1929).

49. — u. Á. GERECS: Einwirkung von Quecksilbersalzen auf Aceto-halogenzucker. VIII. Mitteil.: Synthese der Trideka-acetyl-1-β-methyl-6'-β-cellobiosido-gentiobiose. Ber. dtsch. chem. Ges. **64**, 2458 (1931).

50. — — — Einwirkung von Quecksilbersalzen auf Aceto-halogenzucker. IX. Mitteil.: Synthese von Derivaten der β-1-l-Rhamnosido-6-d-glykose. Ber. dtsch chem Ges. **67**, 2040 (1934).

51. CHARAUX, C.: Sur le dédoublement biochimique de la rutin. Obtention d'un glucide nouveau, le rutinose. C. R. Acad Sciences **178**, 1312 (1924).

52. ZEMPLÉN, G. u. Á. GERECS: Konstitution und Synthese der Rutinose, der Biose des Rutins. Ber. dtsch. chem. Ges. 68, 1318 (1935).

53. — u. R. BOGNAR: Einwirkung von Quecksilbersalzen auf Aceto-halogenzucker. XII. Mitteil: Eine neue, ausgiebige Synthese der Primverose-Derivate und der Primverose. Ber. dtsch. chem. Ges. 72, 47 (1939).

54. RICHTER, D.: Anthrachinone colouring matters. Rubierythric acid. J. chem. Soc. London 1936, 1701.

55. ZEMPLÉN, G.: Abbau der reduzierenden Biosen I. Direkte Konstitutionsermittlung der Cellobiose. Ber. dtsch. chem. Ges. 59, 1254 (1926); G. ZEMPLÉN, Á. GERECS u. J. HADÁCSY: Über die Verseifung acetylierter Kohlenhydrate. Ber. dtsch. chem. Ges. 69, 1828 (1936).

56. JONES, E. T. and A. ROBERTSON: Natural Glycosides. Part V. Ruberythric acid. J. chem. Soc. London 1933, 1167.

57. MICHEEL, F.: Über das Galaktosan (λ-1,5) (β-1,6). Ber. dtsch. chem. Ges. 62, 687 (1929).

58. ZEMPLÉN, G., Á. GERECS u. H. FLESCH: Einwirkung von Quecksilbersalzen auf Aceto-halogenzucker. XI. Mitteil.: Synthese einiger Derivate der β-1-l-Rhamnosido-6-d-galaktose. Ber. dtsch. chem. Ges. 71, 774 (1938).

59. — — Über Robinobiose und Kämpferolrhamnosid. Ber. dtsch. chem. Ges. 68, 2054 (1935).

60. IRVINE, J. C. and J. W. H. OLDHAM: Synthesis of 2,3,5-(or 2,3,4)-Trimethyl-Glucose. J. chem. Soc. London 127, 2733 (1925).

61. Darstellung nach P. KARRER: Zur Konstitution und Konfiguration der Anhydrozucker. Helv. chim. Acta 5, 128 (1922).

62. ZEMPLÉN, G. u. Z. CSÜRÖS: Einwirkung von Quecksilbersalzen auf Aceto-halogenzucker. X. Mitteil.: Synthese von Derivaten der vermutlichen β-1-d-Glykosido-2- oder -3-d-glykose. Ber. dtsch. chem. Ges. 67, 2051 (1934).

63. WOHL, A.: Abbau des Traubenzuckers. Ber. dtsch. chem. Ges. 26, 230 (1893); O. RUFF: d- und r-Arabinose Ber. dtsch. chem. Ges. 32, 550 (1899); M. GUERBET: Transformation des oxy-acides, ayant un oxhydryle en position α, en composés aldéhydiques, par ébullition de la solution aqueuse de leurs sels mercuriques; application à la préparation de l'arabinose d au moyen du gluconate mercurique. Bull. Soc. chim. France (4) 3, 427 (1908); R. A. WEERMANN: Einwirkung von Natriumhypochlorit auf Amide der λ-Oxysäuren und Polyoxysäuren mit einer Hydroxylgruppe in λ-Stellung. Neue Methode zum Abbau der Zuckerarten. Rec. Trav. chim. Pays-Bas 37, 16 (1917).

64. RUFF, O. u. G. OLLENDORFF: Abbau von d-Galaktose und von Milchzucker (d-Lyxose und Galaktoarabinose). Ber. dtsch. chem. Ges. 33, 1806 (1900).

65. ZEMPLÉN, G.: Abbau der reduzierenden Biosen. I. Direkte Konstitutionsermittlung der Cellobiose. Ber. dtsch. chem. Ges. 59, 1254 (1926).

66. — u. A. KUNZ: Über die Natriumverbindungen der d-Glykose und die Verseifung der acetylierten Zucker. Ber. dtsch. chem. Ges. 56, 1705 (1923).

67. — Abbau der reduzierenden Biosen. III. Direkte Konstitutionsermittlung des Milchzuckers. Ber. dtsch. chem Ges. 59, 2402 (1926).

68. — Abbau der reduzierenden Biosen. VI. Über die durch Abbau des Milchzuckers gewonnene d-Galakto-d-arabinose. Ber. dtsch. chem. Ges. 60, 1300 (1927).

69. — Abbau der reduzierenden Biosen. III. Direkte Konstitutionsermittlung des Milchzuckers. Ber. dtsch. chem. Ges. 59, 2402 (1926); Abbau der reduzierenden Biosen. V. Konstitutionsermittlung der Melibiose und der Raffinose. Ber. dtsch. chem. Ges. 60, 923 (1927); Abbau der reduzierenden Biosen. VII. Konstitutionsermittlung der Maltose. Ber. dtsch. chem. Ges. 60, 1555 (1927).

70. BERGMANN, M. u. H. SCHOTTE: Über die ungesättigten Reduktionsprodukte der Zuckerarten und ihre Umwandlungen. II. Neue Anhydrydzucker. Synthese einer Glykosido-mannose. Struktur der Cellobiose. Ber. dtsch. chem. Ges. **54**, 1564 (1921).

71. — Über die ungesättigten Reduktionsprodukte der Zuckerarten und ihre Umwandlungen. VIII. Liebigs Ann. Chem. **434**, 94 (1923).

72. KUNZ A. and C. S. HUDSON: Relations between Rotatory Power and Structure in the Sugar Group. XV. Conversion of Lactose to another Disaccharide, Neolactose. The Chloro-hepta-acetate and two Octaacetates of Neolactose. J. Amer. chem. Soc. **48**, 1978 (1926); Relations between Rotatory Power and Structur in the Sugar Group. XVII. The Structure of Neolactose. J. Amer. chem. Soc. **48**, 2435 (1926).

73. HUDSON, C. S.: Relations between Rotatory Power and Structure in the Sugar Group. XVI. Conversion of Cellobiose to another Disaccharide, Cellobiose, by the Aluminium chloride Reaktion. Chloro-acetyl-Celtrobiose. J. Amer. chem. Soc. **48**, 2002 (1926).

74. BRAUNS, D. H.: Optical Rotation and atomic Dimension. VI. J. Amer. chem. Soc. **48**, 2776 (1926).

75. LOBRY DE BRUYN u. VAN EKENSTEIN: Einwirkung von Alkalien auf die Zuckerarten. IV, V und VI. Rec. Trav. chim. Pays-Bas **16**, 257, 262, 274 (1897); Die d-Sorbose und die l-Sorbose (ψ-Tagatose) und ihre Konfiguration. Rec. Trav. chim. Pays-Bas **19**, 1 (1900).

76. MONTGOMERY, E. M. and C. S. HUDSON: Relations between Rotatory Power and Structure in the Sugar Group. XXVII. Synthesis of a new Disaccharide Ketose (Lactulose) from Lactose. J. Amer. chem. Soc. **52**, 2101 (1930).

77. HUDSON, C. S. and H. S. ISBELL: Relations between rotatory power and structure in the sugar group. XIX. Improvements in the preparation of aldonic acids. J. Amer. chem. Soc. **51**, 2225 (1929).

78. BRIGL, P.: Kohlenhydrate. I. Partieller Austausch von Säuregruppen in der β-Pentaacetyl-glykose. Z. physiol. Chem. **116**, 1 (1921).

79. — Kohlenhydrate. II. Z. physiol. Chem. **122**, 245 (1922).

80. HICKINBOTTOM, W. J.: Glucosides. Part I. The formation of Glucosides from 3,4,6-Triacetylglucose-1,2-anhydride. J. chem. Soc. London **1928**, 3410.

81. HAWORTH, W. N. u. W. J. HICKINBOTTOM: Synthesis of a new Disaccharide, Neotrehalose. J. chem. Soc. London **1931**, 2847.

82. BOURQUELOT, E., H. HÉRISSEY et J. COIRRE: Synthèse biochimique d'un sucre de groupe des hexobioses, le gentiobiose. C. R. Acad. Sciences **157**, 732 (1913); G. ZEMPLÉN: Über die Gentiobiose. Ber. dtsch. chem. Ges. **48**, 233 (1915).

83. — et M. BRIDEL: Synthèse biochimique du cellobiose à l'aide de l'émulsine. C. R. Acad. Sciences **168**, 1016 (1919).

83a. — et A. AUBRY: Cristallisation et propriétés complémentaires du galactobiose obtenu antérieurement par synthèse biochimique. C. R. Acad. Sciences **164**, 443 (1917); Synthèse biochimique à l'aide de l'emulsine, d'un deuxième galactobiose. C. R. Acad. Sciences **164**, 521 (1917).

84. HILL, A. C.: Reversible Zymohydrolysis. J. chem. Soc. London **73**, 634 (1898); Reversibility of Enzyme or Ferment action. J. chem. Soc. London **83**, 578 (1903).

85. OPARIN, A. J. u. A. L. KURSSANOW: Fermentative Synthese der Saccharose. Chem. Zbl. **1933** II. 1795.

(Eingelaufen am 6. Februar 1939.)

Chitin und seine Spaltprodukte.

Von **L. Zechmeister** und **G. Tóth**, Pécs.

(Mit 2 Abbildungen.)

I. Chitin.

Bekanntlich ist Chitin $(C_6H_9O_4 \cdot NH \cdot CO \cdot CH_3)_n$, das wichtigste stickstoffhaltige Polysaccharid, in der Natur verbreitet und spielt, wie Cellulose, die Rolle einer Gerüst- und Membransubstanz. Während aber Cellulose ein typischer Inhaltsstoff höherer Pflanzen ist, fehlt das Chitin in höheren Pflanzen und ist für gewisse Kryptogamen charakteristisch; kennzeichnend ist es auch für gewisse Avertebraten. Wahrscheinlich spielten bei dieser Verteilung entwicklungsgeschichtliche Gründe mit.

Die Literatur des Chitins ist weniger umfangreich als diejenige der Cellulose, was auf die weitaus geringeren Mengen zurückzuführen ist, die jährlich von Lebewesen erzeugt werden, und damit in Zusammenhang auf die schwierigere Zugänglichkeit und auf die beschränkte technische Verwendung. Chitin-anhäufungen, die mengenmäßig mit der Holzcellulose vergleichbar wären, gibt es nicht. Es wird so erklärlich, daß die Erforschung des Chitins auch zeitlich zurückblieb: Während sein letzter Baustein, das N-Acetyl-glucosamin, erst 1902 von Fraenkel und Kelly (*44*), sein zweitletzter, die Chitobiose, erst 1931 isoliert wurde [Bergmann, Zervas und Silberkweit (*18, 19*), Zechmeister und Tóth (*137*)], sind die Jahreszahlen für die Entdeckung der hydrolytisch aus Cellulose gewonnenen Abbauprodukte Traubenzucker und Cellobiose: 1819 und 1879 bzw. 1899.

Erst im Verlaufe des letzten Jahrzehnts erfuhr die Chemie des Chitins und seiner Spaltprodukte eine breitere Ausgestaltung, was in diesem Aufsatz dargelegt werden soll. Als fördernd wirkten einerseits physikalische Methoden, namentlich die Röntgenographie, und anderseits die Isolierung von Zwischenprodukten der Hydrolyse.

Je weiter die Erforschung des Chitins fortschritt, um so plastischer zeigte sich die *grundsätzliche Ähnlichkeit mit der Cellulose*. Den beiden Gerüstsubstanzen sind folgende Züge gemeinsam:

Faserstruktur.

Lange, unverzweigte Ketten von Sechserbausteinen.

Glucosidische, und zwar 1,4-Verknüpfung dieser Bausteine.

β-Konfiguration an den Verknüpfungsstellen.

d-Glucose-Konfiguration der Zuckerreste.

Ein Unterschied könnte in der (mittleren) Kettenlänge bestehen. Sieht man von dieser Differenz ab, so führt theoretisch von Cellulose zum Chitin der Ersatz je eines Hydroxyls pro C_6 durch die Gruppierung —NH·CO·CH$_3$, da bereits Brach (*24*) gezeigt hatte, daß im Chitin auf je einen Glucosaminrest ein Acetyl trifft. Ein solcher Übergang konnte aber weder von Cellulose noch von der Cellobiose ausgehend verwirklicht werden (*142*); nur vom Traubenzucker führt ein präparativ gangbarer Weg zum Glucosamin.

Für Chitin gilt heute das in Abb. 1 wiedergegebene Strukturbild, dessen Skelett zum erstenmal von Meyer und Mark (*96*) vorgeschlagen wurde:

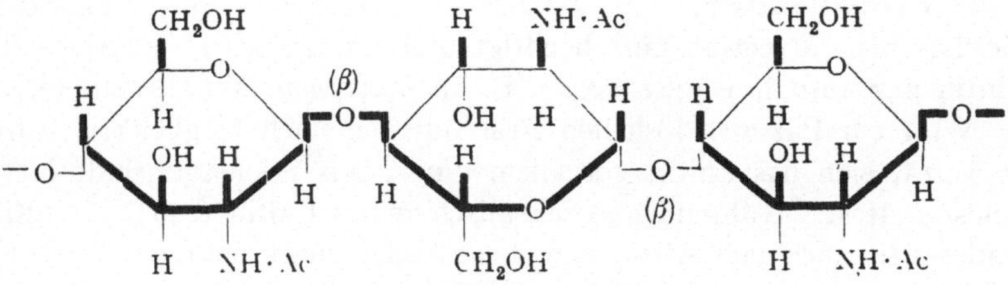

Abb. 1. Bau des Chitins.

Vorkommen in der Tierwelt.

Chitin scheint in der Natur stets mit anderen Stoffen vermengt bzw. beladen vorzukommen.

Im Tierreich findet man bekanntlich namhafte Mengen von Chitin in Avertebraten, nämlich in den Panzern bzw. Schalen von Arthropoden, Mollusken, Brachyopoden, Bryozoen usw., stets dort, wo ein mechanischer Schutz gegen die Außenwelt erreicht werden muß. Oft untersucht wurden die harten Deckflügel von Käfern und besonders die Panzer verschiedener Krebse, die für die ergiebige Isolierung von Chitin allein in Betracht kommen. Im *Krebspanzer* ist das Chitingewebe auch mit anorganischen Stoffen beladen, namentlich mit großen Mengen von Calciumcarbonat (bis zu drei Viertel des Panzergewichtes), das an besonders exponierten Stellen in Form von sehr harten und spezifisch schwereren Calcitkristallen vorliegt, sonst als leichteres Material von amorpher Beschaffenheit.

In *Insekten* ist das Chitin sehr verbreitet; in der entomologischen Literatur wird oft nicht die reine Verbindung, sondern die gesamte organische Gerüstsubstanz als „Chitin" bezeichnet [vgl. Forbes (*49*)].

Die Chitin-membrane von Insekten-Epidermis und -Tracheae sind Exsudationsmembrane im Sinne Krogh's (*84*), gebildet durch Ausscheidungen aus lebenden Zellen und hierauf durch Durchtränkung, Oxydation usw mehr oder weniger verändert. Die Cuticulae enthalten ein dünnes Epicuticulum und ein dickeres Endocuticulum, das aus Chitin und unlöslichem Eiweiß besteht. Die Farbe mancher Insekten kann auf diffus gefärbtes Chitin zurückgeführt werden, während in anderen Fällen das Lipochrom der Eingeweide durch das farblose Chitin durchscheint [Becker und Schöpf (*15*)]. Chitin ist auch aus fossilen Coleopteren-Flügeln isoliert worden, was für seine außerordentliche Beständigkeit spricht [Abderhalden und Heyns (*11*)].

Permeabilitätsverhältnisse tierischer Chitinschichten: Krogh (*84*), Alexandrow (*13*) Yonge (*131, 132*). Bildung von Chitin bei der Metamorphose: Poma (*107a*).

Vorkommen in der Pflanzenwelt.

Ein Chitingehalt ist namentlich für zahlreiche höhere und niedere *Pilze* charakteristisch, von welchen das resistente Polysaccharid als Gerüst- bzw. Mycelsubstanz benötigt und erzeugt wird. In Algen liegt Chitin nur ausnahmsweise vor, z. B. im *Geosiphon* [Wettstein (*6*)].

Wird ein Pilz von löslichen Bestandteilen nach Möglichkeit befreit, so verrät sich das Chitin vor allem durch den Stickstoffgehalt im ungelösten Rest. Während aber chemisch reines Chitin 6,90% N enthält, findet man, auch nach Abzug von etwas Asche, meist niedrigere Stickstoffzahlen, oft ein wenig über 6% [vgl. z. B. bei Pringsheim und Krüger (*4*), Scholl (*113*), Proskuriakow (*109*), Zechmeister und Tóth (*139*)]. Durch derartige Analysendaten wird das Vorkommen von Chitin, falls auch andere Merkmale zutreffen, bewiesen. Daß aber die Membran nicht ausschließlich aus Chitin besteht, folgt z. B. aus der zusammenfassenden Angabe von Pringsheim und Krüger (*4*), nach welcher die erzielten Chitinausbeuten meist 3—6% des lufttrockenen Ausgangsmaterials betragen, wogegen die gesamte Zellwandsubstanz höherer Pilze auf nicht weniger als 20—45% veranschlagt wird.

Nach unseren Erfahrungen läßt sich die Abtrennung von anderen hochmolekularen Bestandteilen der Chitin-Endpräparate durch Lösen in kalter 40proz. Salzsäure verbessern, wenn rasch durch Asbest filtriert und das besonders resistente Chitin mit Eiswasser sofort ausgefällt wird; der Stickstoffgehalt steigt an, der Aschengehalt geht zurück. Cellulose und ähnliche Stoffe konnten in geeigneten Fällen auch durch 1stündige Behandlung mit Kupferoxydammoniak entfernt werden.

Unklarer ist die Lage, falls der Stickstoffgehalt des Membranpräparates weit weniger als 6% beträgt und selbst nach wiederholter Reinigung nicht ansteigt. Dann kann entweder angenommen werden, daß es sich gar nicht um Chitin selbst handelt, sondern um einen Komplex, der außer N-Acetylglucosamin auch andere Bausteine besitzt, oder aber daß das Chitin in einem solchen mechanischen Gemenge vorkommt, zu dessen Trennung noch keine Arbeitswege verfügbar sind. Die Entscheidung ist mit bedeutenden Unsicherheiten behaftet, da es sich um das Negativum der Untrennbarkeit handelt. Die Ausarbeitung allgemein gültiger, neuer Methoden wäre hier erwünscht.

Als typisch für die einschlägigen experimentellen Befunde sei z. B. eine von NORMAN und PETERSON (*105*) am *Aspergillus Fischeri* durchgeführte Untersuchung erwähnt. Es wurde ein Membranstoff-Endpräparat mit etwa 3% Stickstoff erhalten, was einem „Chitingehalt" von rund 40% entsprechen würde. Bei der Totalhydrolyse wird außer Glucosamin auch Traubenzucker freigelegt, der letztere erheblich rascher.

Ähnliche Beobachtungen wurden auch an manchen Polyosen tierischer Herkunft gemacht. So haben FREUDENBERG und EICHEL (48) aus dem Harn ein spezifisches Polysaccharid isoliert, dessen Hydrolyse Galaktose, Aminohexose und N-Acetyl-gruppen ergibt. Siehe auch bei REMINGTON (*109 a*).

Auf Grund der jeweiligen chemischen Beschaffenheit des Pilzmenbran-stoffs hat WETTSTEIN (6) wichtige systematische und phylogenetische Gesichtspunkte abgeleitet, wonach die Cellulose enthaltenden Pilze noch relativ junge Abkömmlinge der Algen sind, deren Charakter sie verhältnis-mäßig stark beibehalten haben, während die Chitin-Pilze als schon vor längerer Zeit aus den Algen phylogenetisch abgespaltene Typen be-trachtet werden müssen. Nach HARDER (57) läßt sich allerdings die Trennungslinie zwischen Chitin- und Cellulose-Pilzen nicht scharf aufrecht-erhalten, was auch aus anderen Literaturangaben hervorzugehen scheint.

Es seien hier noch die folgenden Einzelangaben erwähnt: Die Sporen sowie Mycelien von *Aspergillus oryzae* lieferten 1,7—3% Chitin [SUMI (*121*), TAKATA (*124*)]. Im *Penicillium javanicum* wurde von MAY und WARD (94), in 12 *Fusarium*-Arten von THOMAS (*125*) Chitin nachgewiesen. Im präparativen Maßstab hat SCHMIDT (*111*) aus *Mucorineen* sowie aus *Basidiomyceten* Chitin gewonnen, ferner auch aus *Poly-porus* (im Gegensatz zu anderen Angaben) sowie aus *Oidium*; die Ausbeuten schwank-ten meist zwischen 0,5 und 5%. Bei *Oomyceten* und *Bakterien* verlief der Versuch negativ. Es sei noch bemerkt, daß die Hefemembran *(Saccharomyces cerevisiae)* nach VAN WISSELINGH (7) kein Chitin enthält; man fand darin eine stickstoff-freie Hefe-Polyose, deren Glucosereste mittels 1,3-Bindungen verknüpft sind [ZECHMEISTER und TÓTH (*140, 141*)].

Identität von pflanzlichem und tierischem Chitin.

Der Beweis für diese Identität ist auf physikalischem, chemischem und enzymchemischem Wege erbracht worden.

Entsprechende Doppelbrechungsmessungen haben DIEHL und VAN ITERSON (*34*), Viskositätsbestimmungen MEYER und WEHRLI (*98*) aus-geführt. Weiter zeigen nach S. 219 die Röntgendiagramme von Krebs- und Pilzchitin völlige Übereinstimmung. Hierzu sei noch bemerkt, daß auch das tierische Chitingewebe von faserigen Elementen aufgebaut ist, auch dann, wenn dies, z. B. im Krebspanzer, makroskopisch nicht zutage tritt.

Eine chemische Identifizierung von zwei Polysaccharid-Präparaten führt über den Vergleich der beiderseitigen Abbauprodukte. Je höhermolekulare Spaltstücke der Polyosekette in ihren Eigenschaften beiderseitig zusammenfallen, um so stärker wird das Argument für die Identität der Ausgangsstoffe. Auf Grund ähnlicher Erwägungen haben wir (*137, 138*) das von Willstätter und Zechmeister (*129*) eingeführte, partielle Hydrolysierverfahren mit 40proz. Salzsäure zunächst auf tierische Cellulose übertragen und festgestellt, daß so die gleichen kristallisierten Oligosaccharide wie aus Baumwolle isoliert werden können. Eine Paralleluntersuchung mit Krebs- und Tierchitin lieferte ebenfalls untereinander gleiche Produkte, nämlich die Peracetate der Chitotriose bzw. der gleichzeitig von Bergmann, Zervas und Silberkweit (*18, 19*) aufgefundenen Chitobiose (Näheres S. 227).

Was die enzymchemische Identifizierung anbetrifft, so sei erwähnt, daß der Abbau von Steinpilz- bzw. von Hummerchitin unter der Einwirkung des Schneckenferments nach Karrer und François (*74*) identischen Verlauf nimmt und zum gleichen Endprodukt führt (S. 224).

Ein Unterschied könnte höchstens in der Kettenlänge bestehen, worüber noch kein abschließendes Urteil gefällt werden kann.

Röntgenographische Untersuchung. Bau der Chitinkette.

Bereits vor 15 Jahren teilte Herzog (*62*) mit, daß tierisches Chitin aus Kristalliten besteht, die mit einer Kristallachse in der Faserachse liegen. Chitin gibt ein deutliches *Faserdiagramm*, welches von Gonell (*52*) näher untersucht wurde. Auf Grund dieser, namentlich an einer Balkenlage aus der Flügeldecke des Goliath-Käfers vorgenommenen Messungen, kommt Gonell zu einem hexagonalen Elementarkörper mit

$$a = 21{,}8 \text{ Å (Basiskante)},$$
$$c = 10{,}44 \text{ Å (Faserperiode)}.$$

Aus der makroskopisch bestimmten Dichte errechnet Gonell als Inhalt 18 Moleküle des „Acetylglucosamin-anhydrids" (wie heute bekannt, sind es nicht anhydrische Moleküle, sondern Bausteine eines Fadenmoleküls). Ein ebenfalls diskutierter rhombischer Elementarkörper mit

$$a = 19{,}42 \text{ Å},$$
$$b = 11{,}58 \text{ Å},$$
$$c = 10{,}44 \text{ Å (Faserperiode)}$$

wurde ausgeschlossen, weil er nach der makroskopischen Dichte 10 Moleküle enthalten müßte, im Widerspruch zur Tatsache, daß im rhombischen System keine 10zähligen Punktlagen vorkommen.

MEYER und MARK (96, 2) bevorzugen den rhombischen Elementarkörper GONELLS, nehmen aber an, daß darin nur 8 Moleküle enthalten sind. Sie kamen dabei wohl in Schwierigkeiten mit der Dichte, konnten aber nachweisen, daß der *rhombische* Elementarkörper im Hinblick auf die vorkommenden Auslöschungen viel plausibler ist. MEYER und MARK heben in ihrer Arbeit besonders die Analogie im kristallinen Aufbau des Chitins bzw. der Cellulose hervor, und schon dadurch haben sie die rhombische Symmetrie nahegelegt. Sie schreiben: „Hiernach möchten wir uns das Chitin, ebenso, wie die Cellulose, aus Mizellen aufgebaut denken, die aus gestreckten, miteinander durch Nebenvalenzen verbundenen Hauptvalenzketten besteht." Für den Bau dieser Hauptvalenzketten wird das nachstehende Symbol angenommen, welches,. wie bei der Cellulose, aus 1,5-Ringen besteht, die durch 1,4-Sauerstoffbrücken miteinander verknüpft sind; die N-Acetyl-glucosaminreste sind abwechselnd um 180° gedreht.

Chitin, nach MEYER und MARK.

Ein in jeder Hinsicht befriedigender Vorschlag ist in Fortführung des MEYER-MARKschen Gedankenganges erst in .den letzten Jahren MEYER und PANKOW (97) gelungen, die bei ihren Untersuchungen Langusten-Sehnen (*Palinurus vulgaris*) verwenden, ein Material von fast vollkommener Faserstruktur, von welchem sehr gute DEBYE-SCHERRER- sowie

Faserdiagramme aufgenommen werden konnten. Die Elementarzelle ist orthorhombisch:

$$a = 9{,}40 \text{ Å},$$
$$b = 10{,}46 \text{ Å (Faserachse)},$$
$$c = 19{,}25 \text{ Å},$$

und enthält 4 Chitobiosereste, gemäß Abb. 2.

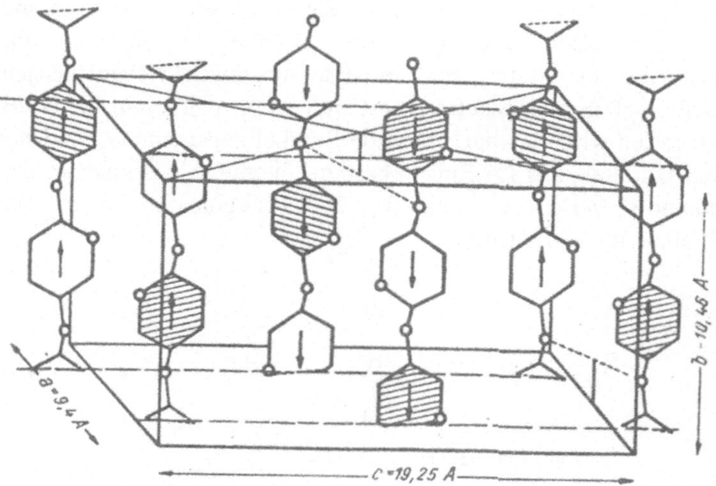

Abb. 2. Elementarzelle des Chitins, nach Meyer und Pankow, bestätigt von Clark und Smith. (Sechsecke = Glucosaminreste; kleine Ringe = Ringsauerstoffatome; die seitlichen Gruppen sind nicht eingezeichnet.)

Die Übereinstimmung zwischen experimentell bestimmter und theoretisch berechneter Dichte ist nun ausgezeichnet und auch bezüglich der Lage sämtlicher Interferenzen und der auftretenden Auslöschungen befriedigt dieser Strukturvorschlag vollkommen.

Eine unabhängige Arbeit, die zur Bestätigung des obigen Raummodells führte, stammt von Clark und Smith (28). Sie fanden ein vortreffliches Ausgangsmaterial in einer mandibularen Chitinsehne des Hummers (*Homarus americanus*); durch langdauerndes Einlegen in abs. Alkohol wurde davon eine wachsartige Bindesubstanz abgelöst, worauf die Sehne mit Hilfe feiner Nadeln in homogene Fibrillen zerlegt werden konnte (Durchmesser 1 μ). Unter gekreuzten Nicols gaben die Fibrillen scharfe Parallelextinktion und zeigten, genau wie die Cellulosefaser, einen hohen Grad der Orientierung. Eine natürliche Chitinschicht besteht aus parallel ausgerichteten Kohlenhydratketten. Das Faserdiagramm stimmt mit demjenigen von Meyer und Pankow (97) praktisch überein.

Nach Corey und Wyckoff (30) zeigt Chitin entlang der Faserachse ebensowenig Riesenperioden wie Cellulose [Zusammenfassendes betreffend

Riesenperioden siehe bei KRATKY und MARK (*83*)]. Dagegen beobachten COREY und WYCKOFF eine andere Erscheinung: „Polysaccharide patterns which show no separate large spacing reflections, but have an apparently continous band of scattering reaching to the shortest measurable angles." Ein analoger Effekt wurde bei der Cellulose auf die Wirkung des mizellaren Aufbaues zurückgeführt. Trotz der starken Streuung der Mizelldimensionen tritt doch eine ähnliche Wirkung auf, als wäre ein sehr verwackelter Obergitter vorhanden, dessen Gitterkonstanten den Mizelldimensionen entsprechen [KRATKY (*82a*), vgl. MARK (*2*)]. Vermutlich trifft eine analoge Deutung auch für Chitin zu.

Über den *röntgenographischen Vergleich von pflanzlichem und tierischem Chitin* liegen ebenfalls mehrere Untersuchungen vor. Bereits GONELL (*52*) erhielt aus Krebs- und Pilzchitin sehr ähnliche Diagramme; später wurde die Identität von Hummer-, Champignon- und Schimmelpilzchitin in einer kurzen Arbeit von KHOUVINE (*81*) betont (*Psalliota campestris, Armillaria mellea, Aspergillus niger*). Das aus den Sporangienträgern des Schimmelpilzes *Phycomyces Blakesleeanus* isolierte Präparat, welches weiße, celluloseähnliche Fasern von mehreren Zentimetern Länge bildet, wurde von VAN ITERSON, MEYER und LOTMAR (*68*) zu einem parallelen Bündel vereinigt und mit Kupfer Kα-Strahlung belichtet, mit dem Ergebnis, daß in Cellulose und Chitin „die gleiche Atomanordnung herrscht und daß in tierischer Sehne und pflanzlicher Faser auch der gleiche Orientierungsgrad der Kristallite vorliegt. Auch die Kristallitgrößen sind nicht wesentlich verschieden". Ebenfalls auf die Sporangiophoren der *Phycomyces* bezieht sich eine Untersuchung von HEYN (*63—65*), deren Resultate mit dem Ergebnis von MEYER und PANKOW (*97*) nicht harmonieren, wohl aber mit einem Faserdiagramm, das unter Benutzung von *Periplaneta*-Flügeln von HEYN erhalten wurde. Die Lage der Chitinmoleküle in der Zellwand wird diskutiert und zeichnerisch wiedergegeben. Die Chitin-mizellen sind in der Zellwand des untersuchten Objektes in höherer Orientierung angeordnet, ebenso, wie die Cellulose-mizellen in der Alge *Valonia*. Aber die Kristallite sind viel schlechter ausgebildet als diejenigen im Arthropoden-chitin, man kann einige Interferenzen gar nicht deutlich erkennen, die das letztere hervortreten läßt.

Elektronenmikroskopische Aufnahmen: DRIEST und MÜLLER (*35*), BORRIES und RUSKA (*22*).

Die Länge der Chitinkette

kann noch nicht abschließend bestimmt werden, neuere Arbeiten von VAN ITERSON, MEYER und LOTMAR (*68*) sowie von MEYER und WEHRLI (*98*) liefern die folgenden Anhaltspunkte.

100 g Chitin reduzieren bei der Behandlung mit FEHLINGscher Lösung 1,5 g Kupfer. Unter der Annahme, daß die Endgruppen die gleiche Re-

duktionskraft wie diejenigen der Cellulose zeigen, ergäbe dies rund 100 Glucosaminreste; das Resultat ist jedoch nur eine Minimalzahl, da die Reinigung und der Versuch wahrscheinlich mit einer Verkürzung der Kette verbunden sind. Hierauf deuten die in salpetersaurer Lösung vorgenommenen Viskositätsmessungen hin. Die nach Fikentscher (39) ausgedrückte „Eigenviskosität" wurde für Krebschitin zu 143×10^{-3}, für Pilzchitin zu 131×10^{-3} ermittelt, während die entsprechenden Werte für Cellulose (in Schweitzer-Lösung) zwischen $130{-}170 \times 10^{-3}$ liegen. Obzwar der Vergleich schon mit Rücksicht auf die andersartigen Reinigungsoperationen und auf die verschiedenen Lösungsmittel mit Unsicherheiten behaftet ist, scheinen gereinigtes Chitin und Holzcellulose Kettenlängen zu besitzen, für welche die gleiche Größenordnung gilt. Dafür spricht auch die gleiche Schärfe von Röntgendiagrammen.

β-Glucosidische Verknüpfung der Bausteine.

Das Ergebnis der röntgenographischen Messungen [Meyer und Mark (96), van Iterson, Meyer und Lotmar (68)] ist, wie bei der Cellulose, mit der Annahme eines β-glucosidischen Verknüpfungsprinzips, entlang der gesamten Faserachse, am besten vereinbar.

Eine Analogie zwischen dem Bau der beiden Polyosen ergab sich ferner anläßlich der Bestimmung der Aktivierungsärmen bei der hydrolytischen Aufspaltung unter dem katalytischen Einfluß von Wasserstoffionen. Das zahlenmäßige Ergebnis solcher Untersuchungen muß weitgehend davon abhängen, ob je eine α- oder eine β-Bindung zwischen den Bausteinen liegt. Während Freudenberg, Kuhn, Dürr, Bolz und Steinbrunn (47) bei der Cellulose rund 29000 Kalorien ermittelt haben, beträgt die entsprechende Zahl für Chitin 29500, was entschieden für die nämliche Bindungsart, also für die β-Konfiguration der Verknüpfungsstellen spricht [Meyer und Wehrli (98)].

Über die enzymchemischen Belege der β-Konfiguration kann heute Folgendes gesagt werden. Anläßlich der Diskussion der Chitobiose-struktur schrieben Bergmann, Zervas und Silberkweit (19) mit Recht: „Ob es sich um ein α- oder β-Saccharid handelt, müssen wir dahingestellt lassen, da die Entscheidung mit Hilfe der gewöhnlichen α- und β-Glucosidasen in diesem Fall wohl kaum in Frage kommt." Zechmeister, Grassmann, Tóth und Bender (134) haben zwar gemeint, von der Spaltbarkeit des Chitodextrins durch Emulsin auf β-Struktur schließen zu können, doch wurde ihren Befunden nach Grassmann, Zechmeister, Bender und Tóth (54) die experimentelle Stütze entzogen, als es sich zeigte, daß das Spaltungsvermögen gereinigter Emulsinpräparate auf Chitodextrin einerseits und auf Cellobiose (oder Cellotriose) anderseits keineswegs parallel verläuft, sondern daß Schwankungen im Verhältnis von 1 : 50 bis 70 : 1 vorkommen.

Nach HELFERICH und ILOFF (*60*) wird β-Phenyl-N-acetylglucosaminid von Emulsin kräftig gespalten. Diese Beobachtung würde allein noch kaum entscheidend sein; wir fanden jedoch in unveröffentlichten Versuchen, daß die Chitinase des Emulsins auf die entsprechende α-Verbindung kaum wirksam ist. Ähnliches gilt auch dann, wenn das chitinspaltende Ferment von der β-Glucosidase chromatographisch abgetrennt wurde. Der gesamte Tatbestand darf also als ein enzymchemisches Argument für die *β-glucosidische* Verknüpfung der Chitinbausteine gelten.

Eigenschaften und Verhalten.

Betreffend Darstellung des Chitins sei auf die Sammelwerke verwiesen; sie wird wohl meist nach SCHOLL (*113*), nach BRACH (*24*) oder nach KNECHT und HIBBERT (*82*) vorgenommen, wobei anorganische und organische Bestandteile des chitinhaltigen Materials durch Kochen mit verdünntem Alkali und verdünnter Säure entfernt werden; das besonders unlösliche Chitin bleibt zurück. Zur Entfärbung von Chitinpräparaten hat SCHOLL Einlegen in Permanganat und dann in Oxalsäure empfohlen. In manchen Fällen wirkt auch ein rasches Umfällen aus kalter 40proz. Salzsäure günstig. Man beachte jedoch, daß namentlich beim längeren Stehen ein Abbau mit HCl erfolgt, was von CLARK und SMITH (*28*) auch röntgenographisch festgestellt wurde.

Reines Chitin ist eine weiße, amorphe Substanz, die unter der Quarzlampe bläuliche Fluorescenz zeigt. Doppelbrechung: SCHMIDT (*112*), CASTLE (*27a*), DIEHL und VAN ITERSON (*34*). Durchlaß von Ultraviolettstrahlen: ELOFF und BOSAZZA (*36*). Infrarot-absorptionsspektren: STAIR und COBLENTZ (*119*).

Chitin ist schwerer löslich und setzt dem chemischen Angriff, auch dem Abbau, größeren Widerstand entgegen als Cellulose. Unter der Einwirkung von starkem Alkali in der Kälte quillt es nicht und wird nicht merzerisiert, was auch vom unveränderten Röntgendiagramm angezeigt wird [MEYER und WEHRLI (*98*)]. Im SCHWEITZER-Reagens ist Chitin unlöslich, löslich dagegen in starker Schwefel-, Phosphor-, Salpeter- und Salzsäure, gut in kaltem 40proz. HCl, ferner auch nach LOISELEUR (*91*) in Ameisensäure in Gegenwart von Chlorwasserstoff. Bei allen diesen Vorgängen tritt eine mehr oder weniger weitgehende Kettenverkürzung ein. Chitin ist in konz. Lithiumrhodanat nach intramizellarer Quellung löslich und wird aus der viskosen, kolloidalen Flüssigkeit mit Aceton-Wasser unverändert gefällt [vgl. CLARK und SMITH (*28*)].

Typisch ist das polarimetrische Verhalten von salzsauren Chitinlösungen. Im Gegensatz zu einer entsprechenden Celluloselösung, die bekanntlich keine Drehung zeigt, besitzt Chitin nach IRVINE (*66*) eine Linksdrehung: $[\alpha]_D = -14{,}7°$ in Salzsäure ($d = 1{,}16$), welche beim Stehen in eine Rechtsdrehung umschlägt und bis zu $[\alpha]_D = +56°$ ansteigt, entsprechend dem Drehvermögen des gebildeten Glucosamin-chlorhydrats. In überkonzentrierter Salzsäure ($d = 1{,}21$) beträgt der Anfangswert etwa —30°, beim Verdünnen von stark linksdrehenden Lösungen mit Eis (unter Vermeidung von Ausscheidungen) fällt der Drehungsbetrag sofort stark ab, z. B. auf die Hälfte [Zechmeister und Tóth (*138*)].

Betreffend *mikrochemischen Nachweis* des Chitins sei auf die Zusammenfassung von Pringsheim und Krüger (*4*) verwiesen. Einfach verläuft der van Wisselingh-sche Nachweis (*7*), nämlich Überführung in Chitosan und Vornahme der Jodreaktion: Chitin wird mit wäßrigem 50proz. Kali überdeckt und 5—10 Minuten im zugeschmolzenen Glasröhrchen im Ölbad auf 160° erhitzt. Man wäscht mehrere Male mit Alkohol aus, suspendiert das Material in destilliertem Wasser und setzt schwaches Jod-Jodkali, dann 1proz. Schwefelsäure hinzu: Violettfärbung.

Die Verätherung, Veresterung, Desacetylierung des Chitins wird weiter unten besprochen. Bei der Zinkstaubdestillation erhält man nach Karrer und Smirnoff (*78*) Chitopyrrol.

Ester und Äther des Chitins.

Die freien Hydroxyle des Chitins werden schwerer verestert und veräthert als die der Cellulose; dabei erfolgt ein mäßiger Abbau.

Chitin-nitrat. Die zuerst von Fürth und Scholl (*50*) durchgeführte Nitrierung wurde von Schorigin und Hait (*114*) näher untersucht. Nach den Angaben der letztgenannten Forscher, welche auch von Meyer und Wehrli (*98*) bestätigt wurden, kann man die Veresterung mit konz. Salpetersäure ($d = $ 1,5) gut durchführen: die Polyose löst sich auf und ergibt beim Eingießen in Wasser ein Reaktionsprodukt, das etwa 1,5 Nitrogruppen pro C_6 enthält. Chitin ist bereits in der 45proz. Säure löslich, man erhält aber sogar mit 65proz. Salpetersäure stickstoff-freie Produkte. Gemische von H_2SO_4 und HNO_3 wirken zersetzend. Nitro-chitin verbrennt beim Anzünden lebhaft; es ist in fast allen Solventen unlöslich, unvollkommen löslich in Ameisensäure. Durch Sulfhydrat wird es bei Raumtemperatur denitriert. Nach Clark und Smith (*28*) ist Nitro-chitin uneinheitlich. Das Röntgendiagramm zeigt Faserstruktur; die in der Faserachse ermittelte Identitätsperiode ist nach Meyer und Wehrli (*98*) mit derjenigen des Chitins identisch; dieses Ergebnis weicht von den Messungen von Clark und Smith (*28*) ab.

Nach Schmidt (*112*) findet eine Nitrierung statt, wenn eine Krabbensehne am Deckglas mit starker Salpetersäure betupft wird; die Doppelbrechung schlägt in das Negative um.

Chitin-acetat. Schorigin und Hait (*115*) haben in eine Acetanhydrid-suspension von umgefälltem Chitin trockenen Chlorwasserstoff geleitet und konnten vollkommene Acetylierung erreichen (bis zu 2,99 $CH_3 \cdot CO$ pro C_6). Das letztere Produkt ist in 50proz. Resorcin oder in Ameisensäure löslich, sehr rasch in Salpetersäure ($d = $ 1,5), unter Nitrierung; mit Wasser wird ein Nitro-acetat gefällt. Eine langsamere Acetylierung des Chitins wurde von Meyer und Wehrli (*98*) mitgeteilt: die Polyose löste sich in einem Gemisch von Eisessig, Acetanhydrid und Chlorzink innerhalb 3 Monate vollständig auf.

Chitin-sulfat. Eine Behandlung des Chitins mit Chlorsulfonsäure und Pyridin ergab eine Dischwefelsäure, wobei keine Acetyle abgespalten wurden. Das Präparat zeigt Heparin-aktivität [BERGSTRÖM (*21*)].

Chitin-methyläther. SCHORIGIN und MAKAROWA-SEMLJANSKAJA (*117*) konnten selbst nach zahlreicher Wiederholung der Einwirkung von Dimethylsulfat und Alkali nur einen Monomethyläther bereiten, wohl auch deshalb, weil Chitin mit Lauge nicht quillt. Durch Vorquellen mit konz. HCl wird die Methylierung erleichtert. Acetyle werden dabei nicht abgespalten. Monomethyl-chitin ist löslich in Ameisensäure, es quillt stark und löst sich teilweise in Eisessig auf.

Einwirkung von dampfförmigen Alkylenoxyden auf Chitin, in Gegenwart von Alkali: *I. G. Farbenindustrie A. G.* (*38*).

Chitosan.

Die Acetylgruppen des Chitins können bei milderen Einwirkungen nicht abgespalten werden, weder durch Kochen mit alkoholischer Salzsäure, noch mit Hilfe von Alkalimethylat [vgl. z. B. SCHORIGIN und MAKAROWA-SEMLJANSKAJA (*116*) . Wendet man aber energische Mittel an, z. B. heißes, konzentriertes oder schmelzendes Alkali, so entsteht das altbekannte Chitosan, dessen frühere Literatur von KARRER (*1*) zusammengefaßt worden ist.

Bei der Chitosanbildung werden die Acyle entfernt, Hand in Hand damit geht die Steigerung des basischen Charakters und ein allgemeiner Abbauvorgang, der sich in der Darstellbarkeit kristallisierter Salze äußert [KARRER und WHITE (*79*), ältere Literatur bei BRUNSWIK (*26*) sowie bei KARRER (*1*)]. Das Präparat von CLARK und SMITH (*28*) enthielt nur 1 Stickstoffatom auf C_{12}. Sehr wahrscheinlich ist das Chitosan uneinheitlich und wird von MEYER und WEHRLI (*98*) als ein Gemisch von Polyglucosaminen aufgefaßt. Während die Kupferzahl auf etwa 15 C_6-Reste hindeutet, zeigten Viskositätsmessungen ein hochmolekulares Produkt an, dessen Kettenlänge allerdings weit hinter derjenigen des Chitins zurückbleiben dürfte. Eine ausführliche röntgenographische Untersuchung des Chitosans wurde von CLARK und SMITH (*28*) mitgeteilt: sie beobachteten ein typisches Faserdiagramm; die rhombische Elementarzelle zeigt die Dimensionen $a = 8,9$, $b = 10,25$, $c = 17,0$ Å. Wird eine Chitinfaser zur völligen Umwandlung in Chitosan während 40 Stunden in heißem, gesättigtem NaOH gehalten, so erhält man ein Röntgendiagramm, das demjenigen von merzerisierter Cellulose ähnlich ist.

Im Gegensatz zu Chitin zeigt Chitosan mit sehr verdünnter Jodlösung und verdünnter Schwefelsäure eine charakteristische Violettfärbung, die zum Nachweis des Chitins verwertet wird (S. 222). Chitosan gibt mit NaOH und LiSCN Additionsverbindungen [CLARK und SMITH (28).

Bei der Desaminierung des Chitosans (Poly-glucosamins) mit Silbernitrit wurde von MEYER und WEHRLI (98) sogar unter milden Bedingungen kein Poly-hexosan erhalten, sondern es entstand mit großer Geschwindigkeit ein niedermolekulares Reaktionsprodukt, hauptsächlich ein Monosaccharid, das d-Glucosazon liefert.

Das enzymatische Verhalten des Chitosans wurde namentlich von KARRER (73), KARRER und HOFMANN (75), KARRER und FRANÇOIS (74) sowie von KARRER und WHITE (79) studiert. Durch das Schnecken-enzym wird Chitosan zwar angegriffen, der Abbau kommt jedoch zum Stillstand, sobald etwa ein Drittel des berechneten End-reduktions-vermögens erreicht ist. Das präparative Ergebnis ist dann kein Glucosamin oder N-Acetyl-glucosamin, sondern ein höhermolekulares, amorphes Produkt, nämlich ein Gemisch von Poly-glucosaminen. Wird jedoch das Chitosan re-acetyliert, so läßt es sich bis zu N-Acetyl-glucosamin abbauen; für die durchgreifende Wirksamkeit des Ferments ist also die Anwesenheit der $CH_3 \cdot CO \cdot NH$-Gruppe eine Vorbedingung. Auf Formyl-, Propionyl-, Butyryl- und Benzoyl-chitosan wirkt das Schneckenenzym nicht.

Technische Verwendung (127). Der technischen Ausnutzung des sehr resistenten Chitins steht vor allem seine Unlöslichkeit entgegen, die meisten bisherigen Verwendungen beziehen sich daher auf mehr oder weniger abgebaute und desacetylierte Polyose, also auf *Chitosan* und verwandte Produkte. Als Ausgangsmaterial dienen die Krebsschalen-abfälle von Konservenfabriken, welche von Protein, Farbstoff usw befreit, mit Salzsäure entkalkt, sodann unter Luftabschluß bei 150° mit 30—50proz Alkali behandelt werden Das Produkt gibt in verdünnter Ameisen-, Essig- oder Zitronensäure hochviskose Lösungen, am besten, wenn etwa drei Viertel der Acetylreste entfernt worden sind. Man verwendet die Lösungen zum Wasserdichtmachen verschiedener Stoffe sowie zur Erzeugung von Filmen. Die chemische Resistenz wird in manchen Fällen durch Reacetylierung noch erhöht. Als ein Vorteil der erwähnten Lösungen wird hervorgehoben, daß sie mit Wachsen, Harzen, Fetten, Sulfonaten, auch z. B mit Aluminiumacetat, beständige und mit Wasser mischbare Emulsionen geben, die zur Imprägnierung und Glänzung von Textilien, Papier usw. benutzt werden Die Flüssigkeiten schäumen nicht, sie sind gegen Wasser, chemische Einflüsse (auch Säure) sowie gegen erhöhte Temperatur widerstandsfähig. Auch wird die Erzeugung von plastischen Massen ausgeführt und ferner werden aus Chitin erhaltene Emulsionen zur Fixierung von Lösungen empfohlen, die zur Schädlings-bekämpfung dienen

Enzymatischer Abbau des Chitins.

Nachdem früher kein wirksames Ferment von chemischen Gesichtspunkten aus näher beschrieben wurde, haben KARRER und HOFMANN (75) gezeigt, daß feingemahlenes Hummer-Chitin durch den Chitinasegehalt des Hepatopankreas-Saftes der Weinbergschnecke *(Helix pomatia)*, wenn auch langsam, abgebaut wird. Durch Umfällung des Chitins läßt sich die Angreifbarkeit, wie bei der Cellulose, stark erhöhen; das p_H-Optimum

liegt bei 5,2. Ähnliches gilt auch für Chitin aus Pilzen [KARRER und FRAN-
ÇOIS (74)]. Beim Abbau entsteht hier in 80proz. Ausbeute N-Acetyl-
glucosamin, eine Entacetylierung tritt nicht ein. Das vortreffliche präparative Ergebnis war auch für die Aufstellung der Chitinformel bedeutsam.

**Darstellung von N-Acetylglucosamin aus Hummer-Chitin, mit Hilfe des
Schneckenenzyms** [KARRER und HOFMANN (75)]. 4 g aus HCl umgefälltes Chitin, 50 ccm
Enzymlösung (aus 25 Schnecken), 1 ccm 0,1 n-Salzsäure und 3 ccm Toluol wurden unter
gelegentlichem Schütteln bei 36° aufbewahrt. Nach zwei Tagen hat man die zu einer
Gallerte gequollene Masse mit 150 ccm Wasser verdünnt; nach acht Tagen wurde von
ungelöstem Chitin (etwa die Hälfte) abfiltriert, mit 10 ccm Enzymlösung (5 Schnecken)
versetzt und weitere zwei Tage bei 36° stehen gelassen. Die Proteine wurden mit
600 ccm absolutem Alkohol gefällt und das Filtrat bei 50° auf 50 ccm im Vakuum
eingeengt. Man behandelt die hellgelbe Lösung mit Tierkohle eine Viertelstunde am
Wasserbad, konzentriert das Filtrat im Vakuum bis zu 30 ccm, fällt es mit 200 ccm
absolutem Alkohol und erhält beim Einengen des Filtrates einen gelblichweißen
Trockenrückstand, der beim Kochen mit 200 ccm absolutem Alkohol unter dem
Rückfluß fast völlig in Lösung geht. Dieselbe schied nach dem Einengen bis zu
60 ccm farblose Nadeln ab, die nach halbtägigem Stehen im Eisschrank abgesaugt,
mit wenig absolutem Methanol, dann mit absolutem Äther gewaschen und im Vakuum
getrocknet wurden (0,81 g N-Acetylglucosamin). Die Mutterlaugen lieferten weitere
0,22 g Gesamtausbeute: 1,03 g = etwa 50% der Theorie.

**Darstellung von N-Acetylglucosamin aus Pilz-Chitin mit Hilfe des Schnecken-
enzyms** [KARRER und FRANÇOIS (74)]. 1,9 g Steinpilz-Chitin (60proz.; N-Gehalt 4,4%)
wurden mit 75 ccm Enzymlösung übergossen und 1,5 ccm 0,1 n-HCl + 4,5 ccm Toluol
zugefügt. Nach tüchtigem Schütteln blieb der Ansatz bei 34° stehen und wurde
täglich umgeschüttelt. Man zentrifugiert den Niederschlag (Chitin + Eiweißstoffe)
nach vier Wochen und setzt ihn mit frischem Enzym an. Die klare Lösung des ersten
Abbaues wurde mit 500 ccm absolutem Alkohol gefällt, zentrifugiert und die Lösung
bei 50° im Vakuum völlig verdampft. Man kocht den Rückstand unter Rückfluß
mit absolutem Methanol eine halbe Stunde aus. Das Filtrat wird im Vakuum bei 40°
auf 4 ccm konzentriert und scheidet im Eisschrank innerhalb zwei Stunden einen dicken
Kristallbrei aus, der gesaugt, mit absolutem Methanol und dann mit absolutem
Äther gewaschen wird. Das Filtrat gibt nach weiterem Einengen eine zweite Fraktion.
Aus Methanol umkristallisiert: 0,7 g; Ausbeute des zweiten Enzym-ansatzes auf
ähnlichem Wege 0,25 g.: Insgesamt erhalten: 0,95 g N-Acetylglucosamin = 80% der
berechneten Menge.

Zusammenfassender Bericht über die Verdauung von Chitin durch
Avertebraten: YONGE (131a).

Was die Spaltung des Chitins durch *Fermentlösungen pflanzlicher Herkunft* betrifft, so wurde beobachtet, daß ein durch mäßigen Abbau von
Chitin mit kalter, 40proz. Salzsäure erhältliches, noch eben wasser-
lösliches Chitodextrinpräparat von Emulsin kräftig hydrolysiert wird.
Chitin selbst wird außer Emulsin auch von *Aspergillus oryzae*-Auszügen
gespalten [GRASSMANN und RUBENBAUER (53)]. Nachdem jedoch, wie
erwähnt, zwischen der β-Glucosidase- und der Chitinase-wirksamkeit
des Emulsins keine Parallelität besteht, konnten die genannten
Versuche nicht als Beweis für die β-glucosidische Struktur des
Polysaccharids (S. 220) ausgewertet werden [ZECHMEISTER, GRASSMANN,

TÓTH und BENDER (*134*), GRASSMANN, ZECHMEISTER, TÓTH und STADLER (*55, 56*), GRASSMANN, ZECHMEISTER, BENDER und TÓTH (*54*)].

Bereits im Verlaufe der soeben erwähnten Untersuchung ergaben sich Anzeichen dafür, daß hier die enzymchemischen Verhältnisse ähnlich gelagert sein könnten wie bei der Cellulose, wo zwischen einer Polysaccharase und einer Oligosaccharase zu unterscheiden ist; das erstere Enzym greift nur hochmolekulare Substrate wie Cellodextrin an, aber es wirkt auf Cellobiose oder Triose kaum, während das zweite Ferment sich komplementär verhält (*56*). Es ist dies eine Sachlage, wie sie von KARRER, STAUB und JOOS (*78*a) an einem Schneckenferment erhoben wurde, das sich durch Adsorption auf Tonerde in Lichenase und Cellobiase zerlegen ließ.

In einer neuen Versuchsreihe haben wir die chromatographische Adsorptionsmethode (*133*) benutzt, die sich bei der Trennung einiger Fermente des Emulsins (Merck) als brauchbar erwies [ZECHMEISTER, TÓTH und BALINT (*143*)]. Gießt man eine entsprechend gepufferte Emulsinlösung durch eine Bauxit-Säule von bestimmten Dimensionen, so wird β-Glucosidase größtenteils adsorbiert, während die Chitinase sowie α-Galaktosidase durch die Säule laufen. Durch erneuertes Aufgießen des Filtrats wird auch die Galaktosidase festgehalten, während die Chitinase wiederum in das Filtrat geht, welches Chitodextrin oder Diacetyl-chitobiose [gewonnen durch Einwirkung von Natriummethylat auf Octaacetyl-cellobiose; vgl. BERGMANN, ZERVAS und SILBERKWEIT (*19*)] angreift. Nach unveröffentlichten Versuchen läßt sich nun die *Chitinase weiter zerlegen*, da dasjenige Enzym (Enzymsystem), welches die niedere Stufe angreift, in der Bauxitsäule wesentlich anders adsorbiert wird als die auf die Dextrinstufe wirksame Fermentkomponente. Durch entsprechende Versuchsführung lassen sich große Verschiebungen in der relativen Stärke der beiden Enzymwirkungen erreichen. Auch das chitinspaltende Enzym der Weinbergschnecke (*Helix pomatia*) konnte durch Chromatographie des Hepatopankreas-saftes zerlegt werden (*142*a).

Abbau des Chitins durch Mikroorganismen.

Bekanntlich wird Chitin von zahlreichen Mikroorganismen abgebaut. Da es infolge seiner außerordentlichen Unlöslichkeit nicht in diese hineindiffundieren kann, müssen zu seiner Auflösung entsprechende Fermente erzeugt werden. Auch in vitro läßt sich zeigen, daß eine dünne Chitinscheibe von geeigneten Kulturen verändert und allmählich gelöst wird. Demgemäß spielt Chitin bis zu einem mäßigen Grad auch im Stickstoffhaushalt des Bodens eine Rolle, in welchem einerseits die erwähnten Kleinlebewesen und anderseits chitinhaltige Materialien pflanzlichen und tierischen Ursprungs stets vorhanden sind. Eine ausführlichere Besprechung dieses Gebietes wird hier nicht beabsichtigt.

Chitin-zersetzende Mikroorganismen wurden von BENTON (*16*), von JENSEN (*69*), ferner von JOHNSON (*70*) u. a. untersucht, während die Häufigkeit ihres Vorkommens von SKINNER und DRAVIS (*118*) geprüft wurde; sie finden bis über 1 000 000 solche Lebewesen in 1 g Ackerboden, davon sind die meisten wirkliche Bakterien; Schimmel- und Strahlenpilze sind in der Minderzahl. Unter 100 geprüften Schimmelpilzen waren 42 auf Chitin wirksam. Einschlägige Arbeiten wurden auch von BUCHERER (*27*) besprochen; es wird dort darauf hingewiesen, daß die Auflösung von Chitin-membranen im Ackerboden auch die Entleerung anderer Inhaltsstoffe von Pilzen (z. B. Mannit) erleichtert. BUCHERER hat, ausgehend von Ackerboden-extrakten, zwei Chitinzersetzer in Reinkultur gezüchtet (*Bacillus chitinobacter* und *Bacterium chitinophagum*). Die Fähigkeit zum Abbau des Chitins ist unter den Strahlenpilzen verbreitet (*Actinomycetes*).

Über gewisse halophile Bakterien siehe bei STUART (*120*). — Zusammenfassendes: NORMAN (*104*).

II. Die *Z*wischenprodukte des Chitinabbaues.

Isolierung.

Als ein präparatives Argument für die Hauptvalenzketten-struktur der Cellulose galt seinerzeit die Isolierung von Zwischenprodukten des Abbaues, der unter der Einwirkung von kalter, 40proz. Salzsäure erfolgt. Die kristallisierten Oligosaccharide Cellotriose, Cellotetraose und Cellohexaose konnten auf diesem Wege bereitet werden [WILLSTÄTTER, ZECHMEISTER, TÓTH (*129*)]. Viel früher war das acetolytische Verfahren bekannt, das in einer Operation von Cellulose zu Octaacetylcellobiose führt.

Beide Methoden wurden auf das Chitin übertragen. BERGMANN, ZERVAS und SILBERKWEIT (*18, 19*) erhielten auf dem letztgenannten Wege die hübsch kristallisierte Octaacetyl-*chitobiose* $C_{28}H_{40}O_{17}N_2$, während wir (*137, 139*) aus tierischem und pflanzlichem Chitin durch Fraktionierung des salzsauren Hydrolysates eine Zuckerfraktion gewinnen konnten, die ebenfalls das obige Octaacetat liefert. Das BERGMANNsche Verfahren ist rascher und in der Handhabung einfacher; anderseits zeigte sich bei unserer Methode der Vorteil, daß auch höhermolekulare Fraktionen verarbeitet werden konnten: wir erhielten nämlich das gut kristallisierte Undecaacetat der *Chitotriose* $C_{40}H_{57}O_{24}N_3$, das höchste, derzeit bekannte, einwandfrei charakterisierte Abbauprodukt des Chitins (*138*).

Die freien Aminozucker sind in kristallisiertem Zustand noch nicht bekannt; auch das durch Abspaltung der O-Acetyle erhaltene Diacetat der Chitobiose ist amorph [BERGMANN, ZERVAS und SILBERKWEIT (*19*)]. Die N-Acetyle haften sehr stark und konnten bisher ohne Beeinträchtigung des Stickstoffgehalts auf präparativem Wege nicht entfernt werden.

Acetolyse des Chitins zu Octaacetyl-chitobiose. 76 g trockenes, feinst gemahlenes Hummer-Chitin wurden in ein mit Kältemischung gekühltes Gemisch von 380 ccm Essigsäureanhydrid und 52 ccm konzentrierter Schwefelsäure allmählich eingetragen. Darauf wurde das verschlossene Reaktionsgefäß bei Zimmertemperatur ein bis zwei Tage unter zeitweiligem Umschütteln aufbewahrt. Man erwärmte die gequollene Masse zwölf Stunden in einem Wasserbade von 50—55°, wobei alles in Lösung ging. Nach dem Abkühlen wurde die braune Flüssigkeit in 2 l kaltes Wasser gegossen, in dem überschüssiges Natriumacetat gelöst war, um die Schwefelsäure abzustumpfen. In dem Maße, wie sich das Gemisch erwärmte, wurde durch Einwerfen von Eisstückchen gekühlt. Nach etwa zweistündigem Stehen wurde die gebildete Essigsäure mit Natriumbicarbonat neutralisiert. Dabei fiel ein Teil der Octaacetyl-chitobiose in Gestalt von dunkeln Klumpen aus. Die neutrale bzw. schwach saure Lösung wurde, ohne Rücksicht auf den Niederschlag, dreimal mit Chloroform ausgeschüttelt. Man wäscht die vereinigten Chloroformauszüge mit Wasser, trocknet sie über Chlorcalcium und dampft im Vakuum bei 30—35° ein. Der dicke Rückstand wird mit wenig heißem Methylalkohol aufgenommen; nach längerem Stehen in der Kälte erstarrt die Lösung zu einem dicken Brei. Es wurde mit etwas Essigester angerührt, abgesaugt und mit wenig Methanol nachgewaschen. Rohausbeute 20 g (16,2$\%$ der Theorie). Aus der Mutterlauge ließ sich durch Verdampfen und Aufnehmen des Rückstandes mit Essigester noch etwas Octaacetyl-chitobiose gewinnen. Ausbeute an zweimal aus Methanol umkristallisiertem Produkt: 10,4 g [Bergmann, Zervas und Silberkweit (*19*)].

Das obige Verfahren wurde auch auf *Käfer*-Chitin angewendet: 10 g Chitin (aus Maikäfer-Flügeldecken, N-Gehalt 6,24$\%$) lieferten mit 50 ccm Acetanhydrid und 7 ccm konzentrierter Schwefelsäure schließlich 2,07 g Chitobiose-octaacetat, Schmelzp. 302° (korr.). [Zechmeister und Pinczési (*135*)]. Auch aus Canthariden-Chitin konnte das Octaacetat bereitet werden, wenn auch auf etwas umständlicherem Wege.

Isolierung von Spaltprodukten aus dem HCl-Hydrolysat. Die Lösung von 150 g gemahlenem Krebs-Chitin in 2500 g bei 0° gesättigter Salzsäure wird in einer Stöpselflasche 15 Stunden bei 20° stehen gelassen. Ein großer Teil des HCl kann mit der Wasserstrahlpumpe weggesaugt werden. Dann wird mit 6 l Eiswasser verdünnt und mit geschlämmtem Silbercarbonat neutralisiert. Das im Vakuum auf 1,2 l eingeengte Filtrat gibt mit 4,3 l 90proz. Sprit einen Niederschlag (Fraktion I, 23 g), der hauptsächlich aus Chitodextrinen besteht.

a) Um ein in Wasser noch eben lösliches *Chitodextrin* herzustellen, digeriert man die gut pulverisierte Fraktion I mit 300 ccm lauwarmem Wasser und filtriert; die Lösung wird auf etwa 50 ccm eingeengt und mit der dreifachen Menge Alkohol gefällt.

b) *Chitotriose-undecaacetat.* Das Filtrat der Fraktion I wird im Vakuum weitgehend eingeengt. In 250 ccm warmem Wasser gelöst, gibt sie mit 600 ccm Alkohol einen hauptsächlich noch aus Chitodextrin bestehenden Niederschlag (Fraktion II, 7 g). Auf weitere Zugabe von 2,5 l absolutem Alkohol scheidet sich ein Zuckergemisch ab (Fraktion III, 30 g). Das bis zur Syrupkonsistenz eingedampfte Filtrat wird in der Hitze mit 500 ccm absolutem Alkohol vermischt; beim Abkühlen erhält man Fraktion IV (8 g). Fraktion III wird durch Lösen in 200 ccm warmem Wasser und Zusatz von 450 ccm heißem, 96proz. Weingeist von einer höheren Beimengung befreit. Das beim Abdampfen des Filtrats hinterbliebene weiße Pulver (25 g) und Fraktion IV (8 g) werden mit je 80 ccm Pyridin und Acetanhydrid unter gelegentlichem Umschwenken drei Tage stehen gelassen, abgesaugt und die ganze Behandlung 1—2mal wiederholt. Der größere Teil bleibt ungelöst zurück, die vereinigten Auszüge scheiden beim Stehen eine Fraktion ab, die sich, aus 96proz. Alkohol umkristallisiert, in lange Nadel verwandelt. Weitere rohe Chitotriose-acetat-Kristalle können durch Eingießen des Filtrats in Eiswasser, wiederholte Extraktion mit Chloroform, Fällen mit Petroläther und Umkristallisieren aus Alkohol gewonnen werden. Gesamtausbeute 4,6 g. Zur Erlangung des höchsten analytischen Reinheitsgrades soll das Präparat dreimal aus wasserfreiem Methanol umkristallisiert werden, Schmelzp. 315° (korr.).

c) *Chitobiose-octaacetat.* Das Filtrat von Fraktion IV scheidet mit 1 Vol. Äther in einigen Tagen eine syrupöse Masse ab (Fraktion V, 6—7 g). Sie wird mit je 20 ccm Pyridin und Essigsäureanhydrid zwei bis drei Tage lang bei 20° acetyliert und geht dabei (eventuell nach Abgießen und Erneuerung des Acetylierungsgemisches) fast vollständig in Lösung. Das Filtrat wird in Eiswasser gegossen, dreimal mit je 40 ccm Chloroform ausgeschüttelt und der gewaschene und getrocknete Chloroformextrakt mit 10 Vol. niedrig siedendem Petroläther gefällt. Der noch etwas klebrige Niederschlag kann mit 90 ccm heißem, 96proz. Alkohol von den Wandungen des Glases abgelöst werden. Es erscheinen nach der langsamen Abkühlung farblose Nadeln, die unter der Lupe zu erkennen sind. Nach zweimaligem Umkristallisieren aus der gerade hinreichenden Menge heißen Alkohols: 2,2 g.

d) *N-Acetyl-glucosamin.* Zum Filtrat der Fraktion V wird stufenweise, vorsichtig, stets bis zum Trübwerden Äther zugefügt. In einigen Wochen kristallisierten etwa 34 g rohes N-Acetyl-glucosamin aus. Zwecks weiterer Reinigung kann man aus seiner alkoholischen Lösung mit Hilfe von 1 Vol. Äther eine unreine Vorfraktion abscheiden. Die Hauptfraktion ist dann, aus Holzgeist umkristallisiert, analysenrein [ZECHMEISTER und TÓTH (*137, 138*)].

Chitobiose-octaacetat bildet, aus der gerade hinreichenden Menge heißen Alkohols umkristallisiert, farblose Nadeln, die teilweise zu Büscheln gruppiert sind, was bereits unter der Lupe zu erkennen ist. Schmelzp. 305° (korr.), Drehung in Eisessig, ohne Mutarotation: $[\alpha]_D = + 55,3°$. Das Acetat ist leicht löslich in Eisessig oder Chloroform, wenig in heißem Aceton, sehr schwer bzw. unlöslich in Äther, Petroläther, Essigester, Wasser, löslich in 15 Teilen heißen Methanols. Gibt positive FEHLING-Probe beim Kochen. Jodzahl 36. Gibt beim Verkochen mit verdünnter Salzsäure in guter Ausbeute d-Glucosamin-chlorhydrat. Kein Osazon.

Chitotriose-undecaacetat. Farblose Nadeln bis zu 1—2 mm Länge, die selten zu Büscheln gruppiert sind. Schmelzp. 315° (korr., von der Art des Erhitzens abhängig; Zersetzung). Drehung in Eisessig, ohne Mutarotation: $[\alpha] = + 33°$. Die Verbindung ist gut löslich in heißem Eisessig oder Pyridin, schwer in siedendem Methyl- und Äthylalkohol, noch dürftiger in siedendem Benzol, Chloroform, Äther, Petroläther, Wasser. Man kristallisiert es am besten aus Methanol oder Weingeist um, obzwar die Löslichkeiten weit hinter denjenigen des Biosederivats zurückbleiben. FEHLING-Probe positiv, kein Osazon. Das Molekulargewicht läßt sich am zuverlässigsten ebullioskopisch in Eisessig ermitteln.

Konstitution der Chitobiose und Chitotriose.

Die *1,4-Struktur der Chitobiose* wurde von BERGMANN, ZERVAS und SILBERKWEIT (*19*) auf folgendem Wege bewiesen:

Chitobiose (1-Glucosaminido-4-glucosamin).

Das durch Acetolyse von Chitin bereitete Octaacetat enthält 2 schwer-
und 6 leichtverseifbare Acylgruppen, offenbar 2 N- und 6 O-Acetyle.
Wären die beiden Molekülhälften im Wege einer Iminogruppe verknüpft,
so müßte noch ein neuntes Acetyl einführbar sein, was aber nicht der
Fall ist. Die Verbindung zwischen den beiden Hexoseresten ist also
glucosidisch. Ferner verbraucht Octaacetyl-chitobiose in Gegenwart von

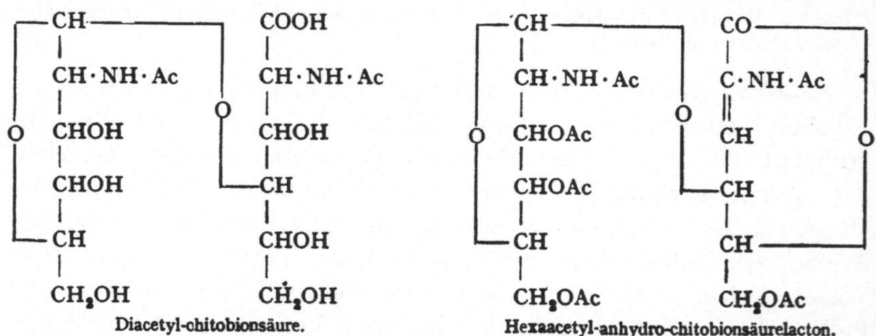

Diacetyl-chitobionsäure.   Hexaacetyl-anhydro-chitobionsäurelacton.

soviel Natronlauge, daß die O-Acetyle verseift werden können, 1 Mol.
Hypojodit, unter Bildung von Diacetyl-chitobionsäure; die Biose ist also
ein reduzierendes Disaccharid. Diacetyl-chitobionsäure bildet bei der
Acetylierung mit Natriumacetat und Essigsäureanhydrid eine Doppelbindung aus und geht in Hexaacetyl-anhydro-chitobion-
säure über. Nachdem eine Ozonbehandlung der letzteren
Verbindung N-Acetyl-oxamidsäure ergab, muß die erwähnte
Doppelbindung zwischen dem zweiten und dritten Kohlenstoffatom liegen. Da also diese C-Atome für eine Sauerstoff-
brücke nicht in Betracht kommen und da weiters das
fünfte C-Atom wegen der angenommenen Pyranosestruktur ebenfalls ent-
fällt, muß die Chitobiose ein *1,4-Disaccharid* sein. Sie stimmt darin mit
entsprechenden Spaltprodukten anderer wichtiger Polysaccharide, nämlich
mit Cellobiose und Maltose überein. Dieses Ergebnis steht auch mit der
röntgenographischen Untersuchung des Chitins in bestem Einklang (S. 217).

Im Hinblick auf die allgemeine Chitinstruktur und besonders auf die Konstitution der Chitobiose kommt der *Chitotriose* das nachstehende Formelbild zu, wenn die S. 233 erörterte d-Glucose-Konfiguration des Glucosamins berücksichtigt wird.

$$
\begin{array}{ccccc}
\text{CHOH} & & \text{CH} & & \text{CH} \\
| & & | & & | \\
\text{H—C—NH}_2 & & \text{H—C—NH}_2 & & \text{H—C—NH}_2 \\
| & \text{O} \quad \text{O} & | & \text{O} \quad \text{O} & | & \text{O} \\
\text{HO—C—H} & & \text{HO—C—H} & & \text{HO—C—H} \\
| & & | & & | \\
\text{H—C} & & \text{H—C} & & \text{H—C—OH} \\
| & & | & & | \\
\text{H—C} & & \text{H—C} & & \text{H—C} \\
| & & | & & | \\
\text{CH}_2\text{OH} & & \text{CH}_2\text{OH} & & \text{CH}_2\text{OH}
\end{array}
$$

Chitotriose.

Aus den auf S. 220 besprochenen Tatsachen folgt für Chitobiose und Chitotriose die β-Konfiguration.

III. d-Glucosamin (Chitosamin).

Das Chlorhydrat des Glucosamins, des letzten Bausteines von Chitin, wurde bekanntlich von LEDDERHOSE (*85*) aus Krebsschalen isoliert; der freie Aminozucker wurde von BREUER (*25*) beschrieben. Der Abbau des Chitins zu N-Acetylglucosamin gelang zum erstenmal FRAENKEL und KELLY (*44*). Die 2-Stellung der Aminogruppe wurde von FISCHER und LEUCHS (*41, 42*) durch Synthese der Glucosaminsäure und des Glucosamins selbst bewiesen sowie durch Überführung der Glucosaminsäure in α-Amino-capronsäure [NEUBERG (*102*)] (vgl. hierzu S. 234).

Die physiologisch-chemische Bedeutung des d-Glucosamins wurde von FISCHER und LEUCHS (*42*) seinerzeit so formuliert, daß man es „mit Sicherheit als ein Mittelding zwischen den wichtigsten Hexosen und den Oxy-α-aminosäuren betrachten darf. Da letztere nach den neueren Beobahtungen in den Proteinstoffen häufig vorkommen, so bildet das Glucosamin bis zu einem gewissen Grad eine Brücke zwischen Kohlenhydrat und Proteinkörper". Diese Zusammenhänge scheinen auch durch das (spärliche) Vorkommen von Glucosamin in gewissen Proteinhydrolysaten illustriert zu sein, z. B. im Hydrolysat der *Tussah*- und der *Bombyx-mori*-Seide [ABDERHALDEN und HEYNS (*10*), ABDERHALDEN und ZUMSTEIN (*12*)]. Demgegenüber sei auch an dieser Stelle betont, daß d-Glucosamin und die natürlichen Aminosäuren verschiedenen stereochemischen Reihen angehören (S. 233).

Glucosamin bildet Nadeln, Schmelzp. 110°; $[\alpha]_D = +110°$. Kristallographisches: COX und GOODWIN (*31*). Die wäßrige Lösung reagiert

stark alkalisch, sie reduziert FEHLINGsche Lösung und bildet d-Glucosazon.
Das Chlorhydrat zeigt die Enddrehung $+ 72,5°$. Das viel studierte
chemische Verhalten des Glucosamins kann hier nicht ausführlich beschrieben werden, es sei nur auf einige Arbeiten aufmerksam gemacht.

Das bestbekannte Oxydationsprodukt, die *d-Glucosaminsäure*, wurde
zum erstenmal von FISCHER und TIEMANN (*43*) erhalten; rascher gewinnt
man sie nach PRINGSHEIM und RUSCHMANN (*108*) durch Anwendung von
Mercurioxyd. Einen weit energischeren Verlauf nimmt die Einwirkung von
Chloramin „T" ($CH_3 \cdot C_6H_4 \cdot SO_2 \cdot NClNa$, p-Toluol-sulfochloramid-natrium),
wobei als Hauptprodukt nach HERBST (*61*) *d-Arabinose* gebildet wird.
Unter denselben Bedingungen wird N-Acetyl-glucosamin nicht angegriffen.

Erhitzt man Glucosamin-chlorhydrat mit Wasserstoff unter Druck,
in Gegenwart von Nickel, so verschwindet das Reduktionsvermögen und
es entsteht das Aminohexit *d-Glucosaminol* [KARRER und MEYER (*77*)].
Ähnlich reagiert N-Acetyl-glucosamin.

<table>
<tr><td>

$$CH_2OH$$
$$|$$
$$H\text{—}C\text{—}NH_2$$
$$|$$
$$HO\text{—}C\text{—}H$$
$$|$$
$$H\text{—}C\text{—}OH$$
$$|$$
$$H\text{—}C\text{—}OH$$
$$|$$
$$CH_2OH$$

d-Glucosaminol.

</td><td>

$$CHO$$
$$|$$
$$H\text{—}C\text{—}NH \cdot CO \cdot OCH_2 \cdot C_6H_5$$
$$|$$
$$HO\text{—}C\text{—}H$$
$$|$$
$$H\text{—}C\text{—}OH$$
$$|$$
$$H\text{—}C\text{—}OH$$
$$|$$
$$CH_2OH$$

Carbobenzoxy-d-glucosamin.

</td></tr>
</table>

Analytisches. Colorimetrische bzw. photometrische Bestimmung des Glucos-
amins: ZUCKERKANDL und MESSINER-KLEBERMASS (*144*), WATANABE (*127a*),
GRASSMANN, JANICKI, KLENK und SCHNEIDER (*52a*), ELSON und MORGAN (*37*),
SIDERIS, YOUNG und KRAUSS (*117a*), MASAMUNE und NAGAZUMI (*93a*), BOYER und
FÜRTH (*23*). Mikromethode: KAWABE (*80*). Bestimmung in Proteinen: SÖRENSEN
(*118a*).

Unter Anwendung der Methode von BERGMANN und ZERVAS (*17a*) haben CHAR-
GAFF und BOVARNICK (*27b*) das Carbobenzoxy-glucosamin bereitet und es zur *Trennung des Aminozuckers von einfachen Zuckern sowie von Aminosäuren* empfohlen. Wird
nämlich eine bicarbonathaltige Lösung mit Carbobenzoxychlorid $C_6H_5 \cdot CH_2OCOCl$
behandelt, so wird nur das Glucosaminderivat kristallinisch gefällt.

Weitere Derivate des Glucosamins. Darstellung von α- und β-Methyl-glucosaminid:
MOGGRIDGE und NEUBERGER (*100*), NEUBERGER und RIVERS (*103*). β-Phenyl-N-
acetyl-glucosaminid: HELFERICH und ILOFF (*60*). — Über die α- und β-Formen von
N-Acetyl-trimethyl-methylglucosaminid, N-Acetyl-trimethyl-benzylglucosaminid,
N-Benzoyl-trimethyl-methylglucosaminid sowie N-Benzoyl-trimethyl-glucosaminid
siehe bei CUTLER und PEAT (*32*); unter dem Einfluß von Säure und Alkohol tritt
ein irreversibler Übergang der β- in die α-Formen ein. — Tetraacetyl-d-glucosamin
und einige seiner Derivate wurden von BERGMANN und ZERVAS (*17*) synthetisiert,
ebenso einige Glucopeptide des d-Glucosamins (*17a*). Quaternäre Derivate: COLES
und BERGEIM (*29*).

N-Acetyl-d-glucosamin. Diese Verbindung wurde von FRAENKEL und KELLY (*44*) durch sauren Abbau des Chitins gewonnen und als dessen Baustein erkannt. Sie kann bei der enzymatischen Hydrolyse des Chitins in einer 80proz. Ausbeute isoliert werden [KARRER und HOFMANN (*75*), KARRER und FRANÇOIS (*74*); vgl. S. 225].

N-Acetyl-glucosamin bildet farblose Kristalle, die unscharf bei 190° schmelzen. Enddrehung in Wasser $+42°$. Geschmack süßlich. Der Acetylrest ist am Stickstoff sehr fest gebunden. — Nach WHITE (*128a*) wird N-Acetyl-glucosamin aus 1,3,4,6-Tetraacetyl-glucosamin durch Acylwanderung gebildet, unter dem Einfluß von methylalkoholischem Ammoniak.

Konfiguration des d-Glucosamins.

Die Konfiguration des d-Glucosamins ist für die Chitinstruktur von großer Wichtigkeit. FISCHER und LEUCHS (*42*) haben vor 36 Jahren die Problemstellung wie folgt formuliert: Man hat das d-Glucosamin „zu betrachten als ein Derivat des Traubenzuckers oder der d-Mannose, in welcher das in der α-Stellung befindliche Hydroxyl durch Amid ersetzt ist... Bei der viel größeren Verbreitung des Traubenzuckers in der Natur wird man selbstverständlich der Annahme, daß das Glucosamin sich von ihm ableite, die größere Wahrscheinlichkeit zumessen, aber der direkte Beweis dafür fehlt augenblicklich noch".

Es sollen nun die Argumente besprochen werden, welche schließlich zur einwandfreien Feststellung der Konfiguration geführt haben, nämlich zur Einordnung in die *d-Glucose-*, nicht in die d-Mannosereihe. Damit gelangt das natürliche Glucosamin in die Reihe der *Antipoden* der natürlichen Aminosäuren (l-Reihe). Aus dem nachstehend besprochenen Versuchsmaterial wird auch ersichtlich, wie mannigfaltige Wege zur Bereinigung ähnlicher stereochemischer Probleme heute zur Verfügung stehen.

a) *Optische Methode.*

Betrachtet man mit LEVENE (*87*) diejenigen Aminohexonsäuren als in die gleiche stereochemische Reihe gehörend, bei denen die Änderung des molekularen Drehvermögens beim Übergang von Salz in die freie Säure in der gleichen Richtung erfolgt, so gelangen d-Gluconsäure und d-Glucosaminsäure, also auch d-Glucosamin selbst, in dieselbe Reihe. Unter Benutzung der von LEVENE sowie von LUTZ und JIRGENSONS (*92*) ermittelten Drehwerte hat auch FREUDENBERG (*45, 46*) mit dem gleichen Endergebnis eine Zuteilung vorgenommen. Nachdem festgestellt wurde, daß das Vorzeichen des in salzsaurer Lösung beobachteten Drehvermögens der Aminohexonsäuren von der Konfiguration der Gruppe

$$-CH(NH_2)\cdot COOH$$

eindeutig bestimmt wird, darf von den einfachen α-Aminosäuren auf die Konfiguration der α-Aminohexonsäuren ebenso geschlossen werden, wie von den einfachen α-Oxysäuren auf die Aldonsäuren. Die Drehung der d-Glucosaminsäure erleidet eine Linksverschiebung, wenn die alkalische Lösung angesäuert wird. Dieses Verhalten ist demjenigen der natürlichen Aminosäuren, die der l-Reihe angehören, entgegengesetzt, das Glucosamin gehört daher in die d-Reihe.

$$
\begin{array}{cc}
\text{COOH} & \text{CHO} \\
| & | \\
\text{NH}_2\text{—C—H} & \text{H—C—NH}_2 \\
| & |
\end{array}
$$

Gruppierung in natürlichen α-Aminosäuren   Gruppierung im d-Glucosamin
(l-Reihe).   (d-Reihe).

Das Ergebnis erscheint durch ein Verfahren von LUTZ und JIRGENSONS (93) als weiter gesichert, in welchem der Übergang von alkalischer zu saurer Lösung in Gegenwart von Natriummolybdat polarimetrisch verfolgt wurde. Es ergaben sich hier besonders schöne und charakteristische Drehungskurven, die für d-Glucosaminsäure und d-Gluconsäure einen sehr ähnlichen Verlauf zeigen, aber einen fast spiegelbildlichen gegenüber der Kurve z. B. der l-Isoleucinsäure.

Einen weiteren Beitrag zur Klärung des behandelten Problems haben jüngst MOGGRIDGE und NEUBERGER (100) und besonders NEUBERGER und RIVERS (103) geliefert, nämlich durch Untersuchungen am α- und β-Methylglucosaminid. Kinetische Messungen bei der Säurehydrolyse der α-Verbindung sprechen dafür, daß das Methoxyl am ersten Kohlenstoffatom und die Aminogruppe am zweiten C-Atom zueinander in *cis*-Lage stehen müssen; nachdem aber in α-Glucosiden allgemein die Konfiguration H —C—OCH$_3$ vorliegt, muß am zweiten C-Atom die Aminogruppe entsprechend der Formel H—C—NH$_2$ gelagert sein, d. h. ebenso wie das entsprechende Hydroxyl des Traubenzuckers. Nur unter dieser Annahme werden die HUDSONschen Superpositionsregeln erfüllt, ja dann ist sogar der vom ersten C-Atom gelieferte zahlenmäßige Beitrag zum molekularen Drehvermögen bei analogen Derivaten des Traubenzuckers und des Glucosamins der gleiche.

Die soeben erwähnten Befunde stehen auch mit den an Acetobromverbindungen gemachten Erfahrungen von MICHEEL und MICHEEL (99) in Einklang. Ihnen widerspricht nur die viel ältere Angabe von NEUBERG (102), daß durch energische Reduktion der Glucosaminsäure rechtsdrehende α-Aminocapronsäure entsteht. Nach KARRER und MAYER (76) kann aber der dort mitgeteilte Drehungssinn nicht richtig sein. Es sei in diesem Zusammenhang auch hervorgehoben, daß LEVENE und CHRISTMAN (87a) die Reduktion von d-Glucosaminsäure zu einer *links*drehenden Monooxy-2-amino-capronsäure gelungen ist, und zwar mit Hilfe von Jodwasserstoff in Eisessig.

b) *Komplexchemische Methode.*

Nach den Untersuchungen von Pfeiffer und Christelleit (*106*) zeigen die Rotationsdispersionskurven der inneren *Kupfer-Komplexsalze* von Aminosäuren einen typisch anomalen Verlauf (Cotton-Effekt), indem die zunächst positiven Drehwerte, die beim Übergang vom kurzwelligen in das langwellige Licht zunächst bis zu einem Maximum ansteigen, dann fallen und zu negativen Beträgen übergehen. Alle natürlichen Aminosäuren, ob sie nun rechts- oder linksdrehend sind, zeigen dieselbe Art der Kurvenschleife, was nur möglich ist, wenn sowohl am asymmetrischen Kupferatom als auch am asymmetrischen Kohlenstoff der untersuchten Aminosäuren die selbe räumliche Konfiguration besteht. Die Methode ist zum Vergleich der Konfiguration zweier oder mehrerer analog gebauter Verbindungen geeignet, einfach durch Aufnahme von Rotationsdispersionskurven. Bei übereinstimmender Konfiguration muß der Verlauf der Schleifen analog sein, während die Kurven von zwei Antipoden antibat verlaufen.

Als nun in einer weiteren Arbeit von Pfeiffer und Christelleit (*107*) die durch Oxydation von natürlichem d-Glucosamin erhaltene d-Glucosaminsäure untersucht wurde, zeigte sich eine Kurve, die weitgehend denjenigen der *Antipoden* von natürlichen Aminosäuren entspricht und mit der Kurve des *d*-Valins fast zusammenfällt. Hieraus folgt, daß d-Glucosamin stereochemisch nicht den Eiweißbausteinen entsprechen kann, sondern in engstem sterischem Zusammenhang mit d-Gluconsäure und folglich auch mit dem Traubenzucker steht:

COOH	CHO	COOH	CHO
NH_2—C—H	H—C—NH_2	H—C—OH	H—C—NH_2
CH_2	HO—C—H	HO—C—H	HO—C—H
	H—C—OH	H—C—OH	HO—C—H
	H—C—OH	H—C—OH	H—C—OH
	CH_2OH	CH_2OH	CH_2OH
Eiweißbausteine (*l*-Reihe).	*d*-Glucosamin.	*d*-Gluconsäure.	Chondrosamin.

„Das Glucosamin kann also nicht, wie es häufig geschieht, als ein physiologisches Übergangsglied zwischen den Zuckern und den Eiweißbausteinen betrachtet werden."

In einer gleichzeitigen Untersuchung sind Karrer und Mayer (*76*) unter Anwendung der Methode von Pfeiffer und Christelleit zum gleichen Ergebnis gelangt, und zwar nicht nur in bezug auf Glucosamin, sondern auch auf das isomere Chondrosamin, welches also die obenstehende Konfiguration besitzt („trans"-Stellung von OH und NH_2 am $C_{(2)}$ bzw. $C_{(3)}$).

c). *Chemische Methoden.*

Haworth, Lake und Peat (59) haben festgestellt, daß durch Ammoniak-aufspaltung des Äthylenoxydringes in Anhydrozuckern stets ein Gemisch von zwei isomeren Aminozuckern entsteht, indem die NH_2-Gruppe an den einen oder an den anderen Kohlenstoff des Dreierringes gelangt; an dem Eintrittsort von NH_2 erfolgt eine Waldensche Umkehrung. Zum Beispiel gibt 2,3-Anhydro-allose sowohl 2-Amino-altrose als auch 3-Amino-glucose. Daß die letztere wirklich am dritten und nicht am zweiten Kohlenstoff NH_2 enthält, geht daraus hervor, daß dieselbe Verbindung auch aus 3,4-Anhydro-allose und Ammoniak bereitet werden kann.

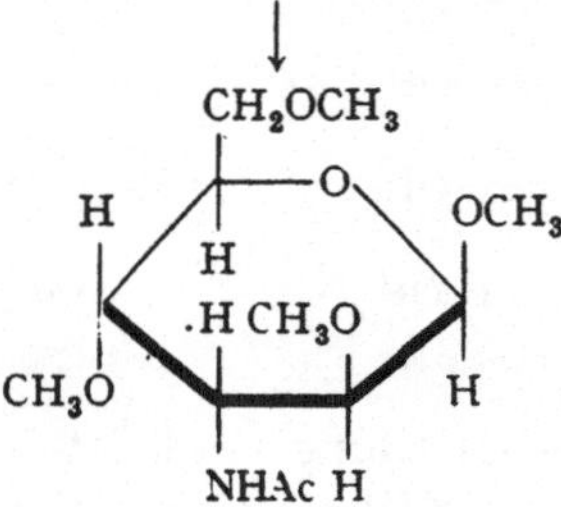

4,6-Dimethyl-2,3-anhydro-β-methylmannosid.

4,6-Dimethyl-3-acetamido-β-methyl-d-altropyranosid.   4,6-Dimethyl-2-acetamido-β-methyl-d-glucopyranosid

Permethyl-N-acetyl-epi-glucosamin.   3,4,6-Trimethyl-2-acetamido-β-methyl-d-glucopyranosid
(N-Acetyl-trimethyl-β-methylglucosaminid).

Zur Auswertung dieser Verhältnisse für die Konfigurationsfrage wurde 4,6-Dimethyl-2,3-anhydro-β-methylmannosid unter Druck mit methyl-alkoholischem Ammoniak erhitzt und das wohlkristallisierte N-Acetyl-derivat des Reaktionsgemisches in die Fraktionen (A) und (B) zerlegt. Die noch freie Hydroxylgruppe von (A) wurde methyliert und das Produkt identisch gefunden mit dem Permethylat des N-Acetyl-*epi*-glucosamins, in welchem NH_2 am $C_{(3)}$ sitzt; diese Fraktion ist demnach ein 3-Amino-altrose-Derivat und folglich muß Fraktion (B) ein Derivat der 2-Amino-glucose sein. In der Tat liegt hier 4,6-Dimethyl-2-acetamido-β-methyl-d-glucopyranosid vor. Die Methylierung lieferte nämlich ein Produkt, das identisch ist mit N-Acetyl-trimethyl-β-methylglucosaminid, welches, ausgehend von d-Glucosamin, durch Acetylierung und Methylierung erhalten werden kann. Demnach leitet sich die Konfiguration des natürlichen d-Glucosamins von der d-Glucose und nicht von der d-Mannose ab.

d) *Enzymchemische Methoden.*

Auf *enzymchemischem* Wege haben BERGMANN, ZERVAS, RINKE und SCHLEICH (*20*) die Konfiguration der Glucosaminsäure (und des Glucosamins) nach folgendem Prinzip bestimmt: Man koppelt die zu untersuchende Aminosäure mit einer natürlichen l-Aminosäure zu einem Dipeptid und untersucht die Spaltbarkeit durch Dipeptidase. Nur wenn die Konfiguration der geprüften Aminosäure in die natürliche l-Reihe gehört, tritt Hydrolyse ein. Es zeigte sich nun, daß Glycyl-d-glucosaminsäure der Einwirkung des Enzyms widersteht, während Glycyl-d-*epi*-glucosaminsäure[1] energisch angegriffen wird. Daraus folgt, daß die Glucosaminsäure (und folglich auch das natürliche d-Glucosamin) in bezug auf die Konfiguration am $C_{(2)}$ den Antipoden der aus Eiweiß erhältlichen Aminosäuren entspricht und der d-Reihe zuzuteilen ist.

<table>
<tr><td>

```
        COOH
         |
H—C—NH·CO·CH₂·NH₂
         |
      HO—C—H
         |
      H—C—OH
         |
      H—C—OH
         |
       CH₂OH
```

</td><td>

```
             COOH
              |
NH₂·CH₂·CO·NH—C—H
              |
           HO—C—H
              |
           H—C—OH
              |
           H—C—OH
              |
            CH₂OH
```

</td></tr>
<tr><td style="text-align:center">Glycyl-d-glucosaminsaure.</td><td style="text-align:center">Glycyl-d-epiglucosaminsaure (nach BERGMANN).[1]</td></tr>
</table>

Desaminierung des Glucosamins in Organismen.

Im Säugetier kann das Glucosamin eine Desaminierung erfahren, wofür als Beleg z. B. angeführt sei, daß ein solcher Vorgang unter der Einwirkung von Kalbsleber-Preßsaft auch in vitro, und zwar bis zu 90% eintritt [SUZUKI (*123*)], und ferner, daß die Verfütterung von Glucosamin

---

[1] Nach HAWORTH und Mitarbeiter (S. 236) ist *epi*-Glucosamin ein 3-Aminozucker und auch die Konfiguration ist abweichend.

an hungernde Mäuse eine Vermehrung des Leber-glykogens bewirkt [SALTER, ROBB und CHARLES (*110*)].

Abbau des Glucosamins durch *Bacillus prodigiosus*: LIEBEN und LÖWE (*89*), durch Mikroorganismen und im Tierkörper: IMAIZUMI (*65a*).

Desaminierung des Glucosamins in vitro.

Die Vorgänge, die sich bei der Desaminierung des Glucosamins mit salpetriger Säure, Nitriten oder mit Stickstoffoxyden sich abspielen, sind teils noch immer umstritten. Für Konfigurationsfragen sind sie nicht anwendbar [vgl. IRVINE und HYND (*67*)].

FISCHER und TIEMANN (*43*) [siehe auch LEDDERHOSE (*85*), TIEMANN (*126*)] desaminierten das Glucosamin-Salz mit *Silbernitrit*, erwärmten das Reaktionsgemisch auf dem Wasserbade und fanden, daß die Lösung „mit essigsaurem Phenyl-hydrazin nur sehr kleine Mengen von Phenyl-glucosazon liefert, welches vielleicht von etwas unverändertem Glucosamin herstammt". Unter den angewandten Bedingungen ist also der Vorgang über die erwartete Hexose hinausgeschritten, es entstand die *Chitose*, die kein Osazon liefert und nicht gärt. Irgendwelche kristallisierte Derivate aus der sirupösen Chitose ließen sich nicht gewinnen, doch entsteht durch Oxydation mit Brom die Chitonsäure, die nach FISCHER und ANDREAE (*40*) eine Anhydro-hexonsäure ist, woraus mit Wahrscheinlichkeit eine analoge Formel für die Chitose folgt. Im Organismus verschiedener Tiere wird Chitose zu Oxymethyl-brenzschleimsäure oxydiert [SUZUKI (*122*), KARASHIMA (*72*)].

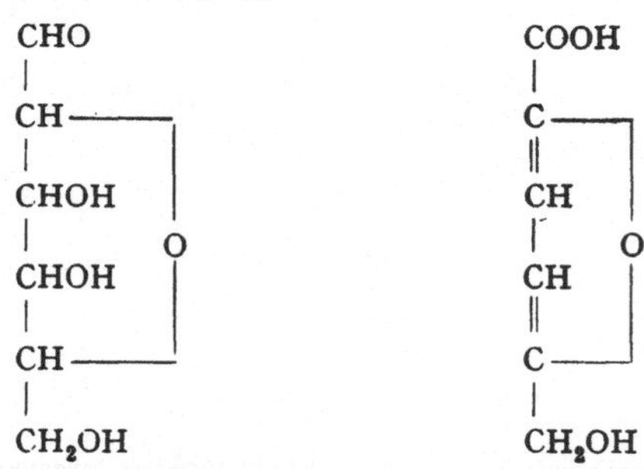

Chitoseformel von FISCHER und ANDREAE.   Oxymethyl-brenzschleimsäure.

In vitro wurde Glucosaminsäure (auch Chitosaminsäure genannt) von HAWORTH, HIRST und NICHOLSON (*58*) in die ω-Acetoxy-5-methyl-furan-2-carbonsäure übergeführt, deren Hydrolyse ebenfalls die erwähnte Oxymethyl-brenzschleimsäure (ω-Oxy-5-methylfuran-5-carbonsäure) liefert — einen Körper, der auch auf anderem Wege bereitet werden konnte.

In bezug auf die Osazonbildung des Desaminierungsproduktes von Glucosamin kommt viel später ARMBRECHT (*14*) zu einem völlig anderen

Ergebnis als FISCHER und TIEMANN: er erhielt bei der Einwirkung von *nitrosen Dämpfen* auf Glucosamin-chlorhydrat eine Lösung, die ein Hexose-osazon lieferte. Das letztere ist nach seiner Ansicht deutlich verschieden von d-Glucosazon und mit dem aus Chitosan erhältlichen „Chitosazon" identisch. Demgegenüber sei vermerkt, daß MEYER und WEHRLI (*98*) nach Desaminierung des Chitosans d-Glucosazon erhielten (S. 224).

Wir führten zahlreiche Desaminierungsversuche aus (*136*) sowohl mit Silbernitrit als auch mit nitrosen Dämpfen, stets *in der Kälte*, setzten Phenylhydrazin zu, erwärmten aber nicht, sondern warteten. Nach wenigen Minuten begann als Nebenprodukt *d-Arabinosazon* sich abzuscheiden, das vielleicht dem entsprechenden Oson entstammt. Es hat also sogar in der Kälte eine Verkürzung der Kohlenstoffkette stattgefunden, welche an die oxydative Bildung von Arabinose aus Glucosamin und Chloramin T erinnert (S. 232). Aus dem Filtrat des Arabinosazons erhielten wir beim Kochen oder längerem Stehen reichlich *d-Glucosazon* (2,2 g aus 5 g Glucosamin-chlorhydrat = 4,2 g Glucosamin). Als Quellen für dessen Bildung kamen in Frage: ein Anhydrozucker, Glucose oder Mannose. Gegen die erste Möglichkeit spricht der Umstand, daß die Drehung des Desaminierungsgemisches nicht verändert wird, wenn man es auf einen 10proz. Essigsäuregehalt bringt und 3 Stunden kocht. Auch die Anwesenheit von nennenswerten Mannosemengen wird ausgeschlossen, da dieser Zucker schon in der Kälte sein schwer lösliches Phenylhydrazon abgeschieden hätte, was nach Zusatz von Mannose (5% des Glucosamins) wirklich eintritt. Das in größter Menge faßbare Produkt der Desaminierung ist also der Traubenzucker. Die Reaktionsflüssigkeit ist zwar unvergärbar, doch wird die Gärung von zugefügter d-Glucose ebenfalls außerordentlich stark gehemmt — eine Erscheinung, die bereits von TIEMANN (*126*) erwogen worden ist.

Vor 4 Jahren haben nun SCHORIGIN und MAKAROWA-SEMLJANSKAJA (*116*) das nach unserer Vorschrift resultierende d-Glucosazon ebenfalls erhalten (nur 0,4 g aus 3 g Glucosamin), doch sind sie zu einem gänzlich anderen Endergebnis gekommen, welches auf die Abwesenheit von Traubenzucker deuten soll. Weder Glucose-pentaacetat noch Zuckersäure konnten nämlich aus dem Reaktionsgemisch herausgearbeitet werden, unter Bedingungen, bei denen d-Glucose in diese Verbindungen übergeführt werden kann; gewonnen wurde lediglich Oxalsäure. Das interessanteste Ergebnis dieser Arbeit ist jedoch die Isolierung eines wohlkristallisierten *Diphenyl-hydrazons* (2 g aus 3 g Glucosamin-chlorhydrat), mit einem Stickstoffgehalt von 8,35%, während für ein Hexosederivat 8,09, für einen Anhydrozucker 8,54% N berechnet werden. Es liegt hier nach Ansicht der Autoren das erste kristallisierte Derivat der FISCHERschen Chitose vor.

Zu diesen Angaben möchten wir bemerken, daß das *gleichzeitige* Vorliegen von Chitose und Glucose in dem verwickelt zusammengesetzten Reaktionsgemisch durchaus denkbar ist. Wir haben die Existenz der Chitose nicht bezweifelt, sondern sie nur als Quelle des gewonnenen Glucosazons ausgeschlossen. Ferner hielten wir es als wahrscheinlich, daß das Chitosazonpräparat von Armbrecht (*14*) aus einem Gemisch von viel d-Glucosazon mit etwas d-Arabinosazon besteht. Schließlich sei bemerkt, daß die genannten Autoren Silbernitrit zur Desaminierung verwendet haben, während wir die besten Glucosazonausbeuten aus einem Reaktionsgemisch erhalten, das mit nitrosen Dämpfen bereitet wurde. Bei der Verwendung von $AgNO_2$ ist der Angriff auf Glucosamin stets milder, so daß 13% des ursprünglichen N-Gehalts nach Ablauf der Desaminierung noch vorhanden sind, während diese Zahl bei Verwendung nitroser Dämpfe nur 2% beträgt.

Quantitative Desaminierung in der Kalischmelze: Kapeller-Adler (*71*).

Literaturverzeichnis.

Einige Sammelwerke.

1. Karrer, P.: Einführung in die Chemie der polymeren Kohlenhydrate. Leipzig: Akademische Verlagsgesellschaft, 1925.

2. Meyer, K. H. u. H. Mark: Der Aufbau der hochpolymeren organischen Naturstoffe. Leipzig: Akademische Verlagsgesellschaft, 1930. — Mark, H.: Physik und Chemie der Zellulose, S. 139. Berlin: Julius Springer, 1932.

3. Pringsheim, H.: Die Polysaccharide. Berlin: Julius Springer, 1931.

4. — u. D. Krüger: Chitin. Handbuch der Pflanzenanalyse, Bd. 3, S. 69. Wien: Julius Springer, 1932.

5. Tollens, B. u. H. Elsner: Kurzes Handbuch der Kohlenhydrate. Leipzig: J. A. Barth, 1935.

6. Wettstein, R. von: Handbuch der systematischen Botanik, 4. Aufl. Leipzig-Wien: F. Deuticke, 1933.

7. Wisselingh, C. van: Die Zellenmembran. Handbuch der Pflanzenanatomie, Bd. III/2, S. 176. Leipzig: Gebr. Borntraeger, 1924.

8. Zemplén, G.: Stickstoffhaltige Kohlenhydrate. Biochemisches Handlexikon, Bd. 2, S. 527 (1911); Bd. 8, S. 280 (1914); Bd. 10, S. 721 (1923); Bd. 12, S. 830 (1920); Bd. 13, S. 818 (1931). Berlin: Julius Springer.

9. — Allgemeine und spezielle Methoden zum Nachweis der Kohlenhydrate in qualitativer und quantitativer Beziehung. Ihre Isolierung. Aufbau- und Abbauversuche; im Handbuch der biologischen Arbeitsmethoden, Abt. I, Tl. 5, S. 109, 139, 331, 345, 695.

Einzelabhandlungen.

10. Abderhalden, E. u. K. Heyns: Über die bei der Hydrolyse von Tussahseidenfibroin (Lias Ning Sing Shen-Tung Filature) sich bildenden Abbauprodukte. Z. physiol. Chem. **202**, 37 (1931).

11. — — Nachweis von Chitin in Flügelresten von Coleopteren des oberen Mitteleocäns. Biochem. Z. **259**, 320 (1933).

12. — u. O. Zumstein: Über den Gehalt von Leim aus Seide von *Bombyx mori.* Z. physiol. Chem. **207**, 141 (1932).

13. ALEXANDROW, W. J.: Die Permeabilität des Chitins einiger Dipteralarven und eine Methode für Permeabilitätsforschungen. Z. Biol. **3**, 490 (1936).

14. ARMBRECHT, W.: Beiträge zur Kenntnis der Chitose. Biochem. Z. **95**, 108 (1919).

15. BECKER, E. u. C. SCHÖPF: Der mikrochemische Nachweis der Pterine. Liebigs Ann. Chem. **524**, 124, 143 (1936).

16. BENTON, A. G.: Chitinovorous bacteria: a preliminary survey. J. Bacter. (Am.) **29**, 449 (1935).

17. BERGMANN, M. u. L. ZERVAS: Synthesen mit Glucosamin. Ber. dtsch. chem. Ges. **64**, 975 (1931).

17a. — — Über die Synthese von Glucopeptiden des d-Glucosamins (N-Glycyl-d-glucosamin und N-d-Alanyl-d-glucosamin). Ber. dtsch. chem. Ges. **65**, 1201 (1932); vgl. auch **65**, 1192 (1932).

18. — — u. E. SILBERKWEIT: Über die Biose des Chitins. Naturwiss. **19**, 20 (1931).

19. — — — Über Chitin und Chitobiose. Ber. dtsch. chem. Ges. **64**, 2436 (1931).

20. — — H. RINKE u. H. SCHLEICH: Über Dipeptide von epimeren Glucosaminsäuren und ihr Verhalten gegen Dipeptidase. Konfiguration des d-Glucosamins. Z. physiol. Chem. **224**, 33 (1934).

21. BERGSTRÖM, S.: Über Polysaccharidesterschwefelsäuren mit Heparinwirkung. Z. physiol. Chem. **238**, 163 (1936).

22. BORRIES, B. v. u. E. RUSKA: Das Elektronenmikroskop und seine Anwendungen. Z. Ver. dtsch. Ing. **79**, 519 (1935).

23. BOYER, R. u. O. FÜRTH: Untersuchungen zur Charakteristik der Glucoproteide. I. Mitteilung. Über die Bestimmung des Glucosamins. Biochem. Z. **282**, 242 (1935).

24. BRACH, H.: Untersuchungen über den chemischen Aufbau des Chitins. Biochem. Z. **38**, 471 (1912).

25. BREUER, R.: Über das freie Chitosamin. Ber. dtsch. chem. Ges. **31**, 2193 (1898).

26. BRUNSWIK, H.: Über die Mikrochemie der Chitosanverbindungen. Biochem. Z. **113**, 112 (1921).

27. BUCHERER, H.: Über den mikrobiellen Chitinabbau. Zbl. Bakter. usw., Abt. II **93**, 12 (1937).

27a. CASTLE, E. S.: Die doppelte Refraktion von Chitin. J. gen. Physiol. **19**, 797 (1936).

27b. CHARGAFF, E. and M. BOVARNICK: A method for isolation of glucosamine. J. biol. Chemistry **118**, 421 (1937).

28. CLARK, G. L. and A. F. SMITH: X-ray diffraction studies on Chitin, Chitosan and Derivatives. J. physic. Chem. **40**, 863 (1936).

29. COLES, H. W. and F. H. BERGEIM: Halogenoalkyl Glycosides. III. . . . . . Jour.. Amer. chem.-Soc. **60**, 1376 (1938).

30. COREY, R. B. and R. W. G. WYCKOFF: Long spacing in macromolekular solids. J. biol. Chemistry **114**, 407 (1936).

31. COX, E. G. u. T. H. GOODWIN: Vorläufige Daten für einige Zuckerderivate. Z. Kristallogr., Abt. A **85**, 462 (1933).

32. CUTLER, W. O. and S. PEAT: Some Derivatives of Methylated Glucosamine. J. chem. Soc. London **1939**, 274; mit S. PEAT: Methylation of Glucosamine. J. chem. Soc. London **1937**, 1979.

33. DIEHL, J. M.: Über pflanzliches Chitin. Chem. Weekbl. **33**, 36 (1936).

34. — u. G. VAN ITERSON jun.: Die Doppelbrechung von Chitinsehnen. Kolloid-Z. **73**, 142 (1935).

35. Driest, E. u. H. Müller: Elektronenmikroskopische Aufnahmen von Chitin-objekten. Z. wiss. Mikrosk. **52**, 53 (1935).

36. Eloff, G. and V. L. Bosazza: Penetration of Ultra-Violet Rays through Chitin. Nature (London) **141**, 608 (1938).

37. Elson, L. A. and W. Th. J. Morgan: A colorimetric Method for the Determination of Glucosamine and Chondrosamine. Biochemical J. **27**, 1824 (1933).

38. *I. G. Farbenindustrie A. G.*: Verfahren zur Darstellung von Derivaten der Kohlenhydrate. D. R. P. 548456 (1932).

39. Fikentscher, H.: Systematik der Cellulosen auf Grund ihrer Viscosität in Lösung. Cellulosechem. **13**, 58 (1932).

40. Fischer, E. u. E. Andreae: Über Chitonsäure und Chitarsäure. Ber. dtsch. chem. Ges. **36**, 2587 (1903).

41. — u. H. Leuchs: Synthese des Serins, der l-Glucosaminsäure und anderer Oxyaminosäuren. Ber. dtsch. chem. Ges. **35**, 3787 (1902).

42. — — Synthese des d-Glucosamins. Ber. dtsch. chem. Ges. **36**, 24 (1903).

43. — u. F. Tiemann: Über das Glucosamin. Ber. dtsch. chem. Ges. **27**, 138 (1894).

44. Fraenkel, S. u. A. Kelly: Beiträge zur Konstitution des Chitins. Mh. Chem. **23**, 123 (1902).

45. Freudenberg, K.: S.-B. Heidelberg. Akad. Wiss. **1931**, 9, Abh.

46. — Stereochemie. Leipzig und Wien: Franz Deuticke, 1933, S. 710, 718.

47. — W. Kuhn, W. Dürr, F. Bolz u. G. Steinbrunn: Die Hydrolyse der Polysaccharide. (14. Mitteilung über Lignin und Cellulose.) Ber. dtsch. chem. Ges. **63**, 1510 (1930).

48. — u. H. Eichel: Über spezifische Kohlenhydrate der Blutgruppen. Liebigs Ann. Chem. **510**, 240, 245 (1934).

49. Forbes, W. T. M.: What is Chitin? Science (New York) **72**, 397 (1930).

50. Fürth, O. v. u. E. Scholl: Beitr. chem. Physiol. u. Path. **10**, 188 (1907); Chem. Zbl. **1907** II, 910.

51. Gibson, E. C.: Entfernung des Chitins aus dem Fleisch von Krustentieren. A. P. 2080263 (1937).

52. Gonell, W. H.: Röntgenographische Studien an Chitin. Z. physiol. Chem. **152**, 18 (1926); vgl. auch Z. Physik **25**, 118 (1924).

52a. Grassmann, W., J. Janicki, L. Klenk u. F. Schneider: Über den Kohlenhydratgehalt der Hautproteine. Biochem. Z. **294**, 95 (1937).

53. — u. H. Rubenbauer: Über Cellulase und Hemicellulase mit besonderer Berücksichtigung ihrer therapeutischen Anwendung. Münch. med. Wschr. **78**, 1817 (1931).

54. — L. Zechmeister, R. Bender u. G. Tóth: Über die Chitin-Spaltung durch Emulsin-Präparate. Ber. dtsch. chem. Ges. **67**, 1 (1934).

55. — — G. Tóth u. R. Stadler: Zur Spezifität polysaccharidspaltender Enzyme. Naturwiss. **20**, 639 (1932).

56. — — — — Über den enzymatischen Abbau der Cellulose und ihrer Spaltprodukte. Liebigs Ann. Chem. **503**, 167 (1933).

57. Harder, R.: Über das Vorkommen von Chitin und Cellulose und seine Bedeutung für die phylogenetische und systematische Beurteilung der Pilze. Nachr. Ges. Wiss., Göttingen, Math.-physik. Kl. VI (N. F.) **3**, Nr. 1, 1 (1937).

58. Haworth, W. N., E. L. Hirst, and V. S. Nicholson: The Constitution of the Disaccharides. XIII. The γ-Fructose Residue in Sucrose. J. chem. Soc. London **1927**, 1513.

59. — W. H. G. Lake, and S. Peat: The Configuration of Glucosamine (Chitosamine). J. chem. Soc. London **1939**, 271.

60. HELFERICH, B. u. A. ILOFF: Über Emulsin. XIII. Darstellung und fermentative Spaltung von Glykosiden des N-Acetyl-glucosamins und der 2-Desoxyglucose. Z. physiol. Chem. **221**, 252 (1933).

61. HERBST, R. M.: The Oxydation of Hexosamines: d-Glucosamine and d-Glucosaminic acid. J. biol. Chemistry **119**, 85 (1937).

62. HERZOG, R. O.: Über den Feinbau der Faserstoffe. Naturwiss. **12**, 955 (1924).

63. HEYN, A. N. J.: X-ray Investigations on the molecular Structure of Chitin in Cell walls (Preliminary note). Vetensk. Amsterdam **39**, 132 (1936).

64. — Molecular Structure of Chitin in Plant Cell-walls. Nature (London) **137**, 277 (1936).

65. — Further investigations of the mechanism of cell elongation and the properties of the cell wall in connection with elongation. IV. Investigations on the molecular structure of chitin cell wall of Sporangiophores of Phycomyces and its probable bearing of the phenomenon of spiral growth. Protoplasma **25**, 372 (1936).

65a. IMAIZUMI, M.: Über den Abbau der d-Glucosaminsäure durch Mikroorganismen und im Tierorganismus. J. Biochemistry **26**, 197 (1937).

66. IRVINE, J. C.: A polarimetric method of identifying Chitin. J. chem. Soc. London **95**, 564 (1909), s. auch S. 464.

67. — and A. HYND: J. chem. Soc. London **101**, 1128 (1912); **105**, 698 (1914).

68. ITERSON, G. VAN jun., K. H. MEYER u. W. LOTMAR: Über den Feinbau des pflanzlichen Chitins. Rec. Trav. chim. Pays-Bas **55**, 61 (1936).

69. JENSEN, H. L.: Decomposition of the cells of microorganisms. J. Agric. Sci. **22**, 1 (1932).

70. JOHNSON, D. E.: Some observations on chitin destroying bacteria. J. Bacter. (Am.) **24**, 335 (1932).

71. KAPELLER-ADLER, R.: Über das Verhalten verschiedener organischer Stickstoffverbindungen in der Kalischmelze und über einen Apparat zur Bestimmung dabei auftretender flüchtiger Basen. Biochem. Z. **235**, 375 (1931).

72. KARASHIMA, J.: Studien über die aus Zuckerarten sich ableitenden Furanverbindungen. Z. physiol. Chem. **169**, 278 (1927).

73. KARRER, P.: Der enzymatische Abbau von nativer und umgefällter Cellulose, von Kunstseiden und von Chitin. Kolloid-Z. **52**, 304 (1930).

74. — u. G. V. FRANÇOIS: Polysaccharide. XL. Über den enzymatischen Abbau von Chitin. II. Helv. chim. Acta **12**, 986 (1929).

75. — u. A. HOFMANN: Polysaccharide. XXXIX. Über den enzymatischen Abbau von Chitin und Chitosan. I. Helv. chim. Acta **12**, 616 (1929).

76. — u. J. MAYER: Ein neuer Abbau der Glucosaminsäure. Die Konfiguration der Glucosamin- und Chondrosaminsäure. Helv. chim. Acta **20**, 407 (1937).

77. — u. J. MEYER: Glucosaminol, ein Reduktionsprodukt des Glucosamins. Helv. chim. Acta **20**, 626 (1937).

78. — u. A. P. SMIRNOFF: Polysaccharide. XVII. Beitrag zur Kenntnis des Chitins. Helv. chim. Acta **5**, 832 (1922).

78a. — M. STAUB u. B. JOOS: Über die Zerlegung der „Lichenase" in Teil-Enzyme. Helv. chim. Acta **7**, 154 (1924).

79. — u. S. M. WHITE: Polysaccharide. XLIV. Weitere Beiträge zur Kenntnis des Chitins. Helv. chim. Acta **13**, 1105 (1930).

80. KAWABE, K.: Biochemical studies on Carbohydrates. III. Micromethod for Determination of Glucosamine in Blood, Tissue and Urine. J. Biochemistry **19**, 319 (1934).

80a. KAWAKAMI, J.: On the decomposition of glucosamine. II. Fukuoka Acta med. **29**, 48 (1936).

81. Khouvine, Y.: Étude aux rayons X de la Chitine d'Aspergillus niger, de Psalliota campestris et d'Armillaria mellea. C. R. Acad. Sciences **195**, 396 (1932).

82. Knecht, E. and E. Hibbert: Some observations on Chitin. J. Soc. Dyers Colourists **42**, 343 (1926).

82a. Kratky, O.: Die Berechnung der Mizelldimensionen von Faserstoffen aus den unter kleinsten Winkeln abgebeugten Interferenzen. Naturwiss. **26**, 94 (1938).

83. — u. H. Mark: Anwendung physikalischer Methoden zur Erforschung von Naturstoffen: Form und Größe dispergierter Moleküle. — Röntgenographie. Fortschr. Chem. organ. Naturstoffe **1**, 255 (1938).

84. Krogh, A.: Natural membranes. Introductory paper. Animal membranes. Trans. Faraday Soc. **33**, 912 (1937).

85. Ledderhose, G.: Über salzsaures Glycosamin. Z. physiol. Chem. **2**, 213 (1878); Ber. dtsch. chem. Ges. **9**, 1200 (1876).

86. — Über Glycosamin. Z. physiol. Chem. **4**, 139; Referat: Ber. dtsch. chem. Ges. **13**, 822 (1880).

87. Levene, P. A.: The configuration of 2-aminohexonic acids and of 2-amino-hexoses. J. biol. Chemistry **63**, 95 (1925).

87a. — and C. C. Christman: The reduction of glucosaminic acid with hydrogen iodid in glacial acetic acid. J. biol. Chemistry **123**, 83 (1938).

88. Lieben, F. u. V. Getreuer: Über das System Aminokörper-Aldehyd-Wasserstoffakzeptor. Biochem. Z. **252**, 420 (1932).

89. — u. L. Löwe: Über den Abbau von Glucose, Fruktose und Glucosamin durch Bacterien. Biochem. Z. **252**, 70 (1932).

90. — u. E. Molnár: Über den oxydativen Abbau einiger physiologisch wichtiger Stoffe nach dem Verfahren von Hehner. Mh. Chem. **53—54**, 1 (1931).

91. Loiseleur, J.: Sur l'état des constituants biochimiques, les protides en particuliers, en solutions anhydres. C. R. Acad. Sciences **191**, 1391 (1930).

92. Lutz, O. u. Br. Jirgensons: Über eine neue Methode der Zuteilung optisch aktiver ∝-Aminosäuren zur Rechts- oder Linksreihe. Ber. dtsch. chem. Ges. **63**, 448 (1930).

93. — — Über eine einfache Methode zur Zuteilung optisch aktiver Oxysäuren zur Rechts- oder Linksreihe. I. Mitteilung: Einbasische Säuren. Ber. dtsch chem. Ges. **65**, 784 (1932).

93a. Masamune, H. u. Y. Nagazumi: Biochemische Untersuchungen an Kohlenhydraten. XXVI. Die colorimetrische Analyse von Aminozuckern in Proteinhydrolysaten nach Elson und Morgan. J. Biochemistry **26**, 223 (1937).

94. May, O. E. and G. E. Ward: Hydrolysis of the chitinous Complex of lower Fungi. J. Amer. chem. Soc. **56**, 1597 (1934).

95. Meyer, K. H.: Die Chemie der Micelle und ihre Anwendung auf biochemische und biologische Probleme. Biochem. Z. **208**, 1 (1929).

96. — u. H. Mark: Über den Aufbau des Chitins. Ber. dtsch. chem. Ges. **61**, 1936 (1928).

97. — u. W. W. Pankow: Über die Konstitution und die Struktur des Chitins. Helv. chim. Acta **18**, 589 (1935).

98. — et H. Wehrli: Comparaison chimique de la chitine et de la cellulose. Helv. chim. Acta **20**, 353 (1937).

99. Micheel, F. u. H. Micheel: Zur Kenntnis der Konfiguration der ∝- und β-Formen in der Zuckerreihe; die Konfiguration des Glucosamins. (II. Mitteilung.) Ber. dtsch. chem. Ges. **65**, 253 (1932).

100. MOGGRIDGE, R. C. G. and A. NEUBERGER: Methylglucosaminide. Its Structure and its Kinetics of its Hydrolysis by Acids. J. chem. Soc. London **1938**, 745.

101. MORGAN, W. T. J. and L. A. ELSON: A colorimetric method for the determination of N-acetylglucosamine and N-acetylchondrosamine. Biochemical J. **28**, 988 (1934).

102. NEUBERG, C.: Über d-Glucosamin und Chitose. Ber. dtsch. chem. Ges. **35**, 4009 (1902).

103. NEUBERGER, A. and R. P. RIVERS: Preparation and Configurative Relationships of Methylglucosaminids. J. chem. Soc. London **1939**, 122.

104. NORMAN, A. G.: Die natürliche Zersetzung pflanzlichen Materials. Sci. Progr. **27**, 470 (1933).

105. — and W. H. PETERSON: The chemistry of Mould Tissue. II. The resistant Cell-Wall Material. Biochemical J. **26**, 1946 (1933).

106. PFEIFFER, P. u. W. CHRISTELLEIT: Komplexchemische Methode zur relativen Konfigurationsbestimmung der natürlichen Aminosäuren. Z. physiol. Chem. **245**, 197 (1937).

107. — — Die Konfiguration des Glucosamins. Sterische Beziehungen zwischen α-Amino- und α-Oxysäuren. Z. physiol. Chem. **247**, 262 (1937).

107a. POMA, J.: Einleitende chemisch-physiologische Untersuchung über den Stoffwechsel der Metamorphosen bei Insekten. Chem. Zbl. **1938** II, 3566.

108. PRINGSHEIM, H. u. G. RUSCHMANN: Zur Darstellung der Glucosaminsäure. Ber. dtsch. chem. Ges. **48**, 680 (1915).

109. PROSKURIAKOW, N.: Über die Beteiligung des Chitins am Aufbau der Pilzzellwand. Biochem. Z. **167**, 68 (1926).

109a. REMINGTON, C.: Isolation of glucosaminidomannose from proteins of ox blood. Biochemical J. **25**, 1062 (1931).

110. SALTER, W. T., P. D. ROBB u. F. H. SCHARLES: Leberglykogen von Glucosederivaten. J. Nutrit. (Am.) **9**, 11 (1935).

111. SCHMIDT, M.: Makrochemische Untersuchungen über das Vorkommen von Chitin bei Mikroorganismen. Arch. Mikrobiol. **7**, 241 (1936).

112. SCHMIDT, W. J.: Der Wandel der Doppelbrechung bei der Nitrierung des Chitins. Z. wiss. Mikrosk. **50**, 296 (1934).

113. SCHOLL, E.: Die Reindarstellung des Chitins aus Boletus edulis. Mh. Chem. **29**, 1023 (1908).

114. SCHORIGIN, P. u. E. HAIT: Über die Nitrierung von Chitin. Ber. dtsch. chem. Ges. **67**, 1712 (1934).

115. — — Über die Acetylierung des Chitins. (Vorläufige Mitteilung.) Ber. dtsch. chem. Ges. **68**, 971 (1935).

116. — u. N. N. MAKAROWA-SEMLJANSKAJA: Über die Desamidierung von Chitin und Glucosamin. Ber. dtsch. chem. Ges. **68**, 965 (1935).

117. — — Über die Methyläther des Chitins. (Vorläufige Mitteilung.) Ber. dtsch. chem. Ges. **68**, 969 (1935).

117a. SIDERIS, C. P., H. Y. YOUNG and B. H. KRAUSS: The distribution of uncombined hexosamine in pineapple plants supplied either with ammonium sulphate or calcium nitrate salts. J. biol. Chemistry **126**, 233 (1938).

118. SKINNER, C. E. and F. DRAVIS: A quantitative determination of chitin destroying microorganisms in soil. Ecology **18**, 391 (1937).

118a. SÖRENSEN, M.: On the determination of glucosamine in proteins. C. R. Trav. Lab. Carlsberg, Sér. chim. **22**, 487 (1938).

119. STAIR, R. u. W. W. COBLENTZ: Infrarot-adsorptionsspektra von Pflanzen- und Tiergewebe und verschiedenen anderen Substanzen. J. Res. nat. Bur. Standards **13**, 295 (1935).

120. Stuart, L. S.: Beitrag über halophile Chitin-angreifende Bakterien. J. Amer. Leather Chemists Ass. **31**, 119 (1936).

121. Sumi, M.: Über die chemischen Bestandteile der Sporen von Aspergillus oryzae. Biochem. Z. **195**, 161 (1928).

122. Suzuki, N.: Metabolism of the furan and hydrofuran derivatives in the animal organism. J. biol. Chemistry **38**, 1 (1919).

123. Suzuki, Y.: Über die Leber-asparaginase. J. Biochemistry **23**, 57 (1936).

124. Takata, R.: Die Verwendung von Mikroorganismen für menschliche Nahrungsmittel. X. Kohlenhydrate des Mycels von Aspergillus oryzae. J. Soc. chem. Ind. Japan **32**, 245 B (1929).

125. Thomas, R. C.: Zusammensetzung von Pilzhyphen. I. Die Fusariumarten. Amer. J. Bot. **15**, 537 (1928).

126. Tiemann, F.: Einiges über den Abbau von salzsaurem Glucosamin. Ber. dtsch. chem. Ges. **17**, 241 (1884).

127. Tsinehc, A.: This chitin business. Silk. J. Rayon Wld. 14, Nr. 166, 26, Nr. 167, 67 (1938). — Nikolski, A. A.: Zur Anwendung von Chitin in der Fabrikation von plastischen Massen. Chem. J. (B), J. angew. Chem. **9**, 1308 (1936) [russ.]. — Patente der *Du Pont de Nemours, E. I. and Co.*, vgl. Chem. Zbl. **1936 II**, 1069, 3493, 3494; **1937 I**, 246, 2026, 2869, 2906, 3898, 4887; **1937 II**, 3410; **1939 I**, 1263, 1898, 1899.

127a. Watanabe, K.: Biochemical studies on carbohydrates. XIV. A few modifications on the Zuckerkandl and Messiner-Klebermass method for determination of glucosamine. J. Biochemistry **23**, 365 (1936).

127b. Wert, R., D. H. Clarke and E. M. Kennedy: The concentration of glucosamine in normal and pathological sera. J. chem. Invest. **17**, 173 (1938).

128. Wettstein, F. v.: Das Vorkommen von Chitin und seine Verwertung als systematisches phylogenetisches Merkmal im Pflanzenreich. S.-B. Akad. Wiss. Wien, math.-naturw. Kl., Abt. 1, **130**, 1 (1921).

128a. White, Th.: Studies in the Aminosugars. I. A case of Acyl Migration. J. chem. Soc. London **1938**, 1498.

129. Willstätter, R. u. L. Zechmeister: Zur Kenntnis der Hydrolyse von Cellulose. Ber. dtsch. chem. Ges. **46**, 2401 (1913). Zur Kenntnis der Hydrolyse von Cellulose. (II. Mitteilung.) Ber. dtsch. chem. Ges. **62**, 722 (1929). Zechmeister, L. u. G. Tóth: Zur Kenntnis der Hydrolyse von Cellulose und der dabei auftretenden Zwischenprodukte. Ber. dtsch. chem. Ges. **64**, 854 (1931). Partieller Abbau von tierischer Cellulose. Z. physiol. Chem. **215**, 267 (1933). Über Cellotriose. Ber. dtsch. chem. Ges. **68**, 2134 (1935). Zechmeister, L., H. Mark u. G. Tóth: Cellotriose und ihre Bedeutung für das Strukturbild der Cellulose. Ber. dtsch. chem. Ges. **66**, 269 (1933). Tóth, G.: Über hydrolytische Abbauprodukte der Zellulose. Z. Papier, Pappe, Zellul., Holzst. **56**, 1 (1938).

130. Wisselingh, C. van: Die Zellenmembran. Handbuch der Pflanzenanatomie, Bd. III/2, S. 176. Leipzig: Gebr. Borntraeger, 1924.

131. Yonge, C. M.: On the Nature and Permeability of Chitin. I. The Chitin Lining the Foregut of Decapod Crustacea and the Function of the Tegumental Glands. Proc. Roy. Soc. London (B) **111**, 298 (1932).

131a. — — Neuere Untersuchungen über die Verdauung von Cellulose und Chitin durch Invertebraten. Chem. Zbl. **1938 II**, 547.

132. — On the Nature and Permeability of Chitin. II. The Permeability of the Uncalcified Chitin Lining the Foregut of Homarus. Proc. Roy. Soc. London (B) **120**, 15 (1936).

133. Zechmeister, L. u. L. v. Cholnoky: Die chromatographische Adsorptions-methode. Grundlagen, Methodik, Anwendungen, 2. Aufl Wien: Julius Springer, 1938.

134. — W. Grassmann, G. Tóth u. R. Bender: Über die Verknüpfungsart der Glucosaminreste im Chitin. Ber. dtsch. chem. Ges. **65**, 1706 (1932).

135. — u. I. Pinczési: Octaacetyl-chitobiose aus Käfern. Z physiol. Chem. **242**, 97 (1936).

136. — u. G. Tóth: Ein Beitrag zur Desamidierung des Glucosamins Ber. dtsch chem. Ges. **66**, 522 (1933).

137. — — Zur Kenntnis der Hydrolyse von Chitin mit Salzsäure. (I Mitteilung) Ber. dtsch. chem. Ges. **64**, 2028 (1931).

138. — — Zur Kenntnis der Hydrolyse von Chitin mit Salzsäure. (II. Mitteilung) Ber. dtsch. chem. Ges. **65**, 161 (1932).

139. — — Vergleich von pflanzlichem und tierischem Chitin. Z. physiol. Chem **223**, 53 (1934).

140. — — Über die Polyose der Hefemembran. I. Biochem Z. **270**, 309 (1934)

141. — — Über die Polyose der Hefemembran. II. Biochem Z. **284**, 133 (1936).

142. — — Einwirkung von flüssigem Ammoniak auf Octaacetyl-cellobiose Liebigs Ann. Chem. **525**, 14 (1936).

142a. — — Chromatographische Zerlegung der Chitinase. Naturwiss **27**, (1939) im Druck].

143. — — u. M. Bálint: Über die chromatographische Trennung einiger Enzyme des Emulsins. Enzymologia **5**, 302 (1938).

144. Zuckerkandl, F. u. L. Messiner-Klebermass: Eine Methode zum Nachweis und zur Bestimmung von Glucosamin. Biochem. Z. **236**, 19 (1931).

(Eingelaufen am 21. März 1939.)

Tabak-alkaloide.

Von **E. Späth** und **F. Kuffner**, Wien.

Zur Geschichte des Tabaks.

Über die Entdeckung des Tabaks für den europäischen Kulturkreis weiß HERMBSTÄDT (*1*) mitzuteilen, daß an der zweiten Reise des COLUMBUS (1496, nach San Domingo) ROMANO PANE, ein spanischer Mönch, teilnahm, der lange Zeit dort weilte, um Sitten und Sprache der Wilden zu studieren. Dort lernte er die Tabakpflanze und ihren zweifachen Gebrauch, zum Rauchen und als Arzneimittel, näher kennen und gab noch im gleichen Jahre Nachricht davon nach Europa. Die Eingeborenen rauchten die Blätter dieses Krautes durch Röhren oder Rollen, welche sie als „tabaco" bezeichneten, entweder mit dem Munde oder auch, mittels gegabelter Rohre, durch die Nase. Ausführliche Mitteilungen über die Entdeckungsgeschichte und Abbildungen der oft sehr schönen Pfeifen, welche in gewissen Gegenden des amerikanischen Kontinents verwendet wurden, gibt TIEDEMANN (*2a*), der auf Grund eigener Quellenstudien weitere, wohl verläßliche Angaben zu machen imstande war. TIEDEMANN lehnte andere Erklärungsversuche des Namens Tabak, der in der Neuen Welt ursprünglich nicht der Pflanze selbst zukam, als unhistorisch ab, z. B. nach „Tabasco in der Neuhispanischen Provinz Yucaton bey etliche Meilen oberhalb Mexico, gegen Mittag" (*2b*) oder nach der Insel Tabago in den Kleinen Antillen (*4*).

Die Bedeutung des Tabakrauchens für die Indianer ist sehr groß gewesen, gehörte es doch zu ihren Lieblingsbeschäftigungen. Bekannt ist die Institution der Friedenspfeife, einer besonders geschmückten Pfeife, die unter eigenem Zeremoniell bedient wurde. Gesandte und Parlamentäre trugen sie, und wer eine Friedenspfeife verletzte oder beschimpfte, wurde mit dem Tode bestraft.

Die Samen der Pflanze kamen nach TIEDEMANN (*2a*) schon durch HERNANDEZ DE OVIEDO nach Spanien, der 1526 Teile des mittleren Amerika bereiste. Die erste botanische Bezeichnung, *Hyoscyamus peruvianus*, erhielt die Pflanze 1563 von R. DODOMAEUS. Die neuere Botanik führt *Nicotiana* in einer Reihe von Spezies, von denen *N. tabacum* L.,

N. macrophylla Spr. und *N. rustica* L. die größte Bedeutung haben. Auf der Iberischen Halbinsel wurde die Tabakpflanze zunächst als Zierpflanze gehalten, später fand sie wegen erstaunlicher Heilerfolge starke Verwendung, die aber heute wegen der großen Gefährlichkeit aufgegeben ist. 1558 kam der Tabak durch Jean Nicot, den französischen Gesandten am Hofe zu Lissabon, nach Frankreich. Franz III. soll gegen sein Kopfleiden Tabak geschnupft haben und dadurch soll das Tabakschnupfen zur Mode geworden sein. Die erste Schnupftabak-Fabrik wurde in Sevilla errichtet. In Deutschland verbreitete sich die Tabakspfeife sehr rasch während des Dreißigjährigen Krieges. Auch in Afrika und Asien hielt der Tabak zu Beginn des 17. Jahrhunderts seinen schnellen Einzug, z. B. zur Verwendung in der Wasserpfeife. Nicht viel später fand sich der Brauch des Tabakrauchens auch in Australien (2a). Zahllose Verbote in aller Herren Ländern verliefen erfolglos.

Entdeckung des Nicotins.

Im Bestreben, *spezifische Inhaltsstoffe* der interessanten Pflanze kennenzulernen, hat Vauquelin (1809) einen vorgereinigten Tabaksaft alkalisch gemacht und durch Wasserdampfdestillation ein flüchtiges, basisches Prinzip übergetrieben, das farblos und wasserlöslich war und von ihm zum Teil für die Wirkung verantwortlich gemacht wurde (5a). Später hat derselbe Autor den Infus fermentierten Tabaks, welcher zum Unterschied vom Saft der grünen Tabakpflanze alkalisch reagiert, ähnlich behandelt und dabei „Tabakessenz" erhalten (5b). Hermbstädt (1) nannte die Tabakessenz „Nicotianin", stellte ihre neutrale Reaktion fest, erhielt sie in Blättchenform und konnte davon mit Säuren keine Salze darstellen. Er schloß daraus, daß Nicotianin kein Alkaloid sei. Der Gehalt des frischen Tabaks an Nicotianin beträgt nach Posselt und Reimann (6) 0,01% oder etwa 0,1% der Trockensubstanz. Sie bestätigten im wesentlichen die Angaben von Hermbstädt und stellten fest, daß dem Nicotianin („Tabakscampher") keine ausgesprochene Giftwirkung zukommt. Eine Analyse des Nicotianins hat Barral (7a) angegeben. Nach Gawalowski (8a) ist Nicotianin ein kompliziertes Gemenge flüchtiger organischer Nicotinsalze, welche Stärke und Aroma der verschiedenen Tabaksorten bedingen. Als chemisches Individuum ist Nicotianin jedenfalls nicht aufzufassen. Ähnliche Produkte bilden nach Wenusch (8b) das sogenannte „freie Nicotin", das von manchen Autoren zur Qualitätsbeurteilung von Tabaken herangezogen worden ist.

Posselt und Reimann (6) gelang es, 1828 den Wirkstoff des Tabaks zu isolieren. Sie bezeichneten ihn als *Nicotin* und beschrieben ihn als dampf-flüchtige Base, die aus Tabak oder einem mittels Schwefelsäure bereiteten Tabakauszug nach Zusatz von genug Alkali übergetrieben werden kann. Nicotin wurde als eine wasserhelle, bei 246° bei Atmosphärendruck kochende Flüssigkeit beschrieben, die sich mit Wasser, Alkohol und Äther mischt; sein Geschmack ist nach POSSELT und REIMANN noch in einer Verdünnung 1 : 10000 zu verspüren. Das Nicotin unterschied sich von allen damals als Alkaloide erkannten Verbindungen durch die Dampfflüchtigkeit und den flüssigen Aggregatzustand. POSSELT und REIMANN stellten ferner die tödliche Wirkung kleiner peroraler Gaben von Nicotin an Kaninchen und Hunden fest; sie wiesen das Alkaloid auch im frischen, also nicht fermentierten Tabak nach (6).

Die richtige Analyse geht auf MELSENS (9) und BARRAL (7b) zurück, die Aufstellung der Bruttoformel $C_{10}H_{14}N_2$ durch Molekulargewichtsbestimmung auf BARRAL (7b) und SCHLOESING (3). Nicotin ist linksdrehend (LAURENT, LANDOLT).

Konstitutionsermittlung und Synthese des Nicotins.

Für die Ermittlung der *Konstitution des Nicotins* war zunächst der Befund von HUBER (10b) wesentlich, daß es bei der Oxydation mit Chromschwefelsäure eine Aminosäure $C_6H_5O_2N$ ergibt, die WEIDEL (11) als *Nicotinsäure* bezeichnete, und daß diese Säure zu einer Base C_5H_5N decarboxyliert werden kann, welche HUBER (10a) als Pyridin erkannt hat. Durch die exakte Bestätigung dieser Befunde stand seit LAIBLIN (12a) fest, daß die Nicotinsäure eine Pyridin-monocarbonsäure ist und daß also im Nicotin ein *Pyridinring* enthalten ist.

Über die Natur des zweiten Ringsystems, das gleichfalls 5 C-Atome und 1 N-Atom, aber mehr Wasserstoff enthält, lagen keine experimentellen Anhaltspunkte vor, denen man genügend Vertrauen schenkte. Heute sehen wir beachtliche Befunde in der Identifizierung von Methylamin [LAIBLIN (12b)] als Nebenprodukt bei der Darstellung der Nicotinsäure mittels $KMnO_4$, und einer dampf-flüchtigen Base, „vielleicht Äthylamin", bei der Verwendung von HNO_3 [ANDERSON (13)], Bildung von Methylamin und Pyrrol bei der Kalkdestillation des Nicotins (12b). Schließlich verhielt sich Nicotin gegen Äthyljodid als ditertiäre Base [v. PLANTA und KEKULÉ (14)]. Von Bedeutung für die Unterschätzung der Wichtigkeit dieser Abbauprodukte, insbesondere des Methylamins, mögen die Angaben gewesen sein, daß Nicotin auch bei energischer Einwirkung von Salzsäure [ANDREONI (15)], ja sogar Jodwasserstoffsäure [PINNER (16a)] kein Methyl vom Stickstoff abspaltet. So gelangte ANDREONI (15) im Jahre 1879 zur Abänderung der ersten von ihm in Betracht gezogenen Nicotinformel (I) im Sinne seiner „mit Reserve" aufgestellten Formel (II). Den Collidinrest nahm ANDREONI mit Rücksicht auf das von VOHL und EULENBERG (17a) als Hauptbase des Tabakrauches angegebene Collidin an. WISCHNEGRADSKI (18) hat etwa gleichzeitig andere Formeln, (III) und dann (IV), in Betracht gezogen.

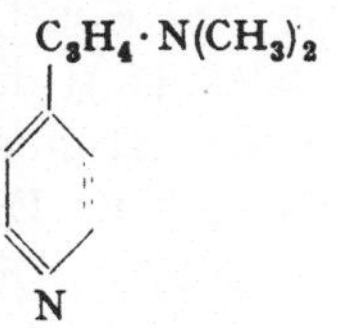

$C_3H_4 \cdot N(CH_3)_2$ (I) $\qquad$ $C_3H_6 \cdot N \langle {CH_2 \atop CH_2} \rangle$ (II)  $\qquad$ (III) $\qquad$ $C_2H_5 \cdot N{-}N$, $\cdot C_3H_5$ (IV)

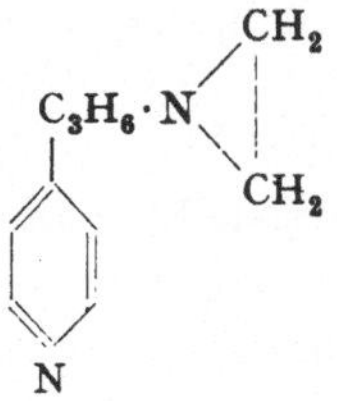

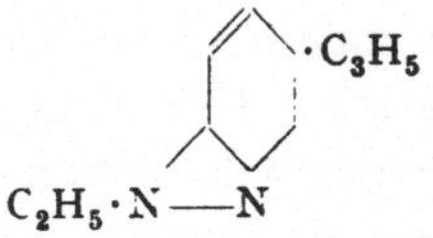

Daß im Nicotin ein partiell hydriertes Dipyridyl vorliegt, bildete die wegleitende Hypothese bei den Arbeiten, welche CAHOURS und ÉTARD (*19 a*) um das Jahr 1880 anstellten, um ihre Anschauung zu beweisen. Sie konnten dabei mittels alkalischer Kaliumferricyanidlösung das Nicotin dehydrieren, wobei 4 H-Atome eliminiert wurden und eine flüssige, optisch inaktive Base $C_{10}H_{10}N_2$ („Isodipyridin") entstand. Bei der thermischen Zersetzung des Nicotins trat nach der Auffassung der genannten französischen Autoren neben Pyridin vorwiegend ein Collidin auf, das zu Nicotinsäure oxydiert wurde und daher als eines der sechs möglichen Propyl- bzw. Isopropyl-pyridine betrachtet wurde (*19a*). BEILSTEIN gab in der zweiten Auflage seines Handbuches (im Jahre 1889) die Formel (V) an, die von PICTET (*20*) in (VI) abgeändert wurde; schließlich diskutierten PINNER und WOLFFENSTEIN (*21a*) die Struktur (VII).

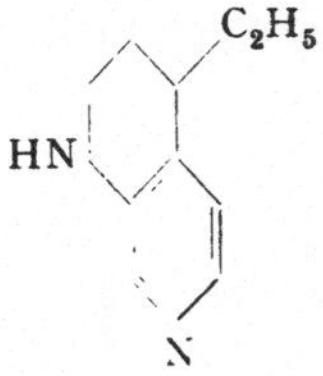

(V) 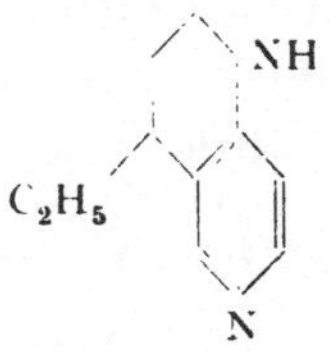 $\qquad$ (VI) 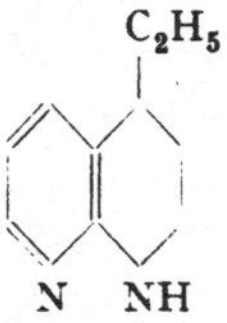 $\qquad$ (VII)

Eine wichtige Grundlage für die Konstitutionsermittlung des Nicotins bedeutete die, von PICTET (*22a*) später irrtümlich auf HOOGEWERFF und VAN DORP zurückgeführte, in Wirklichkeit von SKRAUP und COBENZL (*23*) stammende Ermittlung der β-Stellung der Carboxylgruppe der Nicotinsäure, mit welcher gezeigt wurde, daß die Verknüpfung des Pyridinkernes des Nicotins mit dem zweiten Rest durch ein β-Kohlenstoffatom vermittelt wird.

Gegen die Auffassung des Nicotins als Dipyridyl-derivat trat BLAU (*24a, b*) auf, der auch die PINNER-WOLFFENSTEINsche Formulierung des Nicotins (VII) ablehnte. BLAU fand ferner eine gute Darstellung der Base $C_{10}H_{10}N_2$ durch Dehydrierung des Nicotins mittels Silberoxyds (*24c*), welche er, da sie kein „Isodipyridin" sein konnte, in Nicotyrin umbenannte.

Häufig wiedergegeben und daher recht bekannt sind die Arbeiten von PINNER. In Gemeinschaft mit WOLFFENSTEIN (*21*) hat dieser Autor zunächst ältere Arbeiten kritisch bewertet und versucht, durch das Studium einer neuen Klasse von Nicotinabkömmlingen, des Oxynicotins, des Pseudonicotinoxyds und des Dehydronicotins Einblick in das Konstitutionsproblem zu erhalten. Später hat PINNER [mit RÖWER (16)] die Bromderivate des Nicotins unter Richtigstellung älterer Angaben (HUBER, LAIBLIN, besonders CAHOURS und ÉTARD) charakterisiert und als Dibromdehydronicotin und Dibromdioxydehydronicotin aufgefaßt. Die erste der beiden Verbindungen erhielt die Bruttoformel $C_{10}H_8N_2Br_2$, später in $C_{10}H_{10}ON_2Br_2$ geändert, und wurde auch als Dibromcotinin bezeichnet; für die zweite Verbindung wurde der Name Dibromticonin und die Zusammensetzung $C_{10}H_8O_2N_2Br_2$ angenommen. Die Konstitution der beiden Bromderivate wurde aus der hydrolytischen Spaltung erschlossen. In alkalischer Lösung ergab das Dibromcotinin Methylamin, Oxalsäure und ein drittes Spaltprodukt, wahrscheinlich β-Pyridyl-methylketon, aus Dibromticonin wurde mittels Baryumhydroxyds Methylamin, Malonsäure und Nicotinsäure erhalten. Damit war der bündige experimentelle Beweis erbracht, daß das Nicotin *kein Dipyridylderivat* sein kann, da es eine *N-Methylgruppe* enthält. Beim Aneinanderfügen der Spaltprodukte gelangte PINNER zu folgenden Formeln für das Dibromcotinin (VIII) und Dibromticonin (IX). Daraus ergab sich für das Nicotin die Struktur (X) (16a, 25a). Den vom Oxynicotin abgeleiteten Verbindungen Nicotol (XI), Nicotal (XII), Nicoton (XIII) und Dehydronicotin (XIV) wurden gleichfalls Formeln zugeschrieben (25), doch scheint hier noch nicht überall das letzte Wort gesprochen zu sein.

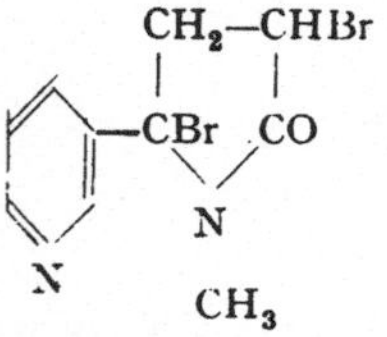

(VIII) 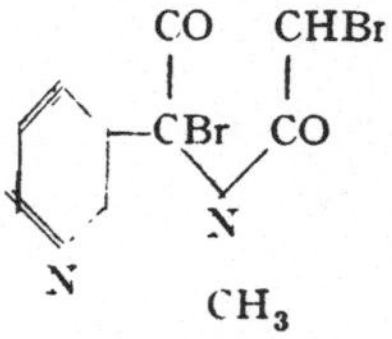   (IX) 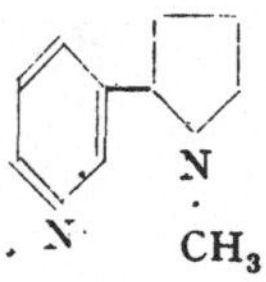   (X) 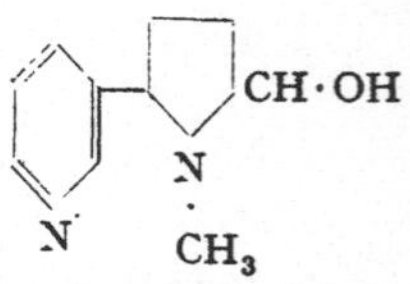   (XI)

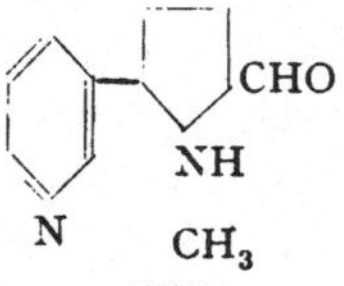

(XII) 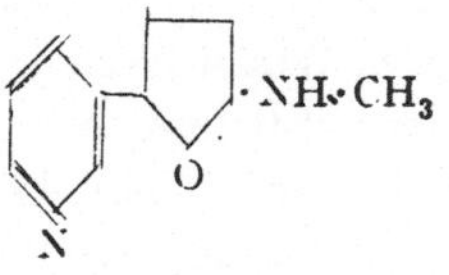   (XIII) 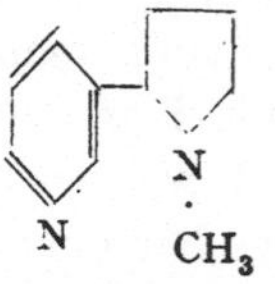   (XIV)

Unter den Argumenten, welche gegen die von PINNER. aufgestellte Formel des Nicotins (X) sprachen, war besonders die Benzoylierung des Alkaloids von Bedeutung. Sie tritt jedoch nicht unter den gewöhnlichen Bedingungen ein, sondern erst bei der Temperatur des siedenden Benzoylierungsgemisches. PINNER (25b, 26) konnte zeigen, daß dabei das Benzoylderivat einer neuen, vom Nicotin charakteristisch unterschiedenen Base, des m-Nicotins (XV) entsteht. Mit diesen Arbeiten gelang es ihm

schließlich, seine Nicotinformel (X) so weit zu stützen, daß die Zweifel
anderer Autoren, von denen BLAU (27) die Formeln (XVI) und (XVII)
diskutierte, während ÉTARD (28) sich auf die Verteidigung von (VII)
konzentrierte. allmählich verstummten. Die Frage des Vorhandenseins
einer N-Methylgruppe im Nicotin wurde neuerlich von HERZIG und
MEYER (29) mit Hilfe ihrer bekannten analytischen Methode, ferner von
BLAU (27) bejaht. Trotz mancher Schärfe in der Polemik hat aber PINNER
nicht behauptet, einen strengen Beweis für die Formel (X) des Nicotins
beigebracht zu haben; in einer zusammenfassenden Mitteilung (25b) verwendet er die Wortfolge: „fast mit Sicherheit als (X) anzusprechen".

Der Schwerpunkt der Bearbeitung des Nicotins und seiner Konstitution ging nun auf *synthetische Arbeiten* über. Zunächst traten PICTET
und CRÉPIEUX (30) mit zwei Arbeiten hervor: Bei der trockenen Destillation des schleimsauren 3-Aminopyridins erhielten sie das 1-_Pyridyl-
(3)_-pyrrol (XVIII), welches sie thermisch, beim Durchleiten durch ein
glühendes Rohr, in 2-[Pyridyl-(3)]-pyrrol (XIX) umlagerten. Einen
Konstitutionsbeweis für diese Verbindung, für die sie den Schmelzpunkt
72° fanden, konnten sie nicht erbringen. Sie begnügten sich damit, aus
Analogie zur Umlagerung des N-Acetylpyrrols zum 2-Acetylpyrrol anzunehmen, daß die Verknüpfung des Pyridylrestes in der Stelle 2 des
Pyrrolringsystems erfolge.

Dieser Befund von PICTET und CRÉPIEUX hat in mancher Hinsicht
Korrekturen erfahren: Den Schmelzpunkt des 2-_Pyridyl-(3)_-pyrrols
(Nornicotyrins) fand EHRENSTEIN (31a), der es durch Dehydrierung von
Nornicotin mittels Palladiums erhalten hatte, bei 100—102 ; er betrachtete die Abweichung von dem Befunde von PICTET und CRÉPIEUX
als ungeklärt, wies aber darauf hin, daß WIBAUT und DINGEMANSE (32a)
bei der analogen Umlagerung des 1-_Pyridyl-(2)_-pyrrols (XLIV, S. 260)
neben dem 2-[Pyridyl-(2)]-pyrrol (XLIII) auch das zweite mögliche Produkt, nämlich das 3-[Pyridyl-(2)]-pyrrol (XLV) beobachtet hatten. Vor
kurzem erschienen nun gleichzeitig zwei Arbeiten unabhängig voneinander, in denen SPÄTH und KAINRATH (33a) sowie WIBAUT und

Gitsels (*32c*) festgestellt haben, daß bei der thermischen Umlagerung von (XVIII) neben dem Nornicotyrin (XIX) auch reichlich das Isomere (XX) gebildet wird. Dieses schmilzt bei 139—140° und konnte von Späth und Kainrath zu Nicotinsäure oxydiert werden. Der niedrige Schmelzpunkt des sogenannten Nornicotyrins von Pictet und Crépieux ist also auf die Anwesenheit dieser zwei Isomeren im Rohprodukt der Umlagerung zurückzuführen. Wibaut und Gitsels (*32c*) teilen mit, daß auch das dritte N-Pyridylpyrrol bei der Umlagerung ein Gemisch zweier Basen liefert.

Die nächste Stufe der Nicotinsynthese von Pictet und Crépieux betraf die Methylierung ihrer als (XIX) betrachteten Base. Als Pyrrolderivat lieferte sie eine kristallinische Kaliumverbindung, die mit überschüssigem Methyljodid umgesetzt werden konnte. Neben der Methylierung des Pyrrol-stickstoffs trat dabei Addition von Methyljodid an den basischen Kern ein, so daß die Verbindung (XXI) entstand. Ihre Konstitution stellten Pictet und Crépieux dadurch sicher, daß sie mit dem Jodmethylat (XXI) des *Nicotyrins* („Isodipyridins") identisch war. Für die Fortführung der Nicotinsynthese war nun die Abspaltung von Methyljodid notwendig, um zum Nicotyrin (XXII) zu gelangen; diese Reaktion führten Pictet und Rotschy (*34a*) durch Destillation des Jodmethylats mit gebranntem Kalk durch. Die direkte Methylierung des Nornicotyrinkaliums zum Nicotyrin ist kürzlich Wibaut und Gitsels (*32c*) gelungen.

(XXI)   (XXII)   (XXIII)

Weitere Schwierigkeiten bot die *Reduktion des Nicotyrins* zum Nicotin, da für den angestrebten Zweck wohl der N-Methylpyrrolkern reduziert werden sollte, nicht aber auch der Pyridinring angegriffen werden durfte. Keines der von Pictet und Crépieux (*30b*) versuchten direkten Verfahren führte damals zum Ziele. Dagegen ließ sich die partielle Reduktion auf Umwegen erreichen: Bei der Einwirkung von Jod und Lauge auf Nicotyrin trat ein Atom Jod substituierend in den Pyrrolring ein, nach Pictet gemäß der Formulierung (XXIII). Dieses Monojodnicotyrin ließ sich nun mit Zink und Salzsäure zu einem halogenfreien Dihydronicotyrin reduzieren, welchem Pictet und Crépieux zunächst die Formel (XXIV) zuschrieben, die Pictet (*22a*) später in (XXV) abänderte. Doch haben Späth, Wibaut und Kesztler (*35*) in jüngster Zeit zeigen können, daß dem Pictetschen Dihydronicotyrin nicht die zuletzt von Pictet gewählte Struktur (XXV) zukommt, sondern daß die ältere Formel (XXIV) richtig ist. Diese ungesättigte Base reagiert, wie

PICTET (*34c*) weiter fand, mit Brom unter Bildung eines Perbromids des Brom-dihydronicotyrins (XXVI), das durch die Einwirkung von Zinn und Salzsäure nicht nur entbromt, sondern auch zum Tetrahydronicotyrin reduziert wird.

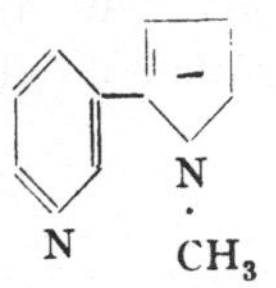

$$(XXIV) \qquad (XXV) \qquad (XXVI)$$

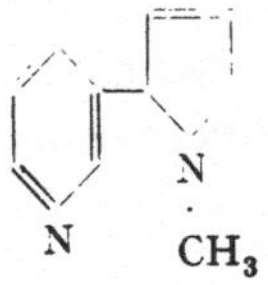

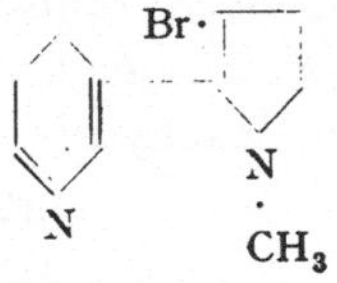

Wenn die angenommenen Formeln den tatsächlichen Verhältnissen entsprachen, mußte das Tetrahydronicotyrin mit raz. Nicotin (X, S. 252) identisch sein. Den Beweis führte PICTET in doppelter Weise: Natürliches Nicotin konnte er mit ROTSCHY (*34b*) durch Erhitzen der wäßrigen Lösung des Sulfats auf 200° razemisieren und später durch direkten Vergleich mit dem synthetischen Tetrahydronicotyrin identifizieren (*34a*). Anderseits ließ sich diese Verbindung in wäßriger Lösung mittels d-Weinsäure in die beiden optisch aktiven Formen spalten, von denen die Linksbase in jeder Hinsicht mit dem natürlichen Nicotin übereinstimmte (*34a*).

Diese Synthese ist durch die ziemlich große Zahl der isolierten Zwischenprodukte mühsam; sie hat späterhin eine Reihe von Vereinfachungen erfahren. Zunächst konnten WIBAUT und HACKMANN (*36a*) Nicotyrin (XXII) durch Zinkstaub und konzentrierte Salzsäure direkt und mit guter Ausbeute zu Dihydronicotyrin (XXIV) reduzieren, daneben trat in einer Menge von 12% raz. Nicotin auf. Dieses verdankt vielleicht seine Entstehung einer Disproportionierung des Dihydronicotyrins, da diese Base leicht, z. B. unter dem Einfluß von Platin in Eisessiglösung, zu einem Gemisch von Nicotyrin und raz. Nicotin disproportioniert wird (*36a*). Dann haben SPÄTH und KUFFNER (*33b*) die Versuche wieder aufgenommen, die selektive Hydrierung des Nicotyrins zum Nicotin zu verwirklichen. Bei Verwendung von Palladium-Tierkohle ließ sich tatsächlich mit 25% Ausbeute die Hydrierung des Pyrrolringes erreichen, ohne daß der Pyridinkern angegriffen wurde, so daß das Nicotyrin (XXII) direkt in raz. Nicotin (X) übergeführt werden konnte. Bei der Trennung des als Ausgangsmaterial dienenden Nicotyrins vom Nicotin leistete die fraktionierte Ausschüttelung der ätherischen Lösung der Basen mit unzureichenden Mengen Salzsäure, welche mit NaCl gesättigt war, um die lösende Wirkung des Wassers zu beschränken, gute Dienste — ein Verfahren, das später noch ausgedehnte Verwendung in der Chemie der Tabak-Nebenbasen fand. Diese Hydrierung ist deshalb bemerkenswert, weil OVERHOFF und WIBAUT (*36c*) festgestellt hatten, daß bei Verwendung von Platinoxyd Nicotin wie auch Nicotyrin in Octahydronicotin (XXVII) übergeht, in welchem also der Pyridinring aushydriert, der Fünferring aber sogar

hydrierend aufgespalten ist. Harlan und Hixon (*37a*) haben neben dieser
Verbindung, welche auch als Abkömmling des m-Nicotins (XV, S. 253)
aufzufassen ist, noch Hexahydronicotin (XXVIII) isolieren können. Von
Windus und Marvel (*37b*) stammt die interessante Beobachtung, daß
diese Base noch optische Aktivität besitzt (vgl. *24b*), daß aber das
Octahydronicotin inaktiv auftritt. Auch Natrium und Alkohol reduzieren
Nicotin zu Hexahydro- und Octahydronicotin.

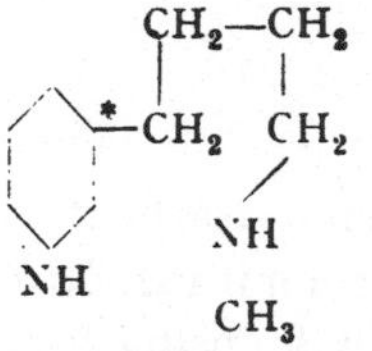

$$\text{(XXVII)} \qquad\qquad \text{(XXVIII)}$$

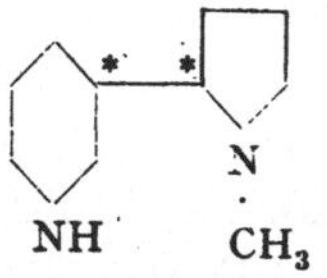

Weitere *Vereinfachungen der* Pictet*schen Nicotinsynthese* haben
Späth und Kainrath (*33a*) vorgenommen. Sie gewannen zunächst
durch partielle Hydrierung des Nornicotyrins (XIX) raz. Nornicotin
(XXIX); diese Base konnte, wie schon Späth, Hicks und Zajic (*38a*)
an der d-Form beobachtet haben, glatt mittels Formaldehyd und Ameisensäure [Eschweiler (*39*), Hess, Merck und Uibrig (*39*)] zu raz. Nicotin (X)
methyliert werden. Damit ist in nur zwei Reaktionsstufen der Übergang
vom Nornicotyrin zum Nicotin verwirklicht:

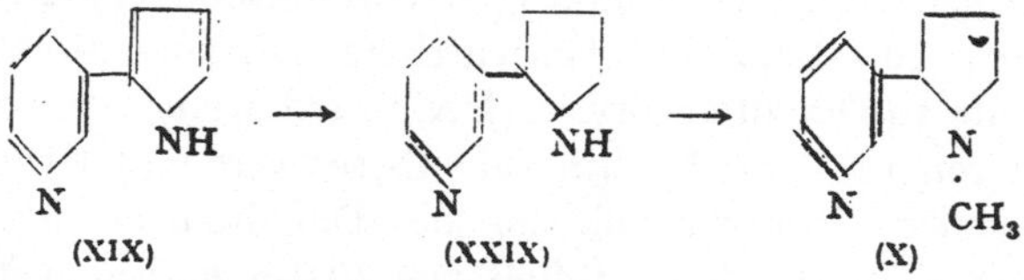

$$\text{(XIX)} \longrightarrow \text{(XXIX)} \longrightarrow \text{(X)}$$

Vergleicht man damit die untenstehende Reaktionsfolge, zu welcher
sich Pictet und seine Mitarbeiter bei ihrer Synthese des Nicotins ge-
zwungen sahen, so fällt die Vereinfachung durch die Synthese von Späth
und Kainrath (*33a*) deutlich in die Augen:

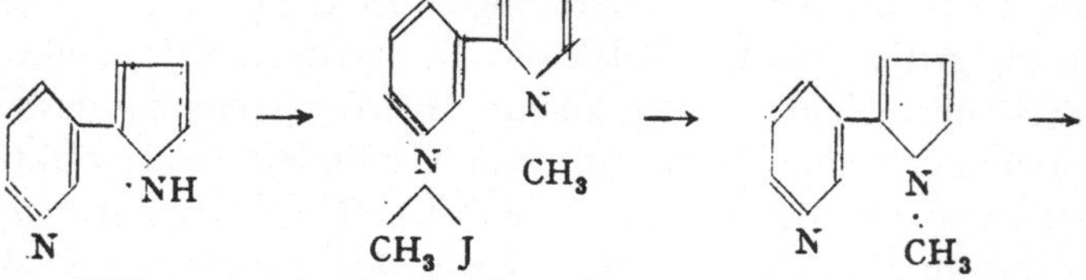

$$\text{(XIX)} \longrightarrow \text{(XXI)} \longrightarrow \text{(XXII)} \longrightarrow$$

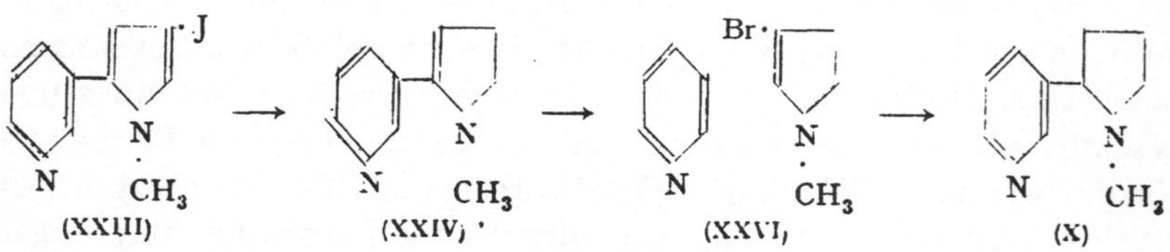

$$\text{(XXIII)} \longrightarrow \text{(XXIV)} \longrightarrow \text{(XXVI)} \longrightarrow \text{(X)}$$

Gleichfalls mit zwei Stufen kommen WIBAUT und GITSELS (*32c*) und WIBAUT und HACKMANN (*36a*) zum ,gleichen Ziele:

Den direkten Übergang von (XXII) in (X) haben auch SPÄTH und KUFFNER (*33b*) beschrieben.

PICTET hat seine Synthese als eine Ergänzung des Konstitutionsbeweises für das Nicotin aufgefaßt, der durch PINNER nicht voll überzeugend geführt werden konnte. Wenn man aber in Rechnung setzt, daß zwei Stufen der PICTETschen Synthese in Reaktionen bei hoher Temperatur bestehen, so verliert sie gerade in dieser Hinsicht an Beweiskraft. Und in der Tat haben später SPÄTH und KAINRATH (*33a*) sowie WIBAUT und GITSELS (*32c*) gezeigt, daß das von PICTET als Nornicotyrin betrachtete Produkt der thermischen Umlagerung des 1-[Pyridyl-(3)]-pyrrols ganz unrein, überhaupt nicht das einzige Produkt der Reaktion war, indem es von dem reichlich entstehenden Isomeren (XX) begleitet ist, so daß die angenommene Konstitution (XIX, S. 256) für das „synthetische Nornicotyrin" durch nichts bewiesen war.

Immerhin hat die PICTETsche Synthese dargetan, daß der zweite Ring des Nicotinmoleküls ein N-*Methylpyrrolidinring* ist. PICTET hat diesen synthetischen Beweis auch durch Abbau erhärten können: Er fand nämlich, daß bei der Oxydation des Nicotins mittels Silberoxyd zum Nicotyrin [nach BLAU (*24c*)] als Nebenprodukte drei Verbindungen auftreten, von denen die am niedrigsten siedende in allen Eigenschaften mit dem N-Methylpyrrolidin identisch ist (*40a*).

Eine andere, vom Nicotoylessigester und Äthylenbromid ausgehende Synthese des Nicotins hat PINNER (*41a*) geplant und in Angriff genommen, konnte sie aber nicht verwirklichen. Dagegen haben LÖFFLER und KOBER (*41b*) durch Ringschluß des N-Brom-dihydro-m-nicotins (XXX) eine Partialsynthese des Nicotins ausführen können, die freilich über die Spannweite des hydrierten Ringes im Nicotin nichts Entscheidendes aussagt. An sich interessant, aber anscheinend nie praktisch verwirklicht, ist eine technische Nicotinsynthese von AUZIES (*42*), deren experimentelle Durchführbarkeit prüfungsbedürftig ist.

Vom Standpunkt der Konstitutionsfrage ist die überzeugendste Nicotinsynthese von SPÄTH und BRETSCHNEIDER (*43*) ausgeführt worden. Diese Autoren methylierten Pyrrolidon, das durch Elektro-reduktion des Succinimids leicht zugänglich ist, in Form seiner Na-Verbindung mittels Dimethylsulfat und kondensierten das erhaltene N-Methylpyrrolidon mit

Nicotinsäureester zu dem Keton (XXXI), welches als β-Ketonsäure-abkömmling der „Ketonspaltung" unterworfen werden konnte und dabei in das Keton (XXXII) überging. Dieses Keton wurde durch Reduktion mittels Zink und alkoholischer Natriumäthylatlösung, besser durch katalytische Reduktion, in den entsprechenden Alkohol (XXXIII) übergeführt, der dann durch Erhitzen mit Jodwasserstoffsäure und Abspaltung von HJ durch Alkali-einwirkung raz. Nicotin (X) ergab.

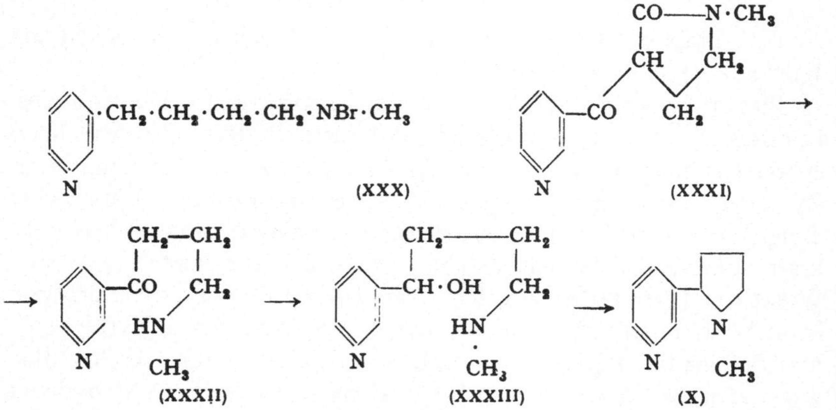

Die beschriebene Umwandlung des Ketons (XXXII) in raz. Nicotin (X) haben Späth, Wibaut und Kesztler (35) vereinfachen können, da sie zeigten, daß dieses Keton leicht unter Ringschluß in Dihydronicotyrin (XXIV, S. 256) übergeht, das sich katalytisch zu Nicotin hydrieren läßt.

Eine weitere Synthese des Nicotins stammt von Craig (44a): Nicotin-säurenitril wurde mit der Grignard-Verbindung des γ-Brompropyl-äthyläthers zum Keton (XXXIV) umgesetzt, dessen Oxim bei der Behandlung mit Zinkstaub und alkoholischer Essigsäure in das 1-[Pyridyl-(3)]-1-amino-4-äthoxy-butan (XXXV) überging. Durch Behandlung mit siedender Bromwasserstoffsäure erhielt Craig daraus raz. Nornicotin (XXIX, S. 256), das er mit Methyljodid in Methanol zu raz. Nicotin (X) methylierte.

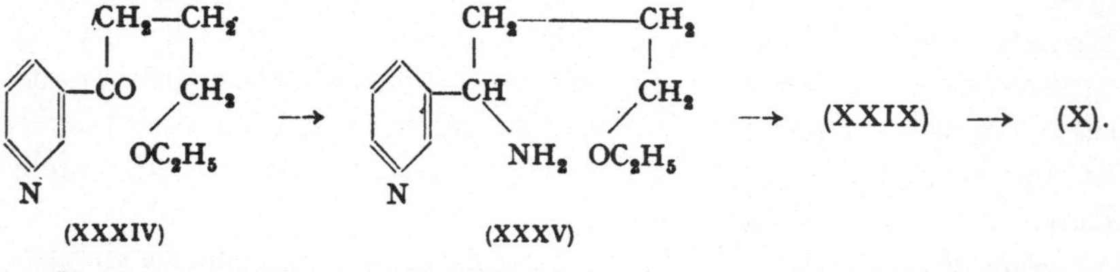

Karrer und Widmer (45a) haben auf präparativem Wege die Frage der *Konfiguration* des asymmetrischen Kohlenstoffatoms im Pyrrolidin-ring des Nicotins gelöst. Während die Oxydation des Nicotin-isojod-methylats, welche Pictet und Genequand (40b) untersuchten, Trigonellin (Nicotinsäure-methylbetain, XXXVI) lieferte, also unter Zerstörung des asymmetrischen Kernes vor sich ging, ließ sich das Isojodmethylat mittels Kaliumferricyanid in alkalischer Lösung zum N-Methylnicoton oxydieren. Für diese Verbindung kommen die beiden Strukturen (XXXVIII) oder (XXXVII) in Betracht; da sie für die vorliegende Frage gleichwertig sind, haben Karrer und Widmer keine Entscheidung darüber angestrebt, doch wurde später von Karrer und Takahashi (45c) gezeigt, daß (XXXVIII) die richtige Formel vorstellt.

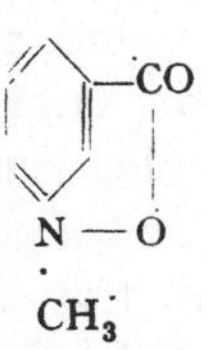

$$\text{(XXXVI)} \qquad \text{(XXXVII)} \qquad \text{(XXXVIII)} \qquad \text{(XXXIX)}$$

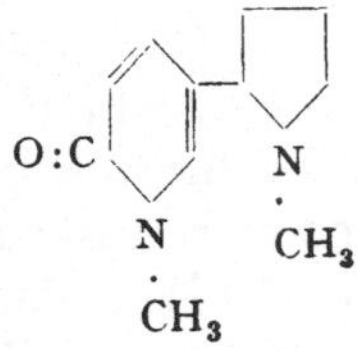

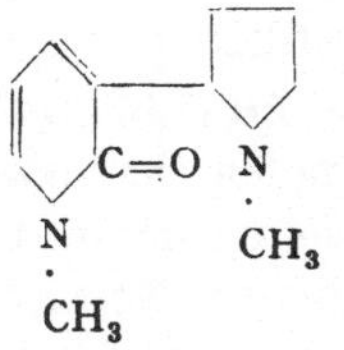

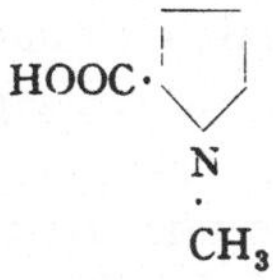

In dieser Verbindung ist der Pyridinkern so weit gegen Oxydation empfindlich, daß er durch Chromsäure aboxydiert wird, wobei optisch aktive Hygrinsäure (XXXIX) entsteht. Diese ließ sich zu optisch reinem l-Stachydrin methylieren, das seinerseits mit dem natürlichen l-Prolin sterisch verknüpft ist. Da l-Prolin schließlich wieder konfigurativ mit dem l-Ornithin übereinstimmt (45b), war gezeigt, daß die Hygrinsäure aus l-Nicotin die gleiche Konfiguration besitzt wie die natürlichen Aminosäuren. Daraus ergibt sich auch die Konfiguration des Nicotins.

Synthetische Isomere des Nicotins.

Die chemisch und insbesondere physiologisch interessanten *Isomeren des Nicotins* und verwandte Verbindungen sind in letzter Zeit von verschiedenen Autoren dargestellt und beschrieben worden. Verbindungen, in welchen nach Art des Nicotins ein [Pyridyl-(3)]-Rest in der Stellung 2 des Pyrrolidinringes angeordnet ist, werden wir mit Wibaut als der 3,2′-Reihe angehörig bezeichnen, wobei die erste, ungestrichene Zahl auf den Pyridinkern Bezug hat, die zweite, gestrichene, auf den Pyrrolring. In dieser Weise ergibt sich eine einfache Nomenklatur der Isomeren.

Als Nebenprodukt bei der thermischen Umlagerung des 1-[Pyridyl-(3)]-pyrrols (XVIII) erhielten Späth und Kainrath (33a) sowie Wibaut und Gitsels (32c) das 3,3′-Nornicotyrin (XX). Späth und Kainrath haben es zum 3,3′-Pyridyl-pyrrolidin (XL) hydriert. Methylierung nach Eschweiler-Hess (39) lieferte das 3,3′-Nicotin (XLI). Zu dem 3,3′-Nicotyrin (XLII) gelangten Wibaut und Gitsels (32c) durch vorsichtige Umsetzung der K-Verbindung des 3,3′-Nornicotyrins (XX) mit Methyljodid. Für die Konstitution der Base (XL) ist entscheidend, daß sie sich als zweisäurige Base verhält, daß also die Hydrierung im Pyrrolring eingetreten ist; denn die echten Pyrrole vom Typus des Nornicotyrins sind einsäurig und bilden daher z. B. nur Monopikrate.

N   NH   N   N   N   N
                    CH₃   CH₃
(XL)   (XLI)   (XLII)

Durch trockene Destillation des schleimsauren 2-Aminopyridins erhielten Wibaut und Dingemanse (*32a*) das 1-[Pyridyl-(2)]-pyrrol (XLIV), welches sie unter geeigneten Bedingungen der thermischen Umlagerung unterwarfen. Dabei erhielten sie mit etwa 50-proz. Ausbeute eine bei 90° schmelzende Base, das 2,2'-Nornicotyrin (XLIII), daneben trat in wechselnder Menge ein bei 132° schmelzendes Isomeres (XLV) auf (*46a*). Durch das Schwanken der Ausbeute erklärt es sich vielleicht, daß Tschitschibabin und Bylinkin (*47*) das höherschmelzende 2,3'-Nornicotyrin (XLV) gar nicht beobachtet haben, sondern bei ähnlichen Versuchen nur von der Base (XLIII) sprechen. Zur Trennung der beiden Isomeren bewährte sich die Wasserdampfdestillation, da nach Wibaut und Dingemanse nur das niedrigschmelzende Isomere übergeht. Die Kon-

N   NH   ←   N   →   N
                                          NH
(XLIII)   (XLIV)   (XLV)

stitution der beiden Basen folgte zunächst aus ihrer Bildungsweise und Bruttoformel. Beide ließen sich zu Picolinsäure oxydieren. Die weitere Entscheidung zwischen den beiden isomeren Strukturen ergab sich durch eine eindeutige Synthese der Base (XLIII): Wibaut (*48a*) kondensierte Picolylessigester (XLVI) mit Chloracetaldehyd und Ammoniak nach einer auf Hantzsch zurückgehenden Methode zur Darstellung von Pyrrolen und gelangte so zum 2-[Pyridyl-(2)]-pyrrol-3-carbonsäureester (XLVII), der durch Verseifung und Decarboxylierung in eine Base überging, der nur die Struktur (XLIII) zukommen konnte. Sie erwies sich mit dem bei 90° schmelzenden Hauptprodukt der thermischen Umlagerung des 1-[Pyridyl-(2)]-pyrrols (XLIV) identisch. Für das höherschmelzende Isomere verblieb also Formel (XLV). Beide Basen wurden in Form der K-Verbindungen mit Methyljodid methyliert; sowohl Wibaut und Dingemanse (*32a*) als auch Tschitschibabin und Bylinkin (*47*) gelangten dabei im Falle der Verbindung (XLIII) recht glatt zu dem 2,2'-Nicotyrin (XLVIII). Dagegen fanden Wibaut und Coppens

(*32b*), daß das Isomere (XLV) gleichzeitig zum Teil am Pyridinkern Methyljodid anlagert.

COOR CH₂—CO N (XLVI) → COOR N NH (XLVII) N N CH₃ (XLVIII)

WIBAUT und OVERHOFF (*36b*) stellten das Nicotyrin (XXII) aus Nicotin dar, indem sie dieses Alkaloid unter Messung des abgespalteten Wasserstoffs über Platinasbest bei 300° dehydrierten. WIBAUT und HACKMANN (*36a*) konnten zeigen, daß Nicotyrin direkt reduziert wird, wenn man es mit Zinkstaub und konzentrierter Salzsäure behandelt; dabei entsteht, wie oben erwähnt, Dihydronicotyrin und daneben raz. Nicotin. WIBAUT und ÓOSTERHUIS (*48b*) übertrugen diese Erfahrungen auf das 2,2′-Nicotyrin (XLVIII) und fanden, daß dieses vorwiegend zum 2,2′-Nicotin (IL) reduziert wird; dagegen ließ sich unter diesen Bedingungen das 2,2′-Nornicotyrin (XLIII) nicht zum 2,2′-Nornicotin (L) reduzieren.

Eine Synthese des 2,2′-Nornicotins und des 2,2′-Nicotins hat auch CRAIG (*44b*) angegeben. Sie lehnt sich eng an die von dem gleichen Autor (*44a*) stammende Synthese des 3,2′-Nornicotins an: Die dem Amin (XXXV) entsprechende Base (LI) hat CRAIG einerseits in 2,2′-Nornicotin (L) umgewandelt, indem er die Verseifung der Äthergruppierung herbeiführte, so daß der Ringschluß zwischen Hydroxyl- und Aminogruppe eintrat; anderseits wurde das p-Toluolsulfosäurederivat der Verbindung (LI) methyliert und durch Verseifung in 2,2′-Nicotin (IL, α-Nicotin) umgewandelt.

C-Methylderivate des 2,2′-Nornicotyrins vom Typus (LII) haben OCHIAI, TSUDA und IKUMA (*49*) dargestellt; diese Autoren stellten fest, daß die partielle katalytische Hydrierung ihrer Basen mittels Platinoxyds in Eisessig zunächst den Pyridinring angreift, so daß sie nicht zu nicotinartigen Verbindungen gelangt sind.

N N CH₃ (IL) N NH (L) CH₂——CH₂ CH CH₂ NH₂ OC₂H₅ (LI) N NH·CH₃ (LII)

Nebenalkaloide des Tabaks (Isolierung, Konstitution).

Das Nicotin ist nicht das einzige Alkaloid des Tabaks, wenn es auch normalerweise mengenmäßig sehr stark vorwiegt. PICTET gab z. B. an, daß etwa 2—3% des von ihm (*22a*) verarbeiteten Rohalkaloids an *Neben-basen* anfielen; von Ehrenstein (*31c*) wird die Menge der Nebenalkaloide auf 2—5% geschätzt. Nach Hatt (*51*) ist übrigens das Verhältnis zwischen Nicotin und Nebenalkaloiden nicht für alle Tabaksorten gleich, Kentucky soll weniger an sogenanntem „Nicotein" enthalten als Tabak aus dem Departement Pas-de-Calais. Es ist interessant, daß die später zu besprechenden natürlich-nicotinfreien Tabake von P. Koenig unter Umständen einen beträchtlichen Gehalt an Nornicotin führen können (*52c*). Da aber dieses nur wenig in den Tabakrauch übergeht (*53a*), ist der angestrebte Zweck, einen Tabak zu schaffen, der die schädliche Wirkung des Nicotins nicht aufweist, dennoch praktisch leicht zu erreichen. Bei richtiger Behandlung des natürlich-nicotinfreien Tabaks läßt sich übrigens auch der Gehalt an Nornicotin sehr niedrig halten (*52d*).

Cahours und Étard (*19b*) haben bei der Destillation des Nicotins zum Zwecke seiner Reinigung einen höhersiedenden Anteil beobachtet, der mit Wasser nicht mischbar war; da er also kein Nicotin mehr vorstellen konnte, faßten sie im Jahre 1880 diese Produkte als Nebenalkaloide des Tabaks auf.

Gautier und Le Bon (*54*) isolierten aus Tabak und Tabakrauch eine Reihe von festen und flüssigen Stoffen, die als Nebenalkaloide der Formeln $C_{11}H_{16}N_2$, C_7H_9N, C_6H_9N und C_6H_9ON aufgefaßt wurden. Für die Konstitution der einfacheren davon zogen sie Pyridinhomologe und hydrierte Pyridinabkömmlinge in Betracht. Auch schwerer flüchtige Produkte wurden dabei beobachtet. Eine nähere Charakterisierung dieser sicher nicht einheitlichen Basen, deren Giftigkeit hervorgehoben wurde, hat Gautier wohl angekündigt, aber nicht veröffentlicht.

Es klingt nach den mitgeteilten Ergebnissen der älteren Autoren sonderbar, wenn 10 Jahre später Pictet und Rotschy (*50a*) mitteilen, daß der Tabak zu den wenigen Pflanzen gehöre, in denen bisher nur ein einziges Alkaloid, Nicotin, aufgefunden worden ist, und wenn sie dann fortfahren, daß es interessant sei, zu erforschen, ob daneben im Tabak noch andere, unbemerkte Alkaloide vorhanden sind. Immerhin wird man Pictet und Rotschy zugestehen müssen, daß sie die ersten waren, welche eine Isolierung und Charakterisierung der Nebenbasen auf Grund verläßlicherer Methoden versucht und eine Beschreibung der gewonnenen Basen veröffentlicht haben. Einige davon haben sich allerdings, wie hier vorausgeschickt sei, späterhin als Gemische erwiesen.

Als Ausgangsmaterial für ihre Untersuchung haben Pictet und Rotschy (*50a*) nicht Tabak verwendet, sondern einen wäßrigen, technischen Extrakt aus Tabak (Kentucky), der durch partielle Entnicotinisierung, z. B. für Zwecke der Kautabak-Herstellung, angefallen war. Die Autoren heben hervor, daß somit das Mengenverhältnis der Alkaloide gegenüber dem Pflanzenmaterial verschoben sein kann, da die Löslichkeit in Wasser dabei eine Rolle spielt. Zur Grobtrennung der Tabakbasen verwendeten sie die Wasserdampfdestillation und trennten aus den dampfflüchtigen Basen, welche somit vorwiegend Nicotin vorstellten, eine kleine Menge einer sekundären Base als Nitrosamin ab, die schließlich über ihr Benzoylderivat gereinigt wurde. Diese sekundäre Base, *Nicotimin* genannt, war mit m-Nicotin nicht identisch, besaß aber ebenso wie dieses und wie auch das Nicotin die Zusammensetzung $C_{10}H_{14}N_2$. Das Nicotimin beschrieben PICTET und ROTSCHY als eine mit Wasser mischbare Base von hervordringendem Geruch, deren wäßrige Lösung alkalisch reagiert. Ihr Pikrat schmolz bei 163°, auch das Benzoylderivat lieferte ein Pikrat; einige andere Salze des Nicotimins wurden durch ihre Zersetzungspunkte näher beschrieben. Für die Konstitution wurde die Formel (LIII) angenommen. Keiner der späteren Bearbeiter hat das Nicotimin wieder

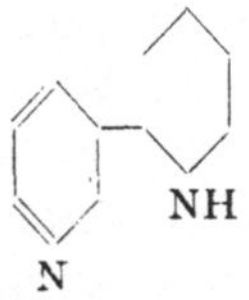

NH   N
N   N CH₃
(LIII) 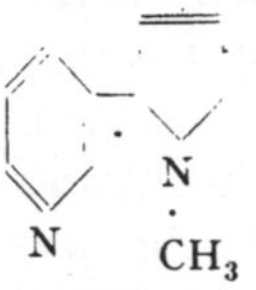   (LIV)

isoliert. Wenn VICKERY und PUCHER (55) eine Nebenbase des Nicotins, deren Pikrat sich bei 179,5—180,5° zersetzt, als Nicotimin ansprechen, so scheinen die Beweise für die Identität, zu denen nur noch die Stickstoffbestimmung des Dipikrats gehört, durchaus nicht ausreichend.

Unter den mit Wasserdampf nicht übergehenden Alkaloiden ist nach PICTET und ROTSCHY (*50a*) das *Nicotein* vorwaltend, das überhaupt das am reichlichsten vorhandene Nebenalkaloid vorstellen soll. Das Nicotein sott bei 266—267°, es hatte einen petersilienartigen, vom Nicotin deutlich verschiedenen Geruch und war mit Wasser mischbar. Nicotein wird als ungesättigte Base beschrieben und zeigte schwächere Linksdrehung als das Nicotin; im Gegensatz zu dem Verhalten des Nicotins, das in saurer Lösung Drehungsumkehr erfährt, drehten die Salze des Nicoteins nach links. Das Nicotein wird als zweisäurige, bitertiäre Base beschrieben, deren Pikrat bei 165° schmilzt. Die Bruttoformel des Nicoteins, welche NOGA (*56*) bestätigte, ist $C_{10}H_{12}N_2$; es liefert bei der Oxydation mit Salpetersäure Nicotinsäure. Obwohl die Reduktion zum Nicotin nicht gelang, schrieben PICTET und ROTSCHY (*50a*) dem Nicotein die Konstitution (LIV) zu, da es weder mit dem Dihydro-nicotyrin (XXIV, S. 256) noch mit PINNERS Dehydronicotin (XIV, S 252) identisch war.

PICTET (*22a*) fand später, daß das Nicotein mittels Silberoxyds nicht zu Nicotyrin oxydiert werden kann, sondern daß es dabei eine Umlagerung zum Dihydro-nicotyrin erleidet. Er nahm nun an, daß die Reduktion des Nicotyrins zum Dihydro-nicotyrin eine 1,4-Addition an das konjugierte System der Pyrrol-doppelbindungen vorstellt und daß die

Isomerisierung des Nicoteïns zum Dihydro-nicotyrin eine Verschiebung einer Doppelbindung vorstellt. Damit gab er dem Dihydronicotyrin die Konstitution (LIV), dem Nicotein die Struktur (XIV) (*22a*). Hierzu wäre zu bemerken, daß die Reduktion des Nicotyrins von PICTET und CRÉPIEUX (*30b*) gar nicht direkt, sondern über das Jodnicotyrin ausgeführt wurde; doch ist in neuerer Zeit die direkte Reduktion von WIBAUT und HACKMANN (*36a*) verwirklicht worden. Über die partielle Reduktion von Pyrrolen liegen nicht allzu viele Erfahrungen vor; erwähnt sei eine Arbeit von SONN (*57a*), der in *einem* Beispiel 1,2-Addition bewiesen hat. Dihydropyrrole dieser Art sind synthetisch nach verschiedenen Verfahren zugänglich, z. B. nach GABRIEL und COLMAN (*57b*), nach LUKEŠ (*57c*) oder nach CRAIG (*44c*). Die Konstitution des Dihydronicotyrins ist von SPÄTH, WIBAUT und KESZTLER (*35*) durch eine Synthese geklärt worden, welche bewies, daß das aus Jodnicotyrin nach PICTET und CRÉPIEUX oder aus Nicotyrin nach WIBAUT und HACKMANN dargestellte Dihydro-nicotyrin mit einer Verbindung der Struktur (XXIV) identisch ist. Die Reduktion ist also in diesem Falle eine 1,2-Addition von Wasserstoff und die neue Formulierung des Dihydronicotyrins von PICTET (*22a*) unzutreffend. Es ist vielmehr die ältere Annahme von PICTET und CRÉPIEUX (*30b*) hinsichtlich der Struktur dieser Base richtig gewesen.

Als höhersiedender Begleiter des Nicoteïns wurde von PICTET und ROTSCHY (*50a*) das knapp über 300° übergehende *Nicotellin* aufgefunden. Es ist kristallisiert und schmilzt bei 147—148°. Auch in seinen sonstigen Eigenschaften unterscheidet es sich wesentlich von den anderen Tabakbasen: es zeigt in wäßriger Lösung neutrale Reaktion gegen Lackmus, ist nicht dampf-flüchtig, bildet ein schwer lösliches Bichromat und gibt keine Pyrrolreaktionen. Gegen saure Permanganatlösung ist es beständig. Aus der Analyse schließen PICTET und ROTSCHY auf die Zusammensetzung $C_{10}H_8N_2$ und manche Reaktionen schienen darauf hinzuweisen, daß es eine vom Bauprinzip der anderen Tabakbasen abweichende Konstitution besitzt. PICTET und ROTSCHY zogen für das Nicotellin die Struktur eines Dipyridyls in Betracht. Von den möglichen isomeren Dipyridylen waren in jener Zeit schon vier bekannt und zweifellos vom Nicotellin verschieden. Da inzwischen auch die beiden letzten Isomeren dargestellt worden sind, stellte C. R. SMITH (*58a*) fest, daß dem Nicotellin nicht die Konstitution eines Dipyridyls zukommen kann. Die Eigenschaften und die Existenz des Nicotellins hat NOGA (*56*) bestätigt, der auch eine Molekulargewichtsbestimmung ausführte, welche mit der PICTETschen Bruttoformel vereinbar war.

In den niedrigsiedenden Anteilen der Tabakalkaloide fanden schließlich PICTET und COURT (*50b*) noch das *Pyrrolidin* (LV) und das N-*Methylpyrrolin* (LVI) auf, welche zu den einfachsten bekannten Alkaloiden gehören. N-Methylpyrrolin ist übrigens später auch in den Blättern der

Atropa belladonna (Solanaceae) gefunden worden (*59*). Auf Grund eines Modellversuches faßt PICTET das Pyrrolidin als Primärprodukt, nicht als ein Zersetzungsprodukt des Nicotins auf. Dieser Autor hat auch die Auffassung ausgesprochen (*22a*), daß die von ihm erhaltenen Alkaloide nicht die einzigen sein dürften, sondern daß in der gleichen oder in einer anderen Tabaksorte weitere Basen zu erwarten seien.

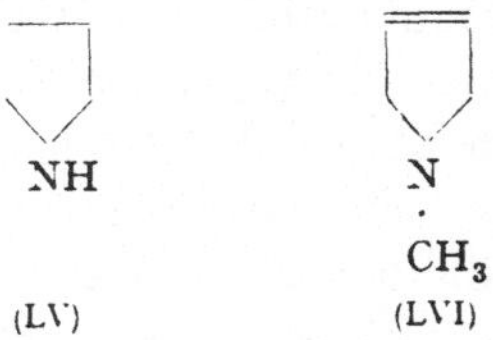

Einen Schritt nach dieser Richtung bedeutete eine Arbeit aus dem Jahre 1914 von NOGA (*56*), der bei der fraktionierten Destillation der mit Wasserdampf nicht flüchtigen Nebenalkaloide des Tabaks vier, als einheitlich betrachtete Stoffe erhielt. Davon waren zwei mit dem Nicotein, bzw. mit dem Nicotellin von PICTET identisch. Die beiden anderen, neuen Stoffe wurden von NOGA als *Nicotoin* und *Isonicotein* bezeichnet. Über ihre Eigenschaften berichtete NOGA ungefähr wie folgt: Das Isonicotein unterscheidet sich vom Nicotein durch den höheren Siedepunkt, die optische Inaktivität und die sehr geringe Löslichkeit in Wasser. Es bildete eine ölige Flüssigkeit mit starkem Geruch, der sich von dem der anderen Tabakalkaloide deutlich unterscheidet. Es ließ sich zu Nicotinsäure oxydieren und besaß die Formel $C_{10}H_{12}N_2$, die von PICTET auch dem Nicotein zugeschrieben wurde. In seiner knappen Darstellungsweise berichtete NOGA nur, daß sein Isonicotein mit Salzsäure, Schwefelsäure, Quecksilberchlorid, Pikrinsäure, Goldchlorid und Platinchlorid zum Teil gut kristallisierende Salze sowie mit Methyljodid ein Jodmethylat liefert. Schmelzpunkte sind nicht angegeben. Auf Grund der Bruttoformel und der optischen Inaktivität gab NOGA seinem Isonicotein die Konstitution (XXIV, S. 255). Da aber diese Konstitution mit Sicherheit dem Dihydronicotyrin zukommt [SPÄTH, WIBAUT und KESZTLER (*35*)], das wesentlich andere Eigenschaften besitzt, muß diese Annahme NOGAS heute abgelehnt werden. Über die wahrscheinliche Identität des Isonicoteins mit einem exakt identifizierten Tabakalkaloid siehe S. 271.

Die zweite neue Tabakbase NOGAS (*56*), das Nicotoin, siedet niedrig, bei 208°, der Geruch ist intensiv, pyridinartig, aber nicht gerade unangenehm. Die Zusammensetzung des Nicotoins entspricht, wie NOGA angibt, der Formel $C_8H_{11}N$, es ist in Wasser und den meisten organischen Lösungsmitteln leicht löslich und gibt mit Salzsäure, Schwefelsäure, Pikrinsäure, Quecksilberchlorid und Platinchlorid zum Teil gut kristallisierte Salze von bestimmten Schmelzpunkten, die leider nicht mitgeteilt wurden. Die Konstitution des Nicotoins ist nicht ermittelt worden. Es erscheint uns auffällig, daß ein so einfach gebautes Alkaloid in dem mit Wasserdampf nicht übergehenden Teil des Basengemisches auftreten sollte.

Bei der Überprüfung der Ergebnisse Pictets über die Nebenalkaloide des Nicotins haben sich bemerkenswerte Befunde ergeben. Zuerst hat Ehrenstein (*31*) im Jahre 1932 einen technischen Tabakextrakt (Kentucky) untersucht und ein neben Nicotin in der Hauptmenge vorliegendes, bei 269—270° siedendes Produkt erhalten, das also dem Nicotein Pictets entsprach. Eine orientierende Methylimidbestimmung zeigte das Fehlen dieser Gruppierung an, womit die Pictetschen Angaben und Schlüsse über das Nicotein (LIV) in keiner Weise zu vereinbaren waren. Durch fraktionierte Fällung der Pikrate konnte Ehrenstein aus dem „Nicotein" zwei Alkaloide abscheiden. Pictets einheitliches Alkaloid „Nicotein" existiert also nicht. Der eine Bestandteil der Nicoteinfraktion wurde von Ehrenstein als *Nornicotin* (XXIX, S. 256) aufgefaßt, dem zweiten schrieb er die Konstitution des *l-2-[Pyridyl-(3)]-piperidins* (LIII) zu. Das Nornicotin beschrieb Ehrenstein (*31 a*) als eine bei 134—135° und bei 14 mm siedende Flüssigkeit, $[\alpha]_D = -17,70°$, deren Salze Rechtsdrehung aufwiesen. Der Konstitutionsbeweis folgte aus der Bruttoformel, Oxydation zur Nicotinsäure, der negativen Methylimidbestimmung und der Methylierung, welche als Endprodukt das l-Nicotindijodmethylat ergab. Katalytische Dehydrierung führte zum Nornicotyrin (XIX, S. 257), das auf diesem Wege zum erstenmal rein gewonnen worden ist.

Die zweite Komponente des Pictetschen Nicoteins besaß nach Ehrenstein den Siedepunkt 155° bei 19 mm, $[\alpha]_D = -72,59°$. Ihre Zusammensetzung hat der genannte Autor mit $C_{10}H_{14}N_2$ angegeben, also entsprechend einem Isomeren des Nicotins; die Base enthielt keine N-Methylgruppe und entfärbte, im Gegensatz zum Nicotin, schwefelsaure Permanganatlösung sofort. Vom Nornicotin unterschied sie sich dadurch, daß nicht nur die freie Base, sondern auch die Salze Linksdrehung aufwiesen; die Oxydation des neuen Alkaloids ergab Nicotinsäure. Nach allen diesen Befunden diskutierte Ehrenstein (*31 a, c*) verschiedene Möglichkeiten für die Konstitution seiner neuen Tabakbase, und zwar solche, bei denen neben dem Pyridinring auch ein Pyrrolidinring vorhanden war, wie auch solche, in denen der zweite Ring als Piperidinring vorlag. Beispiele für die erste Möglichkeit sind die Formeln (LVII) und (LVIII), für den zweiten Fall ist (LIII) ein Beispiel. Verbindungen des Typs (LVII) stehen den bald nachher von Ochiai, Tsuda und Ikuma (*49*) bearbeiteten Basen, wie (LII, S. 261), nahe.

Eine wichtige Rolle für die Beurteilung der Konstitution der Ehrensteinschen Base spielte die Dehydrierung des Naturstoffs mittels Platinasbestes, die zu einer Base $C_{10}H_8N_2$ führte, welche sich als 2,3'-Dipyridyl (LIX) erwies. Ehrenstein sah sich dadurch veranlaßt, seinem neuen Alkaloid $C_{10}H_{14}N_2$ die Konstitution des l-2-[Pyridyl-(3)]-piperidins (LIII) zuzuschreiben.

Diese Konstitutionsformel war aber von PICTET und ROTSCHY (*50a*) einer von ihnen beschriebenen Tabakbase, dem Nicotimin, zuerteilt worden, das in seinen Eigenschaften von dem Alkaloid EHRENSTEINS so weit abweicht, daß eine Identität der beiden Verbindungen nicht angenommen werden kann. Dieselbe Struktur haben aber auch ORECHOFF und MENSCHIKOFF (*60a, b*) für ein von ihnen in der Chenopodiacee *Anabasis aphylla* L. entdecktes Alkaloid, das sie *l-Anabasin* nannten, aufgestellt. Schließlich war noch für ein synthetisches Produkt, das von C. R. SMITH (*58a*) dargestellte „Neonicotin", die gleiche Konstitution be-

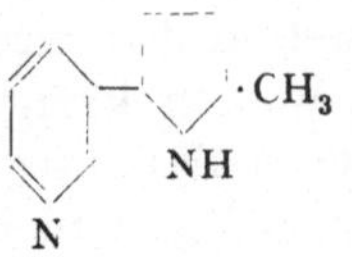

$$\text{(LVII)} \qquad \text{(LVIII)} \qquad \text{(LIX)}$$

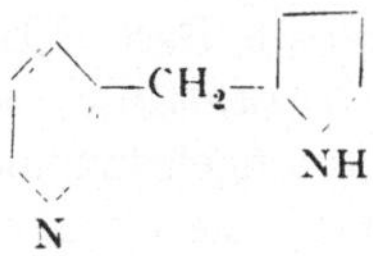

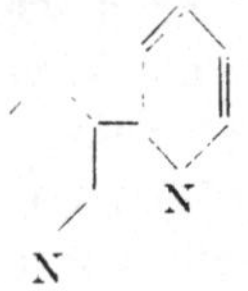

wiesen worden. Das Neonicotin zeigte ähnliche Eigenschaften wie das Anabasin, war aber seiner Herkunft entsprechend optisch inaktiv. Die erste Beschreibung, welche ORECHOFF (*60a*) vom Anabasin gab, bezeichnete diese Base als ein mit Wasser mischbares Öl, das mit Wasserdampf schwer flüchtig ist. Die damals angegebene Bruttoformel wurde bald (*60b*) auf $C_{10}H_{14}N_2$ richtiggestellt und die Konstitution der somit dem Nicotin isomeren sekundären Base durch die Dehydrierung mittels Silberacetats, welche zum 2,3'-Dipyridyl (LIX) führte, festgestellt. Dieses Ergebnis sicherte für das Anabasin die Konstitution (LIII, S. 263).

Von den Nebenalkaloiden des Anabasins in *Anabasis aphylla* ist das *Lupinin* bemerkenswert, das bekanntlich in' verschiedenen Papilionaten vorkommt, ferner das *Aphyllin* und *Aphyllidin*, die gleichfalls zu den Papilionatenbasen in Beziehung stehen. Dagegen haben ORECHOFF und NORKINA (*61a*) die Behauptung von SMITH (*58b*) abgelehnt, daß auch N-Methylanabasin in der *Anabasis aphylla* enthalten ist. Tatsächlich hat SMITH (*62a*) später in dieser Pflanze kein N-Methylanabasin wiedergefunden.

Um das Jahr 1932 war also bezüglich der *Nebenalkaloide* des Tabaks zu sagen, daß in einer Menge von wenigen Prozenten neben Nicotin auch andere Basen vorhanden sind. Die Haupt-Nebenbase PICTETS, das Nicotein $C_{10}H_{12}N_2$, ist ein Gemisch zweier Basen, auf welche die Beschreibung des Nicoteins nur ungefähr stimmt: eine Komponente ist linksdrehendes Nornicotin $C_9H_{12}N_2$ (XXIX), der zweiten schrieb EHRENSTEIN die Bruttoformel $C_{10}H_{14}N_2$ und die Struktur (LIII) zu, welche von ORECHOFF für das l-Anabasin sicher bewiesen worden ist. Trotz kleiner Differenzen hielt EHRENSTEIN die Identität des Anabasins mit seiner Tabakbase für wahrscheinlich. Diese Auffassung wurde von WENUSCH und SCHÖLLER (*61c*) später kritisiert. Sicher ist, daß das PICTETsche Nicotimin wegen seiner abweichenden Eigenschaften nicht mit dem

Anabasin identisch sein kann, obwohl ihm die gleiche Struktur zugeschrieben worden ist. Über das Nicotellin ist nichts Neues bekannt geworden, an seiner Existenz und Einheitlichkeit kann nicht gezweifelt werden. Auch die leichtflüchtigen Tabakbasen Pyrrolidin und N-Methyl-pyrrolin sind charakteristische Verbindungen. Nicht ausreichend beschrieben und daher schwerer zu beurteilen sind die Basen NOGAS, das Isonicotein und das Nicotoin.

Neuere Untersuchungen haben dieses Bild schon wieder stark revidieren müssen. Zunächst isolierten HICKS und LE MESSURIER (*63a*) aus den Blättern der australischen Solanacee *Duboisia Hopwoodii*, welche als „Pituri" ein geschätztes Genußmittel der Eingeborenen vorstellen, eine flüssige, mit Wasser mischbare Base $C_9H_{12}N_2$, welche den Siedepunkt 266—268° besaß und zu Nicotinsäure oxydiert werden konnte. Ihre Drehung lag bei $+ 38,6°$, also umgekehrt und viel höher als das sogenannte l-Nornicotin von EHRENSTEIN. Sie wurde wegen ihrer Eigenschaften von den australischen Autoren als d-Nornicotin (XXIX) aufgefaßt. Die genauere Untersuchung dieses Duboisia-Alkaloids durch SPÄTH, HICKS und ZAJIC (*38*) führte zur Sicherstellung dieses Befundes, da sich die neue Base mit Formaldehyd-Ameisensäure zu d-Nicotin methylieren ließ, aus welchem weiter charakteristische Salze und das Dijodmethylat dargestellt und identifiziert werden konnten [vgl. auch HICKS (*63b*)]. Doch zeigten die Drehwerte des erhaltenen d-Nicotins, daß das d-Nornicotin inaktive Base beigemengt enthielt.

Deshalb haben SPÄTH und ZAJIC (*64*) vorerst Versuche angestellt, um das leichter zugängliche l-Nornicotin des Tabaks optisch rein darzustellen. Als Ausgangsmaterial ihrer Untersuchungen diente Tabaklauge (aus Kentucky, mit 20% Virginiatabak). Die Gesamtbasen dieses Materials wurden zunächst fraktioniert destilliert und die Nicotinfraktion einer fraktionierten Ausschüttelung unterzogen. Um den Einfluß der Wasserlöslichkeit herabzumindern, wurde zur fraktionierten Ausschüttelung nicht verdünnte Säure verwendet, sondern eine gesättigte Kochsalzlösung, welche mit kleinen Mengen HCl angesäuert worden war. Jede der so erhaltenen Fraktionen wurde im Vakuum mit Wasserdampf destilliert, um das Nicotin abzutrennen, und schließlich das zurückgebliebene Nornicotin mit Äther extrahiert. Zur Isolierung der optisch aktiven Base eignete sich mehrfaches Umkristallisieren des Di-perchlorats aus Methanol-Äther. Optisch reines l-Nornicotin zeigte eine Drehung von $[\alpha]_D = -88,8°$ (*64*). In ähnlicher Weise konnte auch aus rohem d-Nornicotin (aus *Duboisia Hopwoodii*) die optisch einheitliche d-Base herausgearbeitet werden. Durch diese Arbeiten ließ sich aussagen, daß das EHRENSTEINsche Nornicotin aus der Nicoteinfraktion etwa 20% Linksform enthielt, das *Duboisia*-d-Nornicotin etwa 43% der aktiven Form.

Die *Umwandlung von Nicotin in Nornicotin* ist schon lange Gegenstand von Versuchen gewesen. Da, wie oben ausgeführt, weder mittels

Salzsäure (*15*) noch beim Kochen mit Jodwasserstoffsäure (*16a*) Abspaltung von Halogenalkyl eintritt, hat erst V. BRAUN mit WEISSBACH (*65a*) durch Kochen von Nicotin mit Hydrozimtsäure die Entmethylierung des Nicotins erzwingen können. Das von diesen Autoren beschriebene Nornicotin ist allerdings zu etwa 94% razemisiert. Dagegen scheinen Versuche von POLONOVSKI und POLONOVSKI (*65b*), welche aus dem Nicotin-N-oxyd, das sie im Gegensatz zur Auffassung PINNERS (XII) als (LX) formulieren, durch Einwirkung von Essigsäureanhydrid nach ihrem allgemeinen Entmethylierungsverfahren zum N-Acetyl-nornicotin und von da aus zum Nornicotin gelangt sein wollen, nicht den angenommenen Erfolg gehabt zu haben, da die Eigenschaften ihres Produkts von denen des reinen Nornicotins beträchtlich abweichen. Eine Methode zur Überführung von Nicotin in Nornicotin, bei welcher nur geringe Razemisierung eintritt, fanden SPÄTH, MARION und ZAJIC (*66*) in der Oxydation von Nicotin mit der berechneten Menge $KMnO_4$ bei Eiskühlung. In der oben beschriebenen Weise konnten durch fraktionierte Ausschüttelung und Vakuum-Wasserdampfdestillation Nornicotinfraktionen erhalten werden, welche etwa 85% aktiver Base enthielten und durch Umkristallisieren in Form des Perchlorats leicht auf den richtigen Drehungswert gebracht werden konnten. Auch bei der Dehydrierung des Nicotins zum Nicotyrin mittels Silberoxyds nach der Methode von BLAU (*24c*) tritt nach SPÄTH, MARION und ZAJIC (*66*) Nornicotin als Nebenprodukt auf, das in der gleichen Weise in optisch reinen Zustand übergeführt werden konnte. Ein weiteres Nebenprodukt dieser Reaktion ist das von PICTET (*40a*) erhaltene N-Methylpyrrolidin.

Da das d,l-Nornicotin synthetisch nach mehreren Methoden [CRAIG (*44a*), SPÄTH und KAINRATH (*33a*), V. BRAUN und WEISSBACH (*65a*)] zugänglich ist, schien die Spaltung des Razemats eine ergiebigere Quelle als die oben beschriebenen Methoden, welche nur geringe Ausbeuten an l-Nornicotin gaben. SPÄTH und KESZTLER (*67a*) stellten zunächst fest, daß· die Spaltung mit Weinsäure, welche PICTET und ROTSCHY (*34b*) beim Nicotin erfolgreich verwendet haben, beim Nornicotin Schwierigkeiten bereitet. Es schien daher vorteilhaft, mit solchen optisch aktiven Säuren zu arbeiten, welche ähnlich der Pikrinsäure reich an Nitrogruppen waren, da die Salze der Tabakbasen mit solchen Säuren gut kristallisieren. SPÄTH und KESZTLER haben daher die raz. 6,6'-Dinitro-2,2'-diphensäure mittels Chinins in ihre optischen Antipoden zerlegt und dann diese optisch aktiven Säuren in Methanol für die beabsichtigte Spaltung verwendet (*67a*). Das erhaltene aktive Nornicotin zeigte sogleich etwa 55% der richtigen Drehung und konnte nach der Perchlorat-methode rasch optisch rein erhalten werden. Um festzustellen, welche Base den Drehungswert der natürlichen Nornicotine herabsetzt, haben SPÄTH und KESZTLER (*68b*) die schwach linksdrehenden Mutterlaugen von der Perchloratfällung der aktiven l-Nornicotinfraktion durch Zusatz von rechtsdrehendem Nornicotin auf den Drehwert Null eingestellt und das erhaltene Produkt mit 2,4-Dinitrobenzoylchlorid acyliert. So entstand in ausgezeichneter Ausbeute ein einheitliches 2,4-Dinitrobenzoylderivat, welches sich durch die Mischprobe als Abkömmling des reinen d,l-Nornicotins erwies. Die über das Perchlorat abtrennbare Begleitbase des l-Nornicotins ist also, das Razemat. Unter Berücksichtigung des in einem Modellversuch ermittelten Umstandes, daß aktives Nornicotin bei 48stündigem Erhitzen mit 10proz. HCl oder 10proz. KOH nur zu etwa 1—2% razemisiert wird, schließen SPÄTH und KESZTLER (68b), daß es nicht ausgeschlossen ist, daß die Tabakpflanze imstande ist, neben dem l-Nornicotin auch das Razemat aufzubauen. Bemerkenswert ist, daß auch das d-Nornicotin der *Duboisia Hopwoodii* viel Razemat beigemengt enthält. Daß die Aufarbeitungsverfahren nicht notwendig eine Razemisierung hervorrufen, folgt daraus, daß SPÄTH und KESZTLER (68b) aus einem nicotinfreien Forchheimer Tabak als Alkaloid ein optisch reines, also nicht partiell razemisiertes l-Nornicotin erhielten.

Der *Vorlauf des Rohnicotins* wurde von SPÄTH und ZAJIC (69a) näher untersucht. Zunächst wurden die flüchtigen Basen durch einen trockenen Stickstoffstrom übergetrieben, in Salzsäure absorbiert, die trockenen Chlorhydrate zur Trennung von Salmiak mit Chloroform behandelt und schließlich die Chlorhydrate der organischen Basen durch Behandlung mit p-Toluolsulfochlorid in sekundäre und tertiäre geschieden. Dabei trat eine geringe Menge p-Toluolsulfo-piperidid auf, so daß das Vorkommen von *Piperidin* (LXI) als Tabakbase nachgewiesen ist. SPÄTH und ENGLAENDER (69b) haben gezeigt, daß Piperidin neben dem Piperin (Piperidid der Piperinsäure) als primäres Alkaloid im schwarzen Pfeffer, den Früchten von *Piper nigrum*, enthalten ist. In den tertiären Basen des Nicotin-vorlaufes wurde Trimethylamin als Pikrolonat identifiziert (69a); es ist allerdings ein ziemlich häufiger Inhaltsstoff des pflanzlichen wie auch des tierischen Organismus.

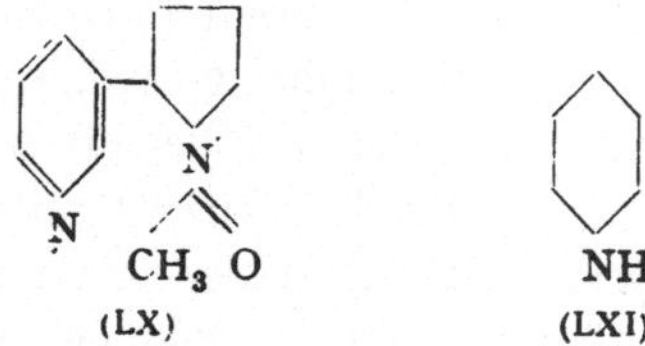

Der *Nachlauf* von Nicotin wurde von SPÄTH und ZAJIC in zwei Fraktionen zerlegt, von denen die bei 100—140° unter 1 mm übergehenden Anteile „C" nochmals destilliert wurden; die nun anfallende Fraktion C_1 (bis 110°/1 mm) war im wesentlichen noch Nicotin, C_2 (110—120°/1 mm), enthielt daneben l- und d,l-Nornicotin; der Anteil C_3 (120—140°/1 mm) wurde in Äther gelöst und mittels fraktionierter Ausschüttelung (mit gesättigter Kochsalzlösung, welcher kleine Mengen HCl zugesetzt waren) in zehn Fraktionen C_3I—C_3X zerlegt. Die letzte dieser Fraktionen bestand aus 2,3′-*Dipyridyl* (LIX), wie durch die Darstellung des Dipikrats unmittelbar bewiesen wurde (69a). Das Dipyridyl $C_{10}H_8N_2$ wurde bisher nicht als Naturstoff beschrieben. Vergleicht man aber seine Eigenschaften mit denen der von älteren Autoren erhaltenen Tabakalkaloide, so ist auf das Isonicotein NOGAS (56) das Augenmerk zu richten. Trotz der Elementaranalyse, aus welcher NOGA die Formel $C_{10}H_{12}N_2$ errechnete, muß man Ähnlichkeit feststellen, z. B. daß beide Basen mit Wasserdampf kaum flüchtig sind, schwer löslich in Wasser [für Dipyridyl gaben ORECHOFF und MENSCHIKOFF (60c) 3—4% an]; der Siedepunkt des Isonicoteins, 293°, weicht von dem der meisten Tabakbasen stark ab, entspricht aber genau den für 2,3′-Dipyridyl gefundenen Werten. Ein Vergleich von Brechungsexponent und Dichte würde hier sehr interessant sein, da diese Zahlen zu den wenigen Angaben gehören, die NOGA von seinem Alkaloid machte.

SPÄTH und ZAJIC konnten an den Pikraten der Fraktionen C_3I—C_3IX verschiedene, noch nicht scharfe Schmelzpunkte bestimmen. Doch ließ sich aus der Fraktion C_3VI über das Pikrat und das Dinitro-diphenat eine neue Tabakbase isolieren, welche im Rohzustand an die Beschreibung erinnerte, welche EHRENSTEIN von seinem Tabakalkaloid (LIII) gegeben hat. Beim näheren Vergleich der Eigenschaften des Anabasins (aus *Anabasis aphylla*) mit diesen Tabakalkaloiden zeigte sich aber, daß ein wesentlicher Unterschied in dem optischen Verhalten nachzuweisen ist: Sowohl die Base aus der Fraktion C_3VI als auch EHRENSTEINS „Alkaloid der Konstitution (LIII)" dreht links, und zwar auch in saurer Lösung. Für das l-Anabasin haben aber ORECHOFF und MENSCHIKOFF (60b) in saurer Lösung Drehungsumkehr beobachtet; dieser Befund hat sich als richtig erwiesen (68a). Deshalb kann das von EHRENSTEIN aus der PICTETschen Nicoteinfraktion isolierte Alkaloid $C_{10}H_{14}N_2$ nicht die Formel (LIII) besitzen und nicht mit Anabasin identisch sein.

SPÄTH und KESZTLER (68a) bezeichneten die neue Tabakbase aus C_3VI als l-*Anatabin* und fanden ihren Siedepunkt bei 146°/10 mm; die spezifische Drehung des reinen l-Anatabins lag bei —177,8°. Das Anatabin besaß die Bruttoformel $C_{10}H_{12}N_2$ und ließ sich leicht benzoylieren unter Bildung eines normal zusammengesetzten Benzoylanatabins; es war also eine sekundäre Basengruppierung vorhanden und die Doppelbindung, welche sich im Anatabin nachweisen ließ, konnte nicht in α,β-Stellung zur NH-Gruppe liegen. Sowohl die Bruttoformel als auch die verhältnismäßig große Menge dieser Nebenbase, schließlich auch der Umstand, daß Anatabin ungesättigt ist und daß es in saurer Lösung keine Umkehrung der Drehungsrichtung erfährt, erinnert so stark an das „Nicotein" von PICTET, daß man an eine Identität der beiden Basen denken könnte. Zunächst ist aber diese Vermutung deshalb abzulehnen, weil der Schmelzpunkt des Pikrats des l-Anatabins (193°) von dem des „Nicoteins" zu weit abweicht; auch die Absolutwerte der optischen Aktivität (Nicotein soll —46,4° aufweisen) unterscheiden sich sehr. Die von Pictet mitgeteilten chemischen Reaktionen seines „Nicoteins" stehen aber in krassem Widerspruch zur Annahme der Identität.

Für das Nicotein wollen Pictet und Rotschy bzw. Pictet (*50a, 22a*) die Formel (XXV), später (XIV) (S. 252) bewiesen haben, welche das Nicotein als bi-tertiäre Base wiedergeben, die sich unter dem Einfluß von Silberoxyd in Dihydronicotyrin umlagern ließ, für das Konstitutionen wie (XXIV) und später (XXV) von den Genfer Autoren diskutiert wurden, bis durch Späth, Wibaut und Kesztler (*35*) gezeigt wurde, daß dem Dihydronicotyrin mit Sicherheit die Struktur (XXIV) zukommt. Ganz anders verhält sich das l-Anatabin (*68a*): Es ist wegen der Benzoylierbarkeit keine bi-tertiäre Base; bei der milden katalytischen Hydrierung nimmt es zwei Atome Wasserstoff auf und geht dabei glatt in das l-Anabasin (LIII) über. Bei der katalytischen Dehydrierung ergibt das Anatabin Dipyridyl (LIX). Daraus folgt mit voller Sicherheit, daß das Anatabin nicht zu den N-Methylpyrrolbasen vom Nicotintyp gehört, sondern daß es sich seiner Konstitution nach vom Dipyridyl und Anabasin ableitet. Unter den partiell hydrierten Dipyridylderivaten scheiden für das Anatabin wegen der Hydrierung zum Anabasin alle Strukturen aus, welche im β-Pyridinkern hydriert sind, ferner kann wegen der optischen Aktivität des Alkaloids die Formel (LXII) nicht in Betracht gezogen werden, die kein asymmetrisches C-Atom enthält. ·Die Entscheidung über die Lage der Doppelbindung des l-Anatabins brachte schließlich die Oxydation des Benzoyl-anatabins, bei der Hippursäure gebildet wurde. Daraus folgerten Späth und Kesztler (*68a*) die Lage der Doppelbindung des l-Anatabins im Sinne der Konstitutionsformel (LXIII).

(LXII)   (LXIII)

Wir halten das optische Verhalten des l-Anatabins und seiner Salze für so charakteristisch, daß wir trotz der angeführten Befunde von Pictet und Rotschy (*50a*) annehmen, daß das „Nicotein", das im Gegensatz zu den übrigen Tabakbasen analoge Erscheinungen zeigte, neben anderen Basen auch l-Anatabin enthalten hat.

Auch das l-Anatabin lag nicht sogleich in optisch einheitlichem Zustand vor. Um die begleitende Base zu isolieren, haben Späth und Kesztler (*68b*) eine Reihe von Fraktionen der Gruppe „C_3" (S. 270) vereinigt und daraus das Perchlorat dargestellt. Beim Umlösen aus

Wasser ergab sich eine Perchloratfraktion, aus der die Begleitbase dargestellt werden konnte. Sie war optisch inaktiv, besaß die Zusammensetzung $C_{10}H_{12}N_2$ und gab bei der katalytischen Dehydrierung 2,3'-Dipyridyl (LIX). Ihr Benzoylderivat lieferte bei der $KMnO_4$-Oxydation Hippursäure.

Alle diese Ergebnisse sprachen unzweifelhaft dafür, daß eine sekundärtertiäre Base vorlag, welche ihrer Konstitution nach das Razemat des Anatabins (LXIII) vorstellte. Zur Sicherstellung dieser Annahme haben SPÄTH und KESZTLER (68b) die Spaltung der inaktiven Base mittels 6,6'-Dinitro-2,2'-diphensäure in Methanol ausgeführt. Dabei erhielten sie erwartungsgemäß eine Linksbase, welche in allen Eigenschaften mit dem natürlichen l-*Anatabin* identisch war. Auf ähnliche Weise konnte auch das d-Anatabin, welches bisher nicht als Naturstoff aufgetreten ist, erhalten werden. Da sich das aktive Anatabin als schwer razemisierbar erwies, ist es wahrscheinlich, daß das beigemengte Razemat nicht bei der Aufarbeitung entsteht, sondern schon im Pflanzenmaterial enthalten ist.

Aus dem Vergleich der Drehung der rohen C_3-Fraktionen in saurer Lösung mit der Drehung der freien Basen konnten SPÄTH und KESZTLER (68b) errechnen, daß neben dem l-Anatabin und seinem Razemat noch ein Bestandteil in diesen Fraktionen vorhanden sein mußte, der in saurer Lösung Drehungsumkehr zeigt. Dieser Schluß ließ sich präparativ bestätigen, da die genannten Autoren aus den Mutterlaugen vom Anatabin eine weitere Base isolieren konnten. Dieses in geringer Menge im Tabak vorkommende Alkaloid erwies sich in allen Eigenschaften als identisch mit dem l-*Anabasin* (LIII), dem Hauptalkaloid der *Anabasis aphylla*. Nachdem also PICTET und ROTSCHY (50a) ihrem Nicotimin die Struktur (LIII) zugeschrieben haben, dessen Eigenschaften aber seine Identität mit dem Anabasin ausschließen, nachdem auch die von EHRENSTEIN (31) beschriebene Tabakbase (LIII) nicht mit dem Anabasin übereinstimmte, haben erst SPÄTH und KESZTLER (68b) reines Anabasin aus der Tabaklauge darstellen können, dem mit Sicherheit die von ORECHOFF und MENSCHIKOFF (60b) aufgestellte Konstitution (LIII) zukommt.

Wie SMITH (70a) berichtet, hat A. A. SCHMUK erkannt, daß das Alkaloid der *Nicotiana glauca* von Nicotin verschieden ist. SMITH hat festgestellt, daß das Alkaloid der Blätter und Wurzeln von *Nicotiana glauca* die Eigenschaften des Anabasins zeigt. Aus dem Drehwert $(-9,1°)$ muß man schließen, daß zumindest Razemat als Beimengung des l-Anabasins vorhanden ist. Etwas Razemat enthält übrigens auch das aus Tabaklauge erhaltene Anabasin; das l-Anabasin aus *Anabasis aphylla* dagegen wird von ORECHOFF und MENSCHIKOFF (60b) in optisch reinem Zustande beschrieben. In jüngster Zeit ist eine Arbeit von CHMURA (70b) bekanntgeworden, in welcher das Vorkommen von Anabasin als Hauptalkaloid der *Nicotiana glauca* bestätigt wird; außerdem soll in dieser Pflanze ein kristallisierendes Alkaloid enthalten sein.

Nicht nur aus dem Vor- und Nachlauf des Rohnicotins konnten aber neue Tabakalkaloide isoliert werden, sondern auch die *Hauptfraktion*, ein nur einmal destilliertes *Rohnicotin*, enthielt noch neue Nebenbasen. Späth und Kesztler (*71*) haben zunächst das Roh-nicotin nach der Methode von Späth und Zajic (*64*) vom Nornicotin befreit, das zurückbleibende Nicotin in wäßriger Lösung in das Bitartrat verwandelt, aus dem Filtrat dieses Salzes die freie Base dargestellt und diese, in entsprechend vermindertem Volumen, wieder mit Weinsäure kristallisieren gelassen. Nachdem dieser Prozeß mehrmals wiederholt worden war, betrug die Menge der Base in der Endmutterlauge nur mehr 0,14% des ursprünglich eingesetzten Rohnicotins. Dieser Basenrückstand wurde mit gesättigter NaCl-Lösung, die mit bestimmten kleinen Portionen HCl angesäuert worden war, fraktioniert ausgeschüttelt und dadurch in sieben Fraktionen aufgeteilt. Aus der letzten dieser sieben Fraktionen ließ sich ein Pikrat darstellen, das den Schmelzp. 168—169° zeigte, aber mit dem etwa bei dieser Temperatur schmelzenden 2,3′-Dipyridyl-dipikrat nicht identisch war. Dagegen konnte durch die Mischprobe nachgewiesen werden, daß hier das Monopikrat des *Nicotyrins* (XXII) vorlag. Diesen ihren Befund haben Späth und Kesztler (*71*) durch den Vergleich weiterer Salze bestätigt. Das Vorkommen von Nicotyrin als Naturstoff hatte schon zwei Jahre früher Wenusch (*72*) im Brasiltabak (also nicht in Tabaklauge), ferner im Havana-, Sumatra- und Javatabak durch eine Farbreaktion und wegen der Lage des Schmelzpunktes des Pikrates einer charakteristischen Alkaloidfraktion wahrscheinlich gemacht.

Aus den stärker basischen Fraktionen 1—3 haben Späth und Keszt-ler (*71*) zunächst etwas Nicotin abgetrennt, dann wurden die Mutterlaugen einer neuerlichen fraktionierten Ausschüttelung unterworfen. So konnten noch zwei neue bi-tertiäre Tabakalkaloide in Form charakteristischer Dipikrate gefaßt werden. Die Identifizierung dieser beiden Alkaloide, von denen nur geringe Mengen anfielen, war dadurch erleichtert, daß die genannten Autoren in der Hoffnung, vielleicht einmal dem N-Methyl-anabasin (LXIV) oder dem N-Methyl-anatabin (LXV) unter den Tabakalkaloiden zu begegnen, die Methylierung des l-Anabasins und des l-Anatabins mittels Formaldehyds und Ameisensäure vorgenommen hatten [Methode von Eschweiler und von Hess (*39*)] und die wichtigsten Eigenschaften der Basen (LXIV) und (LXV), von denen übrigens die erstere schon durch Orechoff und Norkina (*61 a*) beschrieben worden ist, ermittelt hatten. So wurden Späth und Kesztler rasch auf die Vermutung gebracht, daß die ihnen vorliegenden Pikrate der neuen Naturstoffe als Salze des *l-N-Methyl-anabasins* (LXIV) und des *l-N-Methyl-anatabins* (LXV) anzusprechen sind. Dies konnte durch die Darstellung und den Vergleich der Trinitro-m-kresolate bestätigt werden (*71*).

Vom N-Methyl-anabasin (LXIV) hat C. R. SMITH (*58b*) wohl behauptet, daß es ein Nebenalkaloid der *Anabasis aphylla* vorstellt, doch haben ORECHOFF und NORKINA (*61a*) diesen Befund abgelehnt.

(LXIV)   (LXV)

An weiteren, jedoch wenig charakterisierten Tabakalkaloiden seien erwähnt: eine dampfflüchtige, von VICKERY und PUCHER (*55*) als Pikrat (Schmelzp. 180°) isolierte Base, welche die genannten Autoren mit dem „Nicotimin" von PICTET und ROTSCHY (*50a*) zu identifizieren geneigt sind und für das sie aus der Analyse des Pikrates die Zusammensetzung $C_{10}H_{14}N_2$ zu beweisen versuchen; eine Base, deren Pikrat bei 212° schmilzt, welche nach WENUSCH und SCHÖLLER (*52c*) nicht mit Nicotin identisch ist; eine von den gleichen Autoren beschriebene Base, deren Pikrat bei 206°, deren Goldsalz bei 125° schmilzt. Dagegen ist ein von FRÄNKEL und WOGRINZ (*73*) dargestelltes Produkt, welches diese Autoren als Aromaträger auffassen, nach WENUSCH und SCHÖLLER (*52a*) möglicherweise mit Nicotin identisch.

Von den Nebenalkaloiden der älteren Untersuchungen hat also nur das *Nicotellin* sich als einheitliches, charakteristisches Produkt erwiesen; es ist zugleich die einzige definierte Tabakbase, deren Konstitution man noch nicht kennt. An leicht flüchtigen Basen können *Pyrrolidin* und N-*Methylpyrrolin* als wahrscheinlich richtig identifizierte Stoffe gelten; gesichert ist das Vorkommen von *Trimethylamin* und *Piperidin*. Bezüglich des Nicotoins ist zu wenig bekannt, um abschließend darüber zu urteilen. SPÄTH, ZAJIC und KESZTLER haben die Anwesenheit von *l-Nornicotin, d,l-Nornicotin, l-Anatabin* und *d,l-Anatabin, l-Anabasin, l-N-Methylanatabin* und *l-N-Methylanabasin* erwiesen, von schwächeren Basen haben sie noch *2,3'-Dipyridyl* und *Nicotyrin* gefunden. Es ist dabei hervorzuheben, daß die meisten dieser Basen nicht etwa aus verschiedenen Ausgangsmaterialien stammen, sondern aus ein und derselben Quelle. Da noch einige Fraktionen ihrer Bearbeitung harren, ist es wahrscheinlich, daß noch weitere Nebenalkaloide zu erwarten sind. Die Reichhaltigkeit des Tabaks an Nebenbasen ist also ganz erstaunlich, sehr bemerkenswert erscheint dabei, daß das l-Nicotin so sehr vorwaltet. Interessant ist auch, daß das l-Nicotin so gut wie optisch rein auftritt, während eine Anzahl Nebenalkaloide als Gemisch von Razemat mit l-Form vorliegt. Wegen der geringen Razemisierungsfähigkeit aller dieser Basen ist dieser Umstand nicht leicht zu erklären.

Die Basen des Tabakrauches (Isolierung, Konstitution).

Einen bedeutenden Aufschwung hat in letzter Zeit auch die Untersuchung der *Tabakrauch*-alkaloide genommen. Eine alte Untersuchung des Tabakrauches von Zeise (*17b*) erwähnt überhaupt keine Basen, Vohl und Eulenberg (*17a*) wollen dagegen eine große Anzahl homologer Pyridinbasen, unter denen ein Collidin vorwiegen sollte, isoliert haben, während sie ausdrücklich Nicotin als fehlend angeben. Ihre Befunde haben sich in keiner Weise bestätigt. Schon Melsens (*9*) konnte in einer verläßlichen Arbeit analysenreines *Nicotin* aus dem Tabakrauch gewinnen.

Neben dieser Base, welche wegen ihrer Flüchtigkeit und ihres reichlichen Vorkommens im Tabak auch im Rauch das Hauptalkaloid vorstellt, wurde aber in letzter Zeit im Tabakrauch *eine größere Anzahl anderer Basen* beobachtet. Es ist dabei von Wichtigkeit, zu unterscheiden, ob der Tabakrauch alkalisch oder sauer reagiert, wobei ersteres die typische Eigenschaft des Zigarrenrauches, letzteres bei Zigaretten wesentlich ist (*74a, b*). Wenusch und Schöller (*52a*) haben aus dem *Zigarrenrauch* neben geringen Mengen einer Base, deren Pikrat bei 185° schmolz, aber aus Materialmangel nicht weiter untersucht werden konnte, zunächst das kristallisierbare *Myosmin* in Form des Pikrates dargestellt, weiter eine Gruppe von schwer trennbaren Basen aufgefunden, welche als α-, β- und γ-*Sokratin* unterschieden werden (*52c*). Da die Pikrate der Sokratine nicht zur Kristallisation gebracht werden konnten, wurden diese Basen als Pikrolonate charakterisiert. Von weiteren wasserdampfflüchtigen Rauchbasen wurden *Pyridin, Poikilin* (*75*) und *Obelin* erhalten, von denen das letztgenannte seinen Namen dem in prächtigen Spießen sublimierenden Pikrat verdankt. Zu diesen Stoffen kommt noch eine Reihe von Rauchbasen, welche mit Wasserdampf nicht übergingen, sich aber nach einer nicht minder mühsamen Trennung durch ihre Pikrate oder Pikrolonate charakterisieren ließen. Hierher gehört *Anodmin,* dessen Pikrolonat durch den hohen Schmelzpunkt, 310°, bemerkenswert ist. und *Lathraein*, ferner das *Lohitam.* Obelin (*52c*) ist auch in gewissen Tabaken aufgefunden worden. Manche Tabakrauchbasen, wie Myosmin und die Sokratine, haben einen so intensiven Geruch, daß sie von Wenusch und Schöller (*52a*) als wesentliche Komponenten des Aromas betrachtet werden. Andere Rauchbasen sind geruchlos.

Im *Zigarettenrauch* fehlt, soweit die Erfahrungen bisher reichen, das Myosmin und Lohitam (*52b*). Beim Abrauchen der Zigaretten unter Bedingungen, welche dem natürlichen Rauchvorgang gleichen, konnten Wenusch und Schöller (*52d*) die Sokratine im Rauch nachweisen, ferner Obelin und Nornicotin, Pyridin und Anodmin. Neben diesen Basen, welche auch im Zigarrenrauch vorkommen, trat im Zigarettenrauch („Memphis", Österr. Tabak-Regie) eine neue Base auf, die als *Gudham* bezeichnet wurde. Ob eine als Pikrat (Schmelzp. 254°) charakterisierte Base des Zigarettenrauches mit Anodmin identisch ist, bleibt noch ungewiß. Im allgemeinen scheint der Zigarettenrauch weniger Nebenbasen aufzuweisen als Zigarrenrauch, wie auch die Zigarrentabake mehr Nebenalkaloide zu führen scheinen als die Zigarettentabake. Vor einiger Zeit hat Schöller (76b) im Rauch von Zigarren und Zigaretten eine Base aufgefunden, die bei saurer Reaktion (p_H 3,0—3,5) ausgeäthert werden kann. Sie gleicht in dieser Hinsicht dem synthetischen [Pyridyl-(3)]-äthylketon (LXVI) und ließ sich weiterhin mit dieser Ketobase identifizieren. Die Synthese dieser Base hat zuerst Engler (77) vorgenommen, für den sie wohl im Zusammenhang mit seinen Arbeiten über die Schierlingsalkaloide von Interesse war.

Auch über die Konstitution der übrigen Tabakrauchalkaloide ist mancherlei bekannt geworden. Durch ein titrimetrisches Verfahren konnte Schöller (76a) die Äquivalent- und daher auch die Molekulargewichte einiger Tabakrauchbasen ermitteln. Die an bekannten, meist nahe verwandten Verbindungen erprobte Methode beruht darauf, daß die Pikrate (oder Pikrolonate usw.) der Basen gegen geeignete Indikatoren (Thymolblau, Bromthymolblau) bei Gegenwart von Toluol, welches die freigemachten Basen aufnimmt, mit n/20-Lauge titriert werden. So fanden Wenusch und Schöller (52b) für das Myosmin M = 149, ferner Schöller (76a) beim Poikilin M = 166; beim Obelin, nicht ganz sicher, M = 146. Verschiedene Farbreaktionen, die gleichfalls an den konstitutionell bekannten Basen erprobt wurden (53b), veranlaßten Wenusch und Schöller, anzunehmen, daß die Sokratine keinen Pyrrolkern mehr enthalten. Der starke Geruch dieser Basen legte zunächst die Vermutung nahe, daß sie dem Pyridyläthylketon (LXVI) nahestehen könnten; in letzter Zeit (75) werden von den genannten Autoren α- und β-Sokratin vermutungsweise als Pyridyl-alkyl-carbinole aufgefaßt, womit sie dem Conhydrin [Nebenbase des Schierlings, (LXVII)] nahestehen würden; für das stärker basische γ-Sokratin wird eine Struktur als Amino-propyl-pyridin in Betracht gezogen [etwa nach (LXVIII)]. Aus Nicotin konnte Sokratin in vitro erhalten werden (52b).

$$\underset{\text{(LXVI)}}{\overset{\cdot CO \cdot C_2H_5}{\bigcirc_N}} \qquad \underset{\text{(LXVII)}}{\overset{\cdot CHOH \cdot C_2H_5}{\bigcirc_{NH}}} \qquad \underset{\text{(LXVIII)}}{\overset{\cdot C_3H_6(NH_2)}{\bigcirc_N}}$$

Vollkommen aufgeklärt ist dagegen die Konstitution des *Myosmins*. Wenusch und Schöller haben früh erkannt, daß Nicotin bei längerem Stehen in Luft und Licht oder bei Bestrahlung in dünner Schicht mit Ultraviolett kleine Mengen Myosmin bildet (52a); in geringer Menge entsteht Myosmin auch bei der Oxydation des Nicotins mit $KMnO_4$. Es schien nach Farbreaktionen, welche diese Autoren anstellten, keinen

Pyrrolkern zu enthalten, wohl aber den, vielleicht zum Pyridon oxydierten Pyridinring (*52b*).

In einer Gemeinschaftsarbeit haben Späth, Wenusch und Zajic (*78*) festgestellt, daß die Analyse des Myosmins zu der sauerstoff-freien Formel $C_9H_{10}N_2$ führt (M = 146). Da diese Zusammensetzung einen Zusammenhang zum Nornicotin (XXIX) vermuten ließ, wurde Myosmin vorsichtig mit Palladium-mohr dehydriert. Dabei trat in bester Ausbeute eine Base auf, die durch ihren Schmelzpunkt sowie durch die Überführung in das Pikrat mit dem Nornicotyrin (XIX) identifiziert werden konnte. Damit war gezeigt, daß Myosmin als ein partiell hydriertes Nornicotyrin aufzufassen ist; wegen der optischen Inaktivität der Tabakrauchbase war es wahrscheinlich, daß in dem Myosminmolekül kein Asymmetriezentrum enthalten ist. Daher traten die Formeln (LXIX) und (LXX) als Konstitution des Myosmins in den Vordergrund, zwischen welchen jedenfalls enge Tautomeriebeziehungen bestehen.

Eine Stütze erhielt die angeführte Auffassung der Myosmin-konstitution durch das Verhalten des Myosmins bei milder Umsetzung mit Benzoesäureanhydrid. Das Benzoylderivat, eine wohlkristallisierte Verbindung, besaß nämlich die Zusammensetzung $C_{16}H_{16}O_2N_2$, d. h. es war hydrolytische Aufspaltung des partiell hydrierten Heteroringes aufgetreten. Dieses Verhalten ist charakteristisch für die α,β-ungesättigten Derivate des Pyrrolidins und Piperidins (Reaktion von Lipp-Widnmann), war also mit der Formel (LXIX) in bestem Einklang (*78*). Derselben Reaktion müßte auch die Base (LXXI) zugänglich sein, die aber ein Asymmetriezentrum besitzt.

Synthesen von Tabakrauch- und Tabak-Nebenbasen.

Eine vollkommene Sicherstellung der angenommenen Konstitution (LXIX) des Myosmins wurde durch eine Synthese dieser Rauchgasbase ermöglicht. Späth und Mamoli (*79a*) kondensierten, in Anlehnung an die Nicotinsynthese von Späth und Bretschneider (*43*), das N-Benzoylpyrrolidon mit Nicotinsäureester zu der Verbindung (LXXII), aus welcher durch Spaltung mittels rauchender Salzsäure unter Entbenzoylierung, Ringöffnung, Decarboxylierung und neuerlichem Ringschluß direkt Myosmin gebildet wird. Aus der Konstitution des hypothetischen Zwischenproduktes (LXXIII) ersieht man, daß für das Myosmin nur die Konstitution (LXIX) in Betracht kommt. Die reine Base schmolz bei 45°. Da die Lage der Doppelbindung im Myosmin nunmehr eindeutig geklärt ist, ziehen Späth, Wibaut und Kesztler (*35*) für die in ihrer Konstitution gleichfalls erkannte Base (XXIV) (Pictets Dihydronicotyrin) den eindeutigen Namen *N-Methylmyosmin* vor.

Das *Poikilin* von Wenusch und Schöller (*75*) ist durch sein Pikrolonat charakterisiert; dagegen gibt es mit Pikrinsäure und Styphninsäure zunächst keine Fällung. Erst bei längerem Stehen kristallisiert ein Salz aus, welches mit dem des Myosmins identisch zu sein scheint. Es müßte also nach Auffassung der genannten Autoren das Poikilin in naher konstitutioneller Beziehung zum Myosmin stehen und könnte vielleicht die Struktur (LXXIV) besitzen. Tatsächlich zeigen ähnliche Stoffe, z. B. die als Zwischenprodukte bei Synthesen angenommenen Verbindungen (XXXII) und (LXXIII), Tendenz zu derartigen Ringschlüssen.

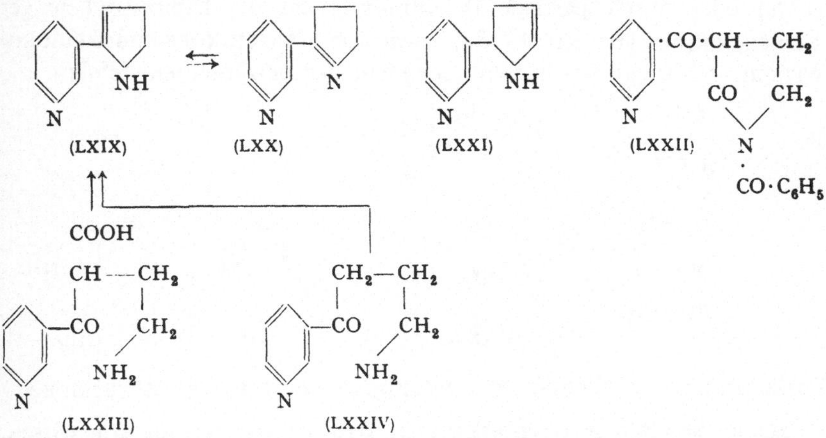

$$\text{(LXIX)} \quad \rightleftharpoons \quad \text{(LXX)} \qquad \text{(LXXI)} \qquad \text{(LXXII)}$$

$$\text{(LXXIII)} \qquad \qquad \text{(LXXIV)}$$

Die erste Synthese des razemischen *Anabasins*, welche allerdings über die Struktur der Base wenig aussagt und welche überhaupt unabhängig von der Entdeckung des 1-Anabasins als Naturstoff ausgeführt wurde, stammt von C. R. SMITH (*58a*). Dieser Autor hat bei Arbeiten über Dipyridyle die Kondensation von Pyridin mittels Natrium im Luftstrom untersucht und dabei neben einer Reihe von Dipyridylen auch wasserstoffreichere Verbindungen erhalten, von denen eine, das sogenannte Neonicotin $C_{10}H_{14}N_2$, durch Oxydation zur Nicotinsäure (*58b*) und andere Reaktionen als eine Base der Formel (LIII) erkannt wurde. Sie erwies sich, wie unten näher ausgeführt, als stark insekticid.

Eine zweite Synthese des raz. Anabasins stammt von SPÄTH und MAMOLI (*79b*). Ähnlich wie bei der Synthese des Myosmins wurde N-Benzoylpiperidon mit Nicotinsäureester zu einer Verbindung (LXXV) kondensiert, die durch Erhitzen im Bombenrohr mit konzentrierter Salzsäure, etwa über ein Zwischenprodukt vom Typus (LXXVI) in die ungesättigte Base (LXII) überging. Dieses charakteristische, als Anabasein bezeichnete Isomere des natürlichen Anatabins ließ sich katalytisch zum raz. Anabasin (LIII) hydrieren, das sich einwandfrei mit dem nach ORECHOFF und NORKINA (*61b*) razemisierten Naturstoff identifizieren ließ. Zur Vollendung der synthetischen Bearbeitung des Anabasins war noch die Spaltung des raz. Anabasins auszuführen. SPÄTH und KESZTLER (*67b*) kamen durch Anwendung der 6,6'-Dinitro-2',2'-diphensäure, welche sich auch beim raz. Nornicotin zur Spaltung bewährt hatte (*67a*), zum Ziele. Sie stellten durch die Darstellung der beiden optisch reinen Anabasin-Antipoden, von denen die d-Form bisher nicht als Naturstoff gefunden worden ist, fest, daß die von NELSON (*80*) an seinem „Standard-l-Anabasin" bestimmten Drehwerte unrichtig waren und als Grundlage für quantitative Anabasinbestimmungen nicht tauglich sind.

Versuche, Anabasin durch partielle Hydrierung von 2,3'-Dipyridyl (LIX) oder durch partielle Dehydrierung von 2,3'-Dipiperidyl zu gewinnen, wurden von SMITH (*58a*), sowie von MENSCHIKOFF und GRIGOROWITSCH (*81*) angestellt, hatten aber nicht den gewünschten Erfolg.

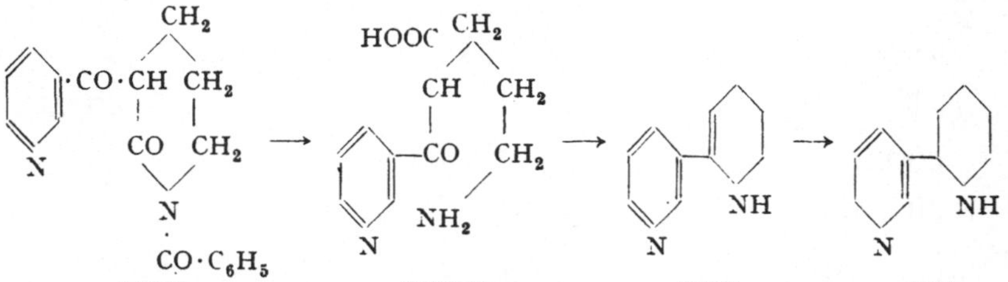

$$(LXXV) \longrightarrow (LXXVI) \longrightarrow (LXII) \longrightarrow (LIII)$$

Vorkommen von Nicotin, Entstehung in der Pflanze, Wirksamkeit.

Schon die alten Autoren erkannten, daß das Nicotin nur in gewissen *Nikotiana*-Arten vorkommt. Andere Solanaceen oder gar Pflanzenfamilien, in denen Nicotin sicher nachgewiesen worden ist, sind bisher nicht bekannt geworden. Dagegen soll *Nicotiana affinis* HORT. kein Nicotin enthalten (*82a*); daß das Alkaloid der *Nicotiana glauca* kein Nicotin ist, sondern Anabasin, wurde schon S. 273 ausgeführt. Angaben über das Vorkommen von Nicotin oder einer ähnlichen Base in der Sumpfdotterblume (*Caltha palustris*, Ranunculaceae) haben sich nicht bestätigt (*82b*). Mehrfach wurde behauptet, daß das Kartoffelalkaloid Solanin T mittels einfacher Reaktionen zu Nicotin abgebaut werden könne (*83a*); nach allem, was in letzter Zeit über die Konstitution der Kartoffelbase bekanntgeworden ist, muß diese Hypothese als unhaltbar bezeichnet werden. Schließlich liegt ein noch nicht überprüfter Befund von DOMINGUEZ vor (*84*), daß aus Pillijanin, dem von ihm entdeckten Alkaloid eines Farnes, Nicotin erhalten werden kann. Man muß auch dieser Angabe mit Reserve gegenüberstehen. l-Nornicotin ist neben Nicotin in *Nicotiana sylvestris* angegeben worden [C. R. SMITH (*62b*)].

Die Tabak*samen* sind nach übereinstimmenden Angaben vieler Autoren nicotinfrei, enthalten aber (*83b*)Trigonellin (Nicotinsäuremethylbetain, XXXVI). Die Frage nach der *Muttersubstanz des Nicotins* im Samen hat sich noch nicht lösen lassen. G. ALBO [zitiert nach (*85*) und (*86b*)] will im Tabaksamen an Stelle des Nicotins eine alkohollösliche, wahrscheinlich alkaloidische Substanz gefunden haben, welche sich gegenüber gewissen mikrochemischen Reagenzien ähnlich verhält wie Solanin. Nach seiner Ansicht wird diese Substanz zur Ernährung des Keimlings verwendet. Damit wäre ihr Verschwinden in der entwickelten Pflanze erklärbar. STARKE (86a) hat präparative Versuche angestellt, welche es aber nicht ermöglichten, Solanin zu isolieren. Auch SCURTI und PERCIABOSCO (86b) haben weder Solanin noch eine andere alkaloid-artige Verbindung im Tabaksamen aufgefunden, wohl aber Allantoin unter den Inhaltsstoffen dieses Pflanzenmaterials identifiziert. Da Solanin keine strukturelle Verwandtschaft mit Nicotin besitzt, kann die Ähnlichkeit der mikrochemischen Reaktionen ALBOS, falls sie sich be-stätigen lassen, nicht auf Solanin selbst, sondern bestenfalls auf andere Gluco-alkaloide zurückgeführt werden. Jedenfalls konnte VICKERY (87) keinen Anhaltspunkt für die Muttersubstanz des Nicotins finden, das bald nach dem Sprossen des Samens gebildet wird.

In neuerer Zeit mehren sich Angaben über *Gluco-Verbindungen des Nicotins*, welche aus Tabakblättern isoliert werden können. BARBIERI (88a) hat nichtfermentierte, entrippte Tabakblätter einem Aufarbeitungs-gang mit verschiedenen Lösungsmitteln unterzogen und war dabei be-strebt, solche Operationen zu vermeiden, bei denen Veränderungen der primären Inhaltsstoffe wahrscheinlich sind. So erhielt er eine durch Dia-lyse gereinigte wäßrige Lösung eines als *Tabacin* bezeichneten Inhaltsstoffs von Trimethylamingeruch, kaustisch-reizendem Geschmack und saurer Re-aktion. Das Tabacin löst sich in Wasser und Alkohol leicht, dagegen nicht in Äther. Es ist unter milden Bedingungen gegen Calciumhydroxyd und 1-proz. Schwefelsäure beständig. Durch Spaltung mit stärkerem Alkali zerfiel das Tabacin in reduzierenden Zucker, Tabacol und Tabacin-säure. Von den neuartigen Verbindungen ist die Tabacinsäure nicht toxisch. Das ätherlösliche *Tabacol* ist eine basische Flüssigkeit von durchdringend scharfem Geruch, welche die Atmungsorgane bis zu asthmaartigen Anfällen reizt. Tabacol und auch Tabacin selbst entwickeln mit heißer Lauge Ammoniak und gehen dabei in Nicotin über; dieses ist also nach BARBIERI ein Spaltprodukt des Tabacols. Tabacin und Nicotin töteten in etwa gleicher Dosis (90 mg pro Kilogramm) Meerschweinchen unter ähnlichen Erscheinungen. Tabacol ist ein heftigeres Gift, das in der Schnelligkeit der tödlichen Wirkung bei der Injektion an Blausäure und Strychnin erinnert. Die Dosis beträgt nach BARBIERI (88a) beim Hund für Nicotin 45 mg pro Kilogramm (Atemlähmung), für Tabacol 15 mg pro Kilogramm (Herz- und Atemstillstand). Tabacol, wie sein Dampf, ist gegen Insekten extrem toxisch, es reizt die Haut des Menschen ähnlich wie Senföl, greift aber Blätter nicht an. Deshalb ist eine 1—2-proz. Lösung des Tabacols zur Bekämpfung tierischer Pflanzenschädlinge geeignet.

Wenn man dieser chemisch wenig präzisierenden Arbeit auch mit Reserve gegenüberstehen wird, da eine Charakterisierung der Inhalts-

stoffe durchaus fehlt, so ist doch ein Teil davon mit anderen Literatur-
angaben vereinbar. Yamafuji (*88b*) hat aus japanischem Tabak in einer
Menge von 0,4—0,5% ein Glucosid *Tabacilin* isoliert, das bei der sauren
Hydrolyse neben anderen Produkten Glucose und Nicotin geliefert hat.
Auch Tabacilin reagiert sauer, es ist gegen 2-proz. Lauge beständig; es
ist in Alkohol und Chloroform leicht löslich, in Wasser schwer.

Die starke, schnelle Giftwirkung des Nicotins haben schon seine Ent-
decker Posselt und Reimann (6) an Kaninchen und Hunden bei peroraler
Darreichung festgestellt. Deshalb ist die medizinische Verwendung des
Tabaks rasch abgekommen. Da bekanntlich Tabak auch gekaut und geschnupft werden kann, haben Vohl und Eulenberg (*17a*) den Nicotingehalt der dazu dienenden Tabaksorten untersucht und mit höchstens
0,06% angegeben; auch in dieser Angabe sind sie später nicht bestätigt
worden. Eine Bestimmung aus neuester Zeit gibt für Kautabake Nicotin-
gehalte von 2,15—3,53% Nicotin an [W. Koenig (*89*)].

Wirtschaftlich bedeutungsvoll ist das Nicotin als *Insektenvertilgungs-
mittel* und es wird für diesen Zweck in Form der Tabaklauge oder des
Nicotin-sulfats verwendet. Auch Anabasin ist ein sehr wirksames In-
sektengift. Alle Tiere haben einen tiefen Abscheu gegen den Tabakrauch
(*9b*), die Weidetiere berühren die *Anabasis aphylla* nicht (*60a*). Insekten
werden vom Rauch schnell betäubt (*9b*). Besonders empfindlich sind
höhere Tiere gegen Nicotin, z. B. Katzen und Vögel. In Mengen, welche
nicht zum Tode führen, greift die Nicotinwirkung an verschiedenen
Organen an; die charakteristische Beinstellung des Frosches kann zum
Nachweis kleinster Nicotinmengen dienen. Eine eingehendere Zusammenfassung über die Pharmakologie des Nicotins findet man bei Winterstein
und Trier (*90*), über die Wirkung des Rauchens auf den menschlichen
Organismus berichten Wenusch und Schöller (*91*).

Stark toxisch als Schädlingsbekämpfungsmittel sind auch einige Abkömmlinge des Nicotins, wie m-Nicotin (XV), ferner Dihydro-m-nicotin
und Nicotyrin (XXII) (*62e*). Weiters liegen vergleichende Untersuchungen
vor, in denen auch Anabasin (LIII), d,l-Nornicotin (XXIX) und d,l-
Nicotin berücksichtigt sind [Campbell, Sullivan und Smith (*62a, 58a*);
Richardson, Craig und Hansbury (*62c*); Craig und Richardson
(*62d*)]. Über die 2,2'-Nicotinreihe liegen gleichfalls Untersuchungen vor
(*46b, 62c*). d,l-2,2'-Nicotin hat sich gegenüber verschiedenen Tieren und
Pflanzen als weniger giftig erwiesen als das natürliche l-3,2'-Nicotin und
wirkt z. B. auf den Frosch 15mal schwächer als dieses; in der Blutdruck-
wirkung steht es dem Naturstoff im Verhältnis 1 : 8 nach. Eine Untersuchung der Wirkung des später als Gemisch erkannten, also keine
charakteristische Verbindung vorstellenden „Nicoteins" und des d-Nicotins referiert Pictet (*22a*). d-Nornicotin wurde pharmakologisch von
Hicks, Brücke und Hueber (*63c*) untersucht.

Pictet hat eingehende Betrachtungen über die konstitutionellen Zusammenhänge zwischen Alkaloiden und anderen Pflanzenstoffen angestellt, um daraus die *Entstehung der Alkaloide* und den Zweck, welchen die Pflanzen mit ihrer Bildung verfolgen, zu beurteilen. Nach seiner Auffassung sind die Alkaloide nicht Produkte des Aufbaues durch Assimilation der einfachsten Nährstoffe, sondern im Gegenteil Ausscheidungs- bzw. Desassimilations-Produkte, welche durch Zerstörung der komplizierteren Materialien im Laufe des Stoffwechsels gebildet werden. Sie sind stickstoffhaltige Abfallsprodukte zellularer Umwandlungen und können in diesem Sinne mit Harnstoff, Hippursäure und ähnlichen Produkten des tierischen Stoffwechsels verglichen werden. Im Falle des Nicotins zieht Pictet (*22 b*) die Pyrrolkerne aus den Prolinresten der Albumine in Betracht, die durch Ringerweiterung, für die im Formaldehyd die nötigen C-Atome zur Verfügung stehen, in Pyridine umgewandelt werden könnten. In einem Modellversuch will Pictet (*22 b*) nicht nur das hypothetische Zwischenprodukt (LXXVII) erhalten haben, sondern es soll auch ein rohes Kondensationsprodukt des Pyrrols mit Formaldehyd durch Zinkstaubdestillation in 2-Methylpyridin übergegangen sein, womit die Ringerweiterungsmöglichkeit grundsätzlich gegeben schien.

Paris (*93 a*) meint, daß es unwahrscheinlich ist, daß die Alkaloide im allgemeinen und das Nicotin im besonderen Abfallsprodukte oder Abwehrstoffe des Pflanzenorganismus darstellen. Es scheinen vielmehr enge Wechselbeziehungen zwischen ihnen und den Eiweißbausteinen zu bestehen.

Auch Rosenthaler (*98 d*) vertritt die Auffassung, daß die Alkaloide des Tabaks höchstens zum Teil Exkrete sind, immerhin aber im Stoffwechsel eine Rolle spielen dürften.

Trier (*90*) hat die Möglichkeit weiter diskutiert, daß das Nicotin aus einer einzigen Eiweiß-aminosäure, dem Prolin, aufgebaut werden könnte. Klein und Linser (*94 a*) haben durch Fütterung der Tabakpflanze mit Prolin, Ornithin und Glutaminsäure eine Steigerung des Nicotingehalts erreicht. Sie sprachen auf Grund dieses Befundes das Prolin als Ausgangssubstanz sowohl des Pyrrolidinkomplexes wie auch des Nicotinsäurerestes an. Ihre Versuche konnten jedoch von Gorter (*94 b*) nicht reproduziert werden.

Aus einer kurzen Bemerkung von P. Koenig (*106 a*) geht hervor, daß dieser Autor die Biosynthese des Nicotins bearbeitet und einige wichtige Zwischenkörper isoliert hat.

(LXXVII)   (XIX)

Eine von Bhargava und Dhar (*95 a*) angegebene Photosynthese des Nicotins, welches nach diesen Autoren durch Belichten ammoniakalischer

Formaldehydlösungen mit tropischem Sonnenlicht bei Gegenwart gewisser anorganischer Katalysatoren vor sich gehen sollte, hatte wenig Wahrscheinlichkeit für sich; Watson und Vaidya (95b) haben diese überraschenden Befunde demgemäß in keiner Weise bestätigen können.

Bestimmung des Nicotins.

Wegen der Bedeutung des Nicotins und wegen der sehr großen Schwankungen, denen der Nicotingehalt in frischen und industriell gefertigten Tabaken unterworfen ist, haben zahlreiche Forscher sich mit Methoden zur *Bestimmung des Nicotins* beschäftigt, die in physiologische, titrimetrische, gravimetrische, polarimetrische, colorimetrische und nephelometrische unterteilt werden können. In einer Übersicht über eine Reihe dieser Verfahren kommen P. Koenig und Dörr (92a) zu dem Schlusse, daß eine modifizierte Silikowolframat-Methode (92b) oder eine verbesserte Pikratmethode am besten entspricht. Diese heute weitgehend akzeptierte Auffassung bedeutet eine Überlegenheit der gravimetrischen Bestimmung, die vor allem wegen der Nebenbasen spezifischer ist als alle anderen Verfahren. Die älteste Nicotinbestimmungsmethode, von Schloesing (3b), findet trotz ihrer Fehlerquellen noch heute gelegentlich Verwendung (96a). Eine kritische Zusammenstellung über eine Reihe älterer Verfahren gab Kissling (97a), der auch selbst wesentliche Beiträge zu diesem analytischen Problem geliefert hat und Verfasser einer der wichtigsten Monographien auf dem Gebiete des Tabaks ist (97b). In neuerer Zeit beherrscht die Methode von Pfyl und Schmitt (96b) weitgehend die Analytik des Nicotins; sie ist auch für Rauchgasanalysen tauglich und besteht darin, daß die nicotinhaltige Lösung mit Salzen und Alkali versetzt und mit Wasserdampf destilliert wird. · Im Dampfdestillat wird das Nicotin als Dipikrat gefällt und dieses unter bestimmten Bedingungen erst gegen Phenolphtalein titriert, dann zur Reinheitskontrolle noch die freigemachte Base gegen Jodeosin. Doch hat diese Methode in fast allen Einzelheiten Kritik erfahren, ist aber jetzt zu einem sehr brauchbaren Verfahren ausgebaut worden (92a, b); auch bei Gegenwart von Nebenbasen hat sie sich bewährt (83b), doch stören Myosmin (52b) und Anabasin (61c), welche freilich normalerweise im Tabak, bzw. im Rauch keine wesentliche Rolle spielen.

Für die quantitative Bestimmung des sogenannten „Nicoteins" hat Hatt (51) eine Methode angegeben, die darauf beruht, daß das „Nicotein" gleich dem Nicotin als Base linksdrehend ist, während es zum Unterschied vom Hauptalkaloid in saurer Lösung keine Drehungsumkehr erfährt. Die an sich interessante Methode hat dadurch an Wert verloren, daß das Nicotein gar kein chemisches Individuum war. Von den heute bekannten Tabakbasen zeigt nur das l-Anatabin als Salz wie als Base Linksdrehung, ist aber, wie S. 273 ausgeführt, von Razemat begleitet, ferner von anderen optisch aktiven Nebenbasen, wie Nornicotin und Anabasin; die letztgenannten Basen zeigen in saurer Lösung Drehungsumkehr.

Biochemie des Tabaks, Rauchvorgang.

Der Nicotingehalt reifer Tabaksamen ist, wie viele Autoren festgestellt haben, nahezu Null; nach ILJIŃ (98a) enthalten ganz unreife Samen noch 0,1% Nicotin, mit fortschreitender Reife geht der Gehalt weiter zurück und sinkt im reifen Samen auf höchstens eine Spur ab. Behandeln mit Nicotinsalzen schädigt die Keimung (98c). Die keimenden Pflänzchen sind nicotinfrei, erst bei der Ausbildung des fünften Blattes [P. KOENIG (98b)] oder bei 9—11tägigen Pflänzchen [VICKERY und PUCHER (55)] kann Nicotin nachgewiesen werden. Hierfür benutzt die Pflanze, wie VICKERY und PUCHER (55) meinen, keine äußeren Stickstoffquellen, außer vielleicht Luftstickstoff. Bestrahlt man Tabaksamen mit Licht verschiedener Wellenlängen, wobei dann zur Keimung normale Bedingungen geboten werden, so kann nach KUSMENKO (99a) je nach der angewandten Wellenlänge eine fördernde oder verzögernde Wirkung auf das Wachstum sowie Einfluß auf den Nicotingehalt festgestellt werden. Eine kurze Röntgenbestrahlung der Tabaksamen ist nach den Untersuchungen indischer Autoren (99b) vorteilhaft. Von welchem Einfluß die verschiedensten Faktoren, Sorte des Tabaks, Vegetationsstadium, Düngung, Beschattung, Klima usw. sind, geht auch aus folgenden Beobachtungen hervor, für die jeweils die zitierten Autoren verantwortlich gemacht werden sollen, da eine Kritik nicht ohne weiteres möglich erscheint.

Innerhalb derselben Pflanze steigt der Nicotingehalt der Einzelblätter von unten nach oben an z. B. P. KOENIG (92a)], nach anderen Befunden liegt das Nicotin-maximum nicht ganz an der Spitze [z. B. ANDREADIS und TOOLE (93b)], ja selbst das umgekehrte Verhältnis ist beobachtet worden (93a). Auch im Blatt ist das Nicotin nicht gleichmäßig verteilt, die Blattrippen sind nicotinärmer als die Spreite, und diese wieder zeigt den Höchstgehalt an Nicotin am Rande und an der Spitze (93c). Es wird angenommen, daß das Nicotin an Stellen intensivster Lebenstätigkeit am reichlichsten vorhanden ist [BERNARDINI (98c)], wie z. B. auch an verwundeten Stellen des Blattes. Eingehender sind diese Verhältnisse in entsprechenden Monographien behandelt (97b, 85, 100). Man darf wohl annehmen, daß die zum Teil widersprechenden Befunde durch Untersuchung verschiedenen Materials oder in verschiedener Vegetationsstufe u. dgl. verursacht sind. Im ganzen weisen die Tabakblätter zur Zeit der vollen Blüte den höchsten Nicotingehalt auf; zur Zeit der Ernte liegt er um etwa 45% tiefer VLADESCU (101a)]. Noch während des Wachstums wandelt sich das Nicotin zum Teil in ungiftige Aromakörper um [MARTINIUS (101b)]. Amerikanische Autoren haben eine deutliche Translocation des Nicotins in die Früchte angegeben [THEROX und CUTLER (101c)].

Vom frisch geernteten Tabak bis zum rauchfertigen Fabrikat macht das Pflanzenmaterial noch eine Reihe von Prozessen durch, Trocknung, Fermentation usw., welche tiefgreifende Veränderungen in der chemischen Zusammensetzung hervorrufen können; auch der Nicotingehalt wird dabei stark beeinflußt. In der Regel nimmt er bedeutend ab, doch wollen Vélez und Mira (*96a*) auch eine Zunahme beobachtet haben. Der Nicotinabbau wird als katalatisch-enzymatischer Vorgang aufgefaßt (*102c*); es entsteht dabei weder Pyridin noch Pyrrolidin, Ammoniak oder Methylamin (*102a, b*). Auch hier sind noch viele Unsicherheiten vorhanden und die Auffassungen geteilt.

Bei der hohen Giftigkeit des Nicotins ist von größter Wichtigkeit die Frage, *wieviel davon in den Organismus des Rauchers übergeht*; bekanntlich ist die Nicotinmenge, welche in einer einzigen mittleren Zigarre enthalten ist, bei peroraler Darreichung für den Erwachsenen tödlich. Ganz anders liegen aber die Dinge beim Rauchvorgang. Dabei ist zunächst die Unterscheidung der Rauchtabake in zwei Gruppen nach Wenusch (*74a, b*) wichtig, die als saure und alkalische Gruppe bezeichnet werden. Diese Bezeichnungen gehen von der Reaktion des Hauptstromrauches aus (d. i. der in den Mund gelangende Rauch, auch „Innenrauch" genannt, zum Unterschied vom Nebenstromrauch oder „Außenrauch", welcher vom brennenden Ende, z. B. beim freiwilligen Abglimmen, aufsteigt).

Die beiden Gruppen unterscheiden sich bei zahlreichen chemischen Reaktionen charakteristisch voneinander. Tabake der sauren Gruppe, zu denen die Orienttabake gehören, werden für Zigaretten und kurze Pfeifen verwendet; sie geben das Nicotin im Zustand fein versprühter Salze in den Hauptrauch ab, den der Raucher zur Erhöhung der Nicotinwirkung inhalieren kann. Zigarrentabake, von denen die amerikanischen und ostindischen erwähnt seien, gehören der alkalischen Gruppe an; in ihrem Hauptstrom tritt ein Teil des Nicotins schubartig als freie Base auf (*103a*); der Nicotinschub ist von starker physiologischer Bedeutung. Für die Stärke oder Schwere sowie für die Qualität des Rauchgutes ist der Nicotingehalt nicht unmittelbar als Maßstab zu verwenden, zur Erzielung eines harmonischen Aromas ist die ausgewogene Zusammensetzung von größerer Bedeutung.

Untersuchungen des Tabakrauches liegen zum Teil schon sehr weit zurück. Die ältesten Abrauchvorrichtungen waren Pfeifen, oft in übernormaler Größe, oder Mundstücke, in denen das Rauchgut durch den Sog eines Aspirators verbrannte; im entstehenden Tabaksaft wies 1843 Melsens (*9b*) das Nicotin nach. Vor ihm hat Zeise (*17b*) bei einer Untersuchung des Tabakrauches nichts über ein Vorkommen von Nicotin berichtet. Völlig abzulehnen ist auch eine umfangreiche Arbeit von Vohl und Eulenberg (*17a*), die über die analysenreine Isolierung des Pyridins und seiner Homologen (bis C_{12}) aus Tabakrauch berichtet haben, Nicotin aber nicht fanden.

In neuerer Zeit hat man durch Untersuchungen vieler Autoren erkannt, daß die Zusammensetzung des Rauches von sehr vielen Einflüssen abhängig ist, wie Zahl und Dauer der einzelnen Züge, Länge der Rauchpause zwischen zwei Zügen, Länge des zurückbleibenden Stummels, Feuchtigkeit des Tabaks, Druck- und Saugverhältnisse bei jedem Zug usw. Man vergleiche hierüber eine Monographie von WENUSCH (74c). Durch weitgehende Anpassung der Abrauchvorrichtung und des künstlichen Abrauchprozesses gelangen aber heute schon wichtige Feststellungen, aus welchen hervorgeht, daß die Nicotinaufnahme, selbst beim Inhalieren, geringer ist als man vermuten könnte, rund 1 mg beim Inhalieren einer Zigarette (83c). Von Einfluß auf den Übergang des Nicotins in den Organismus ist auch das Klima, in welchem das Rauchgut verraucht wird (83b, 83c, 103b, 104a).

Um empfindliche Raucher vor der Nicotinwirkung zu bewahren, hat die Technik eine Reihe von Verfahren ausgearbeitet, welche die *Entfernung des Nicotins* ganz oder teilweise bezwecken. Da diese Maßnahmen unter Erhaltung der für das Aroma wichtigen Inhaltsstoffe vorgenommen werden sollen, ist das Problem schwierig zu lösen, doch sind gute Erfolge erzielt worden. Weit ungünstiger sind die Nicotinverminderungen durch Filter, Einspritzung chemischer Lösungen usw. MARION (104b) hat aus einer Anzahl Filter, durch welche 500 Zigaretten abgeraucht worden waren, nur 650 mg Nicotin gewinnen können. Analytisch sind Wirkungen solcher Nicotinfänger aber schwer zu beurteilen, weil sie wesentliche Änderungen des Abrauchvorganges bedingen vgl. (104c).

Einen anderen Weg zur Verminderung des Nicotingehalts im Tabakrauch beschreiten die Versuche von P. KOENIG. Es ist diesem Autor gelungen, im Tabakforschungsinstitut Forchheim Tabake zu züchten, welche im dachtrockenen Zustand praktisch nicotin*frei* sind. So verfügt er heute über reine Tabakstämme, welche nur 0,0—0,2% Nicotin enthalten und weder im Geruch noch im Geschmack minderwertig sind (105, 106a). PYRIKI (106b) läßt Tabake mit 0,2% Nicotin als „nicotinfrei" passieren, weil solche Tabake nach seinen Befunden kein Nicotin mehr an den Hauptstromrauch abgeben.

Da aber anderseits Nicotin als Insekticid von wirtschaftlicher Bedeutung ist, hat SCHLOESING jun. (107) vor einiger Zeit versucht, durch geeignete Lebens- und Kulturbedingungen die Nicotinproduktion der Pflanzen zu *steigern*; das angestrebte Ziel ließ sich aber damals nicht erreichen. P. KOENIG konnte eine künstliche Erhöhung des Nicotingehalts der grünen Tabakpflanzen durch bestimmte Düngung erzielen. Einschneidenderen Erfolg brachte ihm aber die Züchtung reiner Stämme von *Nicotiana rustica*, welche schließlich bis zu 12% Nicotin führten (105). Die zur Schädlingsbekämpfung dienenden Tabaklaugen enthalten in der Regel rund 10% Nicotin. In letzter Zeit gelang es SOUZA (108), in einfacher Weise Extrakte mit einem Nicotingehalt bis 21% zu gewinnen, wodurch ein rationellerer Versand ermöglicht erscheint.

Tabellen.

Tabelle I. Eigenschaften der Tabak- und Tabakrauchbasen.

Name	Brutto-formel	Entdecker im Tabak bzw. Rauch	Schmelz-punkt in °C	Siedepunkt (bei 1 Atm.) in °C	Vakuum-Siedepunkt in °C	Druck in mm	Spezifische Drehung in Grad	Dichte	Brechung	Dampf-flüchtigkeit	Löslich-keit in Wasser
Trimethylamin	C_3H_9N	SPÄTH und ZAJIC		4						ja	leicht
Pyrrolidin	C_4H_9N	PICTET und COURT		88				$d^{22,5} = 0{,}8520$		ja	leicht
Pyridin	C_5H_5N	WENUSCH und SCHÖLLER		115				$d_4^{21} = 0{,}9808$	$n_D^{17,3} = 1{,}5107$	ja	leicht
N-Methylpyrrolin	C_5H_9N	PICTET und COURT		80						ja	leicht
Piperidin	$C_5H_{11}N$	SPÄTH und ZAJIC		106	17,5	20		$d_4^{20} = 0{,}8615$	$n_D^{18,7} = 1{,}4535$	ja	leicht
Nicotoin	$C_8H_{11}N$	NOGA		208				$d_4^{21} = 0{,}9545$	$n_D^{20} = 1{,}5105$		löslich
Pyridyläthylketon	C_8H_9ON	SCHÖLLER		232							
Myosmin	$C_9H_{10}N_2$	WENUSCH und SCHÖLLER	45							ja	
l-Nornicotin	$C_9H_{12}N_2$	SPÄTH und ZAJIC, unrein EHRENSTEIN		267	117	4	$-88{,}8^1$	$d_4^{18,5} = 1{,}0737$	$n_D^{18,5} = 1{,}5378$	schwer	leicht
d-Nornicotin	$C_9H_{12}N_2$	SPÄTH, HICKS und ZAJIC, unrein HICKS und LE MESSURIER					$+88{,}8^1$	$d_4^{10} = 1{,}0757$	$n_D^{18,3} = 1{,}5490$		leicht
d,l-Nornicotin	$C_9H_{12}N_2$	SPÄTH und KESZTLER		267	140	12		$d_4^{19} = 1{,}044$			leicht
2,3'-Dipyridyl	$C_{10}H_8N_2$	SPÄTH und ZAJIC		294	137	4				nein	schwer

Nicotellin............	$C_{10}H_8N_2$	PICTET und ROTSCHY	148	wenig über 300						nein	schwer
Nicotyrin............	$C_{10}H_{10}N_2$	WENUSCH; SPÄTH und ZAJIC		280	150	15		$d^{13} = 1,124$			schwer
l-Anatabin............	$C_{10}H_{12}N_2$	SPÄTH und KESZTLER			146	10	$-177,8^2$	$d_4^{19} = 1,091$	$n_D^{20} = 1,5676$		
d,l-Anatabin...........	$C_{10}H_{12}N_2$	SPÄTH und KESZTLER						$d_4^{20} = 1,086$	$n_D^{20} = 1,5655$		
„Nicotein"	$C_{10}H_{12}N_2$	PICTET und ROTSCHY		267			$-46,4^2$	$d_4^{12,5} = 1,0778$	$n = 1,5602$	nein	leicht
„Isonicotein"	$C_{10}H_{12}N_2$	NOGA		293				$d_4^{20} = 1,0984$	$n_D^{20} = 1,5749$	nein	schwer
l-Nicotin............	$C_{10}H_{11}N_2$	POSSELT und REIMANN		246	113	10	$-168,5^1$	$d_4^{20} = 1,0092$	$n_D^{22,4} = 1,5239$	ja	leicht
d,l-Nicotin	$C_{10}H_{14}N_2$			243	113	11		$d_4^{20} = 1,0081$	$n_D^{20} = 1,5289$	ja	leicht
l-Anabasin	$C_{10}H_{11}N_2$	SPÄTH und KESZTLER		276	146	15	$-82,2^1$	$d_{20}^{20} = 1,0455$	$n_D^{20} = 1,5430$	schwer	leicht
d,l-Anabasin...........	$C_{10}H_{14}N_2$	SPÄTH und KESZTLER		282							
„Nicotimin"	$C_{10}H_{11}N_2$	PICTET und ROTSCHY		255						ja	ja
N-Methyl-l-anatabin	$C_{11}H_{14}N_2$	SPÄTH und KESZTLER					$-171,4$	$d_4^{18} = 1,036$			
N-Methyl-l-anabasin	$C_{11}H_{16}N_2$	SPÄTH und KESZTLER		268	121	7	$-143,8$	$d_4^{18} = 1,003$	$n_D^{15} = 1,5328$		leicht

[1] In salzsaurer Lösung Drehungsumkehr.   [2] In salzsaurer Lösung gleiche Drehungsrichtung.

Tabelle 2. Nicotinähnliche Basen.

Name der Base	Bruttoformel	Siedepunkt (bei 1 Atm.)	Schmelz-punkt	Dichte	Brechung	Jod-methylat Schmelz-punkt	Platinsalz Schmelz-punkt	Pikrat Schmelz-punkt	Pikrolonat Schmelz-punkt
N-[Pyridyl-(2)]-pyrrol	$C_9H_8N_2$	259	17			141		143	
2,2'-Nornicotyrin	$C_9H_8N_2$		90			148		223	
2,3'-Nornicotyrin	$C_9H_8N_2$		132			167		211	
N-[Pyridyl-(3)]-pyrrol	$C_9H_8N_2$	251		$d_4^{21} = 1{,}1044$		241	190	178	
3,2'-Nornicotyrin	$C_9H_8N_2$		101			171			
3,3'-Nornicotyrin	$C_9H_8N_2$		140					199	255
2,2'-Nornicotin	$C_9H_{12}N_2$							166	
3,3'-Nornicotin	$C_9H_{12}N_2$							239	
2,2'-Nicotyrin	$C_{10}H_{10}N_2$	273						143	
2,3'-Nicotyrin	$C_{10}H_{10}N_2$		44			146		194	
N-Methylmyosmin	$C_{10}H_{12}N_2$	248				242	üb. 300	164	
Dehydronicotin	$C_{10}H_{12}N_2$	265—275						208	
Anabasein	$C_{10}H_{12}N_2$							174	
raz. Nicotin	$C_{10}H_{14}N_2$	243		$d_4^{20} = 1{,}0084$	$n_D^{20} = 1{,}5289$	220	250	229	239
m-Nicotin	$C_{10}H_{14}N_2$	278		$d_4^{19,7} = 1{,}0017$	$n_D^{19,7} = 1{,}5551$		255	163	225
α,α'-Nicotin	$C_{10}H_{14}N_2$				$n_D^{20} = 1{,}5522$		219	181	
β,β'-Nicotin	$C_{10}H_{14}N_2$							195	
Dihydro-m-nicotin	$C_{10}H_{16}N_2$	262		$d_4^{15} = 0{,}959$			197	162	
Hexahydronicotin	$C_{10}H_{20}N_2$	245	37				228	201	
Hexahydro-m-nicotin	$C_{10}H_{20}N_2$	250		$d_4^{20} = 0{,}9578$			225		
Octahydro-m-nicotin	$C_{10}H_{22}N_2$	260		$d_4^{22} = 0{,}9173$			202	285	

Tabelle 3. Schmelzpunkte von Salzen und Derivaten der Tabak- und Tabakrauchbasen (°C).

Name der Base	Perchlorat	Chlorhydrat	Goldsalz	Platinsalz	Quecksilbersalz	Pikrat	Trinitro-m-kresolat	Pikrolonat	N-Benzoylderivat	Sonstige
Trimethylamin		278		245	112	216		256		
Pyrrolidin			206	200		112				
Pyridin		82	329	242	178	164				
N-Methylpyrrolin ..			191					222		
Piperidin..........		243		201		152		248		
Nicotoin		ja		ja	ja	ja				
Pyridyl-(3)-äthyl-keton					130			159[1]		Oxim 115
Nornicotyrin				150	179	203		250		
N-Pyridyl-(3)-pyrrol				190	189	178				
Myosmin						185		213		Styphnat 198[1]
l-Nornicotin	186					192	200	253		
raz. Nornicotin.....			217	295		194		240		2,4-Dinitro-benzoyl-derivat 160
3,3'-Pyridylpyrrolidin						239				
2,3'-Dipyridyl						168				
Nicotellin			üb. 170	üb. 290	201					Bichromat über 250
Nicotyrin				160		171	172			
l-Anatabin						193	192	235		
raz. Anatabin......	130					202	141	235		p-Nitrobenzoylderivat 96
N-Methylmyosmin				üb. 300		164	187			
Dehydronicotin				üb 260		208				
Anabasein........						174				
Nicotein			186	üb. 280		165				
Isonicotein		ja	ja	ja	ja	ja				
l-Nicotin			üb. 180	280	130	224	208	219		
raz. Nicotin			187	250		229	205	239		
l-Anabasin						200		237	83	p-Nitrobenzoylderivat 128
raz. Anabasin.....						214	142	259	95	
m-Nicotin.........			160	255		163		225	83	

[1] Schmelzpunkt im Apparat von KOFLER-HILBCK.

Fortsetzung von Tabelle 3.

Name der Base	Perchlorat	Chlorhydrat	Goldsalz	Platinsalz	Quecksilbersalz	Pikrat	Trinitro-m-kresolat	Pikrolonat	N-Benzoylderivat	Sonstige
Nicotimin			185		190	163 (180)				
Dihydro-m-nicotin			138	197		162				
N-Methyl-l-anatabin						208	229			
N-Methyl-l-anabasin					129	238	232	236		
Obelin						272[1]		270[1]		
Lathraein								150[1]		
α-Sokratin								104[1]		
β-Sokratin						150[1]		130[1]		
γ-Sokratin								256[1]		
Anodmin..........						254[1]		320[1]		
Lohitam										
Gudham								160[1]		
Poikilin						150[1]				

Literaturverzeichnis.

1. Hermbstädt, S. F.: Bemerkungen über das Nicotianin und seine Eigenschaften. Schweigg. J. Chem. Phys. **31**, 442 (1821).

2a. Tiedemann, F.: Geschichte des Tabaks und anderer ähnlicher Genußmittel. Frankfurt, 1854.

2b. Thebesius, G. D.: Deutliche und ausführliche Nachricht vom Rauch- und Schnupftabak. Halle: Verlag Hendels, 1751.

3a. Schloesing, Th.: Mémoire sur la nicotine et sur son dosage dans les tabacs en feuilles ou manufacturés. C. R. Acad. Sciences **23**, 1142 (1846).

3b. — Ann. chim. phys. [3], **19**, 230 (1847).

4. Fravenknecht, J. J.: Dissert. de geminis viribus Tabaci. Halle-Magdeburg: Verlag Hendel, 1746.

5a. Vauquelin, L. N.: Analyse de deux variétés de tabac, nicotiana tabacum latifolia et angustifolia. Ann. Muséum d'Hist. nat. **13**, 254 (1809).

5b. — Sur l'analyse des differents tabacs préparés. Ann. Muséum d'Hist. nat. **14**, 21 (1809).

6. Posselt, W. u. L. Reimann: Chemische Untersuchung des Tabaks und Darstellung eines eigentümlichen wirksamen Prinzips dieser Pflanze. Geigers Mag. Pharmac. **24**, 138 (1828); **25**, Heft 2, 57 (1829).

7a. Barral, J. A.: Premier mémoire sur le tabac. C. R. Acad. Sciences **21**, 1374 (1845).

7b. — Note sur la formule de la nicotine. Ann. chim. phys. [3], **20**, 345 (1847); Chem. Zbl. **1847**, 622.

8a. Gawalowski, A.: Über das sogenannte Nicotianin (Tabakcampher). Chem. Zbl. **1902** II, 1000.

8b. Wenusch, A.: Pharmaz. Zentralhalle Deutschland **77**, 485 (1936).

---

[1] Schmelzpunkt im Apparat von Kofler-Hilbck.

9a. MELSENS, L. H. F.: Notiz über das Nicotin. Liebigs Ann. Chem. **49**, 353 (1844).

9b. — Note sur la nicotine. Ann. chim. phys. [3], **9**, 465 (1843).

10a. HUBER, C.: Vorläufige Mitteilung. Ber. dtsch. chem. Ges. **3**, 849 (1870).

10b. — Vorläufige Notiz über einige Derivate des Nicotins. Liebigs Ann. Chem. **141**, 271 (1867).

11. WEIDEL, H.: Zur Kenntnis des Nicotins. Liebigs Ann. Chem. **165**, 328 (1873).

12a. LAIBLIN, R.: Zur Kenntnis des Nicotins. Ber. dtsch. chem. Ges. **10**, 2136 (1877).

12b. — Über Nicotin und Nicotinsäure. Liebigs Ann. Chem. **196**, 129 (1879).

13. ANDERSON, TH.: Vorläufige Notiz über die Wirkung der Salpetersäure auf organische Alkalien. Liebigs Ann. Chem. **75**, 80 (1850).

14. PLANTA, A. V. u. A. KEKULÉ: Beiträge zur Kenntnis einiger flüchtiger Basen. Liebigs Ann. Chem. **87**, 1 (1853).

15. ANDREONI, G.: Sulla nicotina. Gazz. chim. ital. **9**, 169 (1879).

16a. PINNER, A. u. RÖWER: Über Nicotin. Die Konstitution des Alkaloids. Ber. dtsch. chem. Ges. **26**, 292 (1893).

16b. — — Über Nicotin. (IV. Mitteilung.) Ber. dtsch. chem. Ges. **25**, 2807 (1892).

17a. VOHL, H. u. H. EULENBERG: Über die physiologische Einwirkung des Tabaks als narkotisches Genußmittel mit besonderer Berücksichtigung der Bestandteile des Tabakrauches. Arch. Pharmaz. [2], **147**, 130 (1871).

17b. ZEISE, W. CH.: Untersuchung der Produkte von der trockenen Destillation des Tabaks und über die chemische Beschaffenheit des Tabakrauchs. Liebigs Ann. Chem. **47**, 212 (1843).

18. WISCHNEGRADSKI, A. (1879); mitgeteilt von A. KRAKAU: Zur Kenntnis des Chinolins und einiger anderer Alkaloide. Ber. dtsch. chem. Ges. **13**, 2315 (1880).

19a. CAHOURS, A. et A. ÉTARD: Note sur de nouveaux dérivés de la nicotine. C. R. Acad. Sciences **90**, 275 (1880). Sur un nouveau dérivé de la nicotine, obtenu par l'action du sélénium sur cette substance. C. R. Acad. Sciences **92**, 1079 (1881). Sur l'hydronicotine et l'oxynicotine. C. R. Acad. Sciences **97**, 1218 (1883).

19b. — — Sur la nicotine. Bull. Soc. chim. France [2], **34**, 449 (1880).

20. PICTET, A.: Die Pflanzenalkaloide und ihre chemische Konstitution, deutsch von R. WOLFFENSTEIN, 1891.

21a. PINNER, A. u. R. WOLFFENSTEIN: Über Nicotin. Ber. dtsch. chem. Ges. **24**, 61 (1891).

21b. — — Über Nicotin. Ber. dtsch. chem. Ges. **24**, 1373 (1891).

21c. — — Über Nicotin. (III. Mitteilung.) Ber. dtsch. chem. Ges. **25**, 1428 (1892).

22a. PICTET, A.: Untersuchungen über die Alkaloide des Tabaks. Arch. Pharmaz. **244**, 375 (1906).

22b. — Über die Bildungsweise der Alkaloide in den Pflanzen. Arch. Pharmaz. **244**, 389 (1906).

23. SKRAUP, ZD. H. u. A. COBENZL: Über α- und β-Naphthochinolin. Mh. Chem. **4**, 459 (1883).

24a. BLAU, F.: Zur Konstitution des Nicotins. Ber. dtsch. chem. Ges. **24**, 326 (1891).

24b. — Über das α,β-Dipiperidyl. Mh. Chem. **13**, 330 (1892).

24c. — Zur Konstitution des Nicotins. (4. Mitteilung.) Ber. dtsch. chem. Ges. **27**, 2535 (1894).

25a. PINNER, A.: Über Nicotin. (I. Mitteilung.). Arch. Pharmaz. **231**, 378 (1893).

25b. — Über Nicotin. (II. Mitteilung.) Arch. Pharmaz. **233**, 572 (1895).

25c. — Über Nicotin. (IX. Mitteilung.) Ber. dtsch. chem. Ges. **28**, 456 (1895).

26a. Pinner, A.: Uber Nicotin (Metanicotin). (VII. Mitteilung.) Ber. dtsch. chem. Ges. **27**, 1053 (1894).

26b. — u. N. Caro: Über Nicotin. (VIII. Mitteilung.) Ber. dtsch. chem. Ges. **27**, 2861 (1894).

27. Blau, F.: Zur Constitution des Nicotins. Ber. dtsch. chem. Ges. **26**, 628 (1893).

28. Étard, A.: Sur la saturation des azotes de la nicotine et sur une acétylnicotine. C. R. Acad. Sciences **117**, 170 (1893). La benzoylnicotine. C. R. Acad. Sciences **117**, 278 (1893). Remarques sur les notes précédentes de M. Pinner. Bull. Soc. chim. France [3], **14**, 342 (1895).

29. Herzig, J. u. H. Meyer: Über den Nachweis und die Bestimmung des an Stickstoff gebundenen Alkyls. Mh. Chem. **15**, 613 (1894).

30a. Pictet, A. u. P. Crépieux: Über Phenyl- und Pyridylpyrrole und die Constitution des Nicotins. Ber. dtsch. chem. Ges. **28**, 1904 (1895).

30b. — — Über die Hydrierung des Nicotyrins. Ber. dtsch. chem. Ges. **31**, 2018 (1898).

31a. Ehrenstein, M.: Zur Kenntnis der Alkaloide des Tabaks. Arch. Pharmaz. u. Ber. dtsch. pharm. Ges. **269**, 627 (1931).

31b. — Über zwei neue Alkaloide des Tabaks. Chemiker-Ztg. **52**, 755 (1928).

31c. — Über die neuere Entwicklung der Chemie und Biochemie des Tabaks. Arch. Pharmaz. u. Ber. dtsch. pharm. Ges. **268**, 430 (1930).

32a. Wibaut, J. P. u. E. Dingemanse: Die Synthese einiger α-Pyridylpyrrole und zweier Isomere des Nicotyrins. Rec. Trav. chim. Pays-Bas **42**, 1033 (1923).

32b. — u. A. Coppens: Über C-(α-Pyridyl)-N-methylpyrrole II. Rec. Trav. chim. Pays-Bas **43**, 526 (1924).

32c. — u. H. P. L. Gitsels: Formation of 2-(3-pyridyl)-pyrrole and 3-(3-pyridyl)-pyrrole by the thermal decomposition of N-(3-pyridyl)-pyrrole. Rec. Trav. chim. Pays-Bas **57**, 755 (1938).

33a. Späth, E. u. P. Kainrath: Über die Pictetsche Nicotinsynthese. (XV. Mitteilung über Tabakalkaloide.) Ber. dtsch. chem. Ges. **71**, 1276 (1938).

33b. — u. F. Kuffner: Eine Vereinfachung der Pictetschen Nicotinsynthese. (II. Mitteilung über Tabakbasen.) Ber. dtsch. chem. Ges. **68**, 494 (1935).

34a. Pictet, A. u. A. Rotschy: Synthese des Nicotins. Ber. dtsch. chem. Ges. **37**, 1225 (1904).

34b. — — Über inactives Nicotin. Ber. dtsch. chem. Ges. **33**, 2353 (1900).

34c. — Über die Reduction des Nicotyrins zu inactivem Nicotin. Ber. dtsch. chem. Ges. **33**, 2355 (1900).

35. Späth, E., J. P. Wibaut u. F. Kesztler: Über das N-Methylmyosmin. Ber. dtsch. chem. Ges. **71**, 100 (1938).

36a. Wibaut, J. P. u. J. Th. Hackmann: Über die Reduktion von 3,2'-Nicotyrin zu Dihydronicotyrin und zu inaktivem Nicotin. Über die katalytische Disproportionierung von Dihydronicotyrin. Rec. Trav. chim. Pays-Bas **51**, 1157 (1932).

36b. — u. J. Overhoff: Die katalytische Dehydrierung des Nicotins. Rec. Trav. chim. Pays-Bas **47**, 935 (1928).

36c. Overhoff, J. u. J. P. Wibaut: Über die katalytische Hydrierung von Pyridinderivaten. Rec. Trav. chim. Pays-Bas **50**, 957 (1931).

37a. Harlan, W. R. and R. M. Hixon: Catalytic Reduction of Nicotine and Metanicotine. J. Amer. chem. Soc. **52**, 3385 (1930).

37b. Windus, W. and C. S. Marvel: The Reduction of Nicotine and some Derivatives of Hexa- and Octahydronicotines. J. Amer. chem. Soc. **52**, 2543 (1930).

38a. Späth, E., C. St. Hicks u. E. Zajic: Über d-Nor-nicotin, ein Alkaloid von Duboisia Hopwoodii F. v. Muell. Ber. dtsch. chem. Ges. **68**, 1388 (1935)

38b. — — — Über das d-Nor-nicotin. Ber. dtsch. chem. Ges. **69**, 250 (1936).

39. Eschweiler, W.: D. R. P. 80250 (1893); Ersatz von an Stickstoff gebundenen Wasserstoffatomen durch die Methylgruppe mit Hilfe von Formaldehyd Ber. dtsch. chem. Ges. **38**, 880 (1905). — Koeppen, A.: Über die Darstellung von Trimethylamin durch Methylierung von Ammoniak mit Hilfe von Formaldehyd. Ber. dtsch. chem. Ges. **38**, 882 (1905). — Hess, K., F Merck u. Cl. Uibrig: Über die Einwirkung von Aldehyden auf Hydramine der Pyrrolidin- und Piperidin-Reihe. (II. Mitteilung über eine neue Oxydationsmethode.) Ber. dtsch. chem. Ges. **48**, 1886 (1915).

40a. Pictet, A.: N-Methyl-pyrrolidin aus Nicotin. Ber. dtsch. chem. Ges. **38** 1951 (1905).

40b. — u. P. Genequand: Über die Jodmethylate des Nicotins Ber dtsch chem. Ges. **30**, 2117 (1897).

41a. Pinner, A.: Über Pyridincarbonsäuren. Ber. dtsch. chem. Ges **33**, 1225 (1900).

41b. Löffler, K. u. S. Kober: Über die Bildung des i-Nicotins aus N-Methyl-β-pyridyl-butylamin (Dihydrometanicotin). Ber. dtsch. chem. Ges. **42**, 3431 (1909).

42. Auzies, J. A. A.: Franz. P. 425370 (1911), Zus.-P. 13894 (1911).

43. Späth, E. u. H. Bretschneider: Eine neue Synthese des Nicotins und einige Bemerkungen zu den Arbeiten Nagais über Ephedrine. Ber. dtsch. chem. Ges. **61**, 327 (1928).

44a. Craig, L. C.: A New Synthesis of Nornicotine and Nicotine. J Amer. chem. Soc. **55**, 2854 (1933).

44b. — Synthesis of Alpha-Nicotine and Alpha-Nornicotine. J. Amer. chem. Soc. **56**, 1144 (1934).

44c. — Synthesis of a Series of Alpha-Substituted N-Methylpyrrolines. J. Amer. chem. Soc. **55**, 295 (1933).

45a. Karrer, P. u. R. Widmer: Konfiguration des Nicotins. Optisch aktive Hygrinsäure. Helv. chim. Acta **8**, 364 (1925).

45b. — u. M. Ehrenstein: Zur Kenntnis einiger natürlicher Aminosäuren Helv. chim. Acta **9**, 323 (1926).

45c. — u. T. Takahashi: Über Nicotone. Helv. chim Acta **9**, 458 (1926)

46a. Oosterhuis, A. G. and J. P. Wibaut: The pyrogenic rearrangement of 3-(2-Pyridyl)-pyrrole. Rec. Trav. chim. Pays-Bas **55**, 348 (1936).

46b. — — α-Nicotine or 1-Methyl-2-(2'-Pyridyl)-pyrrolidine. II. Rec. Trav chim. Pays-Bas **55**, 729 (1936).

47. Tschitschibabin, A. E. u. J. G. Bylinkin: Über α-Pyridyl-pyrrole Ber dtsch. chem. Ges. **56**, 1745 (1923).

48a. Wibaut, J. P.: Eine Synthese des C-(α-Pyridyl)-α-pyrrols und über die Struktur der isomeren C-(α-Pyridyl)-pyrrole und der entsprechenden α-Nicotyrine. Rec. Trav. chim. Pays-Bas **45**, 657 (1926).

48b. — and A. G. Oosterhuis: Synthesis of α-nicotine, 1-methyl-2-(2'-pyridyl)-pyrrolidine. Rec. Trav. chim. Pays-Bas **52**, 941 (1933).

49. Ochiai, E., K. Tsuda u. S. Ikuma: Synthese von C-substituierten Pyridyl-pyrrol-Derivaten. (II. Mitteilung.) Ber dtsch. chem. Ges. **68**, 1710 (1935). Über die katalytische Druckhydrierung der Pyridyl-pyrrol-Derivate. (III. Mitteilung über Pyrrolidin-Derivate.) Ber. dtsch. chem. Ges. **69**, 2238 (1936)

50a. Pictet, A. u. A. Rotschy: Über neue Alkaloide des Tabaks. Ber. dtsch chem. Ges. **34**, 696 (1901).

50b. — u. G. Court: Über einige neue Pflanzenalkaloide. Ber. dtsch. chem. Ges. **40**, 3771 (1907).

51. HATT: Chemiker-Ztg. **28**, 688 (1904); Bull. Soc. chim. France [3], **31**, 771 (1904) (mitgeteilt von LE BEL).

52a. WENUSCH, A. u. R. SCHÖLLER: Beitrag zur Kenntnis der Zusammensetzung des Tabakrauches. Fachl. Mitt. Oesterr. Tabak-Regie 1933/II.

52b. — — Myosmin und Sokratin. Fachl. Mitt. Oesterr. Tabak-Regie 1934/I.

52c. — — Über den Nachweis von Nebenalkaloiden im Tabak und Tabakrauch. Fachl. Mitt. Oesterr. Tabak-Regie 1935/I.

52d. — — Über den Nachweis von Nebenalkaloiden im Tabak und Tabakrauch. Fachl. Mitt. Oesterr. Tabak-Regie 1935/III.

53a. — Über das Nornicotin. Pharmaz. Zentralhalle Deutschland **77**, 141 (1936).

53b. — Über den Nachweis des Nicotins I, II, III. Fachl. Mitt. Oesterr. Tabak-Regie 1932/II, 1932/III, 1933/I.

54. GAUTIER, A. u. G. LE BON: Remarques. C. R. Acad. Sciences **115**, 992 (1892).

55. VICKERY, H. B. and G. W. PUCHER: Chemical investigations of tobacco. Report Connecticut agricult. exp. Stat. **53**, 234 (1929).

56. NOGA, E.: Über die Alkaloide im Tabakextrakt. Fachl. Mitt. Oesterr. Tabak-Regie 1914/I; Chem. Zbl. **1915** I, 434.

57a. SONN, A.: Über die Konstitution der Pyrroline. Ber. dtsch. chem. Ges. **68**, 148 (1935).

57b. GABRIEL, S. u. J. COLMAN: Über einige Abkömmlinge der γ-Aminobuttersäure. Ber. dtsch. chem. Ges. **41**, 513 (1908).

57c. LUKEŠ, R.: Einwirkung von Organomagnesiumverbindungen auf N-Methylpyrrolidon. Neue Synthese von Pyrrolinen. Chem. Zbl. **1931** I, 2476.

58a. SMITH, C. R.: Neonicotine and isomeric Pyridylpiperidines. J. Amer. chem. Soc. **53**, 277 (1931).

58b. — Identity of Neonicotine and the Alkaloid Anabasine. J. Amer. chem. Soc. **54**, 397 (1932).

59. GORIS, A. u. A. LARSONNEAU: Untersuchungen über die chemische Zusammensetzung der Belladonnablätter. Chem. Zbl. **1922** I, 757.

60a. ORECHOFF, A.: Sur les alcaloïdes de l'Anabasis aphylla. C. R. Acad. Sciences **189**, 945 (1929).

60b. — u. G. MENSCHIKOFF: Über die Alkaloide von Anabasis aphylla L. (I. Mitteilung.) Ber. dtsch. chem. Ges. **64**, 266 (1931).

60c. — — Über die Alkaloide von Anabasis aphylla L. II. Mitteilung: Zur Konstitution des Anabasins. Ber. dtsch. chem. Ges. **65**, 232 (1932).

61a. — u. S. NORKINA: Über die Alkaloide von Anabasis aphylla. IV. Mitteilung: Über N-Alkyl-Derivate des Anabasins, sowie über das angebliche Vorkommen von Methylanabasin in Anabasis aphylla. Ber. dtsch. chem. Ges. **65**, 724 (1932).

61b. — — Über die Alkaloide von Anabasis aphylla L. V. Mitteilung: Über das N-Amino-anabasin und über racemisches Anabasin. Ber. dtsch. chem. Ges. **65**, 1126 (1932).

61c. WENUSCH, A. u. R. SCHÖLLER: Anabasin. Fachl. Mitt. Oesterr. Tabak-Regie 1934/II.

62a. CAMPBELL, F. L., W. N. SULLIVAN and C. R. SMITH: The relative toxicity of nicotine, anabasine, methylanabasine and lupinine for culicine mosquito larvae. J. econ. entomol. **26**, 500 (1923).

62b. SMITH, C. R.: Vorkommen von l-Nornicotin in Nicotiana sylvestris. Chem. Zbl. **1938** I, 3378.

62c. RICHARDSON, CH. H., L. C. CRAIG u. T. R. HANSBURY: Giftwirkung von Nicotin, Nornicotin und Anabasin auf Aphis rumicis L. Chem. Zbl. **1937** I, 2436.

62d. CRAIG, L. C. u. CH. H. RICHARDSON: Insecticide Wirkung von heterocyclischen Stickstoffverbindungen. Chem. Zbl. **1933** II, 2445.

62e. LA FORGE, F. B.: The Preparation and properties of some new Derivatives of Pyridine. J. Amer. chem. Soc. **50**, 2477 (1928).

63a. HICKS, C. ST. and H. LE MESSURIER: Chemistry and pharmacology of the alkaloids of Duboisia Hopwoodii. Austral. J. exper. Biol. a. med. Sci. **13**, 175 (1935).

63b. — Weitere Beobachtungen über die Chemie des d-Nornicotins, eines Alkaloides aus Duboisia Hopwoodii. Chem. Zbl. **1936** II, 91.

63c. — F. TH. BRÜCKE u. E. F. HUEBER: Über die Pharmakologie der Duboisia Hopwoodii (d-Nornicotin). Arch. internat. Pharmacodynam. **51**, 335 (1935).

64. SPÄTH, E. u. E. ZAJIC: Über das l-Nornicotin. (III. Mitteilung über Tabakbasen.) Ber. dtsch. chem. Ges. **68**, 1667 (1935).

65a. BRAUN, J. v. u. K. WEISSBACH: Entalkylierung tertiärer Amine durch organische Säuren. II. Mitteilung: Nicotin. Ber. dtsch. chem. Ges. **63**, 2018 (1930).

65b. POLONOVSKI, M. et M. POLONOVSKI: C. R. Acad. Sciences **184**, 1333 (1927); Bull. Soc. chim. France [4], **41**, 1190 (1927).

66. SPÄTH, E., L. MARION u. E. ZAJIC: Synthese des l-Nor-nicotins. (IV. Mitteilung über Tabakbasen.) Ber. dtsch. chem. Ges. **69**, 251 (1936).

67a. SPÄTH, E. u. F. KESZTLFR: Synthese von l-Nor-nicotin und d-Nor-nicotin. (IX. Mitteilung über Tabakalkaloide.) Ber. dtsch. chem. Ges. **69**, 2725 (1936).

67b. — — Synthese von l-Anabasin und d-Anabasin. (X. Mitteilung über Tabakalkaloide.) Ber. dtsch. chem. Ges. **70**, 70 (1937).

68a. — — l-Anatabin, ein neues Tabakalkaloid. (XI. Mitteilung über Tabakbasen.) Ber. dtsch. chem. Ges. **70**, 239 (1937).

68b. — — Über das Vorkommen von d,l-Nor-nicotin, d,l-Anatabin und l-Anabasin im Tabak. (XII. Mitteilung über Tabakalkaloide.) Ber. dtsch. chem. Ges. **70**, 704 (1937).

69a. — u. E. ZAJIC: Über neue Tabakalkaloide (VIII. Mitteilung über Tabakbasen) und Bemerkungen zur Kenntnis des Rhoeadins, des l-Peganins und des Ammoresinols. Ber. dtsch. chem. Ges. **69**, 2448 (1936).

69b. — u. G. ENGLAENDER: Über das Vorkommen von Piperidin im schwarzen Pfeffer. Ber. dtsch. chem. Ges. **68**, 2218 (1935).

70a. SMITH, C. R.: Occurrence of anabasine in Nicotiana Glauca R. GRAH. (Solanaceae). J. Amer. chem. Soc. **57**, 959 (1935).

70b. CHMURA, M. I.: Das Alkaloid der Pflanze Nicotiana glauca. Chem. Zbl. **1939** I, 2004.

71. SPÄTH, E. u. F. KESZTLER: Über neue Basen des Tabaks. (XIII. Mitteilung über Tabakalkaloide.) Ber. dtsch. chem. Ges. **70**, 2450 (1937).

72. WENUSCH, A.: Über das Auftreten von Nicotyrin im Tabak. Biochem. Z. **275**, 361 (1935).

73. FRÄNKEL, S. u. A. WOGRINZ: Über das Tabakaroma. Mh. Chem. **23**, 236 (1902).

74a. WENUSCH, A.: Beitrag zur Kenntnis der Tabaksorten. Z. Unters. Lebensmittel **70**, 506 (1936).

74b. — Die Reaktion des Tabakrauches. Fachl. Mitt. Oesterr. Tabak-Regie 1930/II. Unterscheidung der Tabaksorten in eine saure und alkalische Gruppe. Fachl. Mitt. Oesterr. Tabak-Regie 1932/III.

74c. — Der Tabakrauch. Bremen: Arthur Geist, 1939.

75. — u. R. SCHÖLLER: Über das Schicksal des Nicotins beim Rauchen (Abbauprodukte des Nicotins). Fachl. Mitt. Oesterr. Tabak-Regie 1936/I.

76a. SCHÖLLER, R.: Näherungsweise Molekulargewichtbestimmung von Alkaloiden in ihren Salzen. Fachl. Mitt. Oesterr. Tabak-Regie 1936/III.

76b. Schöller, R.: Über den Nachweis von Nebenalkaloiden im Tabak und Tabakrauch. Fachl. Mitt. Oesterr. Tabak-Regie 1935/III.

77. Engler, C.: Notizen über die β-Ketone des Pyridins. Ber. dtsch. chem. Ges. **24**, 2539 (1891).

78. Späth, E., A. Wenusch u. E. Zajic: Die Konstitution des Myosmins. (V. Mitteilung über Tabakbasen.) Ber. dtsch. chem. Ges. **69**, 393 (1936).

79a. — u. L. Mamoli: Synthese des Myosmins (VI. Mitteilung über Tabakbasen) und Bemerkungen zu einer Notiz von Miß T. Reynolds und R. Robinson Ber. dtsch. chem. Ges. **69**, 757 (1936).

79b. — — Eine neue Synthese des d,l-Anabasins. (VII. Mitteilung über Tabakalkaloide.) Ber. dtsch. chem. Ges. **69**, 1082 (1936).

80. Nelson, O. A.: Some physical constants of Anabasine. J. Amer. chem. Soc. **56**, 1989 (1934).

81. Menschikoff, G. u. A. Grigorowitsch: Über die Alkaloide von Anabasis aphylla. XII. Mitteilung: Versuche zur Synthese des Anabasins und Beiträge zur Chemie des α,β-Dipyridyls. Ber. dtsch. chem. Ges. **69**, 496 (1936).

82a. Preissecker, K.: Fachl. Mitt. Oesterr. Tabak-Regie 1902.

82b. Keller, O.: Untersuchungen über die Gruppe der Helleboreen. Arch. Pharmaz. **248**, 463 (1910).

83a. Winckler, F. L.: Beiträge zur genaueren Kenntnis der chemischen Konstitution des Weines. Mitteilungen über das physische und chemische Verhalten einer im Traubenwein enthaltenen neuen Säure und Erfahrungen über den Stickstoffgehalt organischer Substanzen. Jb. prakt. Pharmaz. **25**, 82 (1852). — Kletzinsky, V.: Notizen. Beilsteins Z. Chem. [2], **2**, 127 (1866).

83b. Koenig, P. in Bömer-Juckenack-Tillmann: Handbuch der Lebensmittelchemie. Bd. 6, S. 277. 1934.

83c. Wenusch, A.: Nicotinmenge im Tabakrauch und Nicotinaufnahme durch den menschlichen Organismus beim normalen (intermittierenden) Rauchen. Fachl. Mitt. Oesterr. Tabak-Regie 1927/28/III.

84. Dominguez, J. A.: Lycopodium Saururus Lam., vulgo Pillijan. Chem. Zbl. **1932** I, 3452.

85. Brückner, H.: Biochemie des Tabaks. Berlin: P. Parey, 1936.

86a. Starke, J.: De la prétendue existence de la solanine dans les graines de Tabac. Bull. Classe Sci. Acad. Roy. Belgique **1901**, 379.

86b. Scurti, F. u. F. Perciabosco: Sulla presenza dell'allantoina nei semi di tabacco e sull'assenza della solanina. Gazz. chim. ital. **36** II, 626 (1906)

87. Vickery, H. B.: Chemische Untersuchung der Tabakpflanze. III. Tabaksamen. Teil III: Einige stickstoffhaltige Komponenten des Heißwasserextraktes von fettfreiem Tabaksamenmehl. Chem. Zbl. **1933** I, 3585.

88a. Barbieri, N. A.: La tabacina o il principio tossico del tabacco. Atti R. Accad Lincei (Roma), Rend. [6], **8**, 764 (1928). Azione insetticida del Tabacol. Atti R. Accad. Lincei (Roma), Rend. [6], **17**, 402 (1933).

88b. Yamafuji, K.: Über zwei neue Glucoside der Tabakblätter … Chem. Zbl **1932** II, 3105.

89. Koenig, W.: Kautabakanalysen. Z. Unters. Lebensmittel **59**, 407 (1930)

90. Trier, G.: Die Alkaloide. Berlin. Borntraeger, 1931.

91. Wenusch, A. u. R. Schöller: Über die Wirkung des Rauchens auf den menschlichen Organismus. Fachl. Mitt. Oesterr. Tabak-Regie 1936/II, 1937/I.

92a. Koenig, P. u. W. Dörr: Methodik der Nicotinbestimmung. Z. Unters. Lebensmittel **67**, 113 (1934).

92b. Peter, R.: Zur Bestimmung von Nicotin im Tabak und Tabakrauch. Fachl. Mitt. Oesterr. Tabak-Regie 1929/II.

93a. PARIS, G.: Studien und Untersuchungen über die Biochemie des Tabaks. III. Über den Stickstoffwechsel bei der·Entwicklung des Tabaks. Chem. Zbl. **1920** III, 460.

93b. ANDREADIS, TH. B. u. E. J. TOOLE: Untersuchungen über die Verteilung des Nicotins und anderer N-Körper im Tabak. Chem. Zbl. **1934** I, 3141.

93c. PYRIKI, C. u. H. DITTMAR: Über Rohtabak, seinen Nicotingehalt und sein Verhalten bei verschiedenen Temperaturen. Chem. Zbl. **1931** II, 338.

94a. KLEIN, G. u. H. LINSER: Zur Bildung der Betaine und der Alkaloide in der Pflanze. III. Vorversuche zur Bildung von Nicotin. Chem. Zbl. **1934** I, 3479.

94b. GORTER, A.: Über die Nicotinbildung bei Nicotiana nach der Fütterung mit Prolin. Chem. Zbl. **1936** I, 4025.

95a. BHARGAVA, L. N. and N. R. DHAR: Photosynthesis of nitrogenous compounds. J. Indian chem. Soc. **10**, 453 (1933).

95b. WATSON, H. E. and B. K. VAIDYA: The·photosynthesis of nicotine. J. Indian chem. Soc. **11**, 441 (1934).

96a. VÉLEZ, J. B. y E. A. MIRA: Contribución al estudio de la fermentación del tabaco. IX Congreso Internac. Quimica pura y aplic. VII, 198 (1934).

96b. PFYL, B. u. O. SCHMITT: Zur Bestimmung von Nicotin in Tabak und Tabakrauch. Z. Unters. Lebensmittel **54**, 60 (1927). — PFYL, B.: Zur Bestimmung des Nicotins im Tabakrauch. II. Normung des künstlichen Verrauchens der Tabakerzeugnisse. Z. Unters. Lebensmittel **66**, 501 (1933). Zur Bestimmung des Nicotins im Tabakrauch. III. Z. Unters. Lebensmittel **66**, 510 (1933)

97a. KISSLING, R.: Beiträge zur Chemie des Tabaks. Z. analyt. Chem. **21**, 64 (1882).

97b. — Handbuch der Tabakkunde. Berlin: P. Parey, 1925.

98a. ILJIN, G.: Die Umwandlung des Nicotins beim Reifen von Tabaksamen. Biochem. Z. **268**, 253 (1934).

98b. KOENIG, P.: Natürliche nicotinfreie, nicotinarme und nicotinreiche Tabake. Chemiker-Ztg. **54**, 715 (1933).

98c. BERNARDINI, L.: Das Nicotin im Tabak. (Beitrag zur Entstehung und Funktion der Alkaloide in den Pflanzen.) Chem. Zbl. **1921** I, 1001.

98d. ROSENTHALER, L.: Zur Biochemie des Tabaks. Apoth.-Ztg. **44**, 1433 (1929).

99a. KUSMENKO, A. A.: Versuche der Bestrahlung von Samen mit Licht verschiedener Wellenlänge. Chem. Zbl. **1937** II, 604.

99b. SINGH, B. N. u. R. S. CHOUDHRI: Induzierte morphologische, physiologische und chemische Veränderungen als Folge der Behandlung von Samen von Nicotiana tabacum mit Röntgenstrahlen. Proc. Indian Acad. Sci. **1**, Sect. B, 435 (1935).

100. CZAPEK, F.: Biochemie der Pflanzen, 2. Aufl., Bd. III, S. 279. 1921.

101a. VLADESCU,·I.: Die quantitativen Änderungen der mineralischen und organischen Substanzen während der Entwicklung von Nicotiana tabacum. Chem. Zbl. **1935** II, 1390.

101b. MARTINIUS, J.: Der Tabak im Lichte neuerer biochemischer Forschung. Pharmaz. Ztg. **82**, 839 (1937).

101c. THERON, J. J. u. J. V. CUTLER: Ein Beitrag zu unserer Kenntnis von der Funktion des Nicotins in der Tabakpflanze. Chem. Zbl. **1925** II, 729.

102a. FODOR, A. u. A. REIFENBERG: Über Atmungserscheinungen während der Trocknung von Tabakblättern und über das Wesen der sogenannten Tabakfermentation. Z. physiol. Chem. **162**, 1 (1926).

102b. BODNÁR, J. u. L. BARTA: Biochemische Untersuchung der Tabak-trocknung und -fermentation. III. Entsteht während der Fermentation Ammoniak, Methylamin und Pyridin aus Nicotin? Biochem. Z. **265**, 386 (1934).

102c. Barta, L.: Biochemische Untersuchung der Tabak-trocknung und -fermentation. II. Über den Zusammenhang zwischen dem Enzymgehalt (Peroxydase, Oxygenase und Katalase) des Tabaks und der bei der Fermentation eintretenden Nicotinverminderung. Biochem. Z. **257**, 406 (1930).

103a. Wenusch, A.: Die Stärke der Tabakfabrikate. Fachl. Mitt. Oesterr. Tabak-Regie 1931/III.

103b. Koenig, P.: Chemische und physikalische Unterschiede schwerer und leichter Tabake. Z. Unters. Lebensmittel **70**, 26 (1935).

103c. Wenusch, A.: Wissenschaftliche Grundlagen für die Beurteilung der Stärke von Rauchwaren. Z. Unters. Lebensmittel **73**, 176 (1937).

104a. Molinari, E.: Über den Einfluß der Luftfeuchtigkeit auf den Nicotingehalt des Tabakrauches. Fachl. Mitt. Oesterr. Tabak-Regie 1932/II.

104b. Marion, L.: Les alcaloides du tabac. Rev. trimestr. Canad. **24**, 170 (1938).

104c. Wenusch, A.: Über die Prüfung der Wirksamkeit von Nicotinfängern. Der Tabak **2**, Heft 2 (1938).

105a. Koenig, P.: Natürlich nicotinfreie und natürlich nicotinarme Tabake. Dtsch. Nahrungsm. Rundsch. **1931**, 97.

105b. — u. L. Rave: Beiträge zur Tabak-Systematik und -Genetik. Landw. Jb. **81**, 426 (1931).

106a. — Die nationalwirtschaftliche Bedeutung der Veredelung deutschen Rohtabaks und deutscher Tabakfertigerzeugnisse. Chemiker-Ztg. **58**, 173 (1934).

106b. Pyriki, C.: Z. Unters. Lebensmittel **64**, 263 (1932).

107. Schloesing, Th., fils: C. R. Acad. Sciences **151**, 23 (1910).

108. Souza, D. A.: Ein Versuch zur Herstellung von Tabakextrakt, dessen Nikotingehalt den der handelsüblichen Produkte übersteigt. Chemiker-Ztg. **61**, 198 (1937).

(Eingelaufen am 8. April 1939.)

La spectrochimie de fluorescence dans l'étude des produits biologiques.

Par **CH. DHÉRÉ**, Fribourg (Suisse).

(Avec 12 figures.)

Introduction.

Comme l'indique le titre de cet article, on se propose d'exposer tout spécialement ici les avantages que présente — dans le cas des substances organiques naturelles — l'application de l'Analyse spectrale au rayonnement de fluorescence. Les spectres de fluorescence ont été assez souvent observés et même déterminés en longueurs d'onde par des chimistes et des biologistes, surtout depuis quinze ou vingt ans; les résultats déjà obtenus amèneront sans doute le lecteur à l'opinion qu'on peut espérer un développement considérable de cette branche de l'Optochimie biologique.

Les physiciens aussi s'intéressent de plus en plus aux spectres de fluorescence, qu'ils s'efforcent d'interpréter au moyen notamment de la théorie des quanta. On ne saurait dans ces quelques pages se placer à ce dernier point de vue. Ce que nous voulons simplement, c'est attirer l'attention sur les *ressources analytiques* qu'offre, pour le biochimiste, la spectrofluoroscopie. Ces ressources sont nombreuses; commençons par mentionner les principales:

1° Les spectres de fluorescence (fluorescences *primaires*, ou *secondaires*, c'est-à-dire après action d'un réactif, dépourvu de fluorescence autant que possible) permettent de caractériser certains pigments déjà dans les cellules et tissus, soit à l'*état vivant*, soit à l'état de *préparations histologiques*. C'est ainsi que les fluorescences primaires de la chlorophylle, des porphyrines, des phycochromoprotéides ont été enregistrées photographiquement par DHÉRÉ et ses collaborateurs chez des Algues (*53*), des Bactéries (*9*, *10*, *11*) et d'autres organismes (*12*) ou tissus vivants (*63*, *65*). Le spectrogramme dont la fig. 1 est la reproduction, constitue à ce point de vue un exemple instructif (p. 302).

Dès 1928, dans le Laboratoire d'HANS. FISCHER, des observations oculaires étaient faites sur le spectre de fluorescence (d'origine porphyrinique) de la Levure de bière par R. M. MAYER (*13*) et par H. FINK (*14*).

Pour ce qui est des applications à l'Histologie microscopique, normale et pathologique, on doit citer en première ligne les admirables recherches de M. Borst et H. Königsdörffer, publiées en 1929 (4).

2° En opérant sur un *extrait brut* de tissu ou d'organe (solvant approprié), on réussit à mettre en évidence la présence de substances fluorescentes, et cela beaucoup mieux en utilisant l'analyse spectrale qu'en observant directement la couleur de la fluorescence. Il arrive fréquemment

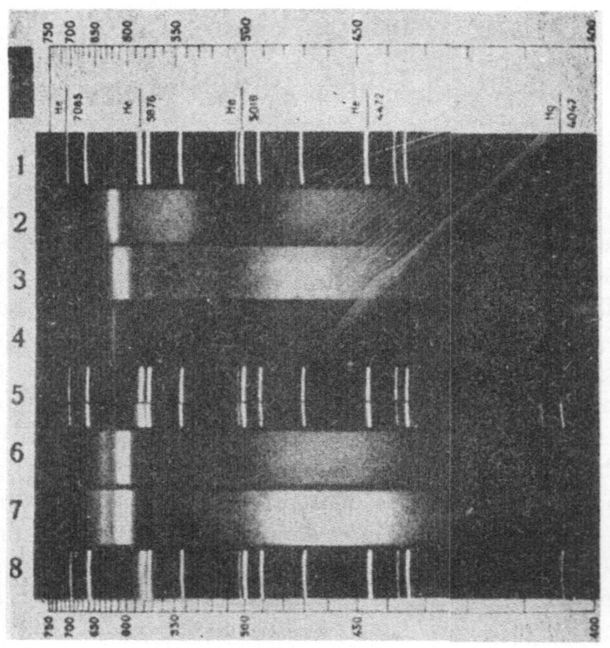

Fig. 1. **Spectres de fluorescence** du *Mycobacterium smegmatis* (2 et 4) et de l'*Actinomyces albus* (3, 6 et 7). Cultures vivantes sur gélose (2, 3 et 4) ou sur milieu Lasseur (6 et 7).

en effet, qu'une fluorescence caractéristique est plus ou moins masquée par des fluorescences « parasites »: l'examen spectroscopique fournit parfois alors des résultats d'une netteté surprenante.

3° Au moyen de l'enregistrement photographique des spectres de fluorescence, on parvient à connaître d'une façon précise non seulement les rayons visibles émis par fluorescence, mais encore les rayons invisibles, *ultra-violets* ou *infra-rouges* (emploi de plaques convenablement sensibilisées). La spectrographie de fluorescence dans la plage ultra-violette, inaugurée par J. Stark en 1907, a fourni une quantité de résultats très intéressants (travaux de Kauffmann, Ley, Kowalski, Victor Henri, P. Pringsheim, Reimann, Andant et beaucoup d'autres auteurs). Dans la plage infra-rouge, les recherches de Dhéré, d'abord avec Aharoni (1930), puis avec quelques autres collaborateurs (Raffy, Biermacher, Castelli) ont mis en évidence l'émission, parfois intense, de rayons moins réfrangibles que ceux visibles avec l'oculaire. De nombreux résultats semblables ont été obtenus (après 1934) par Hellström et par A. Stern avec divers pigments tétrapyrroliques. Zscheile a été le premier à déterminer (1934/35), par une méthode photoélectrique bien remarquable, le spectre de fluorescence infra-rouge de la chlorophylle. Mentionnons encore les résultats obtenus en 1937 par Vermeulen, Wassink et Reman (67).

4° La spectrofluoroscopie (ou la spectrofluorographie) pour les rayons visibles constitue un procédé d'analyse incomparable quand il s'agit d'un spectre discontinu, de *structure complexe*, possédant de fines bandes d'émission. Des spectres de ce genre ne s'observent pas seulement avec beaucoup de pigments tétrapyrroliques — qui sont parmi les plus intéressants au point de vue physiologique — mais encore avec des pigments anthraquinoniques comme l'oxypénicilliopsine ou l'hypéricine, qui ne contiennent pas d'azote dans leur molécule. Nous verrons plus loin qu'à très basse température (emploi de CO_2 solide mélangé avec de l'éther; de O_2 ou de N_2 liquéfiés), les bandes d'émission, comme celles d'absorption, deviennent plus étroites et plus nombreuses, tout au moins dans certaines conditions de milieu.

Tandis que le photomètre de Pulfrich-Zeiss et les autres photomètres d'un type analogue sont recommandables pour reconnaître approximativement la répartition spectrale de la lumière émise (interposition de filtres colorés) et, en tant qu'appareils de mesure, permettent de déterminer quantitativement l'intensité relative de la lumière émise dans une série de plages contiguës, ils ne renseignent que d'une façon imparfaite et tout à fait insuffisante sur la structure des spectres de fluorescence.

5° Quand l'extrait brut mis en œuvre contient une ou plusieurs substances fluorescentes, on obtient généralement, au cours d'un *fractionnement*, des indications bien instructives en procédant à l'examen du spectre de fluorescence de chaque fraction isolée. Par exemple, si l'on utilise *l'analyse chromatographique* par adsorption (*115*), le contenu de chaque zone sera, après dissolution, soumis aussitôt à l'examen spectroscopique. Dans les conditions techniques décrites plus loin, chacune de ces observations ne prend qu'une ou deux minutes, n'exige que quelques gouttes de liqueur et n'amène généralement aucune altération du produit.

6°. Au point de vue de l'utilisation analytique des spectres de fluorescence, il faut enfin souligner l'extrême sensibilité de ce procédé de détection soit directement, soit indirectement (réactions de fluorescence) pour toute une série de composés organiques d'origine biologique. Cette question des spectres de fluorescence en *microchimie* sera traitée avec quelques détails dans le présent article.

I. Conditions à réaliser pour l'étude des spectres de fluorescence.

On peut dire que le biologiste a seulement à considérer les fluorescences à l'état solide (adsorbats parfois) ou à l'état liquide (en solution·surtout), les fluorescences à l'état de vapeurs étant vraiment exceptionnelles (acétone, par exemple).

Beaucoup de substances biologiques sont fluorescentes,· notamment quand elles sont placées dans un puissant faisceau de rayons ûltra-violets: raie Hg 365 mμ (lumière de Wood),· par exemple. Mais les fluorescences d'une intensité suffisante pour permettre la détermination du spectre d'émission par l'observation spectroscopique directe ne se rencontrent qu'en nombre restreint. Même avec les composés organiques les plus fluorescents, on a tout intérêt à réaliser les conditions portant au maximum l'émission.

A ce point de vue, le choix du solvant joue un grand rôle. Les « anti-oxygènes» affaiblissent ou même éteignent le plus souvent la fluorescence. Il ne s'agit portant pas du tout d'une règle générale, comme on a tendance à le croire. Ainsi la fluorescence des porphyrines se manifeste avec tout son éclat, semble-t-il, en présence d'un réducteur (hydrate d'hydrazine; $Na_2S_2O_4$). Cela permet parfois de dissocier des fluorescences. J'ai vu, par exemple, que le bouillon-toxine diphtérique, après addition de $Na_2S_2O_4$, ne montre plus la fluorescence verte de la flavine (qui s'étend jusque dans l'orangé), mais seulement la fluorescence orangée d'origine porphyrinique (*15*).

D'après les résultats obtenus par plusieurs auteurs et d'après toute une série de constatations personnelles faites récemment, je dois insister sur le bénéfice — auquel il a été fait allusion plus haut — qu'on retire d'un *refroidissement* à très basse température. A la température d'ébullition de l'air liquide (— 180° environ), par exemple, l'éclat de fluorescences d'origines très diverses peut être beaucoup accru, en même temps que les bandes d'émission deviennent plus étroites et plus nettes (apparition fréquente aussi de bandes supplémentaires). A l'appui de ce que je viens de dire, je citerai les résultats fournis par l'examen spectroscopique d'une solution pyridinique de protoporphyrine. On avait pu reconnaître [Dhéré et Bois *(85)*], que cette porphyrine possède comme les autres un spectre de fluorescence ayant la structure· dite du Type I, c'est-à-dire un spectre essentiellement constitué par une forte bande dans le rouge orangé, suivie de trois bandes étroites (cannelures) moins réfrangibles. Ce résultat avait été acquis par la photographie, mais on n'avait pas réussi jusqu'à présent à voir convenablement, avec l'oculaire, les deux cannelures extrêmes. Par refroidissement dans l'air liquide, l'éclat de la fluorescence étant bien des fois augmenté (en même temps que le spectre est un peu décalé vers le violet), la structure typique apparaît immédiatement au spectroscope et est facile à repérer en longueurs d'onde.

Faisons remarquer que souvent, pour l'observation et la détermination oculaires des spectres de fluorescence, l'abaissement de la température est bien préférable à l'augmentation d'intensité de la lumière excitatrice (qui pratiquement ne peut pas dépasser certaines limites). Mais il faut savoir que c'est surtout avec les solutions dans l'alcool et dans quelques autres solvants organiques que les résultats sont bien nets. Avec les solutions aqueuses, il n'y a pas toujours d'effet intéressant en abaissant la température de la liqueur congelée, sauf pourtant s'il s'agit de solutions fortement acides ou alcalines. A l'état *solide*, l'intensité du rayonnement de fluorescence peut aussi être très accrue, comme l'avait signalé E. Kuhn, en 1935, pour le diméthylester de la mésoporphyrine et comme je l'ai vu, en 1938, pour la flavine cristallisée et pour l'urobiline (de Terwen). Pour les solutions alcooliques, le phénomène est habituel: il s'observe avec l'urobiline zincique, avec la berbérine, avec la vitamine A et dans bien d'autres cas.

Wick et Throop *(16)* ont étudié avec grand soin la question des variations d'éclat, au moyen d'un photomètre et en opérant sur des solutions de matières colorantes artificielles. Ces auteurs ont constaté que l'effet de l'abaissement progressif de la température est loin d'être toujours linéaire: leurs courbes montrent des oscillations parfois bien accentuées. Le refroidissement s'accompagne du reste de phénomènes accessoires: augmentation de la viscosité du solvant, passage à l'état vitreux ou à l'état cristallin. Dans l'interprétation du résultat, il faut considérer encore si la substance fluorescente se sépare ou non du solvant.[1]

Pour les recherches dont nous parlons, il n'est pas indispensable d'opérer avec les dispositifs compliqués et coûteux des physiciens; on peut se contenter d'utiliser un tube comme celui que représente la fig. 2 *(17)*: il fournit d'excellents résultats. (voir les spectrogrammes reproduits fig. 9, p. 328; fig. 10, p. 329 et fig. 11, p. 333)[1] et peut être fait par chaque expérimentateur sans dépense notable.

La légende de la *Figure 2* (p. 306) dispense d'une description. L'argenture (intérieure), qui rend opaque la moitié inférieure du petit tube contenant l'air liquide, a pour but d'éliminer les bandes d'absorption de l'oxygène liquide qui, sans cette précaution, pourraient fausser les résultats. Tandis que l'oxygène liquide bout à — 183° (sous pression normale), l'azote bout déjà à — 196°. Pour l'étude comparative des spectres d'absorption, on utilisera de préférence l'azote qui, s'il est tout

---

[1] J'ai l'intention de publier ailleurs un travail d'ensemble sur les luminescences biologiques aux très basses températures. Pour ce qui est des fluorescences des substances naturelles, on se bornera à citer ici, suivant l'ordre chronologique, les travaux de Nichols et Meritt (1904), de Heiduschka (1906), de Starkiewicz (1927 et 1929), de Kautsky et Hirsch (1931 et 1932), de Hausser, Richard Kuhn et Ernst Kuhn (1935).

à fait pur, n'offre pas de bandes gênantes. Dans les conditions expérimentales ordinaires, la composition de l'air liquide varie constamment; le refroidissement n'est donc qu'au voisinage de — 180°. Il va sans dire qu'au lieu d'air liquide, on peut introduire dans le tube intérieur de la neige carbonique (— 75° environ), par exemple.

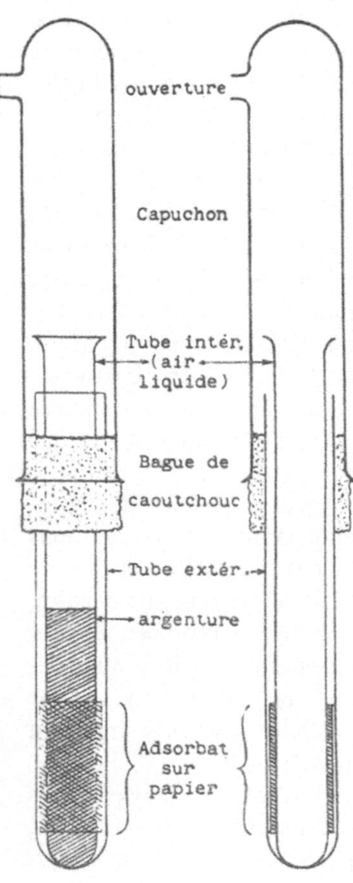

Fig. 2. Tube pour l'étude de la fluorescence à très basse température.

Sur le croquis, c'est un morceau de papier imprégné, par adsorption, de la substance luminescente qu'on a figuré. Entre les deux tubes concentriques, on introduira éventuellement soit la substance solide (cristallisée ou pulvérisée), soit une solution. Si l'on dispose de très peu de substance solide, on choisira deux tubes entrant l'un dans l'autre à frottement doux, le tube intérieur portant une légère dépression, située convenablement, pour recevoir l'échantillon.

Pratiquement, nous procédons ainsi: le tube extérieur (de 16 mm. de diamètre environ) est plongé, jusqu'au niveau supérieur de l'argenture, dans de l'air liquide contenu dans un vase de Dewar; quelques instants après, on verse, avec un entonnoir métallique, de l'air liquide dans le tube intérieur jusqu'au haut de la bague de caoutchouc et on met le capuchon. Puis le tube est sorti du vase de Dewar pour l'observation, qui doit être faite immédiatement, cela pour deux raisons: d'abord pour éviter autant que possible l'élévation de température de la substance luminescente (malgré la présence d'air liquide dans le tube intérieur, il se produit quelque réchauffement au contact de l'air de la chambre) et ensuite pour éviter autant que possible d'être gêné par la buée qui devient tout de suite du givre, dont l'épaisseur augmente peu à peu. L'air liquide contenu dans le tube intérieur permet une observation correcte pendant 2 minutes environ. S'il s'agit d'une spectrographie, déjà après une minute, le tube est replongé dans l'air liquide, et on veille à ce qu'il y ait toujours suffisamment d'air liquide dans le tube intérieur.[1] Pour diminuer la formation de buée, l'air environnant sera rendu aussi sec que possible; et, pour enlever le givre formé, on plongera le tube dans de l'alcool absolu et l'essuiera avec un linge bien sec avant de le remettre dans l'air liquide.

II. Examen des spectres de fluorescence.

On ne s'occupera pas ici des techniques spectrographiques; mais il convient de dire quelques mots de la façon de procéder à l'examen spectro-

---

[1] Le risque d'altération est bien diminué en effectuant la photographie à très basse température puisque, d'une part, le temps de pose peut être beaucoup écourté et que, d'autre part, les phénomènes de photooxydation sont bien moins intenses qu'à la température ordinaire.

scopique, afin de mettre cette technique à la portée de tout chimiste; cela paraît d'autant plus nécessaire que l'étude des fluorescences avec l'oculaire est actuellement beaucoup trop négligée.

La figure 3 représente le dispositif que j'utilise.

Fig. 3. Installation pour la spectroscopie de fluorescence.

Figure 3. Le spectroscope, à un seul prisme, est du type Bunsen, devenu classique, avec les deux modifications suivantes: 1° la fente du collimateur est à ouverture symétrique (ce qui est indispensable pour les déterminations correctes); 2° au lieu de projeter sur le spectre une échelle lumineuse, on projette une croix lumineuse (d'éclat variable à volonté), pouvant se déplacer le long du spectre. La position de cette croix est commandée par une vis et repérée par lecture sur une échelle millimétrique et sur un tambour gradué (la flèche à gauche de R indique où est ce mécanisme). En faisant converger suivant l'axe du tube de verre contenant la substance fluorescente, au moyen d'une lentille cylindrique (foyer de 6 à 7 cm.),

20*

les rayons excitateurs, on réussit à rendre la fluorescence intense et suffisamment uniforme dans la direction de la fente du collimateur, et les observations oculaires fournissent des résultats au moins aussi nets que ceux qu'on voit sur les spectrogrammes reproduits.

Pour le meilleur réglage, le tube doit pouvoir être déplacé, dans deux directions rectangulaires, par l'observateur pendant qu'il regarde le spectre.

La densité lumineuse de la lumière excitatrice a une très grande importance: aussi est-il avantageux d'utiliser un arc entre tiges de charbon (20 à 30 ampères), et spécialement les rayons émis par le cratère positif (charbon +, disposé horizontalement).

Sans traiter la question des filtres, nous croyons devoir attirer l'attention sur les nouveaux verres de Schott u. Gen. (Jena) *U G 5* et *B G 24* (*Nachtrag* 5990).

Pour les *déterminations microchimiques*, on doit conseiller l'emploi du tube figuré ci-dessous[1]: seule, la substance contenue dans le tube étroit inférieur (3 mm. environ de diamètre extérieur) est utilisée pour l'observation du spectre de fluorescence; et il suffit d'introduire dans ce petit tube quelques gouttes de liquide ou une toute petite pincée de poudre.[2]

Si l'on excite une fluorescence avec des rayons uniquement ultra-violets, concentrés au moyen d'une lentille cylindrique plan-convexe, le contenu du tube présente, sur fond obscur, l'aspect d'un large trait de feu; pour recueillir au maximum le rayonnement d fluorescence, l'axe du tube collimateur du spectroscope doit former un angle d'environ 45° avec le plan median du faisceau excitateur.

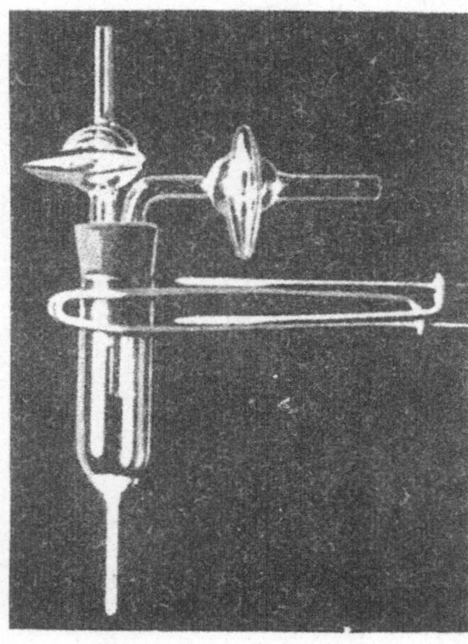

Fig. 4. Microtube pour la détermination des spectres de fluorescence.

Remarquons, en passant, que l'emploi de ce tube permet d'éviter, d'une façon pratiquement complète, la déformation du spectre de fluorescence par réabsorption (autoabsorption) de la lumière émise.

Ce modèle de microtube est réalisable à bon marché en verre uviol et même en quartz, la portion étroite exigeant seule un travail soigné.

---

[1] Le tube *T*, qu'on voit sur la fig. 3 (p. 307), est un tube à essai ordinaire, contenant une culture de Bactéries développées sur un milieu solide incliné.

[2] La capacité du petit tube peut encore être réduite en y introduisant une tige de verre ne laissant que juste l'intervalle nécessaire pour recevoir des traces de la substance fluorescente.

Si la fluorescence étudiée est faible, il est commode de faire d'abord le réglage de la meilleure position avec un tube semblable contenant une substance à vive fluorescence (acétate d'uranyle et de sodium pulvérisé, solution d'hématoporphyrine, etc.).

Les tubes qui traversent le bouchon permettent de faire passer un courant de gaz inerte (N_2, H_2); on peut aussi sceller le tube à la partie supérieure, après avoir fait le vide [DHÉRÉ (*18*)].

Ajoutons qu'on trouvera parfois avantage à réaliser les déterminations microchimiques aux très basses températures, en utilisant le modèle de tube que représente la figure 2 (p. 306).

III. Principaux spectres de fluorescence.

Nous passerons en revue les principaux spectres de fluorescence pouvant intéresser le biologiste. Les Hydrocarbones, les Graisses et les Protéines, dont on parlera d'abord, n'ont pas de spectres vraiment caractéristiques: dans aucun cas, on n'a pu constater de structure remarquable.

A. Hydrocarbones (Glucides) et Glucosides.

VANZETTI (*19*) a décrit plusieurs spectres de fluorescence pour les *produits de la carbonisation des Glucides* sous l'action de l'acide sulfurique. Pour le glucose, bande d'émission entre λ 570 et λ 490 mμ. avec maximum sur λ 455 environ (minimum sur 498).

Dans le cas des Glucosides, la présence des Aglucones peut faire apparaître des spectres mieux définis.

Pour l'*esculine*, McLENNAN et CALE (*20*) n'ont vu qu'une large bande allant de λ 546,1 à 407,8 (solution aqueuse). Avec une solution dans la glycérine, STARKIEWICZ (*21*) a obtenu, à la température ordinaire, une bande étendue de 530 à 420 mμ.; cette bande est comprise entre 490 et 400 quand la liqueur est refroidie à — 80°. Le maximum, situé sur λ 458 à + 20°, est décalé de 20 mμ. vers le violet à — 80°.

P. PRINGSHEIM (*2*) a examiné les bandes de luminiscence de l'esculine en « solution solide ». A + 20°, bande de fluorescence très forte sur λ 443, forte sur λ 490, faible sur λ 540, très faible sur λ 600. Les bandes de fluorescence sur λ 443 et λ 490 sont indiquées comme « bandes normales de fluorescence » par PRINGSHEIM. L'auteur a aussi déterminé les bandes de phosphorescence à basse température.

E. HAGENBACH (*23*) décrit ainsi le spectre de fluorescence de la *fraxine* en solution aqueuse: début faiblement lumineux vers λ 704; émission franche vers λ 653, premier maximum sur λ 528, minimum (peu net) vers λ 463, second maximum sur λ 456, fin à λ 443 ou 430.

POPESCU (*24*) a déterminé le spectre de fluorescence du *pigment du chou rouge* (anthocyanoside) dans diverses conditions:

a) Dans l'éther, belle fluorescence violette; spectre d'émission entre 520 et 320 mμ. avec maximum sur λ 420; presque pas d'émission dans l'ultra-violet.

b) Dans l'alcool, fluorescence violette, très intense (faible concentration); spectre entre 540 et 290, maximum très net sur 440 et maximum secondaire peu net sur 370 environ. L'émission se prolonge dans l'ultra-violet et reste assez forte jusqu'à λ 300 environ.

c) Dans l'eau, liqueur *neutre* mauve très clair; fluorescence bleue-violette assez brillante. Liqueur *acide* rouge très clair: fluorescence indigo moins intense que celle de la liqueur neutre. Liqueur *alcaline*, couleur verte, très claire: fluorescence bleue-violette presque aussi intense que celle de la liqueur neutre. Les courbes des spectres de fluorescence pour les liqueurs aqueuses neutre et alcaline présentent deux maximums. Les spectres de fluorescence des solutions dans l'éther et dans l'eau (solution neutre) possèdent une ressemblance frappante.

Notons que ce travail, très correctement exécuté au point de vue physique, n'a malheureusement porté que sur un extrait brut de chou rouge haché.

B. Lipides et Lipoïdes.

Andant (*25*) a appliqué la spectrographie de fluorescence à l'*huile d'olive*, en enregistrant la région comprise entre λ 475 et 450 mμ. environ. Les déterminations microphotométriques ont permis de relever des maxima d'intensité voisins de 385, de 405 et de 426 mμ. L'huile raffinée et l'huile de pulpe donnent des spectres assez différents.

Un important travail de Lunde et Stiebel (*26*) contient des reproductions de spectres de fluorescence pour l'huile d'olive vierge ou raffinée.

J. Guillot (*27*) a reproduit aussi un spectrogramme concernant l'huile vierge: Bande bleue intense de 380 à 460 mμ.

Dans les recherches de Guillot, ainsi que dans celles de Stratta et Mangini (*28*) et de Marcelet et Debono (*29, 30, 31*), il est question d'une bande de fluorescence rouge (axe voisin de λ 669) d'origine chlorophyllienne et manquant dans les huiles d'olive raffinées.

Phosphatides. Wodsworth et Crowe (*32*) ont observé, sur un échantillon de *céphaline purifiée*, une vive fluorescence bleue, avec émission étendue de λ 630 à 420 mμ., le maximum étant compris entre 530 et 520; ces auteurs ajoutent que tous les antigènes possèdent une fluorescence d'un bleu verdâtre.

Stérines (Stérols). Vlès et Ugo (*33*) (1936) ont vu que la *cholestérine* bien purifiée (résidu d'évaporation d'une solution chloroformique sur lame de quartz) possède une fluorescence bleue, qui est excitée par des rayons allant de λ 248 mμ. jusqu'au visible, avec trois principaux maxima d'excitation: l'un sur λ 365 mμ., l'autre de λ 302 à 334 mμ., le dernier sur 265—253 mμ. La région 296—289 était fortement affaiblie (excitation par la lampe à vapeur de mercure).

Le spectre de fluorescence émis dàns le visible était compris entre 536 et 425 mμ. (maximum sur λ 475).

C. Protéines et Aminoacides.

D'après, P. Metzner (*34*), le rayonnement de fluorescence de la *caséine* va du rouge au vert bleu, avec un maximum peu élevé au voisinage de λ 530 mμ.

Beer (*35*) a examiné le spectre de fluorescence de la *soie* et spécialement de la *séricine*. La *membrane coquillière* des œufs d'Oiseaux, appliquée sur la face interne, présente en lumière ultra-violette une belle fluorescence bleu de ciel. Le rayonnement de fluorescence a été photographié par Gouzon (*36*) : large bande étendue du milieu du violet jusqu'au début du vert (axe λ 445 mμ.).

Enfin Vlès (*37*) a déterminé plus récemment les spectres de fluorescence pour la *gélatine* et pour l'*excelsine :*

Gélatine (excitation par Hg 265 mμ.): Plage d'émission de 513 à 466 (maximum λ 492 mμ.);

Excelsine (excitation par Hg 313 mμ.): Plage d'émission de 530 à 455 (maximum λ 485 mμ.).

Pour les *aminoacides* dérivant des protéines, il n'existe qu'un seul résultat, concernant l'*acide aspartique*, publié par Nuccorini (*38*) : bande de λ 480 à 395 mμ. (solution dans la glycérine chaude).

En présence du *diacétyle*, on peut obtenir avec les protéines une fluorescence verte, étudiée par Voges et Proskauer, par Harden et Norris, par O'Meara et par Andrée Roche. Le spectre de fluorescence présente une bande unique, comprise entre λ 656 et 540, le maximum étant sur λ 595 [A. Roche (*39*)].

D. Alcaloïdes.

Leurs spectres de fluorescence ont été étudiés avec beaucoup de soin et possèdent parfois une structure intéressante.

Dès 1872, E. Hagenbach (*40*) a décrit le spectre d'une solution acidifiée de *sulfate de quinine* comme constitué par deux bandes séparées par un minimum peu net; début (faible) vers λ 675; premier maximum sur 550; minimum à 500; second maximum sur 466; fin vers 417 mμ.

D'après C. G. Schmidt (*41*), le spectre d'une solution de sulfate de quinine commence à λ 530, avec premier maximum sur 525; après un faible minimum, second maximum sur 460 et fin vers 420.

Nichols et Meritt (*42*) ont déterminé spectrophotométriquement et publié la courbe de fluorescence du sulfate de quinine (solution aqueuse): ils n'ont vu qu'une seule bande possèdant un maximum bien prononcé sur λ 437 et comprise entre 560 et 410.

Andant (*43*) a photographié les spectres de fluorescence des *alcaloïdes du Quinquina* à l'état solide. Nous donnons ci-dessous les résultats obtenus par excitation avec la raie Hg 313 mμ.

$$
\text{Quinine} \begin{cases} \text{Début} \ldots\ldots\ldots\ldots\ldots\ldots & 480\ m\mu. \\ \textbf{Maximum} \ldots\ldots\ldots\ldots\ldots & \textbf{387}\ m\mu. \\ \text{Fin} \ldots\ldots\ldots\ldots\ldots\ldots\ldots & 347\ m\mu. \end{cases}
$$

$$
\text{Quinidine} \begin{cases} \text{Début} \ldots\ldots\ldots\ldots\ldots & 470\ m\mu. \\ \textbf{Maximum} \ldots\ldots\ldots\ldots\ldots & \textbf{370}\ m\mu. \\ \text{Fin} \ldots\ldots\ldots\ldots\ldots\ldots & 338\ m\mu. \end{cases}
$$

$$
\text{Cinchonine} \begin{cases} \text{Début} \ldots\ldots\ldots\ldots\ldots & 430\ m\mu. \\ \text{Maximum secondaire} \ldots\ldots & 378\ m\mu. \\ \textbf{Maximum} \ldots\ldots\ldots\ldots\ldots & \textbf{364}\ m\mu. \\ \text{Maximum secondaire} \ldots\ldots & 354\ m\mu. \\ \text{Fin} \ldots\ldots\ldots\ldots\ldots\ldots & 338\ m\mu. \end{cases}
$$

$$
\text{Cinchonidine} \begin{cases} \text{Début} \ldots\ldots\ldots\ldots\ldots & 418\ m\mu. \\ \text{Maximum secondaire} \ldots\ldots & 380\ m\mu. \\ \textbf{Maximum} \ldots\ldots\ldots\ldots\ldots & \textbf{363}\ m\mu. \\ \text{Maximum secondaire} \ldots\ldots & 350\ m\mu. \\ \text{Fin} \ldots\ldots\ldots\ldots\ldots\ldots & 335\ m\mu. \end{cases}
$$

La figure 5 montre, pour la quinine, que, quand la fluorescence est excitée par des raies plus courtes que Hg 313 (253,6; 240), les courbes représentatives offrent des différences appréciables (maximums en bas).

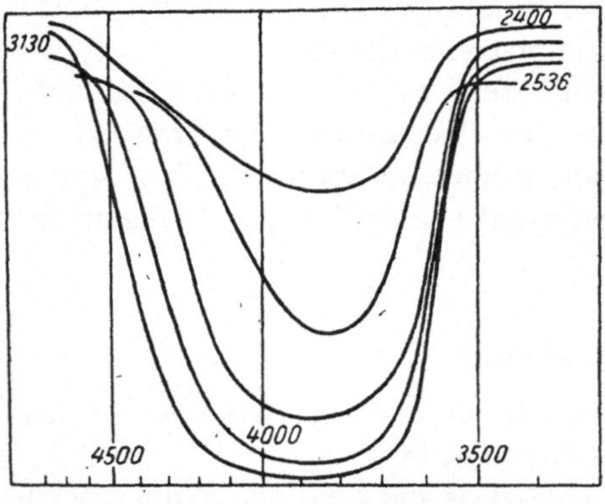

ANDANT formule les remarques suivantes:

La quinine et la quinidine ont des spectres de fluorescence plus étalés que ceux des deux autres alcaloïdes.

L'alcaloïde principal de chaque groupe est plus fluorescent que l'isomère correspondant. Quand on diminue la longueur d'onde de la radiation excitatrice, les spectres se raccourcissent du côté des grandes longueurs d'onde, mais ne changent pas beaucoup du côté des petites longueurs d'onde, les comparaisons étant faites pour des énergies excitatrices semblables.

Fig. 5. Fluorescence de la *Quinine* (état sec). Excitations monochromatiques [d'après ANDANT (43)].

La quinine et la quinidine ont des spectres qui se différencient davantage entre eux que ceux de la cinchonine et de la cinchonidine. Avec l'excitation par les courtes longueurs d'onde, ces derniers corps donnent des spectres très voisins, alors que les spectres du couple quinine-quinidine sont encore décalés l'un par rapport à l'autre.

On peut faire des remarques analogues au sujet des positions des maxima qui, pour la cinchonine et la cinchonidine, sont très voisins dans tous les spectres.

Voici les spectres de fluorescence d'aspect plus complexe qu'ont fournis à ANDANT des sels de quinine cristallisés:

Sulfate de quinine, Excitation Hg 313
- Début .... 500 mμ.
- Maximum secondaire .... 432 mμ.
- **Maximum**.................. **378** mμ.
- Maximum secondaire .... 362 mμ.
- Fin .... 340 mμ.

Chlorhydrate de quinine, Excitation Hg 313
- Début .... 500 mμ.
- **Maximum**.................. **380** mμ.
- **Maximum**.................. **365** mμ.
- Fin .... 340 mμ.

HEIDT et FORBES (*44*) ont obtenu postérieurement les résultats suivants (tableau 1) par excitation avec Hg 366 mμ.

Tableau 1. Alcaloïdes du groupe de la quinine.

Alcaloïde étudié	Concentration moléculaire	Bande de fluorescence Limites (λ en mμ.)	Fluorescence visible
Cinchonine	0,001 — + SO$_4$H$_2$	505—390 485—417	Lumière bleue disparaissant à la longue
Cinchonidine	0,001 — + SO$_4$H$_2$	478—417 485—415	Lumière bleue disparaissant à la longue
Quinicine	0,00025 + SO$_4$H$_2$	505—424	Lumière bleue
Quinine	0,00025 — + SO$_4$H$_2$	493—397 526—390	Lumière bleue
Quinidine	0,00025 + SO$_4$H$_2$	513—397	Lumière bleue
Optochine	0,00025 + SO$_4$H$_2$	541—390	Lumière bleue
Vuzine	0,00025 — + SO$_4$H$_2$	526—402 513—405	Lumière bleue

Dans le tableau précédent, pour faciliter les comparaisons, nous avons remplacé les limites données en nombres de vibrations par celles en longueurs d'onde.

Pour les autres alcaloïdes, on ne possède que les résultats publiés par ANDANT.[1] Voici, classés suivant la nature de leur fluorescence, les alcaloïdes dont les spectres ont été déterminés par ANDANT (*43*), l'excitation étant produite par la raie Hg 253,6 (tableau 2).

[1] R. FABRE, ED. BAYLE et H. GEORGE (*45*) ont publié des courbes représentant la répartition dans le spectre visible de l'intensité de la lumière émise par fluorescence, pour les alcaloïdes suivants: hydrastine, chlorhydrate d'hydrastine, salicylate d'hydrastine, chlorhydrate de cotarnine, salicylate de caféine. Ces courbes sont malheureusement d'une lecture assez difficile et non accompagnées d'un relevé numérique. Il est seulement dit que, pour l'hydrastine, au terme de la purification, le maximum de l'intensité tombe sur λ 530 mμ.

Tableau 2. Alcaloïdes variés.

Alcaloïdes		Début du spectre	Maximum le plus intense	Fin du spectre mμ.
I.	*Hydrastine* (HCl)..	483	445,5	424
II. {	*Atropine*	340	282,5	267
	Hyoscyamine	—	—	—
III. {	*Esérine*	492	415	346
	Novocaïne	470	348	323
	Caféine	435	360	300
	Théobromine	449	320	303
	Hydrastine	478	427,5	340
	Codéine	410	338	302
	Quinine	440	382	352
	Quinidine	415	365	340
	Cinchonine	400	364	341
	Cinchonidine	400	362	342
IV. {	*Morphine* ...... *Cocaïne* .... *Brucine* .... *Strychnine*	Émission trop faible pour fournir des spectres mesurables		

Le spectre de fluorescence du chlorhydrate d'hydrastinine (I) est entièrement
étalé dans la région visible, tandis que ceux de l'atropine et de l'hyoscyamine (II) sont,
au contraire, uniquement étalés dans la région ultra-violette (au-dessous de λ 350).

Le groupe III comprend les alcaloïdes, très nombreux, dont les spectres de
fluorescence se trouvent à la fois dans la région visible et dans la région ultra-violette.
Enfin les alcaloïdes du groupe IV sont trop peu fluorescents, même dans la région
ultra-violette, pour que les spectres aient pu être enregistrés.

Andant (*43*) a formulé les remarques suivantes: Les alcaloïdes iso-
mères ont des fluorescences identiques ou très semblables:

Atropine et hyoscyamine;
Quinine et quinidine;
Cinchonine et cinchonidine;
Théobromine et théophylline.

La substitution d'un groupe méthyle -–CH_3 ou d'un groupe méthoxyle
—$O \cdot CH_3$ à un atome d'hydrogène du noyau renforce l'intensité de la
fluorescence et déplace le maximum du côté des grandes longueurs d'onde:

Caféine et théobromine (—CH_3);
Quinine et cinchonine (—$O \cdot CH_3$).

L'éthérification d'une fonction phénol du noyau renforce l'intensité de la
fluorescence, mais déplace le spectre du côté des courtes longueurs d'onde:

Codéine et morphine.

Les sels d'alcaloïdes ont des fluorescences un peu plus intenses que
les bases correspondantes, et leurs spectres sont plus étalés du côté des
grandes longueurs d'onde; les maxima d'intensité propres aux alcaloïdes

sont légèrement déplacés dans le même sens: c'est ce qui fait paraître la fluorescence plus intense, la proportion des radiations visibles augmentant dans le spectre:

Sulfate et chlorhydrate de quinine;
Salicylate d'ésérine.

Les spectres d'absorption présentent exactement les mêmes variations.

Les alcaloïdes dont les bandes d'absorption se trouvent dans la zone ultra-violette extrême ne deviennent fortement fluorescents que pour les radiations excitatrices de très courtes longueurs d'onde: le spectre de fluorescence est, dans ce cas, tout entier dans l'ultra-violet:

Atropine et hyoscyamine.

Les alcaloïdes pris à l'état cristallin donnent les mêmes spectres de fluorescence que s'ils sont pulvérisés ou porphyrisés. L'intensité de la lumière émise est cependant un peu plus faible dans le premier cas.

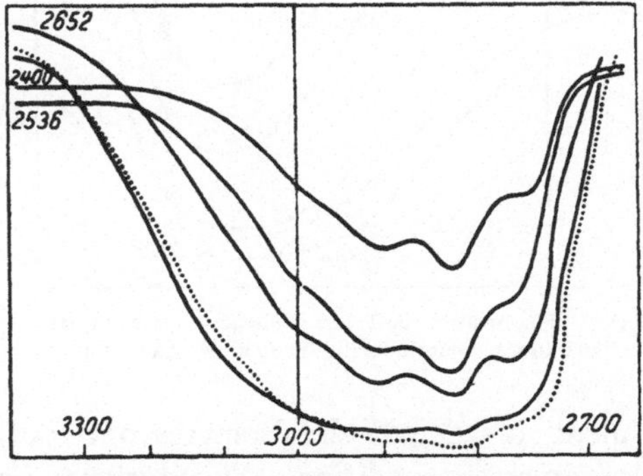

Fig. 6. Fluorescence de l'*Atropine* à l'état cristallisé. Excitations monochromatiques (d'après ANDANT).

Parmi tous ces spectres, celui de l'*atropine* offre la structure la plus remarquable, que montre la série de courbes reproduites ci-dessus (fig. 6):

Voici les principales données numériques:

Atropine, Excitation Hg 265,2	Début du spectre .... 340 mμ.
	Maximum d'intensité .... 290 mμ.
	Minimum » .... 287 mμ.
	Maximum .... 282,5 mμ.
	Minimum .... 278,5 mμ.
	Maximum .... 275 mμ.
	Fin du spectre .... 268 mμ.
Atropine, Excitation Hg 253,6	Début du spectre .... 340 mμ.
	Maximum .... 290,5 mμ.
	Minimum .... 287 mμ.
	Maximum .... 282 mμ.
	Minimum .... 278 mμ.
	Maximum .... 276 mμ.
	Fin du spectre .... 267 mμ.
Atropine, Excitation Hg 240,0	Début du spectre .... 315 mμ.
	Maximum très faible .... 297 mμ.
	Maximum .... 290 mμ.
	Minimum .... 287,5 mμ.
	Maximum .... 282 mμ.
	Inflexion .... 278,5 mμ.
	Fin du spectre .... 272,5 mμ.

D'après Andant, chaque alcaloïde possède, au moins pour une certaine radiation excitatrice, un spectre de fluorescence caractéristique. Avec la raie λ 313, par exemple, la strychnine n'est pas fluorescente; la brucine l'est très faiblement; la cinchonine émet une faible lueur violacée de longueurs d'onde extrêmes 345 et 410, avec un maximum d'intensité, resserré autour de 364; la quinine donne une émission plus intense s'étendant de 347 à 485, avec un maximum étalé entre 370 et 415 mμ.

A cause de son origine animale (hormone), nous considérons l'*adrénaline* à part. On doit aussi à Andant une étude approfondie des spectres de fluorescence pour les deux adrénalines, droite et gauche. A l'état pulvérulent, ces deux stéréoisomères ont fourni des spectres identiques dans les diverses conditions d'excitation. La figure 7 contient les courbes obtenues.

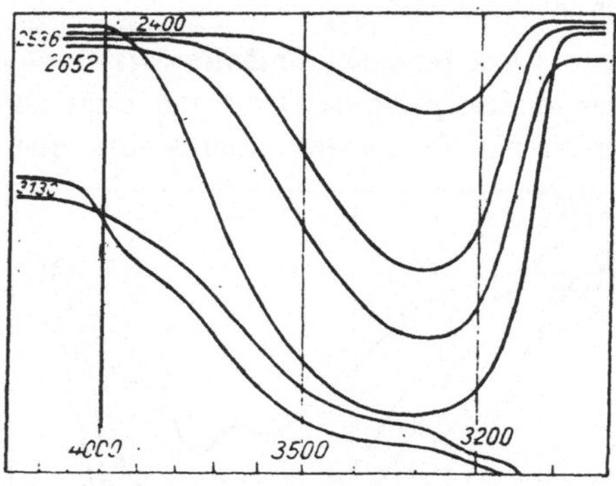

Fig. 7. Fluorescence de l'*Adrénaline* (état pulvérulent). Excitations monochromatiques (d'après Andant).

Nous transcrivons aussi tous les résultats numériques (λ en mμ.):

I. Excitation: λ 365 mμ. (Hg).
   Début de la fluorescence vers 415—420
   Bande intense s'étendant jusque vers 370

II. Excitation: λ 313 mμ. (Hg).

Début du spectre	415	410	410
Fin du spectre	375	375	375

III. Excitation: λ 296,7 mμ. (Hg).

Début du spectre	400	400	400
Maximum large vers	**329**	**328,5**	**329**
Fin du spectre	308	308,5	308

IV. Excitation: λ 265,2 mμ. (Hg).

Début du spectre	365	365	
Maximum	**327,5**	**327,5**	
Fin du spectre	307	307,5	

V. Excitation: λ 253,6 mμ. (Hg).

Début du spectre	375	375	374
Maximum	**326**	**327**	**326,5**
Fin du spectre	305	306	306

VI. Excitation: λ 240 mμ. (Hg).

Début du spectre	375	375	
Maximum	**327**	**327**	
Fin du spectre	307	307	

On voit que l'émission de l'adrénaline est comprise presque tout entière dans l'ultraviolet.

ANDANT dit que les adrénalines droite et gauche peuvent être caractérisées à l'état pulvérulent par une bande de fluorescence dont le maximum d'intensité s'étend autour de λ 327 mμ.; ce caractère n'apparaît toutefois très nettement que dans le cas de l'excitation par les raies du mercure de très courtes longueurs d'onde (inférieures à 300 mμ.).

Avec l'adrénaline, les spectres de fluorescence les plus nets sont obtenus pour les raies d'excitation de longueurs d'onde plus courtes que celles des bandes d'absorption: 265 mμ. et au-dessous.

Ces spectres restent dans une région de longueurs d'onde qui n'est pas commune avec celle de l'absorption. On n'observe pas de déplacement net du maximum quand on diminue la longueur d'onde de la raie excitatrice. Les intensités sont toutefois un peu plus grandes quand on opère avec les radiations excitatrices les plus courtes.

Pour terminer, je parlerai du spectre de fluorescence d'un remarquable *dérivé de l'ésérine* qu'a fait connaître A. PETIT en 1871. Il s'agit du «bleu d'ésérine» dont la solution alcoolo-acétique présente une couleur violacée par transmission et une magnifique fluorescence rouge quand elle est frappée par les rayons solaires. J'ai trouvé (*46*) que le spectre de fluorescence est constitué par une seule bande d'émission s'étendant de λ 649 à 602 mμ. (axe λ 625).

J'ai examiné les relations qui existent entre cette fluorescence (intensité, composition spectrale) et la longueur d'onde des rayons excitateurs. Les rayons visibles sont tout particulièrement efficaces. En lumière exclusivement ultra-violette, notamment en lumière de WOOD stricte, la fluorescence est relativement bien faible. On a comparé les spectres d'émission photographiés (temps de pose très différents) avec excitation soit par tout le rayonnement polychromatique de la lampe à vapeur de mercure, soit par la raie (groupe) 366 mμ., soit par les deux raies 579 et 577 mμ., soit enfin par les deux raies 589,5 et 588,9. (lampe au sodium d'Osram) soigneusement filtrées. Il n'a pas été possible de constater de différence notable dans la composition spectrale du rayonnement de fluorescence.

E. Pigments chlorophylliens.

Dans presque toutes les plantes, se trouvent, associées, deux sortes de chlorophylles, désignées par les lettres *a* et *b*. Pour les isoler à l'état de pureté optique, on peut utiliser la méthode chromatographique par adsorption [TSWETT, 1906; DHÉRÉ et DE ROGOWSKI, 1911; A. WINTERSTEIN, 1933; A. STOLL et E. WIEDEMANN, 1938 (*70*[bis])]. Pour éliminer les dernières traces de chlorophylle *a* pouvant souiller la chlorophylle *b*, j'ai fait connaître un procédé consistant à traiter finalement le pigment

Tableau 3. Spectres de fluorescence (λ en mμ)

	Chlorophylle *a*			
Auteurs	Limites λ	Axe λ	Maximum λ	Méthode
DHÉRÉ (1913)	bande étroite 686—642	662,5 664		Spectrographie »
KNORR, ALBERS (1933)			(*deux maxima*) 672 et 633	»
BECKING, KONING (1934)			675	»
ZSCHEILE (1934)			669	Photométrie (photoélectrique)
DHÉRÉ, RAFFY (1935)	676—651	663,5		Spectroscopie
DHÉRÉ, RAFFY (1935)	675—653	665		Spectrographie
BIERMACHER (1936)	669—656 672—654	662,5 663		» »

pulvérisé par l'hexane, où la chlorophylle *a* est de beaucoup la plus soluble (*64*).

Les résultats figurant sur les tableaux 3 et 4 renseignent sur les spectres visibles des *chlorophylles* en solution.

Tableau 4. Bandes de fluorescence (λ en mμ.) des Chlorophylles *a* et *b* dans différents solvants.

Nature du solvant	Indice de réfraction	Chlorophylle *a*				Chlorophylle *b*	
		BIER-MACHER (Axe)	DHÉRÉ-RAFFY (Axe)	BECKING-KONING (Maximum)	KNORR-ALBERS (Maximum)	BIER-MACHER (Axe)	KNORR-ALBERS (Maximum)
Pentane.....................	1,35	663	....	...	...	644,5	...
Hexane	1,37	663	663	...	...	644,5	...
Heptane	1,38	663	....	...	...	644,5	...
Éther éthylique	1,35	663	663,5	675	672	647	657
Acétone	1,35	665	666	668	672	653	657
Éthanol	1,36	666	666,5	675	...	654,5	...
Dioxane	1,42	666	....	...	...	649,5	...
Benzène	1,49	666,5	666,5	675	677	650	657
Méthanol....................	1,33	667	667	666	675	657,5	657
Tétrachlorure de carbone	1,46	668	....	...	...	648	...
Paraffine (liq.)..............	1,50	668,5	....	678	...	645,5	...
Cyclohexanol	1,46	669	668	...	...	653	...
Chloroforme	1,44	670	670	680	...	650	...
Xylol......................	1,50	670	....	...	...	649,5	...
Vaseline (blanché)	1,50	672,5	....	...	...	647,5	...
Pyridine	1,50	674	....	...	...	658,5	...
Aniline	1,57	676	....	675	...	662	...
Sulfure de carbone..........	1,62	676	676,5	681	...	656	...

des Chlorophylles *a* et *b* dans l'éther éthylique.

Auteurs	Limites λ	Axe λ	Maximum λ	Méthode
	Chlorophylle *b*			
DHÉRÉ (1913)		647		Spectrographie
DHÉRÉ, RAFFY (1935)	649—641	645		»
	652—640	646		»
	656—638	647		»
ALBERS, KNORR (1935)			(*deux maxima*) 657 et 637	»
ZSCHEILE (1935)			648,5	Photométrie (photoélectrique)
BIERMACHER (1936)	651—643	647		Spectrographie
	653—641	647		»

Il est important d'indiquer que les très fortes bandes d'absorption correspondant aux bandes de fluorescence ont respectivement pour axes: $\lambda\,661$ (chlorophylle *a*) et $\lambda\,642{,}5$ (chlorophylle *b*), dans le cas de solutions éthérées.

Sur le tableau 4, on voit que, suivant la nature du solvant, la position de la bande de fluorescence est, pour chaque chlorophylle, assez variable. Le sens du déplacement n'est pas toujours le même, pour chacune de ces chlorophylles, quand on passe d'un solvant à un autre. Enfin, en considérant les relations avec la valeur de l'indice de réfraction du solvant, on constate que, d'une façon très générale, la règle de KUNDT se vérifie à peu près, mais avec des exceptions qui indiquent que d'autres facteurs doivent intervenir. Cette question, dans le cas de la chlorophylle, a été aussi beaucoup étudiée pour les spectres d'absorption [BECKING et KONING (60); HUBERT, 1935; WAKKIE, 1935].

Les valeurs contenues dans le tableau 5 (p. 320) montrent que, pour la chlorophylle *a in vivo*, l'axe de la bande principale est encore plus décalé vers l'infra-rouge que dans l'aniline et le sulfure de carbone, solvants où l'axe de la bande présente pourtant la plus grande longueur d'onde.[1]

J'ai réussi, avec BIERMACHER (65), à photographier deux autres bandes moins réfrangibles, situées dans l'infra-rouge, en utilisant une feuille vivante de *Pélargonium*. Dans l'éther éthylique, ces deux bandes ont respectivement pour axes: $\lambda\,736$ (au lieu de 740) et $\lambda\,801$ (au lieu de 812). Pour la chlorophylle *b* dans l'éther, il y a des bandes correspondantes sur $\lambda\,713$ et $\lambda\,789$. ZSCHEILE (62), avec sa méthode photoélectrique, a

---

[1] Les valeurs données par WILSCHKE (51) pour la chlorophylle *a* sont certainement erronées.

obtenu pour le maximum d'émission dans l'infrarouge des chlorophylles dissoutes dans l'éther: λ 723 (chlorophylle *a*) et λ 705 (chlorophylle *b*).

Tableau 5. Fluorescence visible et infra-rouge de la Chlorophylle *in vivo*. (λ en mμ.)

Auteurs	Plante	Visible		Infra-rouge		
		Bande I		Bande II	Bande III	
		Axe λ	Maximum λ	Axe λ	Axe λ	
HAGENBACH (1874)	?	686,5	688	...	...	Spectroscopie
TSWETT (1911)	*Spirogyra* et *Elodea*	a) 677,5 b) 655	... ...	... ...	... ...	Spectroscopie
WILSCHKE (1914)	*Ulva lactuca* *Elodea*	a) 670 b) 656,5 a) 670 b) 657,5	... ...	... ...	... ...	Spectroscopie
K. STERN (1921)	*Chlorella* *Tradescantia*	684,5 685	681 681	... ...	... ...	Spectroscopie
DHÉRÉ, FONTAINE (1931)	*Ulva lactuca*	a) 684,7 b) 655,5	... ...	... ...	... ...	Spectrographie
BECKING, KONING (1934)	*Hormidium flaccidum*	...	686	...	...	Spectrographie
DHÉRÉ, RAFFY (1935)	*Pelargonium zonale*	686	...	738	...	Spectrographie
DHÉRÉ, BIERMACHER (1936)	*Pelargonium zonale*	684	...	740	812	Spectrographie
VERMEULEN (1937)	*Chlorella* *Chromatium*	... ...	685 ...	... Maximum sur 930	... 	Électro-photométrie

Également par photométrie électrique, VERMEULEN, WASSINK et REMAN (67) ont déterminé, dans l'infra-rouge, l'émission par fluorescence d'une suspension de *Chromatium* (culture pure et vivante). La courbe publiée est fort intéressante; elle montre un maximum élevé sur λ 930 mμ. Pour la fluorescence de la bactériochlorine (extrait vert) de *Chromatium*, il y a deux maxima: sur λ 700 et sur λ 800 mμ. Remarquons que les pigments chlorophylliens du *Chromatium* ne correspondent pas à la composition pigmentaire de la chlorophylle ordinaire. La fluorescence de la « Bactériochlorophylle » a été étudiée par E. SCHNEIDER dans différents solvants; les résultats sont très curieux; il est regrettable que les spectres de fluorescence n'aient pas été déterminés par l'auteur.

VERMEULEN et ses collaborateurs (67) ont recherché si les spectres de fluorescence (aussi pour un extrait de *Brassica* dans la benzine) présentent des différences suivant la longueur d'onde des rayons excitateurs: ils n'ont pas constaté une telle dépendance.

Chez les Phéophycées et les Diatomées, la chlorophylle *b* semble absente; mais l'extrait éthéré (ou alcoolique) permet de déceler la présence d'une autre sorte de chlorophylle, appelée chlorofucine ou «chlorophylle *c*» (*51, 53, 68, 69*). Voici quelques déterminations spectrales concernant cette dernière chlorophylle (qui n'est sans doute qu'un produit de décomposition):

	Fluorescence		Limites	Axes	Auteurs
Solution dans l'alcool éthylique	Chlorophylle *a*			**662,5**	WILSCHKE (1914)
	»	*c*	640—630	**635**	
Solution dans l'éther éthylique	Chlorophylle *a*			**664**	DHÉRÉ et FONTAINE (1931) TSWETT (1906)
	»	*c*	637—626	**631,5**	
	Absorption				
	Chlorophylle *c*		638—622	**630**	

La *protochlorophylle* du blé préparée à l'état de pureté optique (c'est-à-dire exempte des chlorophylles *a* et *b*) présente, comme les chlorophylles *a* et *b*, un spectre de fluorescence visible à une seule bande, cette bande étant rejetée vers le violet. Voici les résultats des déterminations spectrographiques faites par DHÉRÉ (*70*):

Protochlorophylle

	Alcool méthylique	Ether éthylique
Absorption		629—620 Axe **624,5** mμ.
Fluorescence	653—633 Axe **643**	633—620 » **626,5** mμ.

La bande d'absorption est donnée d'après les déterminations de NOACK. La différence de position des bandes de fluorescence suivant le solvant tient surtout, probablement, à la différence de la constante diélectrique qui est de 4,36 pour l'éther et s'élève à 32,5 pour l'alcool méthylique.

F. Pigments chlorophylloïdes.

Le plus remarquable d'entre eux est assurément la *bonelline* (pigment tégumentaire de la *Bonellia viridis*, Ver Géphyrien). Ce pigment vert présente une fluorescence rouge; c'est probablement un dérivé de la chlorophylle, voisin de la phylloérythrine (dont on parlera un peu plus loin). Les propriétés optiques, tant de fluorescence que d'absorption, de la bonelline ont attiré, dès 1875, l'attention de SORBY, qui a même donné des indications intéressantes sur les spectres de fluorescence.

D'après DHÉRÉ et FONTAINE (*71, 72*), les solutions dans l'alcool, l'éther, la pyridine, montrent trois bandes de fluorescence, celle du milieu étant de beaucoup la plus intense. Les chiffres suivants se rapportent à une solution alcoolique: bande I, 681—666,5 (axe **674**); bande II, 655 à 630,5 (axe **643**); bande III, 617,5—607 (axe **612**). Par addition suffisante d'acide acétique, la bande dans l'orangé (III) augmente considérablement d'intensité. En acidifiant très fortement, avec de l'acide acétique, la solution alcoolique, il n'y a plus qu'une seule bande de fluorescence dans l'orangé, au voisinage de λ 619.

Par l'enregistrement photographique du spectre de fluorescence de la bonelline dissoute dans l'éther éthylique, nous avons pu distinguer plus ou moins nettement, dans le rouge et l'orangé, cinq bandes (ou cannelures), de fluorescence.

G. Phéophorbides et Phylloérythrine.

Pour la *phéophytine a* (phytylphéophorbide *a*), dans l'éther, les déterminations spectrographiques de DHÉRÉ et RAFFY (*63*) indiquent la présence de deux bandes: bande I, de 747,5 à 713,5 (axe 730,5); bande II, de 686,1 à 666,2 (axe 676 mμ.).

Pour les *phéophorbides libres* (préparations de A. STOLL), on a: bande I sur λ 730; bande II sur λ 670 dans le cas de *a*; et: bande I sur λ 725 et bande II sur λ 658,5 dans la cas de *b*.

Des solutions dans CS_2, nous ont donné comme axes λ 679 pour *a* et λ 663,5 pour *b* (bandes II), par spectroscopie.

A. STERN et MOLVIG (*87*), opérant sur des solutions dans le dioxane, ont relevé les valeurs suivantes pour les maxima:

Méthylphéophorbide *a*: 681,5 et 717,5 mμ.

b: 662 » 713,5 »

STERN et WENDERLEIN (*73*) ont, avec la phéophytine *a*, obtenu un spectre de fluorescence à 4 bandes, sur λ677,5; λ717; λ750,5 et λ804 mμ.

Phylloérythrine. Comme son nom le laisse supposer, il s'agit d'un dérivé de la chlorophylle: on peut l'extraire, par exemple, des excréments des Vaches en pâture; H. FISCHER a réussi à le préparer par dégradation purement chimique de la chlorophylle. C'est un pigment très voisin des porphyrines. KÖNIGSDÖRFFER (1929) avait noté, pour la solution dans le chloroforme, l'existence d'une seule bande de fluorescence entre λ 650 et λ 636. En solution pyridinique, j'ai relevé la structure suivante: début vers 745; bande forte entre 731 et 699 (axe 715); minimum entre 680 et 675; bande très étroite (cannelure) ayant pour axe 670 environ; bande principale entre 655 et 632 (axe 643,5); enfin, dans l'orangé, une bande peu intense et assez étroite ayant pour axe 604 ou 603 mμ. STERN et MOLVIG (*87*), avec le monométhylester de la phylloérythrine dissous dans le dioxane, ont enregistré également quatre bandes ayant leurs maxima sur λ 709,5, λ 669, λ 642 et λ 600, la bande d'émission principale étant celle sur λ 642. Avec la phylloérythrine dissoute dans HCl 2n, j'ai photographié (*74*) une bande entre 689 et 600, le maximum principal constituant une bande comprise entre 635 et 615 (axe 625). Dans HCl à 25%, la fluorescence est d'un rouge moins orangé et l'axe de la bande principale est décalé vers l'infra-rouge.

Les solutions alcooliques montrent, après acidification, des spectres intéressants. Ainsi l'addition d'un tiers en volume d'acide acétique glacial fait apparaître trois bandes ayant respectivement pour axes λ 649, λ 614 et λ 596,5 mμ. Si l'on ajoute un peu de soude à une solution alcoolique de phylloérythrine, le spectre de fluorescence subit une modification profonde: la bande principale est dédoublée, les nouvelles bandes ayant respectivement pour axes λ 648 et λ 624,5 mμ.

La *désoxyphylloérythrine* présente également un grand intérêt. Le spectre du monoéthylester dans le dioxane a six bandes de fluorescence: λ 718,5; λ 685,5; λ 666; λ 649; λ 618; λ 591,5 (maximum sur 618), d'après STERN et MOLVIG (87). HELLSTRÖM (93) a déterminé sept bandes avec la solution, dans l'éther, du pigment libre.

Pour les chlorines, voir la section K (p. 325).

H. Phycochromoprotéides.

Le spectre de fluorescence des pigments (chlorophylle, phycoérythrine et phycocyanine) contenus dans la *Rhodymenia palmata* vivante a été enregistré par DHÉRÉ et FONTAINE (1931).

Avec une solution aqueuse de *phycoérythrine*, LEMBERG (75) a observé une bande de fluorescence comprise entre 675 et 570 mμ., pouvant s'étendre jusqu'à 557 quand la dilution est beaucoup plus grande.

Les spectrogrammes de DHÉRÉ et FONTAINE (53), obtenus avec la même phycoérythrine (de *Ceramium rubrum*) en solution aqueuse, montrent qu'il y a une bande principale se prolongeant avec une bien moindre intensité vers le rouge. Voici quelques-unes de nos déterminations:

Pose		Limites		Axes
5 minutes	*Bande entière*	599,6	564,9	582,2 mμ.
	Bande principale	585,1	571,7	**578,4** mμ.
80 minutes	*Bande entière*	649,3	553,9	601,6 mμ.
	Bande principale	590,4	569,0	**579,7** mμ.

LEMBERG a vu une seule bande d'émission, comprise entre 690 et 630, pour une solution aqueuse de *phycocyanine*.

Les résultats suivants ont été fournis à DHÉRÉ et FONTAINE par une solution aqueuse de phycocyanine d'*Aphanizomenon flos aquae* (préparation faite par TISELIUS dans le Laboratoire de SVEDBERG):

	Limites		Axes
Pose de 5 minutes	653,3	642,5	**647,9** mμ.
» » 80 »	673,8	623,9	**648,9** mμ.

DHÉRÉ et RAFFY (76) ont constaté que la phycocyanine présente en outre une bande de fluorescence dans l'infrarouge sur λ 728,5 (limites 745 à 712), dans le cas d'une solution aqueuse.

Notons, en passant, que ces phycochromoprotéides, très fortement fluorescents, forment des solutions colloïdales typiques. Leurs poids moléculaires, d'après SVEDBERG, sont voisins de 200000; et le groupement prosthétique fluorescent n'entre que pour 2 centièmes environ dans la constitution de la molécule.

I. Pigments biliaires.

La *bilicyanine*, telle qu'on l'obtient en suivant la technique d'Auché avec addition d'acétate de zinc (complexe zincique?), est un dérivé de la bilirubine extrêmement fluorescent. Dhéré (77) a observé une seule bande de fluorescence comprise entre 668 et 635 mμ. (axe 651,5). Quant au maximum d'émission, Dhéré et Aharoni ont trouvé qu'il coïncide avec λ 653 (détermination faite avec un spectrophotomètre de Stark).

D'après Lemberg (75bis), l'*oocyanine* (des coquilles de certains Oiseaux) est une biliverdine naturelle, fournissant un complexe zincique présentant une belle fluorescence rouge.

Gouzon (78) a déterminé une bande de fluorescence comprise entre 681 et 645 mμ..

J. Pigments urobiliniques.

Dhéré et J. Roche, en 1931, ont été les premiers à étudier ces spectres de fluorescence (79). Leurs résultats sont consignés dans le tableau 6.

Tableau 6. Axes des bandes de fluorescence de pigments du groupe de l'urobiline (valeurs des bandes moyennement posées).

L'indication (A) désigne une liqueur légèrement acide par la présence d'acide acétique, l'indication (B) désigne une liqueur franchement alcaline par la présence d'ammoniaque

Pigment	Dérivé du	Axes des bandes (λ en mμ.)			
		I	II	III	IV[1]
Mésobilivioline	Zn (A)	640.4	592.3	553,0	515.5
»	Zn (B)	643,0	590,0	553,0	516,5
Mésobilirubinogène	Zn (A)	636,8	600,7	550,6	520,9
»	Zn (B)	637,5	604,0	552,5	520,0
Urobiline	Zn (A)	637,5		(lueur)	520,5
»	Zn (B)	635 (env.)		(lueur)	518,0
Hydrobilirubine Merck ..	Zn (A)	638,8		554,0	516,4
» » ..	Zn (B)	638,0	594.7	550,2	520,6
» (pers.) ..	Zn (A)	637,0		(lueur)	514.5
» (») ..	Zn (B)	635,6	594,0	551,3	519,9
Mésobilivioline	Hg	640,6		554,0	
Mésobilirubinogène	Hg	635,5		554.5	
Hydrobilirubine Merck ..	Hg	642,0		540,9	
Mésobilirubinogène	CH$_3$ONa	651,7	593.7	541,3	

L'*urobiline* étudiée était en réalité une *stercobiline* (préparation originale du Dr. Terwen). La mésobilivioline et le mésobilirubinogène provenaient

[1] La bande III est un contrefort de la bande IV vers l'extrémité rouge du spectre. Ces deux bandes se confondent en une zone très lumineuse sur les spectrogrammes fortement posés.

du Laboratoire du Prof. Hans Fischer. Les complexes métalliques ont été obtenus par addition soit d'acétate de zinc, soit de chlorure mercurique.

Dhéré et J. Roche (79) avaient signalé qu'à l'état solide, le mésobilirubinogène possède une fluorescence d'un rouge vif et l'urobiline (Terwen) une fluorescence d'un rouge très vif.

Siedel et Meier (80) ont vu que leur urobiline synthétique, à l'état solide, présentait — commè l'urobiline que nous avions examinée —, une fluorescence rouge; avec le chlorhydrate solide, la fluorescence était d'un rouge orangé bien intense. A. Stern (80) a trouvé pour le maximum d'émission λ 615 mμ., dans le cas de l'urobiline IXa (chlorhydrate). Le maximum de la stercobiline est sur λ 614.

Avec Castelli (81), j'ai constaté qu'à la température d'ébullition de l'air liquide (—180°), la fluorescence de l'urobiline est encore bien augmentée. En photographiant le spectre de la poudre dispersée dans le tétrachlorure de carbone ou dans l'alcool absolu, on a obtenu, après une pose de 25 secondes seulement, une bande tout à fait intense, comprise entre λ 660 et 580 (axe 620).

Les résultats spectraux concernant le complexe zincique à très basse température seront publiés prochainement.

K. Porphyrines.

Les porphyrines présentent des spectres de fluorescence d'aspect caractéristique, suivant que le milieu est neutre (ou alcalin) ou bien acide.

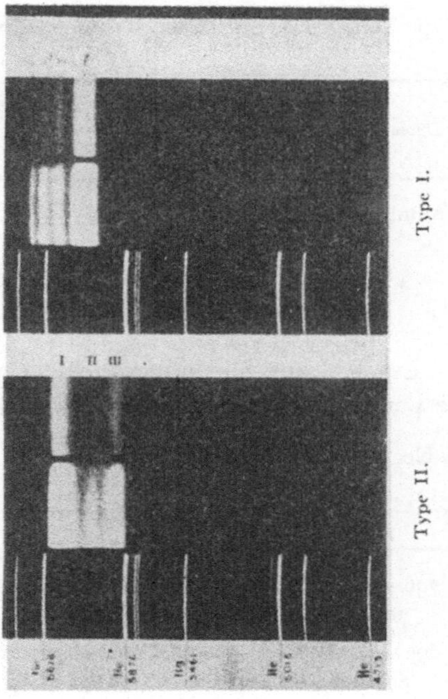

Fig. 8. Spectres de fluorescence de l'Étioporphyrine.
I Dans la pyridine. II Dans HCl double normal.

Les premières observations, portant sur l'hématoporphyrine, ont été faites et publiées sommairement par Dhéré et Sobolewski (82) au début de 1911.

Les déterminations spectrographiques de Dhéré et de ses collaborateurs (83, 84, 85, 86) ont précisé plus tard la structure de ces deux sortes de spectres, qui, en 1929, ont reçu de Borst et Königsdörffer (4) les désignations respectives de « Type Dhéré I » et de « Type Dhéré II ». Voici, par exemple, les résultats obtenus avec l'étioporphyrine[1] (voir la figure 8):

[1] Toutes les porphyrines utilisées dans nos recherches provenaient du Laboratoire de Hans Fischer (sauf l'hématoporphyrine). Solutions à 1:50000.

Tableau 7.

Type Dhéré I. Solution d'étioporphyrine dans la pyridine.

| Durée de pose | Spectre de fluorescence (λ en mμ) | | | | | Bande I du spectre d'absorption |
| | Cannelures | | | Lueur | Bande principale | |
	γ	β	α			
3 minutes	693—684 **688,5**	675—668 **671,5**	655—646 **650,5**		628—613 **620,5**	623—613 **618**
6 »	693—684 **688,5**	677—668 **672,5**	656—645 **650,5**	637	628—613 **620,5**	

Type Dhéré II. Solution d'étioporphyrine dans l'acide chlorhydrique double normal.

| Durée de pose | Spectre de fluorescence (λ en mμ) | | | | Bande I du spectre d'absorption |
	Bande I	Lueur	Bande II	Bande III	
3 minutes	658—642 **650**	635	621—612 **616,5**	598—589 **593,5**	593—586 **589,5**
6 »	662—640 **651**	632	621—611 **616**	601—588 **594,5**	

Les tableaux 8 et 9 indiquent les positions des bandes pour une série de porphyrines naturelles ou artificielles:

Tableau 8. Spectres de fluorescence (λ en mμ) de quelques porphyrines dans la pyridine.

γ	β	α	Lueur	Bande principale	
706—696 **701**	689—677 **683**	669—657 **663**		647,9—620,6 **634,2**	Protoporphyrine
696—688 **692**	678—669 **674**	662—651 **656**	6371—	—629,6—616,4 **623,0** _626,7_	Uroporphyrine
694—684 **689**	675—668 **672**	656—646 **651**	6358—	—627,2—613,3 **620,2** _624,5_	Coproporphyrine
696—686 **691**	677—669 **673**	659—649 **654**	6404—	—633,8—615,6 **624,7** _628,0_	Hématoporphyrine
693—685 **689**	674—666 **670**	656—646 **651**	6345—	—628,1—613,5 **620,8** _624,9_	Mésoporphyrine
696—684 **689**	675—667 **671**	655—646 **651**	6342—	—628,0—613,2 **620,6** _623,7_	Étioporphyrine

Dans le tableau 8, les chiffres imprimés *en italique* sont les axes des bandes principales tels qu'ils avaient été calculés et publiés par DHÉRÉ et BOIS (*85*) c'est-à-dire en ne considérant pas à part les «lueurs», généralement assez prononcées, qui se trouvent sur le bord le moins réfrangible des bandes principales. Nos premières déterminations portèrent du reste sur d'autres clichés.

On est maintenant amené à désigner les cannelures plutôt par les lettres α, β et γ, à partir de la bande principale, parce qu'on a découvert des cannelures supplémentaires par la photographie du spectre d'émission infra-rouge.[1]

Tableau 9. Spectres de fluorescence (λ en mμ) de quelques porphyrines dans l'acide chlorhydrique double normal.

Bande I	Lueur	Bande II	Bande III	
663—647			609—598	Proto-
654			**603**	porphyrine
660—645	— 638		601—592	Uro-
653		**619**	**596**	porphyrine
659—645	— 637		601—589	Copro-
652		**618**	**595**	porphyrine
659—646	— 637		602—592	Hémato-
653		**619**	**597**	porphyrine
657—642	— 636		599—588	Méso-
650		**617**	**594**	porphyrine
656—641	— 635		598—589	Étio-
649		**616**	**594**	porphyrine

Pendant ces dix dernières années, il y a eu tant de recherches faites sur les spectres de fluorescence des pigments du groupe des porphyrines qu'on doit se borner à ne consigner ici que quelques-uns des résultats publiés.

L'influence de la nature du solvant organique est mise en évidence dans le tableau 10 [résultats de STERN et DEŽELIĆ (*88*)]:

Tableau 10. Spectres de fluorescence (λ en mμ) de l'octaéthylporphine.

Solvants	Bande I	Bande II	Bande III	Bande IV	Bande V	Bande VI
Acétone.........	596	622	649	670	689	719
Pyridine	597	622	649	671	690	722
Diéthyléther.....	599	623	651	673	692	
Chloroforme	594	622	650	671	691	722
Dioxane	596	622	654	671	690	723
Tétrachlorure de carbone......	602	626	654	676	695	
Paraffine........	599	625	654	674	693	718
Phytol..........		624	639	664	694	

[1] Du côté du violet (à droite de la bande principale), on voit une ou deux faibles bandes d'émission qui ne figurent pas sur ce tableau (indiquées d'abord comme «lueurs» par DHÉRÉ et BOIS); consulter BORST et KÖNIGSDÖRFFER (*4*).

La bande II était toujours la plus forte; et, avec les cinq premiers solvants, son maximum correspondait à λ 622 (ou λ 623). Pour les autres bandes d'émission, les positions ont été moins constantes. On remarquera que la bande VI est à la frontière de l'infra-rouge.

Dans l'éther éthylique, la structure fine apparaît généralement avec une grande netteté. HAUSSER, KUHN et SEITZ (99) ont comparé la position et le nombre des bandes d'émission pour la mésoporphyrine, dissoute dans l'éther, d'une part à la température ordinaire et d'autre part à — 196° (azote liquide). Les bandes sont un peu décalées vers le violet à très basse température, et on en voit deux de plus. Sur la figure 9, on constate cet effet de transfert, par refroidissement intense, pour la proto-

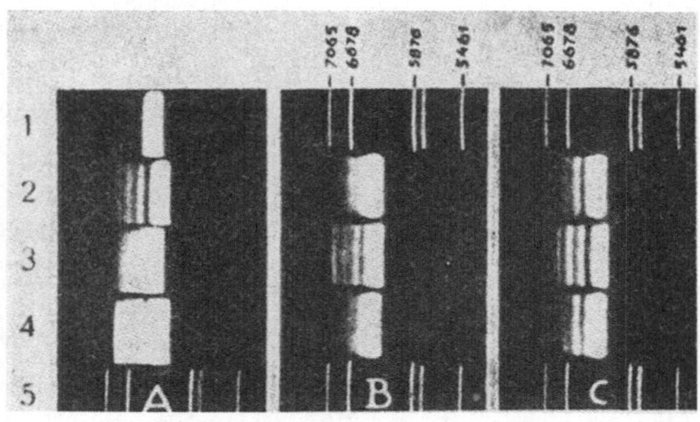

Fig. 9. Fluorescences de Type I (solutions pyridiniques): A, protoporphyrine (nos. 1 et 3) et coproporphyrine (nos. 2 et 4); B, protoporphyrine; C, coproporphyrine. Pour les nos. 3 de B et de C: refroidissement dans l'air liquide.

porphyrine et la coproporphyrine dissoutes dans la pyridine. On constate de plus qu'à — 180° (air liquide), les deux cannelures les moins réfrangibles (β et γ) ont une netteté et une intensité tout à fait remarquables.

La figure 10 (p. 329) montre que, pour les solutions acides,[1] un déplacement de même sens des bandes d'émission se produit à très basse température; et chacune des trois bandes est dédoublée, ce dédoublement étant surtout accusé pour la bande la moins réfrangible (indications complémentaires dans une publication prochaine).

On a pu encore déterminer les spectres de fluorescence de quelques porphyrines *à l'état solide*. Ainsi, STERN et MOLVIG (87) ont obtenu avec l'octaéthylporphyrine quatre bandes: sur λ 630,5 mμ. (la plus forte), sur λ 600 (très faible), sur λ 660 et sur λ 699. La bande de fluorescence principale sur λ 630,5 correspond à la bande d'absorption à l'état solide (630): il y a donc le même rapport topographique dans le spectre pour les bandes

---

[1] Pour la protoporphyrine, la concentration en acide doit être bien supérieure à 2n pour que le spectre typique *acide* apparaisse à —180°.

d'absorption et de fluorescence, que la porphyrine soit à l'état solide ou dissoute dans un solvant organique neutre.

BANDOW (90) a publié une étude approfondie de la fluorescence des porphyrines sous forme d'*adsorbats*. Avec de l'hématoporphyrine (solution dans l'éther) adsorbée par de l'alumine, le spectre de fluorescence comprenait trois bandes: sur λ 624, λ 649, et λ 684; cette dernière bande étant la plus forte. En partant d'une solution d'hématoporphyrine dans l'alcool acidifié (HCl), l'adsorbat (alumine) présentait également trois bandes: sur λ 605, λ 633 (faible) et λ 664 (la plus forte). Beaucoup d'autres déterminations de ce genre ont été faites par l'auteur, qui s'est occupé aussi des diverses questions de photométrie qui se posent à ce sujet.

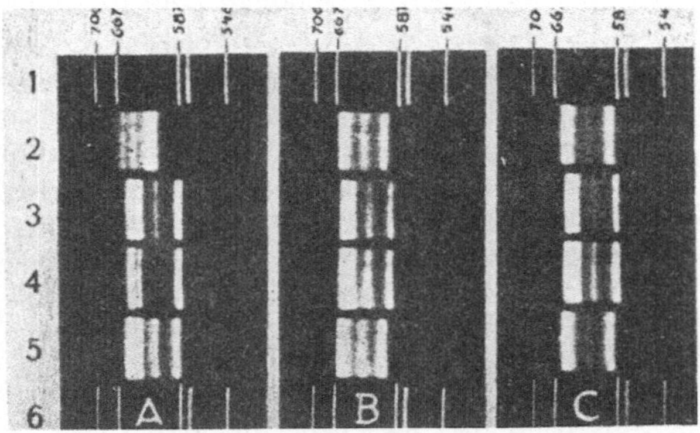

Fig. 10. Fluorescences de Type II (sauf no. 2 A): A, protoporphyrine (no. 2), coproporphyrine (no. 3), étiopórph. (no. 4), hématoporphyrine (no. 5), dans HCl 2 n; B, protoporphyrine dans HCl fumant; C, coproporphyrine dans HCl 2 n. Refroidissement dans l'air liquide, sauf pour les nos. 2 et 5 de B et de C.

En 1930, DHÉRÉ et AHARONI (89) ont été conduits, par des idées théoriques, à rechercher si les porphyrines ne possèdent pas de bandes d'émission dans l'*infra-rouge*. Avec une solution pyridinique d'étioporphyrine, ils ont photographié quatre nouvelles bandes comprises entre λ 700 et λ 770. Cette étude a été poursuivie en 1935 par STERN et MOLVIG (87), qui ont trouvé les maxima suivants. 723 pour les étioporphyrines I et II et pour l'octaéthylporphine; 704 pour la protoporphyrine; 722 pour le diméthylester de la deutéroporphyrine; 721 et 752 pour la deutéroétioporphyrine; 707,5 pour une phéoporphyrine; 714 et 761 pour une phéopurpurine.

Le tableau 11 contient des déterminations d'HELLSTRÖM (solution dans l'éther) et de BIERMACHER (solution dans la pyridine) dans l'infra-rouge ainsi que dans le visible (p. 330).[1]

---

[1] Les nombres de vibrations donnés par HELLSTRÖM ont été. pour la comparaison, convertis en λ avec les tables de PLOTNIKOW.

Les solutions acides (HCl 2 n) de deutéroporphyrine (et de quelques autres porphyrines) possèdent aussi un spectre d'émission infra-rouge, mais relativement très faible et difficile à enregistrer [DHÉRÉ et BIERMACHER (94, 95)]. Avec la deutéroporphyrine, nous avons relevé des bandes sur λ 800, λ 759, λ 722, λ 687.

Disons enfin que la structure visible (type I) des spectres de fluorescence serait indépendante de la longueur d'onde des rayons excitateurs [DHÉRÉ et AHARONI (89)].

STERN (96) vient de déterminer le spectre de fluorescence des *chlorines*; ce qui, pour la constitution de la chlorophylle, offre un grand intérêt. Nous transcrivons les résultats comparatifs suivants (solutions dans le dioxane):

Tableau 11. Axes des bandes de fluorescence de la deutéroporphyrine.

| D'après BIERMACHER (66) | HELLSTRÖM (93) | |
	λ (mμ.)	λ (mμ.)	V (cm-1)
1	800	---	—
2	763	760,6	13 150
3	748	746,4	13 400
4	726	722,9	13 835
5	704	702,6	14 235
6	690	688,3	14 530
7	679	675,9	14 795
8	672	668,5	14 960
9	663	658,2	15 195
10	653	649,4	15 400
11	634	631,4	15 840
12	623	622,5	16 065
13	613	—	—
14	596	---	—

Pyrroporphyrine .... 690 671,5 653 **623** 595,5 mμ.
Méso-pyrrochlorine .... 715 698 674,5 **655** 636 mμ.

Comme le remarque STERN, la structure du spectre d'émission pour cette chlorine correspond aussi au « Type DHÉRÉ I », mais les positions (en λ λ) des bandes sont bien différentes.

L. Porphine.

On doit à STERN et ses collaborateurs (97) une étude soignée de la fluorescence de ce composé synthétique fondamental, dont dérivent toutes les porphyrines, composé découvert par HANS FISCHER (1935). Commençons par dire, que, dissoute dans l'acide chlorhydrique à 22% (6 fois n), la porphine ne possède (spectre visible) qu'une seule bande d'absorption avec maximum sur λ 542 mμ. Quant au spectre de fluorescence, il présente deux bandes avec maxima sur **604** et sur **648** mμ. (il diffère donc du spectre acide typique des porphyrines, qui est à trois bandes).

Voici maintenant les déterminations pour une solution dans le dioxane:

Bandes avec maximum sur (λ en mμ.):

Absorption   613   602   560,5 etc.
Fluorescence 684 669,5 657 644 **616,5** 591

Comme le fait observer STERN, la bande de fluorescence sur 591, si on la rattache à la petite bande d'absorption sur 602, se trouverait, par rapport à celle-ci, décalée vers le bleu de 11 mμ. La bande principale de fluorescence (616,5) est, elle, un peu décalée vers l'infra-rouge, ce qui est la règle (ici l'écart atteint 3,5 mμ.), et il y a une série de 4 bandes secondaires du côté de l'infra-rouge.

Donnons encore, d'après STERN, WENEELEIN et MOLIG (97), la position des maxima des bandes (λ en mμ) dans différents solvants:

Bandes:	VIII	VII	VI	V	IV	III	II	I
Porphine (Dioxane) ..			684	669,5	657	644	**616,5**	591
» (Benzène) ..	720	687	673,5	656,5	648	631	**618,5**	592
» (Pyridine) ..	(719)	685	671,5	654	646	630	**617,5**	590,5

On trouve dans les travaux de STERN une discussion étendue et approfondie des relations existant entre la constitution moléculaire des porphyrines et la structure de leurs spectres de fluorescence. Pour cette question, consulter aussi l'ouvrage de FISCHER et ORTH (98).

HAUSSER et ses collaborateurs (99, 100) ainsi que HELLSTRÖM (93) ont examiné plus spécialement l'interprétation physique de ces spectres.

M. Complexes métalliques des porphyrines.

Les spectres de fluorescence des complexes formés par une porphyrine (hémato-) avec *Zn*, *Sn* ou *Pb* ont été observés et déterminés d'abord (en 1924) par DHÉRÉ, SCHNEIDER et VAN DER BOM (101). Il s'agit, pour ces trois complexes, d'un spectre de fluorescence à deux bandes, la bande la plus forte étant située dans le jaune. Le *complexe zincique* doit, peut-être, être considéré comme naturel (COULTER). Il se trouve dans le bouillon-toxine d'origine diphtérique (DHÉRÉ, MEUNIER et CASTELLI); mais, dans l'interprétation, il faut toujours prendre en considération sa formation secondaire, et en somme accidentelle, à partir de zinc cédé par le verre.

Nos premières déterminations indiquaient, pour le complexe zincique, une bande I entre 637 et 616 mμ. et une bande II entre 587 et 576 mμ., avec dédoublement apparent pour la bande I. Sur ce dernier point, de nouveaux résultats vont être publiés.

Ces mêmes complexes (protoporphyrine) ont été étudiés spectrographiquement par GOUZON (36). Il y a encore de nombreux résultats spectraux dus à STERN et à HAUROWITZ (102); aussi pour des complexes dans la constitution desquels entrent d'autres métaux.

Les complexes contenant du magnésium sont bien fluorescents et présentent un intérêt spécial par rapport a la chlorophylle. Les complexes formés avec *Fe* et *Cu* ne possèdent pas de fluorescence visible.

BIGWOOD et THOMAS (103, 104, 105) avaient décrit un spectre de fluorescence pour le *cytochrome oxydé*: bande principale entre 650 et 640 mμ., apparaissant double dans les conditions d'observation les plus favorables. Mais il n'est pas du tout certain que cette fluorescence appartienne en propre au cytochrome; les résultats positifs pouvaient provenir (cela a été dit depuis) d'une dégradation partielle de la préparation de cytochrome examinée.

N. Carbures d'hydrogène.

Les spectres de fluorescence (émission surtout de rayons ultra-violets) ont été étudiés d'une façon tout à fait précise par les physiciens pour de nombreux carbures d'hydrogène : benzène, naphtalène, anthracène, phénanthrène, fluorène, chrysène, pyrène, etc. Comme il ne s'agit pas de « produits naturels », nous n'exposerons pas ces résultats, tout en soulignant l'intérêt que présentent les spectres de ces corps, qui forment les noyaux ou apparaissent dans la dégradation artificielle de nombreux produits biologiques.[1] Les spectres de fluorescence des hydrocarbures cancérigènes, très étudiés depuis quelques années, offrent aussi un intérêt spécial. Ici, nous avons seulement à parler des hydrocarbures caroténoïdes.

O. Pigments caroténoïdes et Vitamine A.

Les premières observations sur la fluorescence du *carotène* (d'une façon plus générale, d'un caroténoïde) furent faites par DHÉRÉ et DE ROGOWSKI (*49*) en 1912 ; avec une solution dans l'éther de pétrole, ils déterminèrent une bande surtout lumineuse de λ 600 à 505 mμ. (axe 552,5), mais débordant des deux côtés et se prolongeant dans le rouge jusque vers 650 mμ.

Je viens de constater avec V. CASTELLI (recherches inédites) que le carotène cristallisé (échantillon d'Hoffmann-La Roche), dissous dans le xylol, présente, après refroidissement à — 180°, un spectre de fluorescence à trois bandes. Avec la *vitamine A* — échantillon relativement bien purifié du Laboratoire de KARRER — dissoute dans l'alcool et avec le Vogan commercial, on a vu que la fluorescence était très augmentée par refroidissement dans l'air liquide, le maximum d'émission se trouvant dans le vert jaunâtre ; mais le spectre n'est pas constitué par plusieurs bandes vraiment distinctes.

Le *lycopène*, comme le carotène, possède trois (ou quatre) bandes de fluorescence à — 180° (solution dans le xylol).

Dans un travail de HAUSSER, R. KUHN et E. KUHN (*100*), il est dit que la fluorescence de l'*isométhylbixine* dans le xylol est doublée à — 196° et que le spectre de fluorescence photographié à cette température montre trois bandes.

P. Oxypénicilliopsine et Hypéricine.

L'*oxypénicilliopsine* (ancienne « mycoporphyrine » de REINKE) est un pigment non azoté, fournissant certaines réactions des polyhydroxyanthraquinones, d'après les recherches récentes de RAISTRICK et OXFORD (*106*[bis]). Ces auteurs l'ont préparée à partir de cultures pures du *Penicilliopsis clavariaeformis*, développées sur milieu CZAPEK-DOX. Nos résultats (*107, 108*) ont été obtenus avec une de leurs préparations.

---

[1] Beaucoup de spectres de fluorescence des dérivés du benzène (phénol, cresol, hydroquinone, acide salicylique, etc.) ont été déterminés, surtout par LEY (*3*).

Le tableau 12 contient le relevé des bandes de fluorescence dans quelques solvants [DHÉRÉ et CASTELLI (*107*)]:

Tableau 12. Spectres de fluorescence de l'oxypénicilliopsine (λ en mμ).

Solutions dans:	Pyridine	Alcool	Éther	Acide acétique
Bande I	611 —601 606	599 590 594.5	594 — 588 591	589 — 582 585.5
Bande II	625 — 617 621	612 605 608.5	610 — 604 607	604 - 596 600
Bande III	657 — 647 652	649 - 635 642	640 — 632 636	638 — 628 633

Les spectres présentent en somme le même type pour les solutions dans la pyridine, l'alcool et l'éther; mais ils sont de plus en plus décalés, suivant cet ordre, vers le violet. Dans l'éther-éthylique, apparaît une

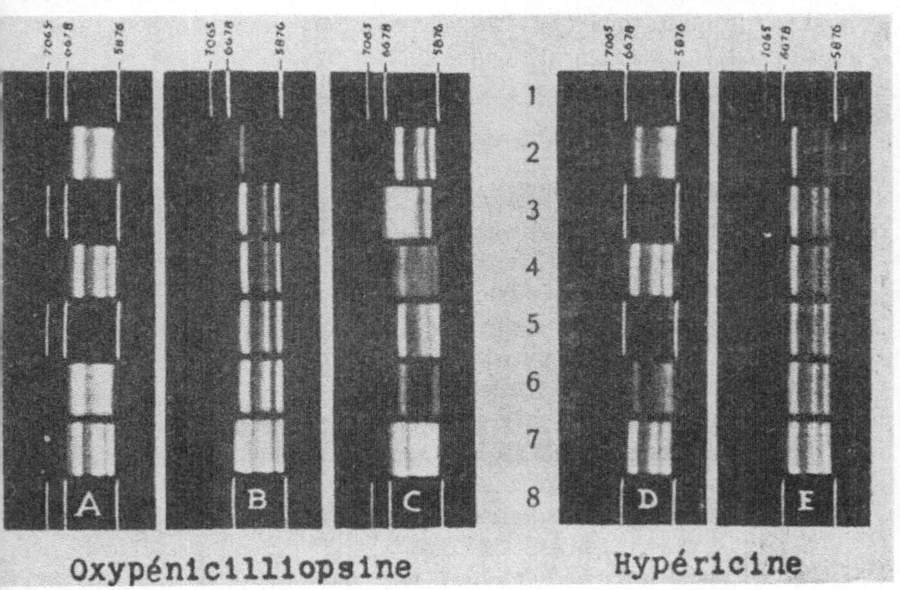

Fig. 11. Fluorescences des solutions alcooliques (et autres pour C): pour les nos. 4 et 7 de A et de D et pour tous les nos. de B, C et E, refroidissement dans l'air liquide. Solvants suivants pour C: éthylalcool, pyridine, glycérine, alcool amylique, dioxane, cyclohexanol.

structure fine (par dédoublement des bandes extrêmes?); et on voit deux bandes supplémentaires, très étroites, dont les axes sont respectivement sur λ 581 et λ 626 mμ.

A — 180°, la structure à trois bandes principales, indiquée sur le tableau 12, devient beaucoup plus nette (voir la fig. 11). Ces bandes sont maintenant relativement étroites et séparées par des intervalles très sombres ou apparaissent quelques fines bandes lumineuses supplémentaires.

La solution dans l'acide acétique glacial, congelée et refroidie à — 180°, montre nettement — en plus des trois bandes se trouvant alors sur λ 584, λ 600 et λ 631 — une bande sur λ 649 et une bande étroite sur λ 566,5.

Il est bien curieux de constater que l'*hypéricine*, pigment extrait des pétales de l'*Hypericum perforatum*, possède des spectres de fluorescence sensiblement identiques à ceux de l'oxypénicilliopsine, soit à la température ordinaire, soit à — 180° (solution dans l'alcool) (*108*).

Ajoutons que ces deux pigments ont d'intenses bandes de fluorescence dans l'infra-rouge (résultats encore inédits).

Q. Flavine et dérivés.

Les premières déterminations photographiques du spectre de fluorescence de la *flavine* pure ont été publiées par KARRER et FRITZSCHE en 1934 (*109*): large bande, tout à fait continue, avec maximum sur λ 564 ou λ 562 (solution aqueuse). Les déterminations postérieures de BIERRY et GOUZON (*110*) assignent comme limites 615 et 515: axe sur λ 565. Une courbe, obtenue par électrophotométrie et due à EYMERS et

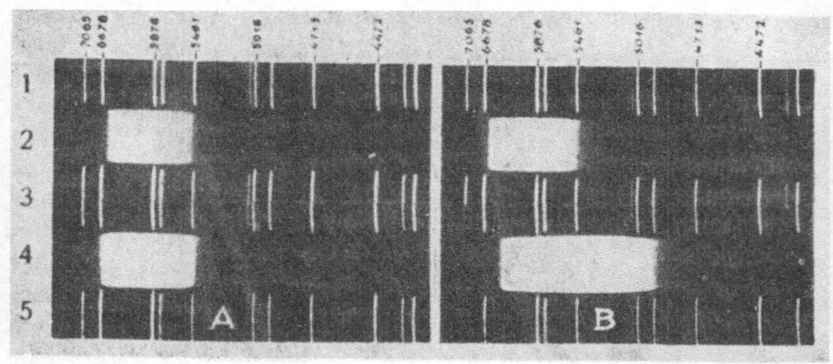

Fig. 12. Fluorescence del a *Flavine* synthétique: A, no. 2, cristaux à + 18 , no. 4, cristaux refroidis dans l'air liquide; B, no. 2, solution aqueuse congelée et refroidie dans l'air liquide; no. 4, même solution à + 18 .

VAN SCHOUWENBURG (*112*), indique un maximum d'émission notablement déplacé vers le violet, un peu au-dessous de λ 550 (548 ou 547?).

Tandis que la fluorescence de la flavine est verte, celle du *lumichrome* est bleu de ciel. La solution alcoolique acide de ce photodérivé montre une bande ayant un maximum sur λ 462 (peut-être autre maximum, relativement très faible, sur λ 542 environ). Dans la soude bien diluée, maximum sur λ 547 et sur λ 454 (KARRER et FRITZSCHE). Avec la *lumiflavine*, BIERRY et GOUZON (*111*) ont photographié une bande d'émission dans le vert ayant pour axe λ 535.

Ajoutons qu'à l'état cristallisé (flavine synthétique d'Hoffmann-La Roche), la *flavine* possède aussi une remarquable fluorescence ; mais si, sur la figure 12, on compare le spectre des cristaux (No. 2A) à celui de la solution aqueuse (No. 4B), on voit que, dans le premier cas, l'émission est bien moins étendue dans le vert. Pour les cristaux, le maximum d'émission est au voisinage de λ 596.

Par refroidissement vers — 180° (air liquide), les cristaux acquièrent une fluorescence beaucoup plus vive, cinq fois plus forte environ ;[1] et ils présentent alors une coloration d'un joli rouge quand l'excitation est produite par l'ensemble des rayons bleus, violets et ultraviolets[2] d'un puissant arc entre tiges de charbon. L'émission possède son maximum dans l'orangé ($\lambda\lambda > 600$ mμ.) ; le spectre, étendu de 669 à 546 mμ., ayant d'ailleurs presque les mêmes limites qu'à la température ordinaire. Les solutions de flavine dans l'eau pure, après congélation et refroidissement à — 180° montrent un spectre semblable (No. 2B) ; au contraire, dans l'eau additionnée de NaCl ainsi que dans les solvants organiques (méthanol, dioxane, cyclohexanol), la fluorescence à — 180° est d'un beau vert, d'éclat bien accru. Avec quelques solvants, à cette très basse température, on a aperçu de légers minimums d'émission : à λ 546 et λ 505 mμ. (le spectre lumineux se prolongeant jusqu'à λ 478) pour la solution dans le méthanol, par exemple DHÉRÉ et CASTELLI (*113*)

R. Thiochrome.

KUHN et VETTER (*114*) utilisant une solution de thiochrome dans la soude n/100, ont constaté que le maximum spectral de l'émission va de 470 a 460 mμ. La lumière de fluorescence est donc d'une nuance un peu plus violacée que celle du sulfate de quinine en solution aqueuse (dont le maximum va de 480 à 470 mμ.). Dans des conditions de comparaison indiquées d'une façon précise dans le travail original, la fluorescence du thiochrome était 24 fois plus forte que celle de la quinine.

On sait qu'on obtient du thiochrome par oxydation de la vitamine B_1 (antineurine, aneurine). La courbe spectrale de la fluorescence du produit de cette réaction a été publiée par EYMERS et VAN SCHOUWENBURG (*112*).

S. Amide de l'acide N-d-glucosido-o-dihydro-nicotique.

EYMERS et VAN SCHOUWENBURG (*112*) ont également déterminé la courbe de fluorescence pour ce corps, obtenu par P. KARRER, qui offre un grand intérêt en relation avec la constitution du coferment.

---

[1] Pose cinq fois plus courte ayant fourni un spectrogramme aussi intense.
[2] Rayons bleus exclus lors des photographies.

Bibliographie.

Exposés étendus.

1. Kayser, H.: Handbuch der Spektroskopie, Bd.-4. Leipzig 1908. (Chapitre sur la Fluorescence, rédigé par H. Konen, p. 841.)

2. Pringsheim, P.: Luminiszenzspectra. In: Handbuch der Physik (Geiger-Scheel), Bd. 21, S. 574. Berlin 1929.

3. Ley, H.: Fluoreszenz und chemische Konstitution. In: Handbuch der Physik (Geiger-Scheel), Bd. 21, S. 710. Berlin 1929.

4. Borst, M. u. H. Königsdörffer: Untersuchungen über Porphyrie, etc Leipzig 1929.

5. Dhéré, Ch.: Nachweis der biologisch wichtigen Körper durch Fluoreszenz und Fluoreszenzspektren. In: Abderhaldens Handbuch der biologischen Arbeitsmethoden, Abt. II, Teil 3, S. 3097 (Lief. 420). Berlin—Wien 1933.

6. Andant, A.: Spectres de fluorescence. In: Traité de Chimie organique de Grignard, Bd. 2, p. 295 à 348. Paris 1936.

7. Dhéré, Ch.: La Fluorescence en Biochimie. Paris 1937. (Les Problèmes biologiques, XXI.)

8 Haitinger, M.: Die Fluoreszenzanalyse in der Mikrochemie. Wien 1937.

Travaux spéciaux.

9. Dhéré, Ch., S. Glücksmann et L. Rapetti: Sur les applications de la spectroscopie et de la spectrographie de fluorescence en microbiologie. C. R. Séances Soc. Biologie **114**, 1250 (1933).

10. — et L. Rapetti: Les fluoreseences bactériennes étudiées au moyen de l'analyse spectrale: Bacilles de la tuberculose et de la diphtérie. Bull. Acad. Méd. **114**, 96 (1935).

11. — La fluorescence en microbiologie. Schweiz. med. Wschr. **68**, Nr. 33 (1938).

12. Rapetti, L.: L'analyse spectrale appliquée à l'étude des fluorescences microbiennes. Thèse de Doctorat Sc. Fribourg 1937.

13. Mayer, R. M.: Über den Porphyrin und Blutfarbstoffwechsel der Hefezelle. Z. physiol. Chem. **177**, 47 (1928). Über den fermentativen Charakter der Koproporphyrin-Synthese in der Hefe. Z. physiol. Chem. **179**, 99 (1928).

14. Fink, H. Über die Koproporphyrie der Hefe. Biochem. Z. **211**, 65 (1929).

15. Dhéré, Ch., P. Meunier et V. Castelli: Sur la détermination, par l'analyse spectrale, de la fluorescence du bouillon-toxine et de l'anatoxine diphtériques. C. R. Séances Soc. Biologie **127**, 564 (1938).

16. Wick, F.-G. and C.-G. Throop: The Luminescence of Frozen Solutions of certain Dyes. J. opt. Soc. America **25**, 368 (1935).

17. Dhéré, Ch. et V. Castelli: Modèle de tube pour l'étude des phénomènes de photoluminescence à la température d'ébullition de l'air liquide. C. R. Séances Soc. Biologie **128**, 1011 (1938).

18. — Procédé d'examen des spectres de fluorescence applicable en microchimie. C. R. Séances Soc. Biologie **112**, 1129 (1933).

19. Vanzetti, B. L.: Sul nero da zuccheri e la fluorescenza dei liquidi acidi. Rendiconti del Sem. Fac. di Sc. Univ di Cagliari **3**, fasc. 2 (1933).

20. McLennan, J. C. and J. M. Cale: On the Fluorescence of Aesculin. Proc. Roy. Soc. London (A) **102**, 256 (1922).

21. Starkiewicz, J.: Sur la photoluminescence des solutions d'esculine aux basses températures. Bull. Acad. Polon. des Sc. (A) 459 (1927).

22. Pringsheim, P.: Référence N° 2 (p. 574).

23. Hagenbach, E.: Versuche über Fluorescenz (III). Pogg. Ann. **146**, 246, 255 (1872).

24. POPESCU, I. G.: Spectres d'absorption et de fluorescence des colorants du tournesol et du chou rouge. Bull. Soc. roum. physique 36, Nos 63 et 64 (1934).

25. ANDANT, A.: Application de la spectrographie à l'examen des composés organiques. C. R. Acad. Sciences 184, 1068 (1927). Absorption et fluorescence des huiles de pépins de raisins. Ann. Off. Nat. des Combust. liquides 4, 821 (1927).

26. LUNDE, G. u. FR. STIEBEL: Über Fluorescenz von Olivenölen. Angew. Chem. 46, 243 (1933). Quantitative Fluoreszenz-Messungen an Olivenölen. Norske Vidensk. Akademi, Oslo (I), N° 3 (1933).

27. GUILLOT, J.: Étude sur la fluorescence des huiles d'olive. Influence du pigment. Bull. Soc. chim. France (5), 1, 1455 (1934); en outre: Ann. falsif. et fraudes 28, 75 (1935).

28. STRATTA, R. e A. MANGINI: Sulla fluorescenza degli olii d'oliva italiani alla luce di Wood. G. Chim. ind. appl. 10, 205 (1928).

29. MARCELET, H.: Analyse spectrographique des fluorescences de quelques huiles végétales observées sous les rayons ultraviolets. C. R. Acad. Sciences 190, 1120 (1930).

30. — et H. DEBONO: Analyse spectrographique des diverses fluorescences de l'huile d'olive, observées sous les rayons ultraviolets. C. R. Acad. Sciences 190, 1552 (1930).

31. DEBONO, H.: Étude des fluorescences de quelques huiles. Thèse Doct. Pharm. Montpellier 1930.

32. WADSWORTH, A. and M. O'L. CROWE: A preliminary Study of the Absorption Spectra of Cephalin . . . J. Physic. Chem. 40, 739 (1936).

33. VLÈS, F. et A. UGO: Sur l'excitation de la fluorescence du cholestérol et de la peau. C. R. Séances Soc. Biologie 123, 226 (1936).

34. METZNER, P.: Zur Kenntnis der photodynamischen Erscheinung (III). Biochem. Z. 148, 516 (1924).

35. BEER, S.: Sulla fluorescenza presentata dalla larva del „Bombyx mori" sotto l'azione della luce di WOOD. Boll. Soc. ital. Biol. sperim. 3, 162 (1928). Sulla fluorescenza presentata dai bozzoli e dalla seta sotto l'azione de raggi ultravioletti. Boll. Labor. Zool. Agrar. R. Istituto Sup. Agrar., Milano 2 (1930).

36. GOUZON, B.: Étude de quelques porphyrines naturelles. Application aux pigments fluorescents de l'œuf des Oiseaux. Thèse de Doctorat Sc., Paris 1934.

37. VLÈS, F.: Sur les conditions d'excitation de la fluorescence des protides. C. R. Acad. Sciences 202, 2184 (1936).

38. NUCCORINI, R.: Sulle sostanze fluorescenti alla luce di WOOD contenute nei vegetali. Boll. R. Ist. Sup. di Agraria, Pisa 8, 491 (1932).

39. ROCHE, A.: Étude de la réaction colorée et de la fluorescence des protides et de leurs dérivés en présence de diacétyle. Bull. Soc. Chim. biol. 14, 1026 (1932).

40. HAGENBACH, E.: Cité d'après KONEN, Référence N° 1 (p. 1126).

41. SCHMIDT, C. G.: Über Fluoreszenz des Chinins. Physik. Z. 1, 464 (1900).

42. NICHOLS, E. L. and E. MERITT: Studies in Luminescence, III. On Fluorescence Spectra. Physic. Rev. 19, 18 (1904).

43. ANDANT, A.: Emploi de la spectrographie de fluorescence pour l'identification des alcaloïdes en poudre. C. R. Acad. Sciences 185, 713 (1927). Identification des produits pharmaceutiques par leurs spectres d'absorption et de fluorescence. Étude des Alcaloïdes. Thèse Doct. Pharm., Paris 1929.

44. HEIDT, L.-J. and G.-S. FORBES: The Absorption and Fluorescence Spectra of the acid Sulfates of Quinine and ten of its derivatives . . . J. Amer. chem. Soc. 55, 2701 (1933).

45. FABRE, R., ED. BAYLE et H. GEORGE: Contribution à l'étude de la fluorescence et de ses applications. Bull. Soc. chim. France (4), **37**, 1304 (1925).

46. DHÉRÉ, CH.: Étude spectrographique de la remarquable fluorescence présentée par un dérivé de l'ésérine. ZANGGER-Festschrift, p. 799 (1934).

47. HAGENBACH, E.: Fernere Versuche über Fluoreszenz. Pogg. Ann., Jubelband, S. 303 (1875).

48. TSWETT, M.: Über Reicherts Fluoreszenz-Mikroskop und einige damit angestellte Beobachtungen über Chlorophyll und Cyanophyll. Ber. dtsch. bot. Ges. **29**, 744 (1912).

49. ROGOWSKI, W. DE: Recherches sur les spectres d'absorption ultraviolets et sur les spectres d'émission par fluorescence des pigments chlorophylliens. Thèse Doct. Sc. Fribourg (Suisse) 1912.

50. DHÉRÉ, CH.: Détermination photographique des spectres de fluorescence des pigments chlorophylliens. C. R. Acad. Sciences **158**, 64 (1914).

51. WILSCHKE, F. P.: Über die Fluoreszenz der Chlorophyllkomponenten. Z. wiss. Mikrosk. **31**, 338 (1914).

52. STERN, K.: Über die Fluoreszenz des Chlorophylls. Z. Bot. **13**, 193 (1921).

53. DHÉRÉ, CH. et M. FONTAINE: Recherches sur la fluorescence des Algues et de leurs constituants pigmentaires. Ann. Inst. océanogr. **10**, 245 (1931).

54. KNORR, H. V. and V. M. ALBERS: Fluorescence of solution of Chlorophyll a. Physic. Rev. **43**, 379 (1933).

55. — — Fluorescence and Photodecomposition in Solutions of Chlorophyll a. Physic. Rev. **46**, 336 (1934).

56. — — Fluorescence and Photodecomposition in Solutions of Chlorophyll b. Physic. Rev. **46**, 336 (1934).

57. — — Fluorescence and Photodecomposition of Solutions of Pheophorbide b. and Methyl Pheophorbid b. Physic. Rev. **47**, 329 (1935).

58. — — Fluorescence and Photodecomposition of Solutions of Chlorophyll a under Atmospheres of O_2, CO_2 and N_2. Physic. Rev. **49**, 420 (1936).

59. — — Fluorescence and photodecomposition of the Chlorophylls and some of their Derivatives in the presence of Air. Cold Spring Harbor Symp. Quantit. Biol. **3**, 87 (1935); Fluorescence and Photo- decomposition of the Chlorophylls and some of their Derivatives under atmospheres of O_2, CO_2 and N_2. Cold Spring Harbor Symp. Quantit. Biol. **3**, 98 (1935).

60. BECKING, L. BAAS G. M. and H. C. KONING: Preliminary studies on the Chlorophyll Spectrum. Kon. Akad. Wetensch. Amsterdam, Proc. **37**, 674 (1934).

61. ZSCHEILE, F. P., T. R. HAGNESS, and T. F. YOUNG: The precision and accuracy of a Photoelectric Method for comparison of the low light intensities involved in measurement of Absorption and Fluorescence Spectra. J. physic. Chem. **38**, 1 (1934).

62. — Investigation of the Fluorescence Spectra of Chlorophylls a and b. Protoplasma **22**, 513 (1935).

63. DHÉRÉ, CH. et A. RAFFY: Recherches sur la spectrochimie de fluorescence des pigments chlorophylliens. Bull. Soc. Chim. biol. **17**, 1385 (1935).

64. — et O. BIERMACHER: Sur la purification et le spectre de fluorescence de la chlorophylle b. C. R. Séances Soc. Biologie **122**, 591 (1936).

65. — — La feuille de Géranium vivante émet un rayonnement de fluorescence qui s'étend dans l'infrarouge jusqu'à λ 830 mμ. C. R. Acad. Sciences **203**, 412 (1936).

66. Biermacher, O.: The visible and infra-red Fluorescence Spectra of Chlorophyll *a*, Chlorophyll *b*, and several Porphyrins. Thèse Doct. Sc., Fribourg (Suisse) 1936.

67. Vermeulen, D., E.-C. Wassink and G. H. Reman: On the Fluorescence of photosynthesizing Cells. Enzymologia **4**, 254 (1937).

68. Bachrach, E. et Ch. Dhéré: Sur la fluorescence d'une Diatomée marine et sur le spectre de fluorescence de ses pigments chlorophylliens. C. R. Séances Soc. Biologie **108**, 385 (1931).

69. — M. Lefèvre et J. Roche: Sur la chlorophylle des Diatomées normales ou nues. C. R. Séances Soc. Biologie **109**, 889 (1932).

70. Dhéré, Ch.: Sur le spectre de fluorescence de la protochlorophylle. C. R. Acad. Sciences **192**, 1496 (1931).

70bis. Stoll, A. u. E. Wiedemann: Chlorophyll. Fortschr. Chem. organ. Naturstoffe **1**, 159, und zwar 185 (1938).

71. Dhéré, Ch. et M. Fontaine: Recherches spectro-chimiques sur la bonelline, pigment tégumentaire de la «Bonellia viridis». Ann. Inst. océanogr. **12**, 347 (1932).

72. — Sur quelques propriétés de la bonelline et sur la nature de ce pigment. C. R. Séances Soc. Biologie **110**, 1254 (1932).

73. Stern, A. u. H. Wenderlein: Über die Lichtabsorption der Porphyrine VI. Z. physik. Chem. (A) **176**, 113 (1936).

74. Dhéré, Ch.: Sur la fluorescence de la phylloérythrine et sur la structure de ses spectres de fluorescence. C. R. Acad. Sciences **195**, 336 (1932).

75. Lemberg, R.: Die Chromoproteide der Rotalgen I. Liebigs Ann. Chem. **461**, 46 (1928). Die Chromoproteide der Rotalgen II. Liebigs Ann. Chem. **477**, 195 (1930).

75bis. Lemberg, R.: Bile Pigments. VI. Biliverdin, Uteroverdin and Oocyan. Biochemical Journ. **28**, 978 (1934).

76. Dhéré, Ch. et A. Raffy: Contribution à la spectrochimie des Algues. C. R. Séances Soc. Biologie **119**, 232 (1935).

77. — Étude spectrochimique d'un dérivé de la bilirubine possédant une fluorescence rouge. Arch. intern. de Pharmacodynamie **38**, 134 (1930).

78. Gouzon, B.: L'irradiation ultraviolette; son action sur les pigments. Ann. Physiol. et Physicochim. biol. **11**, 388 (1935).

79. Dhéré, Ch. et J. Roche: Recherches sur la fluorescence des pigments du groupe de l'urobiline. Détermination de leurs spectres de fluorescence. Bull. Soc. Chim. biol. **13**, 987 (1931).

80. Siedel, W. u. Erh. Meier: Synthese des Urobilins . . . Z. physiol. Chem. **242**, 109 (1936). (Résultats de A. Stern.)

81. Dhéré, Ch. et V. Castelli: Sur les spectres de fluorescence de l'urobiline, à l'état solide et après dissolution, à la température d'ébullition de l'air liquide. (Pas encore publié.)

82. — et S. Sobolewski: Sur quelques propriétés de l'hématoporphyrine. C. R. Séances Soc. Biologie **70**, 511 (1911).

83. — A. Schneider et Th. van der Bom: Détermination photographique des spectres de fluorescence de l'hématoporphyrine dans divers solvants. C. R. Acad. Sciences **179**, 351 (1924).

84. Bom, Th. van der: Recherches sur la fluorescence de l'hématoporphyrine. Thèse Doct. Sc., Fribourg (Suisse) 1924.

85. Dhéré, Ch. et E. Bois: Étude comparative de la fluorescence de quelques porphyrines naturelles et artificielles. C. R. Acad. Sciences **183**, 321 (1926).

86. Bois, E.: Recherches spectrochimiques sur quelques porphyrines animales . . . Thèse Doct. Sc., Fribourg (Suisse) 1927.

87. STERN, A. u. H. MOLVIG: Zur Fluoreszenz der Porphyrine I. Z. physik. Chem. (A) **175**, 38 (1935); II. **176**, 209 (1936).

88. — u. ML. DEŽELIĆ: Zur Fluoreszenz der Porphyrine III. Z. physik. Chem. (A) **177**, 347 (1936).

89. DHÉRÉ, CH. et J. AHARONI: Étude de l'influence exercée par la longueur d'onde des rayons excitateurs sur le spectre de fluorescence de l'étioporphyrine. Structure de ce spectre depuis l'extrême rouge (infrarouge) jusqu'à l'ultra-violet. C. R. Acad. Sciences **190**, 1499 (1930).

90. BANDOW, FR.: Optische Untersuchungen über die Adsorption der Porphyrine. Z. physik. Chem. (B) **39**, 155 (1938).

91. HELLSTRÖM, H.: Beziehungen zwischen Konstitution und Spektren der Porphyrine. Z. physik. Chem. (B) **12**, 353 (1931).

92. — Die Fluoreszenz des Aetioporphyrins. Ark. Kemi 11, B, No. 11 (1933).

93. — Ein Niveauschema des Porphyrinmoleküls. Ark. Kemi 12, B, No. 13 (1936).

94. DHÉRÉ, CH. et O. BIERMACHER: Sur les spectres de fluorescence de la deutéro-porphyrine et de la pyrroporphyrine: structure fine, émission dans l'infra-rouge. C. R. Acad. Sciences **202**, 442 (1936).

95. — — Sur le choix des raies de référence spectrale dans l'étude du tout proche infrarouge (infrarouge photographique), spécialement pour la détermination des spectres de fluorescence. C. R. Séances Soc. Biologie **120**, 1162 (1935).

96. STERN, A.: Zur Fluoreszenz der Chlorine. Z. physik. Chem. (A) **182**, 186 (1938).

97. — H. WENDERLEIN u. H. MOLVIG: Über die Lichtabsorption der Porphyrine. VII. Z. physik. Chem. (A) **177**, 47 (1936).

98. FISCHER, H. u. H. ORTH: Die Chemie des Pyrrols, Bd. II, 1. Hälfte. Leipzig 1937. (Das Fluorescenzphänomen der Porphyrine, S. 590.)

99. HAUSSER, K. W., R. KUHN u. G. SEITZ: Lichtabsorption und Doppelbindung V. Z. physik. Chem. (B) **29**, 391 (1935).

100. — — u. E. KUHN: Lichtabsorption und Doppelbindung VI. Z. physik. Chem. (B) **29**, 417 (1935).

101. DHÉRÉ, CH., A. SCHNEIDER et TH. VAN DER BOM: Sur la fluorescence de quelques composés métalliques de l'hématoporphyrine. C. R. Acad. Sciences **179**, 1356 (1924).

102. HAUROWITZ, F.: Eigenschaften der Porphyrin-Metall-Komplexe... Ber. dtsch. chem. Ges. **68**, 1795 (1935); Absorption und Fluoreszenz der Porphyrine in verschiedenen Lösungsmitteln... Ber. dtsch. chem. Ges. **71**, 1404 (1938).

102bis. STERN, A. u. H. MOLVIG: Z. physik. Chem. (A) **178**, 175 (1937).

103. BIGWOOD, E. J., J. THOMAS et D. WOLFERS: Fluorescence rouge d'une pré-paration de cytochrome oxydé. C. R. Séances Soc. Biologie **112**, 1584 (1933).

104. — — — Examen spectroscopique de préparations de cytochrome. Bandes d'absorption situées dans le rouge. C. R. Séances Soc. Biologie **117**, 220 (1934).

105. — J. ANSAY et J. THOMAS: Contribution à l'étude de la forme oxydée du cytochrome de la levure. Ann. Physiol. **9**, 837 (1933).

106. DHÉRÉ, CH.: Sur les spectres de fluorescence de l'hypéricine et de la myco-porphyrine. C. R. Acad. Sciences **197**, 948 (1933).

106bis. OXFORD, A. E.: Penicilliopsin and Oxypenicilliopsin. Chem. and Ind. **57**, 975 (1938).

107. DHÉRÉ, CH. et V. CASTELLI: Sur la fluorescence du pigment extrait des cultures du *Penicilliopsis clavariaeformis*. C. R. Séances Soc. Biologie **126**, 1061 (1937).

108. — — Sur les spectres de fluorescence de l'oxypénicilliopsine (mycoporphyrine) et de l'hypéricine à la température d'ébullition de l'air liquide. C. R. Séances Soc. Biologie **128**, 815 (1938).

109. KARRER, P., H. SALOMON, K. SCHÖPP, E. SCHLITTLER u. H. FRITZSCHE: Ein neues Bestrahlungsprodukt des Lactoflavins: Lumichrom. Helv. chim. Acta 17, 1010 (1934).

110. BIERRY, H. et B. GOUZON: Spectres de fluorescence des flavines de quelques organes animaux. C. R. Séances Soc. Biologie 119, 101 (1935).

111. — — Spectres de fluorescence de l'hépatoflavine avant et après irradiation. C. R. Acad. Sciences 200, 2116 (1935).

112. EYMERS, J.-G. and K.-L. VAN SCHOUWENBURG: On the Luminescence of Bacteria. Enzymologia 3, 235 (1937).

113. DHÉRÉ, CH. et V. CASTELLI: Sur les propriétés de photoluminescence de la flavine synthétique. C. R. Acad. Sciences 206, 2003 (1938).

114. KUHN, R. u. H. VETTER: Zur Kenntnis des Thiochroms. Ber. dtsch. chem. Ges. 68, 2375 (1935).

115. ZECHMEISTER, L. u. L. v. CHOLNOKY: Die chromatographische Adsorptionsmethode. 2. Aufl. Wien: Julius Springer. 1938.

(Reçu le 11 janvier 1939)

Namenverzeichnis.

Sachverzeichnis.

Usninsäure 35.
d-Usninsäure 37.
raz. Usninsäure 37.
Usnolsäure 37.
Usnonsäure 36.
d-Usnonsäure 37.
raz. Usnonsäure 37.

d-Valin 235.
Valonia 219.
Vanillin 11, 16.
Vanillinsäure 11.
Vanilloyl-methyl-carbinol 23.
Veratrumsäure 8, 11, 12, 13, 14, 16, 17, 18, 19, 20.
Verdo-flavin 89.
Ver Géphyrien 321.
Vicianose 165, 166.
Virginiatabak 268.
Vitamine A 305, 332.
Vitamin B_2 90.
Vitamin B_2-Komplex 62.
Vitamin C 132.

Vitox 64.
Vogan 332.
Volemit 33.
Vollmilch 64.
Vulpinsäure 33.
Vulpinsäure-äthyläther 33.
Vuzine 313.

Wandflechte 52.
Weinbergschnecke 224, 226.
Weißwein 63.
Weizenkleie 64.

Xanthoria parietina 52.
d-Xylo-ascorbic acid 148.
l-Xylo-ascorbic acid 148.
9-(d-1'-Xylityl)-flavin 84.
l-Xylosone 148.

Zeorin 32.
Zigarettenrauch 276.
Zigarrenrauch 276.
Zuckeralkohole 32.

Manzsche Buchdruckerei, Wien IX.